2판

표준모형의 이해

오선근 저

북스힐

A
Personal Discourse
on the
Standard Model

S. K. Oh

Visiting Professor

Suranaree University of Technology
Nakhon Rachasima, Thailand

Kay에게

요약

자연에 등장하는 여러 입자들과 그들을 지배하는 대칭성을 소개하고, 그들의 운동방정식과 라그랑지안 밀도을 구성하였다. 이때, 대칭성과 입자의 질량 사이에 생기는 갈등을 배제하기 위하여 일단 질량을 배제하여 대칭성을 유지하는 방법으로 라그랑지안 밀도를 구성하지만, 힉스메커니즘을 도입하여 입자들의 질량을 생성하게 된다. 다만, 그 때문에 대칭성은 유지되지 못하고 깨어지게 된다.

힉스 메커니즘을 도입하면서, 대칭성의 이론적 지위라든지, 진공의 의미라든지 등 그 개념을 여러 맥락에서 살펴보았다. 특히, 개정판에서는 전체주의 원리의 의의와 표준모형에의 적용에 대하여 심도 있게 논의하였다.

끝으로, 표준모형 라그랑지안 밀도의 최종적인 모습을 완성하면서, 그 이론적 돌파구가 필요한 현상과 현실적 문제점들도 언급하였다.

차례

6장 페르미 입자의 질량 회복 / 241

7장 살아남은 전자기 대칭성 $U_{EM}(1)$ / 263

8장 표준모형 / 307

9장 페르미 입자의 세대 / 333

10장 표준모형의 라그랑지안 밀도: 최종 표현 / 385

제 1장

—— 첫머리에

스티븐 와인버그와 압두스 살람이 표준모형의 기본적 이론구조를 제안한 지, 그들이 글래쇼우와 함께 노벨 물리학상을 받은 지, 그리고 표준모형을 하나의 기준으로 삼아 입자물리학이 발전한 지, 반 세기가 넘는 세월이 흘러갔다. 그동안 많은 실험과 이론적 검증을 통하여 표준모형은 그저 하나의 모형을 넘어 그야말로 표준적인 이론으로서 독보적인 지위를 현재까지도 견고하게 누리고 있다.

표준모형에 관한 연구로 노벨 물리학상을 받은 물리학자도 많다. 특히, 힉스 메커니즘의 힉스가 노벨 물리학상을 수상하면서 표준모형은 가장 빛나는 정점에 올랐다. 이 책의 초판이 나온 2011년까지만 해도 힉스 입자의 존재가 확정되지 않았으나, 그 이듬해인 2012년에 힉스 입자가 존재한다는 것이 실험적으로 밝혀지면서 표준모형의 마지막 퍼즐 조각을 맞추게 되었다. 그리하여 스웨덴 왕립 과학한림원은 2013년의 노벨 물리학상을 힉스와 앙글레르에게 공동 수여하면서 물질의 기원에 대한 이론적 토대를 세운 공로를 평가하였던 것이다.

표준모형은 입자물리학에 있서 하나의 기본적인 출발점어라고 말할 수 있다. 입자물리학을 처음 시작한다면 표준모형을 필수적인 개념으로 공부해야 한다. 다행이도 입자물리학 또는 표준모형에 관한 참고문헌들이 많이 있다. 그 중에는 연륜이 쌓여 교과서급으로 존중되어야 할 책들도 있다.

그런데, 좋은 책일 수록 입자물리학에서 중요하다고 여겨지는 실험적 성과를 모두 소개하고, 이론적 개념의 발전 과정도 빠짐없이 포함하다 보니 그 내용이 방대해졌다. 입자물리학의 전체적 그림, 즉, 지금까지의 성과와 앞으로의 발전 방향을 파악하기에는 좋은데, 너무 광범위하다는 단점 아닌 단점이 있고 부담스럽다는 느낌이 든다. 그러다보니, 표준모형에 관한 부분은 상대적으로 소홀해지고 빈약하게 다루게 되는 것이 사실이다. 그래서 일단 입자물리학의 출발점이라고 생각되는 표준모형의 기본적 구조만 알고 싶어하는 대학원 새내기는 거대한 숲 속에서 길을 잃고 헤맬 수가 있다. 즉, “표준모형은 무엇인가?”라는 간단한 질문에 자세하고 친절하게 대답해 주는 문헌은 별로 없는 것이다. 물론 교과서와 논문과 참고문헌을 찾아서 공부해보면 얼마든지 대답을 얻을 수 있지만 뒤져서 찾아내야 한다. 그리고 책마다 약간씩 다른 부호의 관행이라든지, 대학원 새내기에게 모두 다 설명해 주기에는 귀찮을 정도로 익숙한 개념들에 대하여는 도리어 친절한 설명이 부족해 보인다. 그런 의미에서, 표준모형은 대학원 새내기에게는 하나의 귀찮은 통과의례일 수 있다.

이 책은 그저 표준모형이 무엇인지에 대한 간단한 소개와 논의라고 보면 된다. 그런 면에서 이 책에서 다루지 않는 개념들이 많다. 입자물리학의 발전의 토대와 계기가 되었거나 이론을 검증해준 실험적 사실들은 중요하지만 거의 언급하지 않고 넘어갔다. 전자기약상호작용의 현상론적인 내용, 예를 들면, CP 붕괴, 중성미자의 현상론 등도 제외하였으며, 강상호작용에 관한 양자색자역학도 제외하였다.

그러니, 컬러 양자수라든지, 강입자의 구조라든지, 글루온이라든지, 구조함수라든지, $SU(3)$ 게이지 대칭성이라든지 등은 보이지 않을 것이다. 그리고 무엇보다 중요한 장론도 논의하지 않았다. 재규격화라든지, 고차 보정이라든지, 반입자의 물리적 의미 같은 것도 제외되었다. 파인먼 그림 (Feynman diagram)을 이용하여 입자의 충돌이나 생성 소멸을 분석하고 계산하는 과정은 매우 흥미로운데, 우리는 이러한 다이내믹스 및 응용도 생략하였다. 새로운 입자를 발견하였다든지, 해석하기 어려운 현상을 밝혔다든지, 그런 실험적 성과와 의의도 물론 빠졌다.

하지만 그렇다고 간결하고도 직관적으로 표준모형에만 집중하지는 않았다. 가끔 한눈을 팔기도 했다. 특히 힉스 메커니즘을 소개하면서 철학적 관점에서 그 의미를 자세하게 논의하였다. 즉, 전체주의 원리라는 것을 논의하면서, 대칭성의 우월적 지위가 과연 정당한지, 진공의 의미는 무엇인지에 대하여도 나름 심도 있게 따져보았다. 그리고, 표준모형에 자연스럽게 등장하는 해밀턴, 라그랑주, 맥스웰, 디랙, 힉스, 유카와 등 저명한 물리학자에 대하여도 평소 가지고 있던 개인적인 생각이나 견해를 피력하였다. 물론 이러한 곁다리 이야기는 순전히 개인적인 관점에서 사적 의견을 밝힌 것이므로 동의하지 않아도 되고, 생략하고 건너뛰어도 된다.

내가 염두에 둔 기본적 독자층은 실험 입자물리학 분야를 시작하는 대학원 초년생들이다. 대개 실험에 매진하다 보면 이론적인 배경에 대하여 공부할 시간적 여유가 없는데, 실험 입자물리학을 전공하기 때문에 실험적 노하우나 경험 또는 실제 측정등은 잘 알고 있는 반면에 입자물리학의 이론의 토대 또는 기초라고 말할 수 있는 표준모형 자체에 대하여는 제대로 공부하지 못하는 상황이 생기기도 하는 것을 지켜 보면서 그들에게 적당한 수준의 책으로써 이 책을 권하고 싶은 것이다. 또한 입자물리학을 전공하려는 학부 고학년 학생들도 읽기에 적당하지 않을까 기대한다.

읽어가다가 너무 설명이 장황하다는 느낌이 든다면 그 느낌이 맞다. 강의를 염두에 두고 다양한 관점에서 설명을 되풀이하고 있으므로 총명하다면 그러한 느낌이 들어야 한다. 이 책은 설명을 반복하고 중언부언하는 스타일을 택하였다. 그리고 내 마음대로 개인적인 견해나 곁소리를 늘어놓기도 하였다. 그러므로 예리한 독자에게는 지루할 수도 있다. 하지만 이 책의 목표 자체가 표준모형의 라그랑지안 밀도라는 지극히 단순한 목표인 만큼, 설명마저 간단하게 해치웠다면 이야기거리가 거의 없을 것이다.

초판에서 이미 고백하기를 틀린 부분이 많다고 하였다. 아니나다를까, 김선희 박사님 (현선심)이 꼼꼼하게 오탈자를 찾아 주셨는데, 참으로 여러 군데가 지적당하였다. 그래도 그러한 도움 덕분에 개정판을 준비하는 일이 한결 편하고 수월하였다.

그리고 기왕 손을 보는 김에 거친 표현이나 어색한 문장을 다듬기도 하였다. 하지만, 미처 눈에 띄지 않은 오류는 여전히 남아 있을 것이다. 한글 LaTeX로 편집하였는데, 오자나 탈자가 나오는 것은 할 수 없다고 생각한다.

하지만, 수식이 틀리는 것은 정말 있어서는 안 되는 일이다. 그럼에도 불구하고, 눈 밝은 독자에게는 틀린 수식이 발견될 것이다. 혹시 수식의 오류가 눈에 띄더라도 너그러이 용납하시기 바라며, 바로잡아 가면서 읽어주실 것을 독자 여러분께 머리 숙여 미리 당부드린다.

제 2장

서론

과학사를 전공한 학자들이나 과학철학의 대가는 현대물리학의 큰 흐름이 어디서부터 시작되었다고 볼까. 시중에 여러 책들이 출간되어 있으므로 찾아서 읽어보면 물리학에 대한 줄거리를 전체적으로 파악할 수 있으리라. 좁은 소견인지 몰라도, 나는 현대물리학은 라그랑주와 해밀턴으로부터 출발하였다고 생각한다. 그들이 약 2백 년 전에 제시한 자연의 움직임에 관한 기본적 원리를 바탕으로 하여 오늘날 우리가 배우는 모든 물리학이 성립하고 있기 때문이다. 실제로, 양자역학이든 고전역학이든 공부하게 되면 종종 '해밀토니언이 어떻다' 라든지 '라그랑지안이 어떻다'라든지 말하게 되는데, 그런 이야기를 하려면 라그랑주와 해밀턴을 모르면 안 된다.

우리도 라그랑주를 언급하지 않을 수 없는 것이, 표준모형의 라그랑지안 밀도를 구성하는 것이 이 책의 목표이기 때문이다. 라그랑지안 밀도라는 말 자체에 라그랑주가 이미 들어 있으므로 라그랑주의 삶을 간단히 톺아본 뒤에 라그랑지안이 가지는 의미와 중요성을 논의하고자 한다. 한편, 해밀턴의 원리도 알아야 한다. 라그랑지안 밀도를 해밀턴의 원리에 적용하게 되면 고전역학에서 가장 중요한 오일러-라그랑주 운동방정식이 나오기 때문이다. 사실, 해밀턴의 원리는 물리적으로 증명할 수 없는 하나의 공리로 받아들여야 한다. 자연이 그러한 원리에 따라 움직이고 있다고 보아야 하는 것이다.

2.1 라그랑지안

먼저 라그랑주라는 인물부터 알아보자. 조제프-루이 라그랑주 (Joseph-Louis Lagrange, 1736년 1월 25일 - 1813년 4월 10일)는 역학의 해석적 방법론에 있어서 불굴의 업적을 쌓은 수학자다. 라그랑주는 지금부터 약 270년 전에 이탈리아 토리노에서 태어났다. 우리나라로 치면 조선 영조 12년에 태어났다. 부모는 이탈리아계지만 아버지 쪽으로는 선조 중에 프랑스 혈통이 있었다. 그래서 라그랑주는 프랑스의 과학자로도 불리고 이탈리아의 과학자로도 불린다.

자료에 따르면 라그랑주는 형제가 11명이나 되었지만 성년이 될 때까지 살아남은 사람은 그 혼자였다고 한다. 19세 때 토리노 왕립 군관학교 수학 교관이 되었다. 1766년 오일러가 베를린을 떠나면서 라그랑주를 추천하였고 달랑베르 또한 라그랑주를 프러시아 황제 프리드리히 2세에게 추천하였다. 이 추천을 받아들여 프리드리히 2세는 "유럽에서 가장 위대한 왕의 궁정에 유럽에서 가장 위대한 수학자가 지내기를 희망한다"는 초청장을 라그랑주에게 보냈다. 이 초청을 받아들여 라그랑주는 베를린으로 가서 오일러의 뒤를 이어 프러시아의 학술원 수학부장이 된다. 그리고 20년 이상 베를린에서 지내면서 많은 연구를 수행하였다. 베를린에서 저술하고 1788년에 파리에서 발간된 그의 저서 "해석역학 (Mécanique Analytique)"은 뉴턴 이후 고전역학을 가장 방대하게 다루었으며, 19세기 수리적인 물리학의 수학적 발전의 토대가 되었다. 수학에 있어서의 변분학을 수립하고,

정수론 · 미분 방정식론 · 타원 함수론 · 불변식론 등에 관해 많은 연구를 하였다고 한다.

1787년에는 프랑스로 자리를 옮겨 프랑스 학술원의 회원이 되었으며 죽을 때까지 프랑스에서 살았다. 라그랑주는 프랑스 대혁명 시기를 잘 넘겨서 1794년에 프랑스 에콜 폴리테크닉이 개교하였을 때 첫 해석학 교수로 부임하였다. 그는 사후에 파리의 판테옹에 묻혔다.

고전역학을 수학적으로 기술하는 체계는 라그랑주가 그의 해석역학에서 확립하였다. 라그랑주 해석역학에서 가장 중요한 개념 또는 물리량은 라그랑지안 L이다. 그래서 그의 역학을 라그랑주 해석역학이라고도 부른다. 라그랑주 해석역학은 상대론, 전자기학, 양자역학 등에 모두 적용될 수 있는 범용성을 가지고 있다. 특히 입자물리학에서의 장론 등에서 가장 유용하게 쓰인다.

라그랑지안이라는 물리량은 계의 운동을 지배하는 하나의 함수로써, 일반화좌표 $q_i(t)$ ($i = 1, 2, \cdots, k$; k는 계의 자유도)와 좌표의 시간에 대한 1차 도함수인 일반화속도 $\dot{q}_i(t)$로 표현하는데, 계의 운동에너지 T에서 계의 퍼텐셜 에너지 V를 뺀 양이다.

$$L(q_i, \dot{q}_i, t) = T(q_i, \dot{q}_i, t) - V(q_i, \dot{q}_i, t) \tag{2.1}$$

여기서, 잘 알겠지만 일반화좌표를 복습하는 의미에서 다시 정의하자면, 예를 들 2개의 질점이 3차원 공간에서 움직인다면 자유도가 $k = 6$이므로 두 질점의 운동을 기술하려면 (x_1, y_2, z_3) 및 (x_2, y_2, z_3)로 표현하든지 (r_1, θ_1, ϕ_1) 및 (r_2, θ_2, ϕ_2)로 표현하든지 또는 원통좌표계에서 표현하든지 간에 어떻든 6개의 좌표로 표현해야 한다. 이 6개의 좌표를 $(q_1, q_2, q_3, q_4, q_5, q_6)$라고 정의하는 것이 일반화좌표다. 즉, 직교좌표냐 구형좌표냐 원통좌표냐 등을 굳이 따지지 않으며, 첫 번째 질점의 x-좌표냐 두 번째 질점의 x-좌표냐 등도 따지지 않고 그냥 자유도의 갯수만큼 좌표를 도입하여 운동을 기술하는 것이다.

라그랑지안이 시간에 의존하는지 독립인지에 따라 운동을 분석하는 과정이 복잡해진다. 또, 운동 에너지가 일반화좌표에 의존하는지 독립인지, 그리고 퍼텐셜 에너지가 일반화속도에 의존하는지 또는 독립인지도 중요한 변수가 된다. 가장 기본적이면서도 보편적인 것이 라그랑지안이 시간에 대하여 독립인 경우다. 그리고 운동 에너지는 일반화좌표에 독립이며, 퍼텐셜 에너지는 일반화속도에 독립인 경우가 간단하게 운동을 해석할 수 있다. 대부분의 물리 문제는 이 범주에 속한다. 이때, 라그랑지안은

$$L(q_i, \dot{q}_i) = T(\dot{q}_i) - V(q_i) \tag{2.2}$$

처럼 표현되며, 운동 에너지는 일반화속도의 제곱에 비례한다.

라그랑지안만 정확하게 주어지면 계의 운동은 정확하게 기술할 수 있다. 라그랑주 운동방정식, 또는 오일러-라그랑주 운동방정식

$$\frac{\partial L}{\partial q_i} - \frac{d}{dt}\left(\frac{\partial L}{\partial \dot{q}_i}\right) = 0 \tag{2.3}$$

에 의하여 계의 운동방정식이 나오므로, 이 운동방정식을 풀면 $q_i(t)$가 주어지며, 따라서 시간에 따라 계가 어떻게 운동하는지 알 수 있는 것이다.

여담이지만, 고전역학 강의에서는 라그랑지안에 관한 유명한 이야기가 있다. 그 이야기를 하자면 먼저 어르키메데스 이야기를 해야 한다. 왜냐하면 라그랑지안에 관한 이야기는 아르키메데스의 말을 패러디한 것이기 때문이다.

아르키메데스는 기원전 3세기의 그리스의 수학자요 물리학자였는데 로마에서도 유명하였다. 그는 현재의 이탈리아 시칠리아의 시라쿠사에서 태어나 일생을 마쳤는데, 시라쿠사는 그 당시는 그리스에 속한 땅이었다. 로마군이 기원전 212년에 시라쿠사를 함락시켰을 때, 당시 로마의 사령관이던 마르커스 클라우디어스 마르첼러스

(Marcus Claudius Marcellus)는 특별히 아르키메데스를 해치지 말라고 따로 명령을 내렸다. 그러나 로마의 한 병사는 그를 죽이고 말았다. 무언가 원을 바닥에 그려 놓고 연구를 하는 그에게 로마 병사가 접근하자 그는 "Do not disturb my circles. (Latin: Noli turbare circulos meos.)"라는 말을 하였다고 한다. 로마 병사로써는 80세 가까운 노인이 아르키메데스인지 몰랐을 것이다. 그런데 이 이야기는 플루타르크의 기록에도 없다니 사실인지는 확인할 길이 없다.

아르키메데스의 이 마지막 말도 나름 유명하지만, 고전역학 강의에서 유명한 이야기는 아르키메데스의 다른 말을 패러디한 것이다. 아르키메데스는 무슨 말을 하였는가. 언젠가, "나에게 지렛대를 다오. 그러면 지구를 움직여 볼 테니 (Give me a place to stand on, and I will move the Earth.)"라고 말했다고 한다. 아르키메데스의 이 말을 패러디한 것이 고전역학 시간에 나온다.

지금은 모르겠는데, 20세기말까지도 고전역학 교실에서는 "나에게 라그랑지안을 다오. 그러면 지구를 움직여 볼 테니 (Give me the Lagrangian, and I will move the Earth.)" 라는 말이 입에서 입으로 전해져 내려왔다. 그만큼 라그랑주 해석역학은 운동을 설명하는데 탁월하고 강력하다는 것다.

그러한 라그랑주 해석역학을 원리적으로 뒷받침하는 것이 해밀턴의 원리다. 해밀턴의 원리는 라그랑주 운동방정식이 어떻게 도출되는지를 말해준다. 해밀턴의 원리가 성립해야 라그랑주 운동방정식이 성립한다. 그러므로 해밀턴의 원리는 라그랑주 해석역학보다 상위 개념이라고 볼 수 있다. 하지만, 해밀턴의 원리는 라그랑지안을 모르면 쓸모가 없다. 라그랑지안을 알아야 해밀턴의 원리를 적용하여 라그랑주 운동방정식을 도출할 수 있기 때문이다. 그렇다면 해밀턴의 원리가 라그랑주 해석역학보다 우위에 있는 것도 아니고 서로 맞물려 있다고 볼 수도 있는 것이다.

2.2 해밀턴의 원리

지금으로부터 약 200년 전에 아일랜드의 더블린에서 윌리엄 로원 해밀턴 (William Rowan Hamilton, 1805년 8월 4일 - 1865년 9월 2일)이 태어났다. 라그랑주보다 반 세기 정도 늦다. 해밀턴은 아일랜드의 수학자, 물리학자 및 천문학자로, 광학, 동역학 및 대수학의 발전에 큰 공헌을 했다. 해밀턴은 어린 시절부터 뛰어난 재능을 보여, 그의 지도교수 역할을 맡았던 천문학자 존 브링클리는 당시 18살의 해밀턴에 대하여 평하기를 "앞으로는 알 수 없지만 현재 그의 나이에서 최고의 수학자다"라고 말했다고 한다.

그의 업적에 대하여 "학문적 구조의 가장 근본적인 토대를 마련했다는 점에서 그는 오늘날까지도 여전히 최고의 수학자다."라고 학계에서는 평가하고 있는데, 물리학의 이론적 체계에 끼친 그의 가장 중요한 업적은 해밀턴의 원리가 아닌가 생각한다. 왜냐하면, 해밀턴의 원리는 물리학적 운동을 지배하는 근본 원리이기 때문이다. 어떤 물체의 역학적 운동, 어떤 상태의 양자역학적 변화, 또는 입자물리학이나 장론에서의 운동이든 간에 물리계의 시작 상태와 끝 상태를 알면 해밀턴의 원리에 따라 그 물리계의 상태의 시간에 따른 변화를 알 수 있다.

이때 등장하는 개념이 위상공간(phase space)이라는 공간이며, 작용(action)이라는 물리량이다. 위상공간은 무엇인가. 예를 들어 어떤 질점이 1차원 공간에서 움직인다면 그 질점의 위치는 하나의 좌표로서 표현할 수 있다. 그리고 그 1차원 공간이 직선이라면 x-좌표로 표현하는 것이 간단하다. 질점의 위치는 시간에 따라 변할 수 있으므로 $x(t)$가 된다. 이때, 그 질점의 위상공간은 질점의 좌표 $x(t)$ 및 질점의 속도 $v(t) = dx/dt$로서 이루어진 2차원 (x, v) 공간으로서 정의하게 된다. (또는 속도 대신에 그 질점의 질량을 속도에 곱한 운동량으로서 위상공간을 정의하기도 한다.)

만일 어떤 질점이 3차원 공간에서 움직인다면 그 질점의 위치를 표현하기 위하여 3개의 좌표가 필요하게 된다. 그 좌표를 (q_1, q_2, q_3) 라고 한다면, 위상공간은 $(q_1, q_2, q_3, \dot{q}_1, \dot{q}_2, \dot{q}_3)$로 정의되는 6차원 공간이 되는 것이다.

일반적으로, 3차원 공간에서 N개의 질점으로 이루어진 질점계의 운동을 기술하려면 그 질점계의 위상공간은 $(q_j, \dot{q}_j)$ $(j = 3N)$로서 $6N$ 차원의 공간으로 정의된다. 왜냐하면, 이 질점계의 자유도 갯수는 $3N$이므로 일반화좌표는 모두 $(q_1, q_2, \cdot, q_{3N})$ 등 $3N$개가 필요하며, 따라서 일반화속도도 $3N$개가 필요하기 때문이다.

위상공간은 질점계마다 다르다. 예를 들어 2개의 질점으로 이루어진 질점계와 3개의 질점으로 이루어진 질점계가 있다고 치자. 그들이 같은 3차원 공간에서 운동하더라도, 그리고 두 질점계 모두 직교좌표계로서 그 운동을 기술하더라도, 각각의 위상공간은 12차원 공간 및 18차원 공간으로 서로 다른 것이다. 특정한 질점계에 대하여 특정한 위상공간을 정의할 수 있으므로, 질점계의 수만큼 위상공간의 수는 무수히 많다.

이제, 3차원 공간에서 N개의 질점으로 이루어진 어떤 질점계의 운동을 생각해 보자. 그림으로 그릴 수 있다면 다음과 같을 것이다. 3차원 공간에서 각 질점들의 위치는 N개의 점들로 표현된다. 시간이 흐르면 그 점들이 움직이게 되므로 N개의 궤적이 생긴다. 다만, 각 질점들이 빨리 움직이는지 천천히 움직이는지는 그림만 봐서는 금방 알 수 없다. 궤적의 기울기로 어느 정도 짐작을 할 수는 있지만 시간에 대한 미분을 해야 각 질점의 속도를 정확히 알 수 있는 것이다.

고전역학에서, 이들 N개의 궤적은 모두 연속이며, 중간에서 끊어지는 일이 없다. 또한, 두 개가 합쳐지거나 갈라져서 Y자 형태가 되지도 않는다. 고전역학에서는 질점은 항상 존재하며 중간에서 없어지거나 새로 생기지 않기 때문이다. 하나의 위치를 공유하지도 않기 때문이다. 그러므로 시간에 대하여 미분가능하다.

위상공간에서는 어떻게 그려질까. $6N$ 차원이므로 상상으로만 그릴 수 있는데, N개의 질점의 운동이지만 단 하나의 곡선만 그려진다는 것은 쉽게 이해할 수 있다. 위상공간의 한 점은 N 개의 질점의 위치와 속도를 (또는 운동량을) 모두 나타내므로, 시간이 흐르면서 그 하나의 점은 하나의 곡선만 그리게 되기 때문이다. 이 곡선 또한 중간에서 사라지거나 Y자 모양으로 갈라지지 않는다. 또한 연속이며 시간에 대하여 미분가능하다.

그런데, 한가지 궁금하지 않은가? 질점계의 운동을 $3N$ 차원의 공간에 그려도 역시 하나의 궤적으로 그릴 수 있는데 왜 복잡하게 위상공간의 차원을 $3N$으로 정의하지 않고 $6N$ 차원의 공간으로 정의하는지 말이다. 그 이유는 $3N$ 차원의 위상공간에서는 각 질점들의 속도 또는 운동량을 알 수 없기 때문이다. 위상공간은 $6N$ 차원이어야 각 질점의 위치뿐만 아니라 속도 또는 운동량까지 알려준다. 또한, 통계역학에서도 $6N$ 차원의 위상공간을 도입하여 논의하고 있다. 리유비유(Liouville)의 정리를 공부하였다면 다시 참고하기 바란다.

한편, 작용이란 무엇인가? 작용은 알다시피 물리량의 하나인데, 기초물리학에서 나오는 기본적 개념이다. 작용의 차원은 각운동량의 차원과 같고, 길이, 질량, 시간의 곱인 MLT로 작용의 차원을 표현하면 $\mathrm{ML^2T^{-1}}$가 된다. 플랑크 상수의 차원이 바로 작용의 차원이다. 그래서 플랑크 상수를 작용 양자(quantum of action)이라고 부르기도 한다. 그런데, 작용은 아무렇게나 정의되지 않는다. 특히, 시간이 변화해야 작용을 정의할 수 있다. 시간이 흐르지 않으면 운동이 없으므로 작용 자체를 논할 수 없다. 어떤 질점계의 운동을 위상공간의 곡선으로 표현할 때, 그 시작점이 어디인지, 끝점이 어디인지, 그리고 중간에 어떤 경로를 따라 움직이는지 알아야 작용을 정의할 수 있는 것이다. 그러므로 작용은 시간의 시작값과 끝값 및 중간의 경로에 의존하는 범함수(functional)이다.

이것은 마치, 뉴턴역학에서 일을 정의할 때와 같다. 질점의 질량, 위치, 속도 등이 주어져도 일이라는 물리량은 당장 정의되지 않는다. 그 질점이 외력에 의하여 위치가 변해야 일을 정의하게 된다. 어디서부터 어디까지 어떤 경로를 따라 움직이는지에 의존하는 것이 일이다. 그러므로 질점이 움직이지 않으면 일은 정의되지 않는다. 작용도 마찬가지인 것다.

해밀턴의 원리는 작용이라는 물리량에 대한 원리이다. 어떤 물리계가 운동할 때, 위상공간에서의 시작점과 끝점이 정해져 있다면, 그 물리계는 작용의 크기가 최소가 되는 경로를 따라 운동한다는 것이 해밀턴의 원리다. (이렇게 작용을 정의하면 오해를 불러 일으킬 소지가 있으므로 나중에 설명을 부연하겠다.) 그래서 해밀턴의 원리를 최소작용의 원리, Least Acion Principle라고도 부른다.

이제, 3차원 공간에서 N 개의 질점들로 구성되어 있는 질점계에 대하여 해밀턴의 원리를 수학적으로 기술해 보자. 이 질점계는 자유도가 $3N$이므로 그 운동을 기술하려면 각각 $3N$개의 일반화좌표 q_j 및 일반화속도 $\dot{q}_j$ $(j = 1, 2, \cdot, 3N)$가 필요하다. 이들 $6N$ 개의 함수는 모두 시간의 함수다. 그리고 위상공간은 $6N$ 차원 공간이다. 이 위상공간에서의 한 점은 질점계 전체의 좌표 및 속도를 동시에 나타내며, 시간이 흐르게 되면 그 점은 하나의 곡선을 그리게 될 것이다. 이 곡선을 질점계의 경로라고 하는데, 실제로 그 곡선을 따라 이동하였다는 의미는 물론 아니다.

어떤 시간 $t = t_i$부터 다른 시간 $t = t_f$까지 질점계가 운동한다고 하면 위상공간에서 그 질점계의 경로는 $t = t_i$일 때의 점에서 출발하여 어떤 경로를 따라 $t = t_f$일 때의 점에서 끝난다. (물론, t_i 이전에도 질점계의 운동을 기술하는 경로는 존재하였고, t_f 이후에도 경로는 계속 이어지겠지만, 우리가 주목하는 것은 t_i와 t_f 사이의 경로인 것이다.)

이 질점계의 작용 S는 앞서 서술하였듯이, 시작점의 시간 t_i 및 끝점의 시간 t_f, 그리고 시작점과 끝점을 잇는 경로에 의존하는 함수다. 그러므로 수학적으로는

$$S = S(t_i, t_f; q_j(t), \dot{q}_j(t)) \tag{2.4}$$

와 같이 표현할 수 있다. 여기서 t_i 및 t_f는 관측자가 택하는 값이므로 주어져 있으며, 경로의 시작점과 끝점이 주어져 있으므로 $q_j(t_i)$ 및 $\dot{q}_j(t_i)$, 그리고 $q_j(t_f)$ 및 $\dot{q}_j(t_f)$들도 모두 주어져 있다. 다만, 시작점과 끝점을 잇는 경로가 있을 텐데, 어떤 것인지는 아직 모른다. 그 경로를 구해야 하는 것이다.

말하자면 t_i 부터 t_f 사이의 $q_j(t)$ $(t_i \le t \le t_f)$ 은 미정이다. 그 함수의 모양을 알아야 시간에 대하여 미분할 수 있고 $\dot{q}_j(t)$ $(t_i \le t \le t_f)$ 도 알 수 있으며, 위상공간에서의 경로를 결정할 수 있는 것이다. 그 경로를 결정하는 것이 바로 해밀턴의 원리로서, 질점계는

$$\delta S = 0 \tag{2.5}$$

가 되는 경로를 따라서 운동한다는 것이다. 즉, 이 질점들의 운동은 작용이 최소가 되는 위상공간의 경로를 따른다. 여기서 δ는 변분으로서, 적분이나 미분처럼 수학적으로 정의되어 있는 연산다.

그런데, 해밀턴의 원리는 간명하면서도 직관적이지만, 아직은 변분이고 뭐고 연산할 수 없는 이유는 작용 S가 $q_j(t)$ 및 $\dot{q}_j(t)$에 어떻게 의존하는지 그 함수의 형태를 아직 모르기 때문이다. 실제로, $q_j(t)$

의 함수는 비록 미정일지라도 적어도 작용 $S = S(t_i, t_f; q_j(t), \dot{q}_j(t))$ 의 함수 형태는 구체적으로 주어져야 변분을 할 수 있는 것이다. 어떻든, 해밀턴은 작용이라는 함수의 형태를 결정하여 자신의 원리를 서술하였다.

구체적으로 S의 형태는 어떠한가? S는 $q_j(t)$ 및 $\dot{q}_j(t)$의 어떤 함수 형태로 주어지는가? 이 의문에 대한 해답을 구하기 위하여 해밀턴의 시대로 돌아가 보자. 당시의 물리학의 체계가 어떻게 정립되고 있었는지 당시의 물리학자들이 상호 어떻게 영향을 주고 받으면서 연구를 진행하였는지 등은 물리학사적 관점에서도 흥미 있는 주제가 된다. 해밀턴의 원리가 등장하였을 때, 고전역학은 라그랑주의 해석역학이 주류였으며, 역학의 가장 기본적인 운동방정식은 라그랑지안으로부터 나오는 라그랑주 운동방정식이었다.

그러므로 해밀턴으로서는 자신이 제창하는 원리에서 라그랑주의 해석역학이 귀납적으로 성립하도록 작용을 구성하는 것이 가장 합리적이고 타당한 방법이었을 것이다. 다시 말해서, 해밀턴의 원리와 라그랑주 해석역학은 상호 연결되어 있어야 하는 것이다. 좀 더 실질적으로 이야기하자면, 해밀턴의 원리로부터 라그랑주 운동방정식을 도출할 수 있어야 하였다. 그렇게 되면 라그랑주 해석역학과 해밀턴의 원리는 일관성을 가지고 역학 체계를 구성할 수 있는 것이다.

실제로 해밀턴은 그렇게 하였다. 그럼으로써, 해밀턴의 최소작용의 원리는 라그랑주의 해석역학과 이어지게 된 것이었다. 그리하여 작용은 점계의 라그랑지안으로부터 다음과 같이 정의된다.

$$S(t_i, t_f; q_j(t), \dot{q}_j(t)) = \int_{t_i}^{t_f} L(q_j(t), \dot{q}_j(t))dt \tag{2.6}$$

여기서 $L(q_j(t), \dot{q}_j(t))$는 그 질점계의 라그랑지안이다. 라그랑지안이 어떻게 생겼는지는 알 수 있다. 질점계에 미치는 외력을 퍼텐셜 에너지로 표현하고, 그 퍼텐셜 에너지를 질점계의 운동에너지에서 빼면 라그랑지안이 된다. 그러므로 주어진 물리적 상황과 질점계가 정해지면 라그랑지안의 함수 형태도 정해지는 것이다.

이제 작용 S에 변분을 적용하면

$$\begin{aligned} 0 = \delta S &= \delta \int_{t_i}^{t_f} L(q_j(t), \dot{q}_j(t))dt \\ &= \int_{t_i}^{t_f} \delta L(q_j(t), \dot{q}_j(t))dt \\ &= \int_{t_i}^{t_f} \left[\frac{\partial L}{\partial q_j}\delta q_j + \frac{\partial L}{\partial \dot{q}_j}\delta \dot{q}_j \right] dt \\ &= \int_{t_i}^{t_f} \left[\frac{\partial L}{\partial q_j}\delta q_j + \frac{\partial L}{\partial \dot{q}_j}\frac{d}{dt}\delta q_j \right] dt \end{aligned} \tag{2.7}$$

가 된다. (첨자 j에 대하여 summation convention이 적용되고 있다. 즉, 위의 식 에서 j가 두번 등장하는 항은 모두 $\Sigma_{j=1}^{3N}$가 생략되어 있다.)

변분 연산 δ는 시간과 독립적이기 때문에 세번째 줄처럼 시간에 대한 적분 안에 들어갈 수 있으며, 다섯번째 줄처럼 시간에 대한 미분과 그 순서를 바꾸어 적용할 수도 있다. 이 식의 마지막 줄에서 두번째 항은 부분 적분으로 다음과 같이 고칠 수 있다.

$$\int_{t_i}^{t_f} \frac{\partial L}{\partial \dot{q}_j}\frac{d}{dt}\delta q_j dt = \int_{t_i}^{t_f} -\frac{d}{dt}\left(\frac{\partial L}{\partial \dot{q}_j}\right)\delta q_j dt + \left[\frac{\partial L}{\partial \dot{q}_j}\delta q_j\right]_{t_i}^{t_f}$$

따라서 모두 정리하면

$$\begin{aligned} 0 &= \int_{t_i}^{t_f} \left[\frac{\partial L}{\partial q_j}\delta q_j - \frac{d}{dt}\left(\frac{\partial L}{\partial \dot{q}_j}\right)\delta q_j \right] dt + \left[\frac{\partial L}{\partial \dot{q}_j}\delta q_j\right]_{t_i}^{t_f} \\ &= \int_{t_i}^{t_f} \left[\frac{\partial L}{\partial q_j} - \frac{d}{dt}\left(\frac{\partial L}{\partial \dot{q}_j}\right)\right]\delta q_j dt + \left[\frac{\partial L}{\partial \dot{q}_j}\delta q_j\right]_{t_i}^{t_f} \end{aligned} \tag{2.8}$$

가 된다.

그러므로 해밀턴의 최소작용의 원리가 성립하려면 이 식에서 앞의 적분항의 결과가 0이어야 하고 뒤의 정적분값도 0이어야 한다. 먼저, 앞부분의 적분이 0이려면 적분 안에 들어 있는 피적분량이 0이면 된다. 그런데 변화량(variation) δq_j는 임의이므로 만일

$$\frac{\partial L}{\partial q_j} - \frac{d}{dt}\left(\frac{\partial L}{\partial \dot{q}_j}\right) = 0 \tag{2.9}$$

이면 적분이 0으로 될 것이다. 이것은 다름 아니라 라그랑주 운동방정식이다. 다만, t_i에서 t_f까지 적분하는 동안 항상 0이어야 한다. 다시 말해서 $t_i \leq t \leq t_f$에 대하여 라그랑주 운동방정식은 항상 만족되어야 하는 것이다. 이것은 라그랑주로서도 당연히 받아들일 수 있다.

두 번째로 뒷부분의 정적분 값도 0이어야 한다. 즉,

$$\left[\frac{\partial L}{\partial \dot{q}_j}\delta q_j\right]_{t_i}^{t_f} = 0 \tag{2.10}$$

가 되어야 한다. 이 값이 0이려면 양 끝점에서의 값이 0이거나 적어도 서로 같아야 한다.

해밀턴의 원리를 논의할 때는 양 끝점의 값이 둘 다 0이라고 가정한다. 양 끝점의 값이 0이려면 $(\partial L/\partial \dot{q}_j)_{t_i} = (\partial L/\partial \dot{q}_j)_{t_f} = 0$이거나

$$\delta q_j(t = t_i) = \delta q_j(t = t_f) = 0 \tag{2.11}$$

이어야 한다. 이때 위 식의 정적분의 값은 자동적으로 0이 된다. 이 조건을 우리는 “양 끝점에서의 variation이 0이다”라고 말한다. 즉, 변분을 연산할 때, 시작점과 끝점에서는 변분을 적용할 수 없다는 것이다. 즉, 시작점과 끝점에서는 변분을 연산해봤자 변하지 않는다는 것이며, 말하자면 고정되어 있다는 말이다.

이 조건이 물리적으로 의미하는 바는 무엇일까? 먼저 질점계의 운동에서 시작점을 고정하는 것은 물리적으로 타당한가? 이것은 그냥 받아들여도 하자가 없다.
"질점계는 $t = t_i$일 때 위상공간의 한 정해진 점에서 운동을 시작한다."
라고 가정하는 것은 기본적으로 허용되어야 한다. 왜냐하면, 시작점이 불특정하게 임의적일 수는 없기 때문이다. 초기조건을 주고 묻는 것이 예의이며 상식이다. 질점계의 운동을 어디에서든 시작할 수 있지만, 아무 점이든 한 점을 고정해야 한다. variation을 취할 수는 없는 노릇이다. 그러므로 주어진 조건이 같다면 질점계는 위상공간의 항상 같은 점에서 운동을 시작한다고 생각해야 한다.

그렇다면 끝점이 위상공간의 한 점에 고정시킨다는 것은 무슨 뜻인가?
"질점계가 어떤 경로를 따르게 되는지 아직 모르지만, 질점계는 $t = t_f$일 때 위상공간의 어떤 정해진 점에 다다르게 된다."
라는 말인가? 그렇다면, 위상공간의 어느 한 점에서 시작한 운동은 반드시 하나의 정해진 점에서 끝난다는 것인가? 시작점이 정해지면 끝나는 점도 정해진다는 것은 결정론이 아닌가?

대답을 먼저 말하자면, 이것은 결정론이 아니다. 끝점에서 variation이 0이라는 것은 정해진 끝점으로 가야 한다는 의미가 아니다. 질점계가 위상공간의 어떤 점 A에서 $t = t_i$일 때 운동을 시작하더라도 $t = t_f$일 때 질점계는 점 B에 다다를 수도 있고 점 C에 다다를 수도 있다. 해밀턴의 원리는 $t = t_f$일 때의 질점계가 어느 점에 다다르는지 결정하는 원리가 아니다. 다만, 끝점이 어느 점인지 정해지면 그 끝점까지 어느 경로를 따라 움직였는지를 알 수 있게 해주는 원리인 것이다. 즉, 해밀턴의 원리란, $t = t_f$일 때 점 B에 도달한다면 어느 경로를 따라 점 A에서 점 B까지 움직이는지를 결정하는 것이며, 또, 점 C에 도달한다면 어느 경로를 따라 점 A에서 점 C까지 움직이는지를 결정하는 것이다.

반면에, 라그랑주의 운동방정식은 결정론의 성격을 가지고 있다. 모든 미분방정식이 그렇듯이, 초기의 경계조건을 주면 미분방정식의 해는 결정된다. 즉, 미래가 고정된다고 할까. 위상공간에서 $t = t_i$ 일 때 질점계가 점 A에서 운동을 시작한다고 하자. 이때, 질점계는 $(q_j(t_i), \dot{q}_j(t_i))$라는 $6N$개의 초기조건을 갖고 있다는 말이다.

라그랑주 운동방정식은 질점계의 각 자유도에 대한 2계 미분방정식으로서, 질점계가 N개의 질점으로 구성되어 있다면 3차원공간의 운동에서는 모두 $3N$개의 방정식이 있다. 2계 미분방정식이므로 이들 운동방정식을 모두 풀고 나면 미지수가 $6N$개 나오므로 같은 수의 초기조건을 대입하면 질점계의 모든 좌표는 t의 함수로서 확정되는 것이다. 즉, $t = t_f$일 때의 모든 $q_j(t)$ $(j = 1, 2, \cdot, 3N)$는 결정된다. 그것이 미분방정식으로써의 라그랑주 운동방정식이 말하는 바다. 그러므로 라그랑주의 운동방정식으로 주어지는 운동의 법칙은 결정론적이다. 초기조건을 알면 미래가 결정되기 때문이다.

하지만, 해밀턴의 원리는 결정론이 아니다. 적분방정식의 형태로 주어지는 해밀턴의 원리는 적분의 시작점과 끝점을 알아야 한다. 양 끝점을 알아야 적분을 수행할 수 있으므로, 해밀턴의 원리를 질점계에 적용하여 운동의 끝점을 알 수 있는 것이 아니라, 끝점을 알아야 해밀턴의 원리를 적용하여 운동을 알 수 있는 것이다. 이러한 의미에서 해밀턴의 원리는 결정론적 특성을 가지고 있지 않다.

다음으로, 매우 중요한 논점인데, 상대론적인 상황에서는 라그랑주 운동방정식과 해밀턴의 원리를 어떻게 기술하고 어떻게 적용해야 하는가라는 문제이다. 달리 말해서 시간을 어떻게 취급해야 하는가의 문제인 것이다. 왜냐하면 상대론에서는 시간을 특별한 변수로 대접하 않고 3차원 공간과 같은 하나의 차원으로 취급하고 있기 때문이다. 그러므로 상대론적 상황에서는 시간에 대한 미분이라는 개념이 매우 어색해진다. 4차원 시공간에 하나의 좌표가 어떻게 다른 좌표를 미분할 수 있는가 말이다.

하지만 고전역학에서는 시간은 절대적 스케일이다. 질점계의 모든 좌표와 모든 속도는 시간의 함수로 표현된다. 라그랑주의 운동방정식은 시간에 대한 미분방정식이며, 해밀턴의 작용은 시간에 대하여 라그랑지안을 적분해야 한다. 그만큼 시간이란 것은 매개변수로서 공간의 좌표와는 독립적이며 별도로 다루어야 하며 공간과 같은 레벨의 좌표로 다루면 안 된다.

그런데, 입자물리학은 기본적으로 양자역학에 기반을 두고 있으며, 동시에 상대론적 해석을 방법론으로 택하고 있다. 즉, 입자물리학에서 등장하는 입자들은 본질적으로 상대론적 양자장론의 해석에 따라야 한다. 그러므로 입자물리학에서는 시간을 고전역학처럼 대접하기는 곤란하다. 시간이 4차원 공간의 하나의 차원이라면 4차원 공간의 한 점은 x^μ $(\mu = 0, 1, 2, 3)$라는 좌표로 표현할 수 있다. 여기서 책에 따라 조금씩 다르기는 한데, $x^0 = t$, $x^1 = x$, $x^2 = y$, $x^3 = z$라고 둘 수 있다. (편의상 광속 $c = 1$으로 두자.) 이 4차원 시공간에 대한 정의는 나중에 다시 등장할 것이다.

다행이도, 입자물리학의 입자는 고전역학에서 논하는바 질점이 아니다. 양자역학에서 논의하는 파동, 즉, 파동함수로 표현되는 장(field)인 것이다. 그래서 자유도라는 개념이 적용되지 않으며, 일반화좌표라든지 일반화속도라든지 그런 물리량으로 입자들의 운동을 기술할 수 없다. 4차원 공간 전체에서 정의되는 함수로서의 장으로 입자를 기술하게 된다. 이때, 일반화좌표 $q_j(t)$는 장 $\phi_j(x^\mu)$로 대치되고, 일반화속도 $\dot{q}_j$는 장의 시공간에 대한 1차도함수 $\partial^\mu \phi_j$로 대치된다. 단, 일반화좌표의 지표 j는 자유도의 갯수를 나타내는 지표이지만, 장

ϕ_j의 지표 j는 입자를 구별하는 지표이므로 혼동하지 않도록 한다. 여기서,

$$\partial^\mu \phi_j = \frac{\partial \phi_j}{\partial x_\mu} \quad , \quad \partial_\mu \phi_j = \frac{\partial \phi_j}{\partial x^\mu}$$

는 미분의 단축 표현이다.

이제, 라그랑지안이라는 것도 더 이상 $q_j(t)$ 및 $\dot{q}_j(t)$의 함수가 아니므로, 따라서 작용이라는 것도 그들의 함수가 아니다. 다만, 작용이 라그랑지안의 시간에 대한 적분이라는 것은 유효하다. 그런데 시간이 특별한 매개변수가 아니라 하나의 좌표에 불과하므로 시간에 대한 적분은 시공간에 대한 적분으로 적절히 바뀌어야 할 것이다.

그래서 라그랑지안과 연결되는 어떤 물리량의 4차원 시공간에 대한 적분을 작용이라고 하면, 그 물리량의 시간에 대한 적분과 3차원 공간에 대한 적분으로 나누어 생각할 수 있다. 따라서 그 물리량의 3차원 공간에 대한 적분이 라그랑지안이 되어야 한다. 이때 그 물리량을 라그랑지안 밀도라고 정의한다. 그 라그랑지안 밀도를 $\mathcal{L}$라고 하면

$$\mathcal{L} = \mathcal{L}(\phi_j, \partial^\mu \phi_j) \tag{2.12}$$

이라고 정의할 수 있다.

기본적으로, 장이란 3차원 공간 전체에 퍼져 정의되는 하나의 파동 함수이며 그 장으로 표현하는 입자의 위치라든지 속도와는 직접적 관련이 없다. 대신, 장의 2승은 확률적으로 물리적 해석을 할 수 있다. 그러므로, 라그랑지안 밀도 안에 장의 1승이나 3승 같은 항이 있으면 안된다. 홀수승의 장은 물리적으로 무의미하기 때문이다. 앞으로 공부하게 되겠지만, 입자물리학에서 등장하는 라그랑지안 밀도는 그래서 언제 장의 2승 (또는 힉스 메커니즘을 도입할 때에는 4승)에 비례한다.

이 라그랑지안 밀도를 공간에 대하여 적분하게 되면 라그랑주 해석역학에서 말하는 (에너지 차원을 가진) 라그랑지안 L이 된다.

$$L = \int_V d^3x \mathcal{L} \tag{2.13}$$

여기서 V는 3차원 공간 전체라고 생각해도 되지만, 입자를 기술하는 장이 공간적으로 한정되어 있다면 그 한정된 공간이라고 생각해도 된다.

구체적인 라그랑지안 밀도의 모양은 그 라그랑지안 밀도가 어떤 입자를 기술하느냐에 따라 정해질 것인데, 표준모형에는 여러 종류의 입자가 있으므로 이들 각각에 대하여 라그랑지안 밀도를 구성하게 되면 그 라그랑지안 밀도의 모양과 특징을 알 수 있을 것이다. 그리고 이들을 전체적으로 통합하여 표준모형의 라그랑지안 밀도를 얻게 된다.

라그랑지안 밀도에 대하여는 앞으로 논의할 것이므로 잠시 젖혀두고, 지금은 해밀턴의 원리를 더 논의하기로 하자. 입자물리학에서 등장하는 작용은 고전역학과 마찬가지로 라그랑지안의 시간에 대한 적분으로 정의할 수 있다. 즉, 입자물리학에서도

$$S(t_i, t_f; \phi_j, \partial^\mu \phi_j) = \int_{t_i}^{t_f} L(\phi_j, \partial^\mu \phi_j) \tag{2.14}$$

와 같이 작용을 정의하는 것이다. 그런데 라그랑지안이 라그랑지안 밀도 $\mathcal{L}$의 공간 적분이라고 정의하였으므로, 그 식을 대입하면

$$\begin{aligned} S &= \int_{t_i}^{t_f} L(\phi_j, \partial^\mu \phi_j) \\ &= \int_{t_i}^{t_f} \int_V d^3x \mathcal{L}(\phi_j, \partial^\mu \phi_j) \end{aligned}$$

$$= \int_i^f d^4x\mathcal{L}(\phi_j, \partial^\mu\phi_j) \tag{2.15}$$

로 고쳐쓸 수 있다. 여기, d^4x는 4차원 공간의 적분요소이며, 맨 마지막 적분식에서 적분 구간 f와 i의 의미는 4차원 시공간의 시작과 끝을 가리킨다 즉, 시간적으로는 t_i에서 t_f까지 적분하며 공간적으로는 한정된 영역 V의 경계 안에서 적분하는 것을 가리킨다.

이제 해밀턴의 최소작용의 원리를 적용하려면 작용에 변분을 연산해야 한다.

$$\begin{aligned}
0 = \delta S &= \delta \int_i^f d^4x\, \mathcal{L}(\phi_j, \partial^\mu\phi_j) \\
&= \int_i^f d^4x\, \delta\, \mathcal{L}(\phi_j, \partial^\mu\phi_j) \\
&= \int_i^f d^4x \left[\frac{\partial\mathcal{L}}{\partial\phi_j}\delta\phi_j + \frac{\partial\mathcal{L}}{\partial(\partial^\mu\phi_j)}\delta(\partial^\mu\phi_j)\right] \\
&= \int_i^f d^4x \left[\frac{\partial\mathcal{L}}{\partial\phi_j}\delta\phi_j + \frac{\partial\mathcal{L}}{\partial(\partial^\mu\phi_j)}\partial^\mu(\delta\phi_j)\right]
\end{aligned} \tag{2.16}$$

세번째 등호에서는 변분 δ와 적분이 서로 독립적인 연산이므로 δ가 적분 안으로 들어갔다. 맨 마지막 등호에서 변분 δ와 편미분 ∂^μ를 치환하였다. 서로 독립적이기 때문이다.

이상을 부분 적분하게 되면 다음과 같이 정리할 수 있다.

$$\begin{aligned}
0 &= \int_i^f d^4x \left[\frac{\partial\mathcal{L}}{\partial\phi_j}\delta\phi_j + \frac{\partial\mathcal{L}}{\partial(\partial^\mu\phi_j)}\partial^\mu(\delta\phi_j)\right] \\
&= \int_i^f d^4x \left[\frac{\partial\mathcal{L}}{\partial\phi_j} - \partial^\mu\left(\frac{\partial\mathcal{L}}{\partial(\partial^\mu\phi_j)}\right)\right]\delta\phi_i \\
&\quad + \int_i^f d^4x\, \partial^\mu\left[\frac{\partial\mathcal{L}}{\partial(\partial^\mu\phi_j)}\delta\phi_j\right]
\end{aligned} \tag{2.17}$$

앞서 질점계의 경우에 논의한 바가 있듯이, 해밀턴의 원리를 만족하기 위하여 위 식의 두 개의 적분이 각각 0이 되어야 한다. 우선 첫번째 적분이 항상 0이 되려면 피적분항이 항상 0이면 된다. 임의의 $\delta\phi_j$에 대하여 피적분항이 0이려면

$$0 = \frac{\partial \mathcal{L}}{\partial \phi_j} - \partial^\mu \left(\frac{\partial \mathcal{L}}{\partial(\partial^\mu \phi_j)} \right) \tag{2.18}$$

가 되어야 한다. 이것은 ϕ_j에 대한 라그랑주 운동방정식이다. 즉, 하나의 라그랑주 운동방정식으로서 입자의 장 방정식이 유도되었다.

그리고, 두번째 적분이 0이 되려면 피적분항이 0이면 되는데, 이것은 시작점과 끝점에서 $\delta\phi_j$가 0이라고 가정하면 된다. 즉, $\delta\phi_j(t_f) = \delta\phi_j(t_i) = 0$이면 피적분항이 0이다. 시작과 끝에서는 variation이 없다는 의미가 무엇인지에 대하여는 이미 앞에서 논의한 바와 같다.

상대론적 입자물리학에 있어서도 해밀턴의 최소작용의 원리에서부터 라그랑주 운동방정식에 해당하는 장 방정식이 유도된다는 것을 보았다. 해밀턴의 원리를 하나의 전제로서 받아들이면 장 방정식은 필연적으로 구할 수 있다. 다만, 장 방정식의 구체적인 모양은 라그랑지안 밀도의 구체적인 모양에 따라 다르므로, 해밀턴의 원리만으로 장 방정식의 모양을 구할 수 없다. 그래서 해밀턴의 원리가 성립한다고 전제하더라도 라그랑지안 밀도의 모양이 구체적으로 어떻게 생겼는지 알아야 장 방정식을 구할 수 있다.

제 3장

—— 여러 종류의 입자들

표준모형에는 여러 종류의 입자들이 등장한다. 물질을 구성하는 입자로써 스핀 1/2인 페르미 입자가 있고, 상호작용을 매개하는 입자로써 스핀 1인 게이지 입자가 있으며, 힉스 메커니즘을 작용시키는 스핀 0의 스칼라 입자가 있다. 이들에 대하여 각각 공부한다. 다만, 중력과 강한 핵력은 표준모형에서 제외되어 있으므로 그 상호작용을 매개하는 글루온이나 그래비톤 등은 등장하지 않는다.

3.1 페르미 입자

페르미 입자(fermions)라고 부르는 입자들이 있다. 이들 입자의 상태함수는 페르미-디랙 통계를 만족하기 때문에 페르미 입자라고 부르는 것이다. 마찬가지로 보오스-아인시타인 통계를 만족하는 입자들은 보오스 입자(bosons)이다. 페르미 입자들은 파울리의 배타원리를 만족하며, 스핀은 1/2이다. 전자, 뮤우입자, 타우입자, 그리고 중성미자 등 경입자가 여기에 속하며 쿼크들도 여기에 속한다. 이들은 디랙 방정식을 만족하기 때문에 디랙 입자라고도 부른다.

페르미 입자의 상태함수는 스피너(spinor)라고 부르며, ψ 또는 $\psi(x)$로 나타낸다. 디랙의 표현을 물려받은 것이다. 그러나 주어진 특정한 입자를 표현할 때에는 그 특정한 입자를 나타내는 문자를 그냥 쓰기도 한다. 예를 들어 전자의 경우 ψ 대신 ψ_e를 쓰기도 하지만 e 또는 $e(x)$를 쓴다. 마찬가지로 쿼크의 경우 ψ_q 대신 q 또는 $q(x)$를 쓰며, 업 쿼크의 경우 ψ_u 대신 u 또는 $u(x)$를 쓰기도 하는 것이다.

스피너는 기본적으로 4개의 성분을 가진 열(column) 벡터로 정의한다. 행(row) 벡터로서의 스피너는 에르미트 켤레(Hermitian conjugate) $\psi^\dagger$로 표현한다.

$$\psi = \begin{pmatrix} \psi_1 \\ \psi_2 \\ \psi_3 \\ \psi_4 \end{pmatrix}, \quad \psi^\dagger = (\psi_1^* \ \ \psi_2^* \ \ \psi_3^* \ \ \psi_4^*) \tag{3.1}$$

한편, ψ의 에르미트 켤레 스피너 $\psi^\dagger$를 이용하여 수반 에르미트(Hermitian adjoint) 스피너 또는 그냥 수반 스피너라고 부르는 $\bar{\psi}$를 정의할 수 있는데

$$\bar{\psi} = \psi^\dagger \gamma^0 \tag{3.2}$$

와 같다. 페르미 입자에 대한 디랙 방정식을 다룰 때 이런 수반 스피너의 표현이 빈번하게 나오므로 이와 같이 정의해 두면 요긴하게 사용할 수 있기 때문이다.

스피너의 성분은 각각 하나의 상태함수인데, 스핀이 위냐 아래냐, 에너지가 양이냐 음이냐에 따라 하나씩 해당되는 것이다. 지금은 그냥 스피너 ψ 자체로 논의를 계속하자.

스피너는 성분이 4개인 열 벡터이므로 연산을 하려면 4×4 행렬이 필수적으로 등장하게 마련이다. 임의의 4×4 행렬을 표현하는 방법은 기본 베이스 4×4 행렬의 1차 결합으로 표현하는 것인데. 우리는 임의의 4×4 행렬이 아니라, 행렬식이 1이 되고 에르미트형이며 또한 유니터리 행렬만 논의한다고 제한하기 때문에, 4개의 기본 베이스 행렬이 필요하게 된다.

디랙이 처음 운동방정식을 유도하였을 때는 베이스 행렬로써 α 및 $\vec{\beta}$라는 4개의 4×4 행렬을 사용하였다. 오늘날에는 디랙의 표현 대신에 감마 행렬이라는 베이스 행렬을 사용하는 것이 거의 표준이 되었다. 다만, 그들을 $\gamma^0, \gamma^1, \gamma^2$ 및 γ^3라고 하거나 γ^1, γ^2 및 γ^3, γ^4 라고 하는 것은 책에 따라 다르며, 그 구체적인 표현 방식 또한 다양하다. 우리는 바일(Weyl) 표현을 택하겠다. 바일 표현은 카이랄 (chiral) 표현이라고도 부른다.

바일 표현에 의하면 감마 행렬은 다음과 같다.

$$\begin{cases} \gamma^0 = \begin{pmatrix} 0 & I \\ I & 0 \end{pmatrix} \\ \\ \gamma^1 = \begin{pmatrix} 0 & I \\ I & 0 \end{pmatrix} \begin{pmatrix} -\sigma_1 & 0 \\ 0 & \sigma_1 \end{pmatrix} = \begin{pmatrix} 0 & \sigma_1 \\ -\sigma_1 & 0 \end{pmatrix} \\ \\ \gamma^2 = \begin{pmatrix} 0 & I \\ I & 0 \end{pmatrix} \begin{pmatrix} -\sigma_2 & 0 \\ 0 & \sigma_2 \end{pmatrix} = \begin{pmatrix} 0 & \sigma_2 \\ -\sigma_2 & 0 \end{pmatrix} \\ \\ \gamma^3 = \begin{pmatrix} 0 & I \\ I & 0 \end{pmatrix} \begin{pmatrix} -\sigma_3 & 0 \\ 0 & \sigma_3 \end{pmatrix} = \begin{pmatrix} 0 & \sigma_3 \\ -\sigma_3 & 0 \end{pmatrix} \end{cases} \tag{3.3}$$

단, 여기서 I는 2×2 단위 행렬이며, $\sigma^1, \sigma^2, \sigma^3$는 파울리 행렬로서

다음과 같이 주어진다.

$$\sigma_1 = \begin{pmatrix} 0 & 1 \\ 1 & 0 \end{pmatrix}, \quad \sigma_2 = \begin{pmatrix} 0 & -i \\ i & 0 \end{pmatrix}, \quad \sigma_3 = \begin{pmatrix} 1 & 0 \\ 0 & -1 \end{pmatrix} \tag{3.4}$$

한편, 이들 4 개의 감마 행렬을 모두 곱한 행렬을 다섯번째의 감마 행렬로서 γ^5를 다음과 같이 도입한다.

$$\gamma^5 = i\gamma^0\gamma^1\gamma^2\gamma^3 = \begin{pmatrix} -I & 0 \\ 0 & I \end{pmatrix} \tag{3.5}$$

이들 감마 행렬들은 다음과 같은 몇 가지 성질이 있다.

[1] 제곱.

$$(\gamma^0)^2 = I_4, \quad (\gamma^i)^2 = -I_4 \ \ (i = 1, 2, 3), \quad (\gamma^5)^2 = I_4$$

(여기서의 I_4는 4×4 단위행렬이다).

[2] 반교환관계식(anti-commutation relations).

$$\begin{cases} \gamma^\mu\gamma^\nu + \gamma^\nu\gamma^\mu = \{\gamma^\mu, \gamma^\nu\} = 2g^{\mu\nu} \\ \gamma^5\gamma^\mu + \gamma^\mu\gamma^5 = \{\gamma^5, \gamma^\mu\} = 0 \quad (\mu, \nu = 0, 1, 2, 3) \end{cases} \tag{3.6}$$

여기서 계량 텐서 $g^{\mu\nu} = g_{\mu\nu}$는 책에 따라 다른데, 우리는 다음과 같이 정의한다.

$$g^{\mu\nu} = g_{\mu\nu} = \begin{pmatrix} 1 & 0 & 0 & 0 \\ 0 & -1 & 0 & 0 \\ 0 & 0 & -1 & 0 \\ 0 & 0 & 0 & -1 \end{pmatrix} \tag{3.7}$$

[3] 에르미트 수반 형(Hermitean adjoint).

감마 행렬의 에르미트 수반형을

$$\gamma^{\mu\dagger} = \gamma^0 \gamma^\mu \gamma^0 \tag{3.8}$$

라고 정의하면 ($\mu = 0, 1, 2, 3$ 및 5) 다음과 같은 성질을 가진다.

$$\begin{cases} \gamma^{0\dagger} = \gamma^0 \\ \gamma^{i\dagger} = -\gamma^i \quad (i = 1, 2, 3) \\ \gamma^{5\dagger} = \gamma^5 \end{cases} \tag{3.9}$$

3.1.1 디랙 방정식

이제, 페르미 입자의 운동방정식으로서 디랙 방정식을 논의하겠다. 디랙은 스피너를 도입하여 전자, 즉 페르미 입자를 기술하는 디랙 방정식을 구성하였는데, 오늘날 돌이켜보면 디랙의 이론을 합리적으로 설명할 수 있지만, 당시로서는 획기적인 아이디어였다.

그 전에, 디랙이란 인물을 살펴보자. 폴 에이드리언 모리스 디랙 (Paul Adrien Maurice Dirac)은 1902년 8월 8일 영국 브리스톨에서 태어나 1984년 10월 20일 미국 플로리다에서 세상을 떠났다. 디랙의 아버지는 스위스인이고 어머니는 영국인이었다. 프랑스어 교사인 아버지와는 프랑스어로만 대화하였다. 그의 유년 시절 아버지와의 관계에 대한 이야기는 “아름다움은 왜 진리인가” (이언 스튜어트 지음, 안재권, 안기연 옮김, 승산, 서울, 2010)에서 간단하나마 읽을 수 있다. 아무튼, 디랙은 만 26세가 된 1928년에 전자의 파동함수에 대한 상대론적 운동방정식을 만들었다. 이 방정식이 유명한 디랙 방정식이다. 그는 “양자역학의 원리 (Principles of Quantum Mechanics)” 라는 책에서 이 방정식를 이끌어 내는 방법을 자세하게 설명하였다. 이 책은 1930년에 처음 발간되었으며 그후 몇 차례 개정되었는데, 과학사에 있어서 기념비적인 저서들 가운데 하나다. 아직까지도 이 책은 입자물리학에서는 표준 참고서에 해당한다. 디랙 방정식은 전자뿐 아니라 질량을 가진 모든 페르미 입자에 대한 운동방정식으로 사용할 수 있다.

디랙은 종교에 대하여 부정적이었다. 베르너 하이젠베르크의 회고 (Werner Heisenberg, "Physics and Beyond: Encounters and Conversations," Harper & Row, New York, 1972)에 의하면 디랙은

> "··· I cannot understand why we idle discussing religion. If we are honest—and scientists have to be—we must admit that religion is a jumble of false assertions, with no basis in reality. The very idea of God is a product of the human imagination. It is quite understandable why primitive people, who were so much more exposed to the overpowering forces of nature than we are today, should have personified these forces in fear and trembling. But nowadays, when we understand so many natural processes, we have no need for such solutions ···"

라고 말했다는 것이다. 여기서 이렇게까지 인용할 필요는 없지만, 종교와 과학을 대립적인 관점에서 언급한 내용이기에 좀 길지만 인용하였다. 디랙은 1933년에 에르빈 슈뢰딩거와 함께 노벨 물리학상을 수상하였다. 그가 31세 때의 일이었다.

질량이 m인 페르미 입자의 자유공간에서의 디랙 방정식은

$$(i\gamma^\mu \partial_\mu - m)\psi = 0 \tag{3.10}$$

으로 주어진다. 책에 따라 복소수 i를 곱하든지 해서 디랙 방정식의 표현이 조금씩 다른데, 우리 표현은 Halzen과 Martin의 책 또는

Cottingham과 Greenwood의 책에서 나오는 표현과 동일하다.

좌표계 및 미분연산자들은 앞서 계량 텐서를 정의한 바에 따라,

$$x^\mu = (t, x, y, z), \quad x_\mu = g_{\mu\nu}x^\nu = (t, -x, -y, -z) \tag{3.11}$$

와 같이 정의한다. 여기서 $t = x^0,\ x = x^1,\ y = x^2,\ z = x^3$이며, 자연단위계 $(\hbar = c = 1)$이다.

이때, 미분연산자들은 다음과 같이 주어진다.

$$\begin{cases} \partial_\mu = \dfrac{\partial}{\partial x^\mu} = \left(\dfrac{\partial}{\partial t}, \vec{\nabla}\right), \\ \partial^\mu = \dfrac{\partial}{\partial x_\mu} = g^{\mu\nu}\partial_\nu = \left(\dfrac{\partial}{\partial t}, -\vec{\nabla}\right) \end{cases}$$

이를 이용하여 수반 스피너 $\bar{\psi}$에 대한 디랙 방정식을 써 보면 다음과 같다.

$$i\partial_\mu\bar{\psi}\gamma^\mu + m\bar{\psi} = 0 \tag{3.12}$$

3.1.2 페르미 입자의 라그랑지안 밀도

이제 페르미 입자의 라그랑지안 밀도가 어떤 형태로 주어져야 위와 같은 디랙 방정식이 해밀턴의 원리에 의하여 유도될 수 있는지 알아보기로 하자.

일단, 결론부터 이야기하고, 그 결론이 맞는지 검증하기로 하겠다. 외부와의 아무런 상호작용이 없는 자유공간에서 질량이 m인 페르미 입자의 라그랑지안 밀도는 다음과 같이 주어진다.

$$\mathcal{L} = i\bar{\psi}\gamma^\mu\partial_\mu\psi - m\bar{\psi}\psi = \bar{\psi}(i\gamma^\mu\partial_\mu - m)\psi \tag{3.13}$$

과연 이 라그랑지안 밀도에서 디랙 방정식이 유도되는지 확인하겠다. 이 라그랑지안 밀도는 ψ에 대한 라그랑지안 밀도로 생각해도 되고 $\bar{\psi}$에 대한 라그랑지안 밀도로 생각해도 된다. 먼저 ψ에 대한 라그랑지안 밀도로 생각하고 해밀턴의 원리를 적용하면 라그랑주 운동방정식은

$$0 = \frac{\partial \mathcal{L}}{\partial \psi} - \partial_\mu \left(\frac{\partial \mathcal{L}}{\partial(\partial_\mu \psi)} \right) = -m\bar{\psi} - \partial_\mu (i\bar{\psi}\gamma^\mu) \tag{3.14}$$

가 되므로, $\bar{\psi}$에 대한 디랙 방정식이 나온다. 즉,

$$i\partial_\mu \bar{\psi}\gamma^\mu + m\bar{\psi} = \bar{\psi}(i\partial_\mu \gamma^\mu + m) = 0$$

와 같은 방정식을 얻게 된다. 한편, $\bar{\psi}$에 대한 라그랑지안 밀도라고 생각한다면

$$0 = \frac{\partial \mathcal{L}}{\partial \bar{\psi}} - \partial_\mu \left(\frac{\partial \mathcal{L}}{\partial(\partial_\mu \bar{\psi})} \right) = (i\gamma^\mu \partial_\mu \psi - m\psi) \tag{3.15}$$

가 되므로, 마찬가지로, ψ에 대한 디랙 방정식

$$(i\gamma^\mu \partial_\mu - m)\psi = 0$$

을 얻을 수 있다. 요컨대, 앞서 구한 디랙 방정식이 유도되는 것을 확인할 수 있다.

이때, 하나의 라그랑지안 밀도에서 ψ 및 $\bar{\psi}$에 대한 두 개의 독립적인 운동방정식이 나오는 것처럼 보이지만, 실제로는 운동방정식을 표현하다 보니 그렇게 보일 뿐이며, ψ의 4 개의 성분에 대한 운동방정식을 적어보면 동일한 운동방정식이라는 것을 알 수 있다. 실제로, 수반 스피너는 독립 함수가 아니라 스피너의 수반형이기 때문이다.

디랙 방정식의 해를 구하는 법이라든지 그 물리적 의미라든지, 자유전자의 해라든지 등 중요한 개념이 이어져야 하는데, 여기서는 생략하기로 한다. 이제는 이미 고전이지만, 교과서로도 유명한 Bjorken and Drell이 쓴 상대론적 양자 장론을 비롯하여 여러 책에 자세히 나와 있으니 참고하기 바란다.

3.1.3 페르미 입자의 확장형

많은 페르미 입자들이 자연에 존재하고 있다. 원래는 이들 각각에 대하여 디랙 방정식이나 라그랑지안 밀도를 고려해야 하지만, 만일 이들이 어떤 공통의 성질을 가지고 있다면 하나의 다중항으로 묶어서 다루는 것이 편리하기도 하고 일관적이기도 하다. 이때는 라그랑지안 밀도를 확장하여 다중항으로써 그들을 표현하여 그들을 동시에 다룰 수 있는 방법을 찾아야 한다.

어떤 경우에 페르미 입자들을 다중항으로 표현하는가. 예를 들어 핵물리학에서 양성자와 중성자를 핵자라는 하나의 이중항으로 묶기도 하고, 표준모형에서는 up 쿼크와 down 쿼크, 전자와 중성미자 등을 하나의 이중항으로 묶어서 다루고 있다. 그 외에, 플레버 역학(flavour dynamics)에서는 $SU(6) \times SU(6)$ 대칭성을 논의하면서 쿼크들을 힌꺼번에 하나의 6중항으로 묶어서 표현하기도 한다.

여기서는 일단 두 종류의 페르미 입자만 있다고 가정하자. 이들을 각각 첨자를 붙여서 ψ_1 및 ψ_2라고 불러도 되고, q_1 및 q_2라고 불러도 되는데, 표준모형에서 제1세대 쿼크들을 다루듯이 u 및 d라고 부르기로 하자. 그리고 이들이 4차원 시공간 x의 함수라는 것을 굳이 밝혀야 한다면 $u(x)$ 및 $d(x)$라고 쓰면 된다.

이제, 이 2개의 페르미 입자 u 및 d가 다음과 같이 하나의 이중항 q으로 묶겠다.

$$q = \begin{pmatrix} u \\ d \end{pmatrix} \tag{3.16}$$

이 이중항은 하나의 열 벡터다. 다중항은 행 벡터보다 열 벡터로 표현하는 것이 관습이기 때문이다.

한편, 이중항 q의 에르미트 켤레 및 에르미트 수반은 다음과 같이 주어진다.

$$q^\dagger = (u^\dagger \quad d^\dagger) \tag{3.17}$$

및

$$\bar{q} = q^\dagger \gamma^0 = (\bar{u} \quad \bar{d}) \tag{3.18}$$

u 및 d가 공통 질량 m을 가지고 있다면 이중항 q가 만족해야 하는 디랙 방정식은

$$(i\gamma^\mu \partial_\mu - m)q = 0 \tag{3.19}$$

이다. (2×2의 단위 행렬이 질량항에 숨어 있다.)

이 방정식은 겉보기에는 간단한 모양인데, 실은 다음과 같은 두 개의 독립적인 디랙 방정식을 동시에 쓴 것이다.

$$\begin{aligned} 0 &= (i\gamma^\mu \partial_\mu - m)q = (i\gamma^\mu \partial_\mu - m)\begin{pmatrix} u \\ d \end{pmatrix} \\ &= \begin{pmatrix} (i\gamma^\mu \partial_\mu - m)u \\ (i\gamma^\mu \partial_\mu - m)d \end{pmatrix} \end{aligned}$$

그리고 스피너의 성분을 모두 표현하게 되면 8개의 성분을 가지는 방정식인 것이다. (이때는 4×4의 단위 행렬이 질량항에 숨어 있다.)

이상과 같이, 같은 질량을 가지는 두 개의 페르미 입자가 이중항 q를 구성하는 경우, 자유공간에서의 라그랑지안 밀도는

$$\mathcal{L} = \bar{q}(i\gamma^\mu \partial_\mu - m)q$$

$$= \bar{u}(i\gamma^\mu\partial_\mu - m)u + \bar{d}(i\gamma^\mu\partial_\mu - m)d \quad (3.20)$$

와 같다. 이때, 해밀턴의 원리에 의한 라그랑주 운동방정식을 구해보면, 위에서 보는 바 q에 대한 디랙 방정식이 나오는 것을 확인할 수 있다.

만일 두개의 페르미 입자가 서로 다른 질량을 가지는 경우에는 어떻게 라그랑지안 밀도를 구성해야 하는가. u와 d의 질량이 각각 m_u 및 m_d이라고 한다면 이중항의 질량 행렬 m_q를 도입해야 한다. 이중항의 질량 행렬을

$$m_q = \begin{pmatrix} m_u & 0 \\ 0 & m_d \end{pmatrix} \quad (3.21)$$

라고 표현하면 이중항 q의 디랙 방정식은

$$(i\gamma^\mu\partial_\mu - m_q)q = 0 \quad (3.22)$$

가 된다. 이중항을 전개하여 디랙 방정식을 고쳐쓰면 u와 d에 대한 디랙 방정식은 다음과 같이 된다.

$$\begin{aligned} 0 &= (i\gamma^\mu\partial_\mu - m_q)q \\ &= \left[i\gamma^\mu\partial_\mu - \begin{pmatrix} m_u & 0 \\ 0 & m_d \end{pmatrix}\right]\begin{pmatrix} u \\ d \end{pmatrix} \\ &= \begin{pmatrix} i\gamma^\mu\partial_\mu - m_u & 0 \\ 0 & i\gamma^\mu\partial_\mu - m_d \end{pmatrix}\begin{pmatrix} u \\ d \end{pmatrix} \\ &= \begin{pmatrix} (i\gamma^\mu\partial_\mu - m_u)u \\ (i\gamma^\mu\partial_\mu - m_d)d \end{pmatrix} \end{aligned} \quad (3.23)$$

(여기서도 4×4 단위행렬과 2×2 단위행렬이 각각 숨어 있다.)

이와 같은 디랙 방정식을 주는 라그랑지안 밀도는 다음과 같다.

$$\begin{aligned}\mathcal{L} &= \bar{q}(i\gamma^\mu\partial_\mu - m_q)q \\ &= \bar{u}(i\gamma^\mu\partial_\mu - m_u)u + \bar{d}(i\gamma^\mu\partial_\mu - m_d)d \end{aligned} \tag{3.24}$$

이것이 질량이 서로 다른 두 개의 페르미 입자가 이중항 q를 구성하는 경우, 자유공간에서의 라그랑지안 밀도이다. 이때, 이 라그랑지안 밀도를 해밀턴의 원리에 적용하면 바로 위에 보는바 이중항에 대한 디랙 방정식이 나오는 것을 확인할 수 있다.

이제, 자유공간이 아닌, 외부와의 상호작용이 있는 공간에서의 페르미 입자의 디랙 방정식을 논의해야 하는 것이 순서인데, 일단 게이지 입자부터 논의하고자 한다. 게이지 입자에 대한 라그랑지안 밀도라든지 운동방정식 등을 익힌 다음, 그 게이지 입자가 페르미 입자와 상호작용을 하게 되는 매개 입자라고 가정하고 그 페르미 입자의 라그랑지안 밀도와 운동방정식이 어떻게 달라지는지 알아볼 것이다.

3.2 게이지 입자

표준모형에는 페르미 입자 이외에 게이지 입자라고 부르는 입자들 있다. 이들은 상호작용을 매개하는 입자들이다. 전자기상호작용과 약상호작용 및 강상호작용을 각각 매개하는 광자, W, Z 입자 및 글루온 등이 게이지 입자에 속한다. 이들 입자의 상태함수는 보오스-아인시타인 통계를 만족한다. 그래서 그냥 보오스 입자(bosons)라고도 부르기도 하고 게이지 보오스 입자(gauge bosons)라고도 부르기도 다. 이들 입자의 스핀은 1이므로 벡터 입자들이다. 그래서 이들을 벡터 보오스 입자(vector bosons)라고도 부른다. 광자와 글루온은 질량이 없는데, W 및 Z의 질량은 약상호작용의 대칭성이 깨어지는 바람에 매우 커서 그들의 정지 질량은 양성자의 정지 질량의 수십 배에 이른다.

게이지 입자 중에서 가장 잘 알려져 있는 입자는 광자(photon)이다. 전자기학의 맥스웰 방정식을 벡터 퍼텐셜에 관한 미분방정식으로 생각하면 벡터 퍼텐셜 A_μ는 광자의 파동 함수에 해당한다. A_μ를 양자화하면 바로 광자라는 입자가 되므로 광자는 전자기상호작용을 매개하는 게이지 입자로 해석할 수 있다.

사실 전자기학은 그리 오래된 학문이 아니다. 약 150년 전에 맥스웰이 런던 킹스 칼리지에 재직하고 있을 때 완성하였다고 보아도 무방하다.

제임스 클러크 맥스웰(James Clerk Maxwell, 1831년 6월 13일 – 1879년 11월 5일)은 스코틀랜드의 에든버러에서 태어났다. 그는 19세 때 케임브리지 대학에 입학하였다. 입학할 때에는 피터하우스 대학에 입학했으나 곧 트리니티 대학으로 옮겼고 4년 뒤 스미스 상 시험에서 수석을 차지하며 케임브리지 대학을 졸업했다. 졸업 후 잠시 스코틀랜드로 갔다가 런던의 킹스 칼리지 대학에서 강의를 하면서 전자기학을 완성한 것이다. 맥스웰은 34세 때 케임브리지 대학 교수가 되고 40세 때인 1871년에는 케임브리지 대학의 캐번디시 연구소에서 연구하였다. 그러나 연구를 왕성하게 해야 할 나이인 48세에 그는 위암으로 케임브리지에서 눈을 감았다고 한다.

맥스웰이 전자기학에 관한 방정식을 완성한 것은 단독 업적은 아니다. 그에 앞선 학자들의 선구적 연구 성가 누적되어 있었기 때문에 가능한 일이었다. 쿨롱이나 앙페르나 가우스 등이 열악한 환경에서도 실험을 통하여 전자기적인 법칙을 하나씩 발견해 놓은 것을 맥스웰이

집대성하여 하나의 프레임 안에 완성할 수 있었던 것이다. 하지만, 맥스웰의 업적은 위대하다고 말할 수 있다. 그 당시에는 상대론도 없었고 양자론도 없었지만 전자기적인 법칙들은, 그리고 그들의 집합체로써의 맥스웰 방정식은, 상대론과도 일치하고, 빛이 파동이기도 하고 입자이기도 하다는 점에서 양자론과도 부합한다. 맥스웰 방정식으로 표현되는 전자기학은 고전전자기학이면서도 시대와 영역에 구애받지 않는 현대 물리학의 핵심이다.

3.2.1 맥스웰 방정식

맥스웰 방정식은 전기장 및 자기장에 관한 운동방정식이다. 전자기학은 가우스 법칙과 앙페르의 법칙 등을 차곡차곡 쌓아 나가서 맥스웰 방정식을 구성하는 것이 핵심이라고 말할 수 있다. 맥스웰 방정식에 이르는 것이 전자기학의 클라이맥스에 해당한다.

그래서 나는 전자기학이 그 학문적 완성도에 있어서 가장 아름답다고 생각한다. 맥스웰 방정식 이외의 이론이 필요하지 않다. 그리고 학문적으로 전자기적인 모든 현상은 맥스웰 방정식만 있으면 유도할 수 있고 설명할 수 있고 해석할 수 있다. 맥스웰 방정식은 소위 전자기학의 "제1 원리 (the first principle)"이다. 마치 한 나라의 법체계가 헌법에서부터 시작하고, 기하학이 몇 개의 공리에서부터 출발하듯이, 전자기학은 맥스웰 방정식에서부터 전개된다. 맥스웰 방정식의 표현도 아름답다. 벡터로 표현하든 텐서로 표현하든 또는 미분기하의 differential form으로 표현하든 맥스웰 방정식은 항상 대칭적이고 간결하고 직관적이다. 이러한 학문 분야는 흔치 않다는 것이 나의 개인적인 느낌이다.

각설하고, 전기장과 자기장은 스칼라 퍼텐셜 및 벡터 퍼텐셜으로 주어진다.

$$\begin{cases} \vec{E} = -\vec{\nabla}\phi - \dfrac{\partial}{\partial t}\vec{A} \\ \vec{B} = \vec{\nabla} \times \vec{A} \end{cases} \tag{3.25}$$

그리고 자유공간에서의 맥스웰 방정식은 다음과 같이 전기장과 자기장의 미분방정식으로 주어진다.

$$\begin{cases} \vec{\nabla} \cdot \vec{E} = 0 \\ \vec{\nabla} \cdot \vec{B} = 0 \\ \vec{\nabla} \times \vec{E} = -\dfrac{\partial \vec{B}}{\partial t} \\ \vec{\nabla} \times \vec{B} = \dfrac{\partial \vec{E}}{\partial t} \end{cases} \tag{3.26}$$

전하밀도와 전류밀도가 가까이에서 전자기장에 영향을 미친다면 맥스웰 방정식에 그들을 포함시켜야 한다. 전하밀도를 ρ라 하고 전류밀도를 $\vec{j}$라고 하면 맥스웰 방정식은 다음과 같이 된다.

$$\begin{cases} \vec{\nabla} \cdot \vec{E} = \dfrac{1}{\epsilon_0}\rho \\ \vec{\nabla} \cdot \vec{B} = 0 \\ \vec{\nabla} \times \vec{E} = -\dfrac{\partial \vec{B}}{\partial t} \\ \vec{\nabla} \times \vec{B} = \mu_0\vec{j} + \mu_0\epsilon_0\dfrac{\partial \vec{E}}{\partial t} = \mu_0\vec{j} + \dfrac{1}{c^2}\dfrac{\partial \vec{E}}{\partial t} \end{cases} \tag{3.27}$$

가 된다. 자연단위계로 표현하면 $c = 1$이므로 ϵ_0은 자연단위계에서 진공의 유전율이며 μ_0는 자연단위계에서 진공의 투자율이다. 이때 $\epsilon_0\mu_0 = 1/c^2 = 1$이다.

이 맥스웰 방정식을 텐서를 이용하여 다시 기술해 보자. 텐서를 이용하려면 먼저 스칼라 퍼텐셜 및 벡터 퍼텐셜을 하나의 4-벡터로

통합하는 과정이 필요하다. 즉,

$$A^\mu = (\phi, \vec{A}), \quad A_\mu = (\phi, -\vec{A}) \tag{3.28}$$

라는 4차원 벡터 퍼텐셜을 정의해야 한다. 이때, 4개의 성분을 표시해 보면

$$\begin{cases} A^0 = \phi, & A^1 = A_x, \quad A^2 = A_y, \quad A^3 = A_z \\ A_0 = \phi, & A_1 = -A_x, \quad A_2 = -A_y, \quad A_3 = -A_z \end{cases} \tag{3.29}$$

와 같이 된다.

이제 A_μ를 이용하여 다시 $F_{\mu\nu}$라는 2계 텐서(second-rank tensor)를

$$F_{\mu\nu} = \partial_\mu A_\nu - \partial_\nu A_\mu \tag{3.30}$$

와 같이 정의한다. 전자기장 텐서의 F는 패러데이의 F에서 따왔다는 이야기가 있다. 이 텐서를 전자기장의 장 텐서(field strength tensor) 또는 전자기장 텐서라고 부른다. 비슷한 이름으로, 장 스트레스 텐서(field stress tensor)라고 부르는 물리량도 있는데, 우리가 장 텐서 또는 전자기장 텐서라고 부르는 $F_{\mu\nu}$와는 약간 개념이 다르다.

전자기장 텐서는 지표를 교환하면 $F_{\mu\nu} = -F_{\nu\mu}$가 성립하므로 반대칭 텐서이다. 즉,

$$F_{\mu\nu} + F_{\nu\mu} = 0 \tag{3.31}$$

이다. 전자기장 텐서의 지표를 올리려면 계량 텐서 $g_{\mu\nu}$를 두번 곱하면 된다. 실제로 곱해보면

$$F_{\mu\nu} = F^{\lambda\sigma} g_{\lambda\mu} g_{\sigma\nu} = F^{\mu\nu} \tag{3.32}$$

가 되어 부호가 유지된다.

전자기장 텐서와 전자기장 자체는 어떠한 관계가 있는지 금방 알 수 있다. 예를 들어

$$F_{02} = \partial_0 A_2 - \partial_2 A_0 = \frac{\partial}{\partial t}(-A_y) - \frac{\partial}{\partial y}\phi = -E_y$$

이며,

$$F_{12} = \partial_1 A_2 - \partial_2 A_1 = \frac{\partial}{\partial x}(-A_y) - \frac{\partial}{\partial y}(-A_x) = -B_z$$

등이다. 그래서, 결과를 정리하면 다음과 같다.

$$F^{\mu\nu} = F_{\mu\nu} = \begin{pmatrix} 0 & -E_x & -E_y & -E_z \\ E_x & 0 & -B_z & B_y \\ E_y & B_z & 0 & -B_x \\ E_z & -B_y & B_x & 0 \end{pmatrix} \tag{3.33}$$

또는, 전자기장 텐서의 각 성분을 풀어서 쓰면

$$\begin{cases} F_{10} = -F_{01} = E_x \\ F_{20} = -F_{02} = E_y \\ F_{30} = -F_{03} = E_z \\ F_{21} = -F_{12} = B_z \\ F_{32} = -F_{23} = B_x \\ F_{13} = -F_{31} = B_y \end{cases} \tag{3.34}$$

가 된다.

이제, 자유공간에서의 맥스웰 방정식을 $F_{\mu\nu}$를 사용하여 다시 써 보자.

$$\begin{cases} 0 = \partial_\lambda F_{\mu\nu} + \partial_\mu F_{\nu\lambda} + \partial_\nu F_{\lambda\mu} \\ 0 = \partial_\mu F^{\mu\nu} \end{cases} \tag{3.35}$$

가 된다. 이것이 텐서로 표현한 맥스웰 방정식의 모습이다. 간결하고 직관적이지 않는가? 이 텐서 표현의 맥스웰 방정식에 A_μ를 대입하고 전자기장을 이용하여 고쳐쓰면 우리에게 익숙한 벡터 표현의 맥스웰 방정식이 나오는 것을 확인할 수 있다.

한편 전하와 전류가 있는 공간, 즉 전자기 상호작용이 있는 공간에서의 맥스웰 방정식을 텐서 표현으로 기술하려면 전하밀도 ρ와 전류밀도 $\vec{j}$도 하나의 4-벡터로 통합하는 것이 필요하다. 즉, 4-벡터 전류밀도 j^μ를 (그리고 지표를 내려서 쓴 j_μ를)

$$j^\mu = (\rho, \vec{j}), \quad j_\mu = (\rho, -\vec{j}) \tag{3.36}$$

와 같이 도입하면,

$$\begin{cases} j^0 = \rho, & j^1 = j_x, \quad j^2 = j_y, \quad j^3 = j_z \\ j_0 = \rho, & j_1 = -j_x, \quad j_2 = -j_y, \quad j_3 = -j_z \end{cases}$$

와 같이 묶어서 표현할 수 있다.

이때, j_μ를 사용하여 전하와 전류가 있는 공간에서의 맥스웰 방정식을 쓰면 다음과 같이 된다.

$$\begin{cases} 0 = \partial_\lambda F_{\mu\nu} + \partial_\mu F_{\nu\lambda} + \partial_\nu F_{\lambda\mu} \\ j^\nu = \partial_\mu F^{\mu\nu} \end{cases} \tag{3.37}$$

역시 간결하게 표현되는 것은 마찬가지지만, 자유공간에서의 맥스웰 방정식에 비하여 source term이라고 부르는 군더더기 항이 있다. 아무튼, source term이 없는 윗식을 맥스웰 방정식의 동차(homogeneous) 방정식이라 부르고 source term이 있는 아랫식을 비동차(inhomogeneous) 방정식이라 부른다.

동차 방정식 부분은 그 지표 μ, ν, λ가 1,2,3 중의 하나여야 하며,

$$0 = \epsilon^{\mu\nu\lambda\eta}\partial_\lambda F_{\mu\nu} \tag{3.38}$$

처럼 고쳐 쓸 수도 있지만, 이때, $\eta = 0$이다. 시간에 대한 미분 ∂_0이 없으므로 동차 부분 방정식은 시간에 대하여 독립이다. 요컨대, 동차 방정식 부분은 시간에 대한 변화가 없으므로 운동을 기술하는 방정식이 아니라 하나의 항등식이다.

비동차 방정식 부분은 $j^\nu = \partial_\mu F^{\mu\nu}$의 covariant index와 contravariant index를 올리고 내려서

$$j_\nu = \partial^\mu F_{\mu\nu} \tag{3.39}$$

처럼 바꾸어 표현할 수도 있다. 한편, 비동차 방정식 부분의 지표는 $\mu, \nu = 0, 1, 2, 3$으로 4차원 모두 가질 수 있다.

비동차 방정식 부분은 과연 벡터로 표현된 맥스웰 방정식과 어떻게 대응되는지 확인해 볼 수 있는데, 예를 들어

$$\partial^\mu F_{\mu 1} = j_1$$

를 보면,

$$\begin{aligned}
&\partial^\mu F_{\mu 1} \\
&= \partial^0 F_{01} + \partial^1 F_{11} + \partial^2 F_{21} + \partial^3 F_{31} \\
&= \frac{\partial}{\partial t}(-E_x) + \left(-\frac{\partial}{\partial x}\right) \cdot 0 + \left(-\frac{\partial}{\partial y}\right) B_z + \left(-\frac{\partial}{\partial z}\right) (-B_y) \\
&= -\frac{\partial}{\partial t} E_x - (\vec{\nabla} \times \vec{B})_x = -j_x \\
&= j_1
\end{aligned}$$

이다.

3.2.2 게이지 입자의 라그랑지안 밀도

맥스웰 방정식은 $F_{\mu\nu}$의 미분방정식이지만, 실은 게이지 입자 A_μ의 운동방정식에 해당한다. 그러므로, A_μ의 함수로 구성된 어떤 라그랑

지안 밀도 $\mathcal{L}$가 있어야 한다. 그래서, 해밀턴의 원리에 의하여 라그랑주 운동방정식을 유도하면

$$\frac{\partial \mathcal{L}}{\partial A_\mu} - \partial_\sigma \left(\frac{\partial \mathcal{L}}{\partial(\partial_\sigma A_\mu)} \right) = 0 \tag{3.40}$$

와 같이 되고, 이 식이 곧 맥스웰 방정식이어야 하는 것이다. 그렇다면, 라그랑지안 밀도를 어떻게 구성하여야 맥스웰 방정식을 이끌어 낼 수 있을까? 대답은 다음과 같다.

A_μ의 자유공간에서의 라그랑지안 밀도는

$$\mathcal{L} = -\frac{1}{4} F^{\mu\nu} F_{\mu\nu} \tag{3.41}$$

로 주어지고, 전류밀도가 있는 공간에서의 라그랑지안 밀도는

$$\mathcal{L} = -\frac{1}{4} F^{\mu\nu} F_{\mu\nu} - j^\mu A_\mu \tag{3.42}$$

로 주어지면 된다. 이때, 그 라그랑주 운동방정식이 각각의 공간에서 맥스웰 방정식이 된다.

물론 중복되는 텐서 지표에 대하여는 summation convention이 적용된다. 그래서 중복 지표를 계산하게 되면 나중에 계수가 나오는데, 맥스웰 방정식의 비동차 부분을 제대로 얻기 위하여 $-(1/4)$을 미리 곱하여 라그랑지안 밀도를 정의하는 것이다.

이제, 과연 저 라그랑지안 밀도를 해밀턴의 원리에 적용한 라그랑주 운동방정식이 과연 동차 및 비동차 부분의 맥스웰 방정식이 나오는지 확인해 보자. 지표 계산을 명확하게 하기 위하여 A_μ의 지표를 "λ"로 고정한 뒤, 라그랑주 운동방정식을 구해보기로 한다.

$$\frac{\partial \mathcal{L}}{\partial A_\lambda} = -j^\lambda$$

는 금방 나온다. 두 번째 항은 텐서 계산이 조금 복잡한데, 다음과 같다.

$$\begin{aligned} & -\partial_\sigma \left(\frac{\partial \mathcal{L}}{\partial(\partial_\sigma A_\lambda)} \right) \\ = & \; -\partial_\sigma \left[-\frac{1}{4} \frac{\partial}{\partial(\partial_\sigma A_\lambda)} (\partial^\mu A^\nu - \partial^\nu A^\mu)(\partial_\mu A_\nu - \partial_\nu A_\mu) \right] \\ = & \; \frac{1}{4} \partial_\sigma \left[\delta^\sigma_\mu \delta^\lambda_\nu (\partial^\mu A^\nu - \partial^\nu A^\mu) - \delta^\sigma_\nu \delta^\lambda_\mu (\partial^\mu A^\nu - \partial^\nu A^\mu) \right] \times 2 \\ = & \; \frac{1}{2} \partial_\sigma \left[(\partial^\sigma A^\lambda - \partial^\lambda A^\sigma) - (\partial^\lambda A^\sigma - \partial^\sigma A^\lambda) \right] \\ = & \; \partial_\sigma F^{\sigma\lambda} \end{aligned}$$

세번째 등호 뒤의 “2”는 summation index μ 및 ν를 서로 치환하여 똑같은 미분을 반복해야 하므로 2를 곱해야 한다는 뜻이다. 이들을 라그랑주 운동방정식에 대입하면

$$0 = \frac{\partial \mathcal{L}}{\partial A_\lambda} - \partial_\sigma \left(\frac{\partial \mathcal{L}}{\partial(\partial_\sigma A_\lambda)} \right) = -j^\lambda + \partial_\sigma F^{\sigma\lambda}$$

가 된다. 즉,

$$\partial_\sigma F^{\sigma\lambda} = j^\lambda$$

이다. 요컨대, 저 라그랑지안 밀도를 해밀턴의 원리에 대입하면 맥스웰 방정식이 나온다는 것을 확인할 수 있다.

이 식에서는 아직 게이지 변환에 대하여 라그랑지안 밀도가 어떻게 변하는지 알 수 없으므로 게이지 대칭성을 논의할 수 없다. 하지만 게이지 대칭성이 존재하면 게이지 변환에 대하여 전류밀도의 연속방정식이 유도되고 전하의 보존법칙이 성립한다. 이러한 논점은 나중에 게이지 변환을 논의할 때 다시 등장할 것이다.

이제, 어떤 게이지 입자가 질량을 가지고 있는 경우에 대하여 논의하자. 이 게이지 입자는 광자와 달리 질량이 있으므로 A_μ와는 다른 게이지 입자이며, 전자기 상호작용이 아닌 다른 상호작용을 매개한다고 생각할 수 있다. 이 게이지 입자를 B_μ라 하자. B_μ의 라그랑지안 밀도 모양은 전자기장의 라그랑지안 밀도와 다를 것이고 그 운동방정식도 맥스웰 방정식과 다를 텐데, 어떻게 다를까?

먼저, B_μ의 스트레스 텐서를

$$B_{\mu\nu} = \partial_\mu B_\nu - \partial_\nu B_\mu$$

와 같이 도입한다. 스트레스 텐서에는 질량항이 나오지 않는다. 하지만, 라그랑지안 밀도와 운동방정식에는 B_μ의 질량 m이 등장해야 한다.

자유공간에서 B_μ의 라그랑지안 밀도는

$$\mathcal{L} = -\frac{1}{4}B^{\mu\nu}B_{\mu\nu} + \frac{1}{2}m^2 B^\mu B_\mu \tag{3.43}$$

와 같이 주어지며, 전류밀도 j_μ가 있는 공간에서는

$$\mathcal{L} = -\frac{1}{4}B^{\mu\nu}B_{\mu\nu} + \frac{1}{2}m^2 B^\mu B_\mu - j^\mu B_\mu \tag{3.44}$$

와 같이 주어진다. 어느 경우든 질량 항이 등장하는 것을 확인할 수 있다. 질량을 $m = 0$으로 두면 형식상으로는 전자기 상호작용의 라그랑지안 밀도와 모양이 같아지고 맥스웰 방정식과 같은 운동방정식이 나올 것이다.

라그랑지안 밀도에 질량의 제곱이 등장하는 것은 보오스 입자의 특징이다. 게이지 입자 또한 보오스 입자이므로 라그랑지안 밀도에는 질량의 제곱에 비례하는 질량항이 있다. 반면에, 앞서 질량을 가진

페르미 입자에 대하여 라그랑지안 밀도를 구성하였을 때는 질량의 1승에 비례하는 질량항이 있었음을 상기하라.

여기서 j_μ는 어떤 상호작용을 매개하는 전류밀도(current density)로서, 말이 전류밀도이지 전자기학에서 말하는 전류와는 전혀 상관 없다. B_μ가 매개하는 상호작용이 무엇인지, B_μ의 성질이 무엇인지 등에 따라 결정되는 어떤 양자수의 흐름이라고 보면 된다. 나중에 표준모형 전체에서 나오겠지만 약상호작용의 게이지 입자에 대한 전류밀도는 isospin이나 hypercharge의 흐름을 가리킨다.

이제 B_μ에 대한 라그랑주 운동방정식

$$\frac{\partial \mathcal{L}}{\partial B_\mu} - \partial_\sigma \left(\frac{\partial \mathcal{L}}{\partial(\partial_\sigma B_\mu)} \right) = 0$$

을 구하고 나서, 위의 라그랑지안 밀도를 대입하면, 전류가 있는 공간에서

$$\partial_\mu B^{\mu\nu} + m^2 B^\nu = j^\nu \tag{3.45}$$

와 같은 모양의 운동방정식을 얻을 수 있다. (단, 자유공간에서의 운동방정식은 $j^\nu = 0$이다. 연습 삼아 한 번 구해 보라.)

3.2.3 게이지 입자의 확장형

페르미 입자도 여럿이듯이, 게이지 입자도 여러 가지다. 질량이 있는지 없는지의 구별이 아니라, 서로 다른 종류의 게이지 입자들이 있을 수가 있다. 이제, 이들의 라그랑지안 밀도와 운동방정식을 구할 터인데, 만일 이들이 독립적이라면 굳이 이들의 라그랑지안 밀도를 통합할 필요가 없다. 각각의 게이지 입자에 대한 라그랑지안 밀도를 개별적으로 다루면 되고, 운동방정식도 각각 유도하면 된다.

하지만 이들이 서로 연관되어 있는 경우는 달라진다. 왜냐하면 그들을 개별적으로 따로따로 논의할 수 없기 때문이다. 이때, 그들을 하나의 다중항으로 묶는 수학적 테크닉이 필요하다. 마치 두 개의 페르미 입자를 하나의 이중항으로 묶어서 처리하였듯이 말이다. 그들도 하나의 다중항으로 묶어서 다루게 되면 편한 점도 있다. 그들의 운동방정식과 라그랑지안 밀도를 통합적으로 표현할 수 있는 것이다.

게이지 입자들은 게이지 대칭성이 무엇이냐, 즉 어떤 상호작용을 매개하느냐에 따라, 그 수가 적을 수도 있고 많을 수도 있다. 예를 들어 $SU(3)$ 게이지 대칭성으로서 강상호작용을 설명하려면 글루온이라고 부르는 8개의 게이지 입자가 있으며, 표준모형에서 나오는 $SU(2)$ 대칭성의 경우에는 3개의 게이지 입자가 있다.

게이지 입자의 갯수가 많든 적든 논의하는 방식은 마찬가지지만, 여기서는 게이지 입자가 3개인 경우를 생각하자. 아직 $SU(2)$ 대칭성은 도입하지 않았지만, $SU(2)$를 고려하게 되면 3개인 경우를 금방 적용할 수 있기 때문이며, 3개가 좋은 이유는 3차원 벡터 기호를 쓸 수 있다는 장점도 있다.

일단, 이들 3개의 게이지 입자를

$$W_\mu^1\,, \quad W_\mu^2\,, \quad W_\mu^3 \tag{3.46}$$

와 같이 표현하자. 이들은 모두 성분이 4개인 4-벡터들이다. 이들을 3중항으로 묶는 방법은 여러 가지가 있다. W_μ^i $(i = 1, 2, 3)$를

$$W_\mu = \begin{pmatrix} W_\mu^1 \\ W_\mu^2 \\ W_\mu^3 \end{pmatrix}$$

처럼 열 벡터로 묶어서 표현할 수도 있고,

$$W_\mu = (W_\mu^1,\ W_\mu^2,\ W_\mu^3)$$

처럼 행 벡터로 표현할 수도 있다. 그리고, 마침 W^i_μ의 성분이 3개이므로, 3차원 공간의 벡터처럼

$$\vec{W}_\mu = (W^1_\mu,\ W^2_\mu,\ W^3_\mu) \tag{3.47}$$

와 같이 표현할 수도 있다. 이 표현을 사용하면 3 차원 공간의 벡터처럼 연산할 수도 있어서 편리할 때가 있다.

이들 게이지 입자들의 운동방정식은 맥스웰 방정식과 유사하게 표현된다고 추측할 수 있다. 왜냐하면, 이들이 3개가 아니라 단 하나의 게이지 입자라면 그 운동방정식은 맥스웰 방정식으로 회귀해야 하기 때문이다. 그렇다면 이들의 라그랑지안 밀도도 그 모양을 맥스웰 방정식의 라그랑지안 밀도로부터 유추할 수 있다.

먼저, 이들의 스트레스 텐서 $W^i_{\mu\nu}$는 다음과 같이 정의된다. 즉,

$$W^i_{\mu\nu} = \partial_\mu W^i_\nu - \partial_\nu W^i_\mu - g_2 \epsilon^{ijk} W^j_\mu W^k_\nu \tag{3.48}$$

$(i = 1, 2, 3)$ 또는 벡터로 표현하면,

$$\vec{W}_{\mu\nu} = \partial_\mu \vec{W}_\nu - \partial_\nu \vec{W}_\mu - g_2 \vec{W}_\mu \times \vec{W}_\nu \tag{3.49}$$

이다.

그런데 $W^i_{\mu\nu}$의 모양은 전자기장 텐서 $F_{\mu\nu}$와 다른 데가 있다. 즉, 난데 없이 g_2라는 계수가 등장하여 전자기 텐서에는 없던 맨 끝 항이 붙어 있는 것이다. 이 항은 왜 있으며, 왜 이런 모양이며, g_2는 어떤 계수인가 등등에 대하여 논리적 설명이 필요하다.

우리는 앞서 이들 3개의 게이지 입자들이 독립적이지 않고 서로 연관되어 있다고 가정하였다. 그래서 3중항으로 묶지 않았던가. 그 연관성이 맨 끝 항이 존재하는 이유다. 소위 게이지 입자의 결합(coupling)을 기술하기 위한 것이다.

만일 게이지 입자들이 결합하지 않는다면 맨 끝 항도 없어지게 되며 스트레스 텐서들도

$$W^i_{\mu\nu} = \partial_\mu W^i_\nu - \partial_\nu W^i_\mu$$

와 같이 하나의 스트레스 텐서는 하나의 게이지 입자로만 구성할 수 있는 것이다.

게이지 입자들 사이의 연관성 또는 소위 결합(coupling)이라는 것 때문에 맨 끝 항이 있어야 한는 것까지는 납득할 수 있다. 하지만, 그 모양은 왜 저렇게 되어야 하는지에 대하여 다시 납득할 만한 설명이 필요하다.

일단, 서로 연관되어야 하므로 그 연관성은 $W^1_\mu W^2_\nu$와 같은 곱의 형태로 주어져야 한다. 곱이라는 개념은 양자역학에서 나오는데, 두 개의 입자를 기술하는 함수가 하나의 시공간에서 동시에 존재해야 하기 때문에 곱의 형태가 되는 것이다.

그런데, 두 개의 게이지 입자를 곱하는 형태 중에서 가령 $W^1_\mu W^2_\nu$ 만 있고 $W^2_\mu W^3_\nu$ 등이 없으면 뭔가 치우친 느낌이 들 것이다. 즉, 게이지 입자들 사이의 연관성이라는 것이 전체적으로 균형이 맞고 일관적이려면, 다시 말해서 두 게이지 입자의 곱이 대칭적이려면 $W^1_\mu W^2_\nu$ 만 있어도 안 되고 $W^2_\mu W^3_\nu$도 있어야 하며 경우에 따라 $W^1_\mu W^1_\nu$와 같은 제곱들도 있어야 그들 사이에 존재하는 어떤 대칭성을 보여줄 수 있는 것이다.

여기서 대칭성이란 W^1_μ, W^2_μ, W^3_μ들을 서로 치환하여도 곱의 형태가 유지되어야 한다는 의미다. 두 게이지 입자를 곱하여 대칭성을 표현하는 방법은 어떤 것이 있을까. 간단히 생각해 보면,

$$W^1_\mu W^1_\nu + W^2_\mu W^2_\nu + W^3_\mu W^3_\nu$$

또는

$$g_\mu^\sigma g_\nu^\lambda (W_\sigma^1 W_\lambda^2 + W_\sigma^2 W_\lambda^3 + W_\sigma^3 W_\lambda^1)$$

또는

$$(W_\mu^1 W_\nu^2 - W_\mu^2 W_\nu^1) + (W_\mu^2 W_\nu^3 - W_\mu^3 W_\nu^2) + (W_\mu^3 W_\nu^1 - W_\mu^1 W_\nu^2)$$

등이 가능하다. 여기서 처음 두 개의 형태는 치환에 대하여 대칭이고 세 번째는 치환에 대하여 부호가 변하는 반대칭이라는 차이가 있다. 어떻든 저런 종류의 대칭성이 존재해야 한다.

우리의 경우, 위에 보는 바와 같이 게이지 스트레스 텐서의 맨 끝 항이

$$-g_2 \vec{W}_\mu \times \vec{W}_\nu \tag{3.50}$$

처럼 독특한 형태로 주어진 이유는 다음과 같다.

첫째, 맨 끝 항의 모양은 3개의 게이지 입자들이 비가환(non-Abelian) 대칭성을 가지고 있을 때 등장하게 된다. 그 비가환 대칭성의 군 구조상수(group structure constant)가 게이지 스트레스 텐서에 포함되어야 하기 때문이다. 반면에, 만일 대칭성이 가환적(Abelian)이면 구조상수가 0이므로 맨 끝 항 같은 것은 등장하지 않게 된다.

사실, 나중에 저 3개의 게이지 입자를 표준모형의 $SU(2)$의 기본 3중항으로 해석할 것이다. 그래서 미리 $SU(2)$ 대칭성을 갖도록 구성하였다. $SU(2)$는 비가환 대칭군이며, 맨 끝 항에 나오는 ϵ^{ijk}는 $SU(2)$의 군 구조상수이다.

또, 맨 끝 항에는 상수 g_2가 등장한다. 지금으로서는 이 상수를 임의로 α라 해도 되고 또는 그냥 g라 해도 되는데, 역시 나중에 $SU(2)$를

도입할 것을 고려하면 아예 처음부터 $SU(2)$의 결합 상수(coupling constant)인 g_2를 사용하는 것이 편하기 때문에 g_2라고 하였다.

끝으로 한가지 더 언급하자면, 어떤 책에서는 이 맨 끝 항의 부호를 "+"로 정의한다는 것이다. 하지만 우리는 Halzen과 Martin의 책이나 Aitchison과 Hey의 책 등에서 보듯이, "−"로 정의하겠다. 사실, 책마다 표현이 조금씩 다른 것은 저자의 취향에 속하는 문제라서 트집잡을 일은 아니다. 다만, 여러 책을 공부하게 되면 서로 표현의 차이가 있을 수 있다는 점을 인지하고 조심해야 한다.

이제 스트레스 텐서 $W^i_{\mu\nu}$를 정의하였으니, W^i_μ의 라그랑지안 밀도를 기술할 수 있고 그 운동방정식도 구할 수 있다.

먼저 라그랑지안 밀도. 앞서 맥스웰 방정식을 이끌어낸 라그랑지안 밀도의 모양을 상기하면, 라그랑지안 밀도는 다음과 같다고 유추하는 것이 자연스럽다. 실제로 그러한데, W^i_μ의 라그랑지안 밀도는 자유공간에서는

$$
\begin{aligned}
\mathcal{L} &= -\frac{1}{4}\vec{W}^{\mu\nu}\cdot\vec{W}_{\mu\nu} \\
&= -\frac{1}{4}\left(W^{1\mu\nu}W^1_{\mu\nu} + W^{2\mu\nu}W^2_{\mu\nu} + W^{3\mu\nu}W^3_{\mu\nu}\right) \\
&= -\frac{1}{4}W^{i\mu\nu}W^i_{\mu\nu} \qquad (3.51)
\end{aligned}
$$

와 같이 주어지며, 전류밀도 $\vec{j}^\mu = (j^1_\mu,\ j^2_\mu,\ j^3_\mu)$가 존재하는 공간에서는

$$
\begin{aligned}
\mathcal{L} &= -\frac{1}{4}\vec{W}^{\mu\nu}\cdot\vec{W}_{\mu\nu} - \vec{j}^\mu\cdot\vec{W}_\mu \\
&= -\frac{1}{4}W^{i\mu\nu}W^i_{\mu\nu} - j^{i\mu}W^i_\mu \qquad (3.52)
\end{aligned}
$$

와 같이 주어진다. 단, 전류밀도가 전자기적인 전류밀도가 아니라는 것은 이미 언급하였다. 외부에서 게이지 입자에 영향을 미치는 어떤 양자수의 흐름이라고 해석하고 넘어가자.

이제 운동방정식을 유도할 차례다. 이 라그랑지안 밀도를 라그랑주 운동방정식에 대입하면 어떤 운동방정식이 나오는지 계산한다. 전류밀도가 있는 공간에서의 라그랑지안 밀도에 $j^i_\mu 0$으로 두면 자유공간에서의 라그랑지안 밀도가 되므로, 여기서는 전류밀도가 있는 경우만 고려하겠다.

그런데, 지금부터 지표가 좀 복잡해지는데, "μ"와 "ν"는 소위 running index라고 해서 1부터 4까지 변하게 되는 지표이고, "σ"도 마찬가지로 running index이며, 오직 "λ"만 1에서 4 사이의 어떤 특정한 값이라고 보면 된다. 그러니까 summation convention을 택하고 나면 "μ, ν, σ" 등은 식에서 보이지 않게 되고 오직 "λ"만 남게 되는 것이다.

또한, 1부터 3까지 변하는 "i, j, k, l, m"도 모두 running index로서 summation convention을 택하면 보이지 않게 된다. 오직, "p"만 남게 되며, 1에 3 사이의 어떤 특정한 값을 가리킨다.

그래서 계산을 모두 수행하고 나면 최종적으로는 "p"와 "λ"만 남게 되는데, 그때는 좀 보기 편하게 "p" 대신 "i"라든지 "λ" 대신 "ν"라든지 익숙한 지표로 고쳐 쓸 수도 있다.

3개의 게이지 입자 W^p_λ에 대한 라그랑주 운동방정식은 다음과 같다.

$$0 = \frac{\partial \mathcal{L}}{\partial W^p_\lambda} - \partial_\sigma \left(\frac{\partial \mathcal{L}}{\partial(\partial_\sigma W^p_\lambda)} \right) \tag{3.53}$$

이 식에 라그랑지안 밀도를 대입하여 게이지 입자들의 운동 방정식을 구해야 하는데, 먼저, 둘째 항부터 보자.

앞서 $F_{\mu\nu}$ 또는 $B_{\mu\nu}$에 대하여 계산한 바가 있으므로 저 둘째 항을 계산하면 $+\partial_\sigma W^{p\sigma\lambda}$가 될 것 같기는 한데, $W^p_{\mu\nu}$에는 $F_{\mu\nu}$ 또는 $B_{\mu\nu}$와 달리 $g_2\epsilon^{pjk}W^j_\mu W^k_\nu$라는 결합항이 들어 있으므로, 과연 그렇게 되는지 확인할 필요가 있다.

먼저, 전류밀도 항에는 $\partial_\sigma W^p_\lambda$와 같은 도함수가 없으므로

$$\begin{aligned}\frac{\partial\mathcal{L}}{\partial(\partial_\sigma W^p_\lambda)} &= \frac{\partial}{\partial(\partial_\sigma W^p_\lambda)}\left[-\frac{1}{4}W^{i\mu\nu}W^i_{\mu\nu} - j^{i\mu}W^i_\mu\right] \\ &= \frac{\partial}{\partial(\partial_\sigma W^p_\lambda)}\left[-\frac{1}{4}W^{i\mu\nu}W^i_{\mu\nu}\right]\end{aligned}$$

가 된다.

이제, $W^i_{\mu\nu} = \partial_\mu W^i_\nu - \partial_\nu W^i_\mu - g_2\epsilon^{ijk}W^j_\mu W^k_\nu$를 대입하면

$$\begin{aligned}-\frac{1}{4}W^{i\mu\nu}W^i_{\mu\nu} &= -\frac{1}{4}\Big[\left(\partial^\mu W^{i\nu} - \partial^\nu W^{i\mu}\right)\left(\partial_\mu W^i_\nu - \partial_\nu W^i_\mu\right) \\ &\quad - g_2\epsilon^{ijk}W^{j\mu}W^{k\nu}\left(\partial_\mu W^i_\nu - \partial_\nu W^i_\mu\right) \\ &\quad - \left(\partial^\mu W^{i\nu} - \partial^\nu W^{i\mu}\right)g_2\epsilon^{ijk}W^j_\mu W^k_\nu \\ &\quad + g_2^2\epsilon^{ijk}\epsilon^{ilm}W^{j\mu}W^{k\nu}W^l_\mu W^m_\nu\Big]\end{aligned}$$

와 같이 4개의 항으로 묶을 수 있는데, 맨 뒤에 있는 항은 $\partial_\sigma W^p_\lambda$와 같은 도함수가 없으므로 미분하면 0이다.

한편, 제일 앞에 있는 항은 미분하면

$$\begin{aligned}&\frac{\partial}{\partial(\partial_\sigma W^p_\lambda)}\left[-\frac{1}{4}\left(\partial^\mu W^{i\nu} - \partial^\nu W^{i\mu}\right)\left(\partial_\mu W^i_\nu - \partial_\nu W^i_\mu\right)\right] \\ &= -\left(\partial^\sigma W^{p\lambda} - \partial^\lambda W^{p\sigma}\right)\end{aligned}$$

이 되며, 그리고 중간에 있는 두 항을 묶어서 미분하면

$$\frac{\partial}{\partial(\partial_\sigma W^p_\lambda)}\left[\frac{1}{4}g_2\epsilon^{ijk}W^{j\mu}W^{k\nu}\left(\partial_\mu W^i_\nu - \partial_\nu W^i_\mu\right)\right.$$
$$\left.+\frac{1}{4}\left(\partial^\mu W^{i\nu} - \partial^\nu W^{i\mu}\right)g_2\epsilon^{ijk}W^j_\mu W^k_\nu\right]$$
$$= g_2\epsilon^{pjk}W^{j\sigma}W^{k\lambda}$$

이 된다. 즉,

$$\begin{aligned}\frac{\partial\mathcal{L}}{\partial(\partial_\sigma W^p_\lambda)} &= \frac{\partial}{\partial(\partial_\sigma W^p_\lambda)}\left[-\frac{1}{4}W^{i\mu\nu}W^i_{\mu\nu}\right] \\ &= -\left(\partial^\sigma W^{p\lambda} - \partial^\lambda W^{p\sigma}\right) + g_2\epsilon^{pjk}W^{j\sigma}W^{k\lambda} \\ &= -W^{p\sigma\lambda}\end{aligned}$$

이다. 그래서, 결론적으로, 운동방정식의 둘째 항은

$$-\partial_\sigma\left(\frac{\partial\mathcal{L}}{\partial(\partial_\sigma W^p_\lambda)}\right) = +\partial_\sigma W^{p\sigma\lambda} \tag{3.54}$$

와 같이 된다.

이제 운동방정식의 첫째 항을 계산하자.

$$\begin{aligned}\frac{\partial\mathcal{L}}{\partial W^p_\lambda} &= \frac{\partial}{\partial W^p_\lambda}\left(-\frac{1}{4}W^{i\mu\nu}W^i_{\mu\nu} - j^{i\mu}W^i_\mu\right) \\ &= -\frac{1}{4}\frac{\partial}{\partial W^p_\lambda}\left(W^{i\mu\nu}W^i_{\mu\nu}\right) - j^{p\lambda}\end{aligned}$$

이므로, $-j^{p\lambda}$를 잠시 옆에 두고 계산을 하면,

$$-\frac{1}{4}\frac{\partial}{\partial W^p_\lambda}\left(W^{i\mu\nu}W^i_{\mu\nu}\right)$$

$$
\begin{aligned}
&= -\frac{1}{4}\frac{\partial}{\partial W^p_\lambda}\Big[\left(\partial^\mu W^{i\nu} - \partial^\nu W^{i\mu}\right)\left(\partial_\mu W^i_\nu - \partial_\nu W^i_\mu\right) \\
&\qquad - g_2\epsilon^{ijk}W^{j\mu}W^{k\nu}\left(\partial_\mu W^i_\nu - \partial_\nu W^i_\mu\right) \\
&\qquad - \left(\partial^\mu W^{i\nu} - \partial^\nu W^{i\mu}\right) g_2\epsilon^{ijk}W^j_\mu W^k_\nu \\
&\qquad + g_2^2\epsilon^{ijk}\epsilon^{ilm}W^{j\mu}W^{k\nu}W^l_\mu W^m_\nu\Big]
\end{aligned}
$$

와 같이 일단 4개의 항으로 묶을 수 있다.

여기서 제일 앞의 항은 도함수들뿐이므로 미분하면 0이다. 맨 끝의 항은 미분하면 게이지 장의 3차식이 될 텐데, 실제로 미분하면 그 결과는

$$
\begin{aligned}
&-\frac{1}{4}\frac{\partial}{\partial W^p_\lambda}\left(g_2^2\epsilon^{ijk}\epsilon^{ilm}W^{j\mu}W^{k\nu}W^l_\mu W^m_\nu\right) \\
&\quad = -\frac{1}{4}\frac{\partial}{\partial W^p_\lambda}\left(g_2^2\epsilon^{ijk}\epsilon^{ilm}W^j_\sigma W^k_\nu W^{l\sigma}W^{m\nu}\right) \\
&\quad = -g_2^2\epsilon^{ijp}\epsilon^{ilm}W^{j\sigma}W^{l\sigma}W^{m\lambda} \\
&\quad = g_2\epsilon^{ijp}W^j_\sigma\left(-g_2\epsilon^{ilm}W^{l\sigma}W^{m\lambda}\right)
\end{aligned}
$$

가 된다.

가운데 두 항도 미분하면 다음과 같은 결과를 얻는다.

$$
\begin{aligned}
&-\frac{1}{4}\frac{\partial}{\partial W^p_\lambda}\Big[-g_2\epsilon^{ijk}W^{j\mu}W^{k\nu}\left(\partial_\mu W^i_\nu - \partial_\nu W^i_\mu\right) \\
&\qquad\qquad - \left(\partial^\mu W^{i\nu} - \partial^\nu W^{i\mu}\right) g_2\epsilon^{ijk}W^j_\mu W^k_\nu\Big] \\
&\quad = g_2\epsilon^{ijp}W^j_\sigma\left(\partial^\sigma W^{i\lambda} - \partial^\lambda W^{i\sigma}\right)
\end{aligned}
$$

그러므로 이들을 합치면 운동방정식의 첫 번째 항은

$$
\frac{\partial \mathcal{L}}{\partial W^p_\lambda} = j^{p\lambda} + g_2\epsilon^{ijp}W^j_\sigma\left(\partial^\sigma W^{i\lambda} - \partial^\lambda W^{i\sigma}\right)
$$

$$\begin{aligned}
& +g_2\epsilon^{ijp}W^j_\sigma\left(-g_2\epsilon^{ilm}W^{l\sigma}W^{m\lambda}\right) \\
= \; & j^{p\lambda} \\
& +g_2\epsilon^{ijp}W^j_\sigma\left(\partial^\sigma W^{i\lambda} - \partial^\lambda W^{i\sigma} - g_2\epsilon^{ilm}W^{l\sigma}W^{m\lambda}\right) \\
= \; & j^{p\lambda} + g_2\epsilon^{ijp}W^{i\sigma\lambda}W^j_\sigma \qquad (3.55)
\end{aligned}$$

가 되고 앞서 구한 운동방정식의 두 번째 항까지 합치게 되면

$$\begin{aligned}
0 &= \frac{\partial\mathcal{L}}{\partial W^p_\lambda} - \partial_\sigma\left(\frac{\partial\mathcal{L}}{\partial(\partial_\sigma W^p_\lambda)}\right) \\
&= j^{p\lambda} + g_2\epsilon^{ijp}W^{i\sigma\lambda}W^j_\sigma + \partial_\sigma W^{p\sigma\lambda} \qquad (3.56)
\end{aligned}$$

가 게이지 입자 W^p_λ의 전류밀도 j^p_λ가 있는 공간에서의 운동방정식이 된다.

지표를 좀 익숙한 것으로 "p" 대신 "k"로 바꾸고 "σ" 대신 "ν", "λ" 대신 "μ" 등으로 바꾸어 쓴다면

$$\begin{aligned}
0 &= j^{k\mu} + g_2\epsilon^{ijk}W^{i\nu\mu}W^j_\nu + \partial_\nu W^{k\nu\mu} \\
&= j^{k\mu} - g_2\epsilon^{ijk}W^{i\mu\nu}W^j_\nu - \partial_\nu W^{k\mu\nu} \\
&= j^{k\mu} + g_2\epsilon^{jik}W^j_\nu W^{i\mu\nu} - \partial_\nu W^{k\mu\nu}
\end{aligned}$$

와 같이 되는데, 이렇게 고쳐 쓸 때, $W^{\mu\nu}$도 지표를 교환하면 부호가 바뀌고 (반대칭) ϵ^{ijk}도 지표의 치환에 대하여 부호가 바뀌므로 (역시 반대칭) 부호를 조심하지 않으면 헷갈릴 수 있다.

그리고 3개의 게이지 장에 대하여 벡터 형식을 쓰면,

$$\partial_\nu\vec{W}^{\mu\nu} = \vec{j}^\mu + g_2(\vec{W}_\nu \times \vec{W}^{\mu\nu}) \qquad (3.57)$$

와 같이 운동방정식을 표현할 수도 있다.

이제 질량을 가진 게이지 입자들에 대하여 논의해야 한다. 3개의 게이지 입자의 질량을 m_1, m_2, m_3라고 하자. 이들 질량은 서로 다를 수도 있고, 모두 같을 수도 있다. 만일 3개의 질량이 모두 같다면, 앞서 B_μ의 논의를 연장하여 라그랑지안 밀도 및 운동방정식을 구하면 된다. 그때, B_μ의 라그랑지안 밀도를 상기하면 공통의 질량 m을 가진 W^i_μ의 라그랑지안 밀도에는

$$\frac{1}{2}m^2 W^{i\mu} W^i_\mu = \frac{1}{2}m^2 \vec{W}^\mu \cdot \vec{W}_\mu$$

와 같은 질량항이 있어야 한다고 추정할 수 있다.

물론 이 추정이 맞다. 즉, 질량이 있을 때, 그 질량이 서로 같다면, 3개의 게이지 입자에 대한 라그랑지안 밀도는

$$\begin{aligned}\mathcal{L} &= -\frac{1}{4}W^{i\mu\nu} W_{i\mu\nu} + \frac{1}{2}m^2 W^{i\mu} W^i_\mu - j^{i\mu} W^i_\mu \\ &= -\frac{1}{4}\vec{W}^{\mu\nu} \cdot \vec{W}_{\mu\nu} + \frac{1}{2}m^2 \vec{W}^\mu \cdot \vec{W}_\mu - \vec{j}^\mu \cdot \vec{W}_\mu \qquad (3.58)\end{aligned}$$

와 같이 주어지는 것이다. 자유공간에서의 라그랑지안 밀도는 $j^i_\mu = 0$으로 두면 된다.

만일 3개의 게이지 입자의 질량이 m_1, m_2, m_3로서 서로 다르면 어떻게 해야 할까. 그렇다. 라그랑지안 밀도에 다음과 같은 질량항을 도입하면 된다.

$$\frac{1}{2}\sum_{i=1}^{3} m_i^2 W^{i\mu} W^i_\mu$$

만일 벡터 형식으로 $\vec{W}_\mu$를 사용하고 싶다면 테크닉이 필요한데, 질량 행렬을 도입하면 된다. 게이지 입자가 3개 있으므로 3×3 질량행렬

M^2을 다음과 같이 정의하자. (여기서 M^2란 M을 제곱하라는 뜻이 아니라, 그냥 질량 제곱이 성분으로 들어 있다는 뜻이다.)

$$M^2 = \begin{pmatrix} m_1^2 & 0 & 0 \\ 0 & m_2^2 & 0 \\ 0 & 0 & m_3^2 \end{pmatrix} \tag{3.59}$$

이때 질량항은 다음과 같이 쓸 수 있다.

$$\frac{1}{2}\sum_{i,j=1}^{3} M_{ij}^2 W^{i\mu} W_\mu^j = \frac{1}{2}\vec{W}^\mu M^2 \vec{W}_\mu \tag{3.60}$$

여기서 $\vec{W}^\mu M^2 \vec{W}_\mu$의 계산은 "행 벡터 × 행렬 × 열 벡터"와 같이 곱하는 것을 가리킨다.

이 질량항이 포함된 전체 라그랑지안 밀도는, 그러므로,

$$\begin{aligned} \mathcal{L} &= -\frac{1}{4}W^{i\mu\nu}W_{i\mu\nu} + \frac{1}{2}m_i^2 W^{i\mu}W_\mu^i - j^{i\mu}W_\mu^i \\ &= -\frac{1}{4}\vec{W}^{\mu\nu}\cdot\vec{W}_{\mu\nu} + \frac{1}{2}\vec{W}^\mu M^2 \vec{W}_\mu - \vec{j}^\mu \cdot \vec{W}_\mu \end{aligned} \tag{3.61}$$

와 같이 된다.

질량을 가진 3개의 게이지 입자에 대한 운동방정식은 쉽게 구할 수 있다. 앞서 질량이 없을 때 이미 계산한 바가 있으므로 질량항만 계산하면 되는데, 질량항에는 게이지 입자의 도함수가 없으므로 $\partial\mathcal{L}/\partial(\partial_\sigma W_\lambda^p)$는 질량항에 대하여 0이 되고, $\partial\mathcal{L}/\partial W_\lambda^p$만 질량항에 대하여 계산하면 되는데,

$$\frac{\partial}{\partial W_\lambda^p}\left(\frac{1}{2}m_i^2 W^{i\mu}W_\mu^i\right) = m_p^2 W_\lambda^p$$

가 된다.

결론적으로, 질량을 가진 3개의 게이지 입자에 대한 운동방정식은 다음과 같다. $(i = 1, 2, 3)$

$$\partial_\mu W^{i\mu\nu} + m_i^2 W^{i\nu} = j^{i\nu} + g_2(\vec{W}_\mu \times \vec{W}^{\nu\mu})^i \tag{3.62}$$

또는

$$\partial_\mu \vec{W}^{\mu\nu} + m_i^2 \vec{W}^{\nu} = \vec{j}^{\nu} + g_2(\vec{W}_\mu \times \vec{W}^{\nu\mu}) \tag{3.63}$$

이들 3 개의 운동방정식은 독립적이 아니라 서로 얽혀 있는 연립방정식들이다. 왜냐하면, 예를 들어, $W^{1\mu\nu}$에 대한 방정식 안에는 $W^{1\nu}$ 만 들어 있는 것이 아니고 $W^{2\nu}$와 $W^{3\nu}$도 들어 있기 때문이다. 비가환 게이지 대칭성의 특징이기도 하다.

3.3 스칼라 입자

마지막으로 스칼라 입자에 대하여 논의하자. 스칼라 입자는 스핀이 0이기 때문에 보오스 입자이지만 게이지 장과는 관계가 없다. 스칼라 입자에 대한 운동방정식이나 라그랑지안 밀도를 페르미 입자나 게이지 입자와 비교하면 간단하게 유도할 수 있어서 쉬워보이는 입자 같지만, 사실은 표준모형에서 가장 핵심적인 역할을 맡고 있는 것이 스칼라 입자이다. 우리가 곧 필요로 하는 힉스 입자가 바로 스칼라 입자인 것이다.

3.3.1 클라인–고든 방정식

디랙 방정식이 페르미 입자의 운동방정식이며, 맥스웰 방정식이 전자기 게이지 입자의 운동방정식이듯이, 클라인–고든 방정식이 스칼라 입자의 운동방정식이다.

클라인–고든 방정식은 스웨덴의 물리학자 오스카 클라인 (Oscar Benjamin Klein, 1894 - 1977)과 독일의 이론물리학자 발터 고든 (Walter Gordon, 1893 - 1939)의 이름을 땄다. 이 방정식은 양자역학에서 비상대론적으로 얻은 time-dependent 슈뢰딩거 방정식을 상대론적으로 수정하면 얻을 수 있다.

비상대론에서는 운동 에너지 E는 속도 또는 운동량 $\vec{p}$의 제곱에 비례한다. 스칼라 입자의 질량을 m이라 하면

$$E = \frac{\vec{p}^2}{2m} \tag{3.64}$$

가 되는데, 만일 외부와의 상호작용이 없는 자유공간이라면 그 스칼라 입자는 퍼텐셜 에너지를 고려할 필요가 없으므로 $V = 0$이며 운동 에너지가 곧 전체 에너지가 된다.

이제,

$$E = i\hbar\frac{\partial}{\partial t}\,, \quad \vec{p} = -i\hbar\vec{\nabla} \tag{3.65}$$

와 같이 양자역학적인 연산자로 치환하여 스칼라 입자의 상태함수 ϕ에 적용하면 비상대론적인 슈뢰딩거 방정식이 나온다.

$$\frac{\partial}{\partial t}\psi = \frac{i\hbar}{2m}\vec{\nabla}^2\psi \tag{3.66}$$

이 비상대론적인 슈뢰딩거 방정식을 상대론적으로 바꾸려면

$$E^2 = \vec{p}^2c^2 + m^2c^4 \tag{3.67}$$

라는 상대론적 에너지–운동량 관계식에서 출발하면 된다. 일단, 이 관계식을 양자역학적 연산자로 치환하고 스칼라 입자의 상태함수에 적용하면

$$-\hbar^2\frac{\partial^2}{\partial t^2}\phi = \left(-\hbar^2\vec{\nabla}^2c^2 + m^2c^4\right)\phi \tag{3.68}$$

와 같은 방정식을 얻는다.

여기서, 자연단위계 $c = \hbar = 1$를 택하고, 에너지와 운동량 연산자도 4차원 시공간의 연산자로 바꾼다.

$$\frac{\partial}{\partial x_\mu} = \partial^\mu = \left(\frac{\partial}{\partial t}, \ \frac{\partial}{\partial x}, \ \frac{\partial}{\partial y}, \ \frac{\partial}{\partial z}\right) \tag{3.69}$$

또, $\partial_\mu = g_{\mu\nu}\partial^\nu$이므로,

$$\partial^\mu \partial_\mu = \left(\frac{\partial^2}{\partial t^2}, \quad -\nabla^2\right)$$

를 이용하면

$$(\partial^\mu \partial_\mu + m^2)\phi = 0 \tag{3.70}$$

와 같은 아주 간단한 모습의 운동방정식이 된다. 이것을 클라인-고든 방정식이라고 한다.

스칼라 입자의 라그랑지안 밀도는 어떻게 주어지는가. 이 물음에 대한 답은 간결하다. 그래서 따로 subsection을 나눌 필요가 없다.

질량이 m인 스칼라 입자 ϕ에 대한 자유공간에서의 라그랑주 운동방정식은

$$0 = \frac{\partial \mathcal{L}}{\partial \phi} - \partial_\mu \left(\frac{\partial \mathcal{L}}{\partial(\partial_\mu \phi)}\right) \tag{3.71}$$

와 같으므로, 이 식을 전개하면 클라인-고든 방정식이 나와야 하는데, 라그랑지안 밀도가 도대체 어떻게 주어져야 클라인-고든 방정식을 얻을 수 있을까.

정답은 다음과 같다.

$$\mathcal{L} = \frac{1}{2}\partial^\mu \phi \partial_\mu \phi - \frac{1}{2}m^2\phi^2 = \frac{1}{2}(\partial^\mu \phi)^2 - \frac{1}{2}m^2\phi^2 \tag{3.72}$$

과연 클라인-고든 방정식이 나오는지 확인해 보라.

여기서 스칼라 입자의 질량항은 그 질량의 제곱에 비례하는 것을 볼 수 있다. 원래 스칼라 입자의 질량이 에너지-운동량의 관계식에서 제곱의 형태로 등장하다보니, 클라인-고든 방정식에서도 제곱의 형태로 등장하고 결국 라그랑지안 밀도의 질량항에도 제곱의 형태로 나오게 된 것이다. 그런데, 이것은 보오스 입자의 공통된 특징이다. 게이지 입자도 질량을 가지게 되면 질량의 제곱에 비례하는 질량항이 라그랑지안 밀도에 나온다. 스칼라 입자나 게이지 입자나 모두 보오스 입자이므로 그 라그랑지안 밀도의 질량항은 질량의 제곱에 비례하게 되는 것이다.

클라인-고든 방정식에 이름이 들어 있는 오스카 클라인은 수학자로서, 칼루자-클라인 이론에도 이름을 남겼다. 상대론을 5차원 시공간으로 확대함으로써 중력과 전자기력을 통합하여 설명하는 칼루자-클라인 이론은 1921년에 칼루자가 제안하고 1926년에 클라인이 compactification의 개념을 도입함으로써 하나의 이론으로 자리잡게 되었다. 그는 노벨상은 받지 못하였지만 막스 플랑크상을 1959년에 수상하였다.

그런데, "클라인의 병"의 클라인은 다른 사람이다. 펠리스 클라인이라는 독일의 수학자였는데, 1882년에 클라인의 병이라는 위상기하적 물체를 생각해 내었다. 원래 펠릭스 클라인이 제안한 것은 클라인의 병이 아니라 "Kleinsche Fläche (클라인의 표면, Klein surface)"이었다고 한다. 그런데, 전달이 잘못되어 "Kleinsche Flasche (클리인의 병, Klein bottle)"이 되었다는 이야기가 있다. 결국 독일에서도 클라인 표면 대신에 그냥 클라인의 병이라고 부르기로 했다나. 한편, 의류의 상표로 유명한 클라인 또한 물리학하고는 아무 관계도 없는 이름이다.

3.3.2 스칼라 입자의 확장형

스칼라 입자도 여러 개가 있을 수 있다. 이들의 질량이 서로 같을 수도 있고, 다를 수도 있으며, 서로 연관되어 있을 수도 있다. 이때 이들의 운동방정식과 라그랑지안 밀도를 논의하겠다.

일단 두 개의 스칼라 입자 ϕ_1과 ϕ_2에 대하여, 서로 독립이며 질량이 둘 다 m으로 같다고 가정하자. 이 두 개의 스칼라 입자에 대한 클라인–고든 운동방정식은 각각

$$(\partial^\mu \partial_\mu + m^2)\phi_i = 0 \quad (i = 1, 2) \tag{3.73}$$

이어야 하므로 그 라그랑지안 밀도는

$$\begin{aligned}\mathcal{L} &= \frac{1}{2}\partial^\mu \phi_1 \partial_\mu \phi_1 + \frac{1}{2}\partial^\mu \phi_2 \partial_\mu \phi_2 + \frac{1}{2}m^2\left(\phi_1^2 + \phi_2^2\right) \\ &= \sum_{i=1}^{2}\left(\frac{1}{2}\partial^\mu \phi_i \partial_\mu \phi_i - \frac{1}{2}m^2 \phi_i^2\right)\end{aligned} \tag{3.74}$$

이어야 한다. 이때, 질량의 제곱이 등장하는 이유는 앞서 논의하였듯이 스칼라 입자는 스핀이 0인 보오스 입자이기 때문이다.

이제 이 두 개의 스칼라 입자를 묶어서 기술해 보자. 앞서 페르미 입자와 게이지 입자의 경우에는 이중항을 도입하였다. 그렇다면, 스칼라 입자에 대하여도 이중항을 도입하여 행렬로 묶어서 표현할 수 있을 것이다.

그런데, 다른 방법도 가능하다. 즉, 복소 함수를 도입하는 것이다. 복소 함수에는 두 개의 실수 성분이 있으므로, ϕ_1과 ϕ_2를 하나의 복소함수의 두 개의 실수 성분으로 취급하는 방법이다. 이 방법을 택하면,

$$\phi = \phi_1 + i\phi_2 \qquad \phi^* = \phi_1 - i\phi_2$$

로서 표현할 수 있다.

이제, 이 복소 함수 스칼라 입자 ϕ의 운동방정식을 써 보면

$$(\partial^\mu \partial_\mu + m^2)\phi = 0$$

가 되는데, 겉보기에는 실함수의 운동방정식과 똑같은 모양이지만, 지금의 경우 ϕ는 당연히 복소함수이므로, 그 실수 부분과 허수 부분을 구분하면 ϕ_1과 ϕ_2에 대한 두 개의 운동방정식이 나온다.

그리고 라그랑지안 밀도는

$$\mathcal{L} = \frac{1}{2}\partial^\mu \phi^* \partial_\mu \phi - \frac{1}{2}m^2 \phi^* \phi \tag{3.75}$$

로 쓸 수 있다. 이 라그랑지안 밀도의 모양도 실함수의 경우와 거의 흡사하지만 켤레 복소 스칼라 입자가 등장하는 것이 다르다. 실은 이런 식으로 정의해야 라그랑지안 밀도가 실수가 된다. (라그랑지안 밀도는 에너지 밀도의 차원과 같은데, 허수 에너지는 물리적으로 받아들일 수 없다.)

이 라그랑지안 밀도에는 1/2이라는 인자가 붙어 있는데, 이것이 귀찮다면 복소함수를

$$\phi = \frac{1}{\sqrt{2}}(\phi_1 + i\phi_2)$$

와 같이 $1/\sqrt{2}$를 곱하여 정의하면 된다. 복소함수를 이와 같이 $1/\sqrt{2}$로 규격화하여 재정의하면 운동방정식은 $(\partial^\mu \partial_\mu + m^2)\phi_i = 0$ $(i = 1, 2)$로서 그대로지만, 라그랑지안 밀도의 모양이 달라진다. 즉,

$$\begin{aligned}
\mathcal{L} &= \frac{1}{2}\partial^\mu \phi_1 \partial_\mu \phi_1 - \frac{1}{2}m^2 \phi_1^2 + \frac{1}{2}\partial^\mu \phi_2 \partial_\mu \phi_2 - \frac{1}{2}m^2 \phi_2^2 \\
&= \partial^\mu \phi^* \partial_\mu \phi - m^2 \phi^* \phi
\end{aligned}$$

와 같이, 복소함수 ϕ로 표현한 라그랑지안 밀도에서 1/2라는 인자가 없어지는 것이다.

실제로 1/2를 없애고 스칼라 입자를 정의하는 것이 입자물리학에서 통용되는 하나의 관습이다. 입자물리학 책 중에서 복소 스칼라 함수 ϕ를 위와 같이 정의하여 라그랑지안 밀도에서는 1/2 인자가 없는 표현을 사용한 책으로는 Halzen과 Martin의 책 및 Cottingham과 Greenwood의 책 등이 있다. 우리도 이 뒤부터는 이들의 표현을 따르겠다.

사실, 질량이 같은 스칼라 입자 두 개를 묶어서 하나의 복소 스칼라 입자로 표현하는 데는 좀 더 근본적인 이유가 있다. 하나의 스칼라 입자와 그 반입자를 묶어서 기술할 수 있기 때문이다. 입자와 반입자란 질량은 같지만 다른 양자수의 값, 예를 들어 전하가 서로 반대인 입자를 가리킨다.

그러므로 어떤 함수로써 하전 스칼라 입자를 기술한다면 그 함수와 같은 성질의 함수로써 그 반입자를 기술하는 것이 일관적인데, 실함수 ϕ로는 가능하지 않다. 반면에, 복소함수로써 하전 스칼라 입자를 기술하면 그 반입자는 복소 켤레함수로 표현하는 것은 가능할 뿐더러, 논리적이며 일관성을 가진다. 그래서 질량이 같은 두 스칼라 입자를 묶을 때, 복소함수를 도입하는 것이다. 모든 교과서에서 그렇다.

이제 좀 더 복잡한 상황을 생각해 보자. 만일, 두 개의 스칼라 입자가 질량이 서로 다른데, 묶어서 표현하려면 어떻게 해야 하는가? 그리고 각각 반입자를 가지고 있다면 그때는 또 어떻게 해야 하는가?

먼저, 질량이 다르다는 것은 그 두 개의 스칼라 입자가 입자-반입자의 관계가 아니라는 말이다. 그러니 질량이 다른 두 스칼라 입자를 묶어서 함께 표현하려면 복소함수로는 안 되며, 이중항으로만 가능

하다. 이 경우, 스칼라 입자의 이중항은

$$\phi = \frac{1}{\sqrt{2}} \begin{pmatrix} \phi_1 \\ \phi_2 \end{pmatrix} \tag{3.76}$$

와 같이 하나의 행렬로 정의할 수 있다. 여기서 ϕ_1 및 ϕ_2는 일단 실함수들이다. 그리고 이중항의 정의에 처음부터 "$1/\sqrt{2}$"라는 계수가 붙어 있는 것은 나중에 라그랑지안 밀도에서 1/2를 없애고 싶기 때문이다.

그런데, 더 나아가 그들의 반입자까지 묶어서 함께 표현하려면 어떻게 해야 하는가?

간단하다. 이때는 ϕ_1 및 ϕ_2를 복소함수로 취급하면 된다. 즉, 질량이 다른 스칼라 입자-반입자의 쌍이 두 개 있다고 생각하는 것이다. 우리는 일반적인 논의를 진행하기 위하여 두 개의 복소함수로써 스칼라 입자 이중항을 고려하겠다.

이 두 개의 스칼라 입자-반입자 쌍이 각각 m_1 및 m_2이라는 질량을 가지고 있다면, 이들의 운동방정식은

$$\begin{cases} (\partial^\mu \partial_\mu + m_1^2)\phi_1 = 0 \\ (\partial^\mu \partial_\mu + m_2^2)\phi_2 = 0 \end{cases}$$

으로 주어진다. 이때, 두 개의 복소함수 ϕ_1 및 ϕ_2를

$$\begin{cases} \phi_1 = (\xi_1 + i\xi_2) \\ \phi_2 = (\xi_3 + i\xi_4) \end{cases} \tag{3.77}$$

라 하자. 여기서 ξ_1, ξ_2, ξ_3, ξ_4들은 모두 실함수이다. ξ_1과 ξ_2는 같은 질량 m_1를 가지며, ξ_3와 ξ_4도 서로 같은 질량 m_2를 가진다.

이제, 이 두 개의 복소함수를

$$\begin{cases} \phi = \dfrac{1}{\sqrt{2}}\begin{pmatrix} \phi_1 \\ \phi_2 \end{pmatrix} = \dfrac{1}{\sqrt{2}}\begin{pmatrix} \xi_1 + i\xi_2 \\ \xi_3 + i\xi_4 \end{pmatrix} \\ \phi^\dagger = \dfrac{1}{\sqrt{2}}(\phi_1^*,\ \phi_2^*) \end{cases}$$

와 같이 묶어서 이중항으로 정의하면 운동방정식이 다음과 같이 간단하게 표현된다.

$$(\partial^\mu\partial_\mu + M_\phi^2)\phi = 0 \tag{3.78}$$

여기서 M^2은 질량의 제곱으로 표현되므로 질량 제곱 행렬지만 그냥 질량 행렬이라고 하는데,

$$M_\phi^2 = \begin{pmatrix} m_1^2 & 0 \\ 0 & m_2^2 \end{pmatrix}$$

으로 주어진다.

그리고, 이와 같은 운동방정식을 주는 전체 라그랑지안 밀도는

$$\begin{aligned} \mathcal{L} &= \frac{1}{2}\partial^\mu\phi_1^*\partial_\mu\phi_1 - \frac{1}{2}m_1^2\phi_1^*\phi_1 + \frac{1}{2}\partial^\mu\phi_2^*\partial_\mu\phi_2 - \frac{1}{2}m_2^2\phi_2^*\phi_2 \\ &= \partial^\mu\phi^\dagger\partial_\mu\phi - \phi^\dagger M_\phi^2\phi \end{aligned} \tag{3.79}$$

와 같다. 이 라그랑지안 밀도에 해밀턴의 원리 적용하면 4개의 ξ_i $(i = 1, 2, 3, 4)$에 대한 4개의 운동 방정식을 얻을 수 있는데, 간단하므로 생략한다.

여기서는 논의하지 않겠지만 스칼라 입자가 3 개 이상 나오는 이론도 있다. 이때는 일단 삼중항 이상의 다중항 (multiplet)을 도입해야 한다. 그리고 이들이 서로 연관되어 있는 상황이라면, 질량 행렬도 대각 행렬이 아니라 비대각 성분까지 있는 복잡한 행렬이 되며,

이들의 운동방정식은 연립방정식으로 얽혀지게 된다. 이 연립방정식을 정리하여 독립적인 운동방정식으로 고쳐 쓰려면 질량 행렬을 대각화시켜야 하는데, 그 와중에 스칼라 입자들은 서로 섞이게 된다. 이러한 현상은 예를 들어 스칼라 입자들이 3 개 이상 등장하는 초대칭 모형에서 볼 수 있다.

지금까지 페르미 입자, 게이지 입자, 스칼라 입자, 그리고 그들의 확장형까지 운동방정식과 라그랑지안 밀도를 논의하였다. 그 결과를 요약하여 하나의 표로 만들어보면 다음과 같다.

표 3.1: 여러 입자들의 라그랑지안 밀도. 다중항의 경우 질량은 일반적으로 서로 다르다고 가정하였다. 질량이 서로 같거나 아예 없는 경우는 일반적인 표현식을 적절히 수정하면 원하는 결과를 금방 얻을 수 있다. 각 입자의 운동방정식은 생략하였다.

입자	라그랑지안 밀도
페르미 입자 ψ	$\bar{\psi}(i\gamma^\mu\partial_\mu - m)\psi$
페르미 입자 이중항 $q = \begin{pmatrix} u \\ d \end{pmatrix}$	$\bar{q}(i\gamma^\mu\partial_\mu - m_q)q$ $= (\bar{u}\ \bar{d})\,(i\gamma^\mu\partial_\mu - m_q)\begin{pmatrix} u \\ d \end{pmatrix}$ 질량행렬 $m_q = \begin{pmatrix} m_u & 0 \\ 0 & m_d \end{pmatrix}$
전자기장 A_μ	$-\frac{1}{4}F^{\mu\nu}F_{\mu\nu} - j^\mu A_\mu$
게이지 입자 B_μ	$-\frac{1}{4}B^{\mu\nu}B_{\mu\nu} - j^\mu B_\mu + \frac{1}{2}m^2 B^\mu B_\mu$
게이지 입자 확장형 $\vec{W}_\mu = (W_\mu^1, W_\mu^2, W_\mu^3)$	$-\frac{1}{4}\vec{W}^{\mu\nu}\cdot\vec{W}_{\mu\nu} - \vec{j}^\mu\cdot\vec{W}_\mu$ $+\frac{1}{2}\vec{W}^\mu M^2\vec{W}_\mu$ 질량행렬 $M^2 = \begin{pmatrix} m_1^2 & 0 & 0 \\ 0 & m_2^2 & 0 \\ 0 & 0 & m_3^2 \end{pmatrix}$
스칼라 입자 ϕ	$\frac{1}{2}\partial^\mu\phi\partial_\mu\phi - \frac{1}{2}m^2\phi^2$
스칼라 입자 이중항 $\phi = \frac{1}{\sqrt{2}}(\phi_1 + i\phi_2)$	$\partial^\mu\phi^*\partial_\mu\phi - m^2\phi^*\phi$ $= \frac{1}{2}\partial^\mu\phi_1\partial_\mu\phi_1 + \frac{1}{2}\partial^\mu\phi_2\partial_\mu\phi_2$ $- \frac{1}{2}m^2(\phi_1^2 + \phi_2^2)$
복소 스칼라 이중항 $\phi = \frac{1}{\sqrt{2}}\begin{pmatrix} \phi_1 \\ \phi_2 \end{pmatrix}$	$(\partial^\mu\phi)^\dagger\partial_\mu\phi - \phi^\dagger M_\phi^2\phi$ $= \frac{1}{2}\partial^\mu\phi_1^*\partial_\mu\phi_1 - \frac{1}{2}m_1^2\phi_1^*\phi_1$ $+ \frac{1}{2}\partial^\mu\phi_2^*\partial_\mu\phi_2 - \frac{1}{2}m_2^2\phi_2^*\phi_2$ 질량행렬 $M_\phi^2 = \begin{pmatrix} m_1^2 & 0 \\ 0 & m_2^2 \end{pmatrix}$

제 4장

—— 게이지 대칭성

관찰이라는 행위는 관찰하는 주체와 관찰 당하는 객체가 양립하고 있다. 예를 들어 물리계는 물리 실험자가 주체로서 관찰하는 객체다. 입자계도 물리계라고 말할 수 있다. 그 입자계는 페르미 입자로 구성되어 있을 수도 있고, 게이지 입자 또는 스칼라 입자로 구성되어 있을 수 있다. 아니면, 그들이 섞여서 서로 상호작용을 하고 있는 복잡한 물리계일 수도 있다.

물리실험자는 관찰하는 주체로서 관찰하고 있는 물리계에 대하여 어떤 변환을 가할 수 있다. 여기서의 변환이란 협의의 의미로 사용하는 말인데, 물리계에 직접적으로 손을 대는 행위가 아니라 관찰하는 물리실험자가 변화하는 것을 가리킨다. 예를 들어, 단진자의 운동을 관찰하고 있다고 하면, 실험의 세팅을 새로 해서 진자의 길이를 바꾼다든지 진자의 질량을 바꾼다든지 하는 것을 변환이라고 말하는 것이 아니다. 하지만, 좌표계를 회전시켜서 중력이 $+z$ 방향이 아니라 $-x$ 방향이라고 정하는 것은 물리실험자가 자세를 바꾸는 것이므로 우리가 말하는 변환이 다.

이러한 변환에 대하여 관찰의 결과가 변하지 않으면, 즉 어떤 물리량의 값이 유지되면, 그 물리계는 그 변환에 대한 대칭성을 가지고 있다고 말한다. 이때, 변환과 보존법칙과 대칭성 사이에 하나의 관계가 성립되는 것이다.

어떤 변환이냐에 따라 어떤 물리량이 보존되며 어떤 대칭성이 있는지 결정된다. 즉, 국소적 변환이면 국소적 대칭성이 되고 글로벌 변환이면 글로벌 대칭성이 된다. 또 $U(1)$ 변환이면 $U(1)$ 대칭성이 되고 $SU(2)$ 변환이면 $SU(2)$ 대칭성이 된다. 글로벌 대칭성은 광역 대칭성 또는 전반적 대칭성 등으로 번역하는데 여기서는 그냥 글로벌 대칭성이라고 부르겠다. 왜냐하면 "글로벌"이라는 단어는 이미 일상에서도 흔하게 사용하는 말이기 때문이다.

일반적으로, 관측계(frame of reference)를 이동하거나 회전하는 것은 변환이다. 예를 들어, 좌표계를 반전하여 $x \to -x$로 정의한다든지, 위에서처럼 중력의 방향을 새로 정의한다든지, 원점의 위치를 변경하는 것은 관측계에 대한 변환이다. 또는 물리계를 기술하는 수학적 방식을 바꾸는 것도 변환이라고 한다. 예를 들어, 어떤 입자계에 등장하는 입자를 스피너든 복소 함수든 적절한 함수로 표현하게 되는데, 이 함수에 어떤 수학적 연산을 가하는 것도 변환이라고 한다.

우리는 여기서 라그랑지안 밀도에 대한 변환을 고려할 것이다. 라그랑지안 밀도의 모양을 바꾼다기보다, 입자를 기술하는 함수에 수학적 연산을 가하여, 그 라그랑지안 밀도가 어떻게 변하는지 고려하게 된다. 만일 라그랑지안 밀도의 모양이 변하지 않으면, 운동방정식도 그대로일 것이며, 물리량도 그대로일 것이다.

특히 게이지 변환에 주목할 것이다. 게이지 변환에 대하여 라그랑지안 밀도가 변하지 않으면 그 라그랑지안 밀도가 기술하는 입자계는 게이지 대칭성을 가진다.

게이지 변환이라는 말에서 게이지는 처음에는 위상(phase)이라는 뜻으로 사용되었다고 한다. 그러므로 게이지 변환이란 위상 변환인 것이다. 위상이란 크기가 1인 어떤 복소수이다. 우리가 흔히 $e^{i\theta}$라고 표현하는 것이 위상이다. 복잡한 게이지 변환은 θ의 내용이 매우 복잡한 반면, 단순한 게이지 변환은 θ가 단순하다. 함수는 게이지 변환에 의하여 그 위상이 변하며, 심지어 모양도 달라지게 된다.

좀 구분해서 게이지 변환을 설명하는 책에서는 게이지 입자의 위상 변환을 게이지 변환이라 부르고 페르미 입자나 스칼라 입자의 위상 변환은 그냥 위상 변환이라고 부르기도 한다. 왜냐하면 게이지 입자의 위상 변환은 단순한 위상 변환처럼 보이지 않기 때문이다. 우리는 어느 입자든 구분하지 않고 그냥 게이지 변환이라고 부르겠다.

게이지 변환의 대표적인 예를 먼저 소개한 뒤에 일반적인 논의를 하겠다. 대표적인 게이지 변환의 예라면, 당연히 전자기학에서의 벡터 퍼텐셜에 대한 변환이다. 벡터 퍼텐셜로써 라그랑지안 밀도를 써보면 앞서 구하였듯이,

$$\mathcal{L} = -\frac{1}{4}F^{\mu\nu}F_{\mu\nu} - j^\mu A_\mu$$

인데, 이 라그랑지안 밀도는 전류밀도 j^μ가 보존되는 조건에서 게이지 대칭성이 있다. 즉, 전류밀도가

$$\partial_\mu j^\mu = \partial^\mu j_\mu = 0$$

와 같은 연속방정식을 만족한다고 가정하면,

$$A_\mu(x) \to A'_\mu(x) = A_\mu(x) - \partial_\mu \chi(x) \tag{4.1}$$

인 게이지 변환을 수행하더라도 라그랑지안 밀도가 변하지 않는 것이다 (또 이야기하지만, 어떤 책에서는 변환량의 부호를 “+”로써 게이지 변환을 정의한 경우도 있다).

이제, 변환이 아주 작아서, 스칼라 함수 $\chi(x)$는 임의의 함수이지만 이차 이상은 무시할 수 있다고 가정한다. 게이지 변환을 계산하면

$$\begin{aligned} -j^\mu A_\mu \to -j^\mu A'_\mu &= -j^\mu(A_\mu - \partial_\mu\chi) \\ &= -j^\mu A_\mu + [\partial_\mu(j^\mu\chi) - \chi\partial_\mu j^\mu] \\ &= -j^\mu A_\mu + \partial_\mu(j^\mu\chi) \end{aligned} \tag{4.2}$$

이며 (두번 째 등호 다음의 마지막 항은 전류밀도가 보존한다는 조건을 사용하면 $\partial_\mu j^\mu = 0$이다.)

$$\begin{aligned} F_{\mu\nu} \to F'_{\mu\nu} &= \partial_\mu(A'_\nu) - \partial_\nu(A'_\mu) \\ &= \partial_\mu(A_\nu - \partial_\nu\chi) - \partial_\nu(A_\mu - \partial_\mu\chi) \\ &= \partial_\mu A_\nu - \partial_\nu A_\mu - \partial_\mu\partial_\nu\chi + \partial_\nu\partial_\mu\chi \\ &= F_{\mu\nu} \end{aligned} \tag{4.3}$$

가 된다. (맨 뒤의 두 항은 서로 상쇄된다.)

따라서 게이지 변환을 적용하고 나면

$$\mathcal{L} \to \mathcal{L}' = \mathcal{L} + \partial_\mu(j^\mu\chi) \tag{4.4}$$

와 같이 전미분 항이 하나 붙게 된다. 이 전미분 항이 0이면 라그랑지안 밀도는 불변인데, 만일 관측하는 공간을 충분히 크게 잡으면 그 경계에서 이 전미분 항은 0에 수렴한다고 생각할 수 있다. (이런 식의 처리는 물리학에서 흔히 등장한다. 예를 들어, 해밀턴의 원리에서 작용을 계산할 때에도 전미분에 해당하는 항이 등장하지만 적분구간을 크게 잡아서 기여도가 0이라고 무시한다.) 그러므로 여기서도 전미분 항은 무시한다.

이때, 스웰 방정식에 대한 라그랑지안 밀도는 위에서의 게이지 변환에 대하여 변하지 않는다. 즉, 게이지 대칭성이 존재하는 것이다.

게이지 대칭성의 조건은 물론 전류밀도의 보존이다. (전미분 항을 0으로 두는 것은 조건이 아니라 당연한 것이다.) 게이지 대칭성을 보장하려면 전류밀도의 보존이 필요충분조건이다. 대칭성이 보장되면 전류밀도는 보존되고, 전류밀도가 보존되면 게이지 대칭성이 있다.

이때, 라그랑지안 밀도에서 유도되는 맥스웰 방정식은 불변하며, 전자기학은 게이지 대칭성을 가지게 된다. 전하가 보존하는 한, 벡터 퍼텐셜을 어떻게 게이지 변환하든 전자기학은 상관없다는 이야기다. 즉, 게이지 대칭성은 벡터 퍼텐셜 A_μ의 모양에 융통성을 허용하고 있는 것이다. 이 융통성을 게이지 자유도(gauge freedom)라고도 부른다. 이 융통성이 있으므로 우리는 게이지 변환을 이용하여 벡터 퍼텐셜의 모양을 자유롭게 규정할 수 있다. 즉, 로렌츠 게이지 ($\partial^\mu A_\mu = 0$)를 택하든지, 쿨롱 게이지 ($\vec{\nabla} \cdot \vec{A} = 0$)를 택하든지, 자유롭게 선택할 수 있는 것이다.

입자물리학에서는 전자기학의 게이지 대칭성뿐만 아니라 여러 대칭성을 도입하고 있다. 이에 따라 게이지 변환도 여러 가지가 있다. 대통일 이론이라든지 군의 구조가 큰 이론은 게이지 대칭성도 복잡하여, 게이지 변환도 매우 복잡하다. 그런데, 표준모형에서는 게이지 군이 $U(1) \times SU(2)$이므로, 이 책에서는 그보다 더 복잡한 게이지 변환을 고려할 필요가 없다. 그래서, 여기서는 다음 4가지의 게이지 변환을 공부하고자 한다: 글로벌 $U(1)$ 변환, 국소적 $U(1)$ 변환, 글로벌 $SU(2)$ 변환, 그리고 국소적 $SU(2)$ 변환 등이 그들이다.

4.1 국소적 게이지 변환과 글로벌 게이지 변환

먼저, 국소적 게이지 변환과 글로벌 게이지 변환의 차이점과 특징이 무엇인지 언급하고 넘어가자. 이들은 어떻게 다른가? 간단히 정의하자면, 변환에 등장하는 위상이 공간적 위치에 따라 그 값이 다르면 국소적 게이지라 부르고 위상이 공간의 어느 위치에서나 똑같으면 글로벌 게이지라 부른다. 즉, 국소적 게이지 변환에서는 θ가 공간의 함수인 반면 글로벌 게이지 변환에서는 θ가 공간의 함수가 아닌 상수다. 단, 이 이야기는 페르미 입자와 스칼라 입자의 경우에 한한다. 즉, 페르미 입자와 스칼라 입자는 국소적 게이지 변환도 가능하고 글로벌 게이지 변환도 가능하다.

그런데, 전자기학의 벡터 퍼텐셜 A_μ의 변환을 보면 위상 변환처럼 보이지는 않는다. $A'_\mu(x) = A_\mu(x) - \partial_\mu \chi(x)$라는 변환식은 벡터 퍼텐셜에 어떤 위상을 곱하는 것이 아니라 독특한 모양을 가진다. 게이지 변환이 위상 변환이라면서 정작 게이지 입자의 변환은 위상 변환처럼 보이지 않는 이유는 무엇인가? 그 이유는 미소변환이기 때문이다.

즉, 게이지 입자의 게이지 변환도 본질적으로는 위상 변환인데, 다만 위상의 크기를 매우 작다고 가정하고 있으므로, 근사적으로 풀어쓰면 위와 같은 독특한 모양의 게이지 변환같지 않은 게이지 변환이 나오는 것이다. 게이지 입자에 대한 일반적인 게이지 변환을 위상 변환으로 표현하는 것은 뒤에 다시 논의할 것이며, 그때 제대로 알아보기로 한다.

게이지 입자에 대한 게이지 변환이 위상 변환처럼 보이지 않는 것은 해명이 되었지만, 그럼에도 불구하고 주의할 점이 있다. 즉, 게이지 입자의 경우 글로벌 게이지 변환이 성립하지 않는다는 것이다. 게이지 입자의 게이지 변환은 글로벌 게이지 변환이 아니다. 본질적으로 게이지 입자의 변환은 국소적이며 미시적인 변환이다.

다음과 같은 논리다. 게이지 입자 중에서 가장 대표적인 것이 전자기장 게이지 입자 A_μ다. 맥스웰 방정식의 벡터 퍼텐셜 A_μ의 게이지

변환을 다시 보자. 되풀이하거니와,

$$\delta A_\mu = A'_\mu - A_\mu = -\partial_\mu \chi(x)$$

이다.

그런데, 글로벌 게이지 변환이려면 공간의 모든 위치에서 변환이 똑같아야 한다. 즉, 변화량 $\partial_\mu \chi(x)$는 공간의 함수가 아니라 상수이어야 한다. 이때, δA_μ도 공간의 함수일 수 없으며, 상수가 되어야 한다. 그런 상수 값은 A_μ에 흡수시켜서 없앨 수 있다. 왜냐하면, 벡터 퍼텐셜은 그 기준을 어디로 택하느냐에 따라 값의 유동성이 있기 때문이다. (간단히, 전기 퍼텐셜 $V = A_0$의 값은 그라운드를 어디로 잡느냐에 따라 정해진다. 그리고 전기장이나 자기장은 A_μ 자체가 아니라 그 미분으로서 정의되므로 상수 값은 무시할 수 있다.)

아무튼, δA_μ가 상수라는 것은 글로벌 게이지 변환에 대하여 게이지 입자가 변하지 않는다는 말이며, 라그랑지안 밀도가 불변이라는 말이 된다.

다음과 같이 물리적으로 생각할 수도 있다. 게이지 입자는 상호작용을 매개하는 입자다. 상호작용이란 공간의 어느 한 점에 위치한 입자와 공간의 다른 한 점에 위치한 입자가 서로 게이지 입자를 매개로 이어지는 현상을 가리킨다. 공간의 어느 한 쪽에서 다른 쪽에 영향을 미치는 것이다. 이것은 동시에 일어날 수 없다. 예를 들어, 맥스웰 방정식을 만족하는 광자는 어떤 하전 입자와 다른 하전 입자 사이의 전자기적 상호작용을 매개하는 게이지 입자다. 이때, 두 하전 입자는 공간적으로 떨어져 있으며 시간적으로도 광속만큼의 시간차가 있다.

그런데, 글로벌 변환이란 전 공간에서 동시에 똑같은 크기의 변환이 일제히 일어난다고 가정하는 것이다. 글로벌 변환의 매개 입자가 공간의 함수가 아니라는 말은 그런 뜻이기 때문이다. 말하자면 공간의 두 지점 사이에 존재하는 광속만큼의 시간차를 인정하지 않는 것이 글로벌 변환이다.

그러므로 글로벌 변환의 개념은 매개라느니 전파라느니 하는 말의 의미와는 양립할 수 없다. 공간의 어느 한 위치에서 다른 위치에 영향을 미친다는 식의 개념과는 전혀 다른 개념인 것이다. 즉, 게이지 입자에 대하여 글로벌 변환이란 게이지 입자의 존재 이유 자체를 부인하는 셈이다. 글로벌 게이지 변환에서는 게이지 입자는 변환하지 않는다.

요컨대, 여기서 말하고자 하는 것은 게이지 입자의 경우 글로벌 게이지 변환이란 무의미하다는 사실이다. 게이지 입자의 게이지 변환은 본질에 있어서 국소적 게이지 변환이어야 한다.

4.2 글로벌 $U(1)$ 게이지 변환

알다시피, $U(1)$은 군론에서 가장 간단한 군이다. 발생자(generator)가 하나밖에 없다. 그래서 매개변수도 하나밖에 없다. 그 매개변수를 θ라 하면 글로벌 변환이라 하였으므로 θ는 그냥 상수이며 공간의 함수가 아니다. 이때, 글로벌 $U(1)$ 게이지 변환의 위상은 $e^{i\theta}$라고 표현할 수 있다.

일반적으로, 질량이 있든 없든, 단중항이든 이중항이든, 페르미 입자와 스칼라 입자를 막론하고 지금까지 공부한 모든 입자들에 대하여 글로벌 $U(1)$ 게이지 변환을 적용할 수 있다. 다만, 게이지 변환이 글로벌이면 게이지 입자는 변환하지 않는다는 점은 앞서 설명하였다.

서로 독립적인 입자들은 변환도 독립적이다. 즉, 변환을 기술하는 매개변수의 값이 입자들마다 서로 다를 수 있다. 여러 입자들이 글로벌 $U(1)$ 게이지 변환을 하는 경우의 매개변수 및 위상도 각각 서로 독립적이다.

페르미 입자 이중항이나 복소 스칼라 이중항은 어떻게 변환할까. 이러한 이중항도 단지 형식상 기술의 편의를 위하여 두 개의 독립적인 입자를 묶어서 표현한 것이므로, 일반적으로는, 각각 서로 다르게 변환할 수 있다. 즉,

$$q = \begin{pmatrix} u \\ d \end{pmatrix} \to q' = \begin{pmatrix} e^{i\theta_u} & 0 \\ 0 & e^{i\theta_d} \end{pmatrix} q = \begin{pmatrix} e^{i\theta_u} u \\ e^{i\theta_d} d \end{pmatrix}$$

또는

$$\phi = \frac{1}{\sqrt{2}} \begin{pmatrix} \phi_1 \\ \phi_2 \end{pmatrix} \to \phi' = \begin{pmatrix} e^{i\theta_1} & 0 \\ 0 & e^{i\theta_2} \end{pmatrix} \phi$$

이라는 말이다.

그런데, 사실 그렇지 않다. 일반론이 성립하지 않으므로 주의를 요한다. 나중에, 표준모형에서 다시 다루게 되면, 이중항의 게이지 변환에 제약이 있다. 표준모형에서의 페르미 이중항은 그저 형식적으로 두 개의 페르미 입자를 묶은 것이 아니라 특정한 대칭성을 공유하는 두 개의 페르미 입자이므로 독립적으로 변환할 수 없는 것이다. 복소 스칼라 입자 이중항도 마찬가지다. 그래서 하나의 이중항에 대하여 그 성분 입자들은 동일하게 변환하는 것을 요구하고 있다. 즉,

$$q = \begin{pmatrix} u \\ d \end{pmatrix} \to q' = e^{i\theta_q} q = e^{i\theta_q} \begin{pmatrix} u \\ d \end{pmatrix} \tag{4.5}$$

및

$$\phi = \frac{1}{\sqrt{2}} \begin{pmatrix} \phi_1 \\ \phi_2 \end{pmatrix} \to \phi' = e^{i\theta_\phi} \phi \tag{4.6}$$

표 4.1: 글로벌 $U(1)$ 게이지 변환. 이 변환에 대하여 게이지 입자들은 변하지 않는다. 매개변수 θ는 상수이며 입자마다 그 값이 독립적으로 서로 다르다.

입자	변환식
페르미 입자 ψ	$\psi' = e^{i\theta}\psi$ $\overline{\psi}' = e^{-i\theta}\overline{\psi}$
페르미 입자 이중항 $q = \begin{pmatrix} u \\ d \end{pmatrix}$	$q' = \begin{pmatrix} e^{i\theta_u} & 0 \\ 0 & e^{i\theta_d} \end{pmatrix} q = \begin{pmatrix} e^{i\theta_u}u \\ e^{i\theta_d}d \end{pmatrix}$ $\overline{q}' = \begin{pmatrix} e^{-i\theta_u}\overline{u} & e^{-i\theta_d}\overline{d} \end{pmatrix}$
게이지 입자 B_μ	변환하지 않음
게이지 입자 확장형 $\vec{W}_\mu = (W_\mu^1, W_\mu^2, W_\mu^3)$	변환하지 않음
복소함수 스칼라 입자 $\phi = \frac{1}{\sqrt{2}}(\phi_1 + i\phi_2)$	$\phi' = e^{i\theta}\phi = \frac{1}{\sqrt{2}}e^{i\theta}(\phi_1 + i\phi_2)$ $\phi'^* = \frac{1}{\sqrt{2}}e^{-i\theta}(\phi_1 - i\phi_2)$
스칼라 입자 이중항 $\phi = \frac{1}{\sqrt{2}}\begin{pmatrix} \phi_1 \\ \phi_2 \end{pmatrix}$	$\phi' = \begin{pmatrix} e^{i\theta_1} & 0 \\ 0 & e^{i\theta_2} \end{pmatrix}\phi$ $= \frac{1}{\sqrt{2}}\left(e^{i\theta_1}\phi_1 + e^{i\theta_2}\phi_2\right)$ $\phi'^* = \frac{1}{\sqrt{2}}\left(e^{-i\theta_1}\phi_1^* + e^{-i\theta_2}\phi_2^*\right)$

이어야 한다는 말이다.

표준모형은 나중에 논의하기로 하고, 일단 단중항이든 이중항이든 모든 입자들이 독립적으로 변환한다고 생각하면, 일반론으로서, 각 입자의 변환을 정리하면 위의 표 4.1와 같다.

이제 라그랑지안 밀도의 변환을 체크해 보자. 각 입자들이 저 표와 같이 변환할 때, 그들의 라그랑지안 밀도는 과연 불변인지 확인해야 한다.

먼저, 페르미 입자의 라그랑지안 밀도의 모양을 돌이켜보면 글로벌 $U(1)$ 게이지 변환에 대하여 불변임을 확인할 수 있다. 즉, 페르미 입자의 라그랑지안 밀는 글로벌 $U(1)$ 게이지 대칭성을 가진다.

다음으로, 게이지 입자인데, 이들은 변환에 대하여 무관하므로 대칭성을 따지지 않아도 된다. 대칭성을 가진다고 하면 가지면 되는 것이다.

문제는 스칼라 입자들이다. 스칼라 입자가 실수함수일 때, 라그랑지안 밀도 $\frac{1}{2}\partial^\mu\phi\partial_\mu\phi - \frac{1}{2}m^2\phi^2$는 글로벌 $U(1)$ 게이지 변환에 대하여 모양이 변한다. 실수함수에 곱해진 위상이 상쇄되지 않고 남기 때문이다. 그래서 스칼라 입자가 변환하는 경우, 라그랑지안 밀도는 불변이 아니다.

다만, 두 개의 스칼라 입자를 묶어서 하나의 복소함수로 표현하는 경우에는 라그랑지안 밀도 $\partial^\mu\phi^*\partial_\mu\phi - m^2\phi^*\phi$가 불변이라는 것을 확인할 수 있다. 복소 스칼라 이중항의 라그랑지안 밀도도 그 모양이 변하지 않는다. 그러므로, 스칼라 입자는 적어도 두 개의 실수함수를 하나의 복소함수 이중항으로 묶어야 한다. 그래야 라그랑지안 밀도가 글로벌 $U(1)$ 변환에 대하여 불변이다.

요약하자면, 페르미 입자, 게이지 입자, 그리고 복소 이중항 스칼라 입자 등으로 구성된 라그랑지안 밀도는 글로벌 $U(1)$ 변환에 대하여 불변이며 대칭성을 가진다.

4.3 국소적 $U(1)$ 게이지 변환

이제, 국소적 $U(1)$ 게이지 변환에 대하여 생각해 보자. 이 변환 역시 글로벌 변환과 마찬가지로 매개변수는 하나밖에 없다. 그 매개변수를 θ라고 하면, 글로벌 게이지 변환과 달리, θ는 상수가 아닌 함수 $\theta(x)$이다. 즉, 4차원 공간의 함수라는 것인데, 글로벌 변환과 중요한 차이점이다. 이때, 국소적 $U(1)$ 게이지 변환의 위상은 $e^{i\theta(x)}$가 된다.

이 절에서의 논의는 일반적인 논의로써, 표준모형의 경우가 아닌 일반적인 경우다. 다시 말해서, 페르미 입자의 이중항 또는 스칼라 입자의 이중항은 일단 형식상 묶어서 표현한 것으로 생각하여야 한다. 그러므로 각 성분은 서로 독립적으로 변환한다.

하지만, 표준모형에서는 다르다. 이중항의 각 성분은 국소적 $U(1)$ 게이지 변환에 대하여, 글로벌 $U(1)$에서 논의하였듯이, 동일하게 변환해야 한다. 일단, 논의는 일반적인 경우에 대하여 전개하겠다.

4.3.1 페르미 입자

페르미 입자 및 그 에르미트 켤레, 그리고 그들의 도함수는 국소적 $U(1)$ 게이지 변환에 의하여 다음과 같이 된다.

$$\begin{cases} \psi \to \psi' = e^{ia\theta(x)}\psi \\ \bar{\psi} \to \bar{\psi}' = e^{-ia\theta(x)}\bar{\psi} \\ \partial_\mu\psi \to \partial_\mu\psi' = \partial_\mu(e^{ia\theta(x)}\psi) \\ \qquad\qquad\quad = e^{ia\theta(x)}\partial_\mu\psi + ia\partial_\mu\theta(x)e^{ia\theta(x)}\psi \end{cases} \tag{4.7}$$

여기서, 상수 a가 보이는데, 이를 위상 $\theta(x)$에 포함시켜서 위상을 정의할 수도 있지만, 나중을 위하여 따로 표시하였다. 표준모형에서 a는 페르미 입자의 hypercharge와 관계 있는 양으로 해석하게 된다.

이러한 변환에 의하여 페르미 입자의 라그랑지안 밀도는 어떻게 되는가? 질량항은 다음과 같이 불변이다.

$$\bar{\psi}' m \psi' = e^{-ia\theta(x)} \bar{\psi} m e^{ia\theta(x)} \psi = \bar{\psi} m \psi$$

운동에너지 항을 보자.

$$\begin{aligned} \bar{\psi}' i\gamma^\mu \partial_\mu \psi' &= e^{-ia\theta(x)} \bar{\psi} i\gamma^\mu \partial_\mu \left[e^{ia\theta(x)} \psi \right] \\ &= e^{-ia\theta(x)} \bar{\psi} i\gamma^\mu \left[e^{ia\theta(x)} \partial_\mu \psi + ia\partial_\mu \theta(x) e^{ia\theta(x)} \psi \right] \\ &= \bar{\psi} i\gamma^\mu \partial \psi + \bar{\psi} i\gamma^\mu ia\partial_\mu \theta(x) \psi \end{aligned}$$

즉, 라그랑지안 밀도는 변환에 의하여

$$\mathcal{L}' = \mathcal{L} + i\partial_\mu \theta(x) [ia\bar{\psi}\gamma^\mu \psi] \tag{4.8}$$

와 같이 되므로 새로운 항이 추가되는 결과가 나온다. 그 바람에 라그랑지안 밀도는 더 이상 불변이 아니다. 이 추가항이 항상 0일 수는 없다. 라그랑지안 밀도가 국소적 $U(1)$ 게이지 대칭성을 확보하려면 적절한 방법으로 이 추가항을 처리해야 할 것이다.

다음으로, 두 개의 페르미 입자 u와 d가 있을 때, 그들을 하나의 이중항 q로 묶어서

$$q = \begin{pmatrix} u \\ d \end{pmatrix}$$

와 같이 기술하는 경우에, q의 변환을 살펴보자. 앞서 글로벌 $U(1)$ 게이지 변환에서 q의 변환을 공부한 바 있다. 그때 어떻게 변환하였는지 돌이켜보면, q의 국소적 $U(1)$ 게이지 변환은 다음과 같다는

것을 알 수 있다.

$$\begin{cases} q \to q' = \begin{pmatrix} e^{ia_u\theta(x)} & 0 \\ 0 & e^{ia_d\theta(x)} \end{pmatrix} \begin{pmatrix} u \\ d \end{pmatrix} = \begin{pmatrix} e^{ia_u\theta(x)}u \\ e^{ia_d\theta(x)}d \end{pmatrix} \\ \bar{q} \to \bar{q}' = (\bar{u} \;\; \bar{d}) \begin{pmatrix} e^{-ia_u\theta(x)} & 0 \\ 0 & e^{-ia_d\theta(x)} \end{pmatrix} \\ \qquad = \left(e^{-ia_u\theta(x)}\bar{u} \;\; e^{-ia_d\theta(x)}\bar{d}\right) \\ \partial_\mu q \to \partial_\mu q' = \partial_\mu \begin{pmatrix} e^{ia_u\theta(x)}u \\ e^{ia_d\theta(x)}d \end{pmatrix} \\ \qquad = \begin{pmatrix} e^{ia_u\theta(x)}\partial_\mu u + ia_u\partial_\mu\theta \; e^{ia_u\theta(x)}u \\ e^{ia_d\theta(x)}\partial_\mu d + ia_d\partial_\mu\theta \; e^{ia_d\theta(x)}d \end{pmatrix} \end{cases}$$

여기서, a_u와 a_d라는 상수가 각각 u와 d의 위상에 들어 있다. 일반적으로는 u와 d의 변환이 독립적이므로 이들의 값도 서로 다르다.

하지만, 나중에 표준모형의 라그랑지안 밀도를 논의할 때는 $a_u = a_d$라고 둘 것이다. 왜냐하면 u와 d는 형식적으로만 하나의 이중항이 아니라 표준모형에서 말하는 쿼크 제1세대이기 때문이다. 이때, $a_u = a_d$는 쿼크 이중항의 hypercharge와 관계 있는 상수다.

페르미 입자 이중항이 이와 같이 변환하면 그 라그랑지안 밀도 $\mathcal{L} = \bar{q}i\gamma^\mu\partial_\mu q + \bar{q}m_q q$ 가 어떻게 변하는지 계산하자.

먼저, 질량항은 질량 행렬 m_q로써 표현되는데, (θ의 x 의존을 생략하면)

$$\begin{aligned} \bar{q}' m_q q' &= (e^{-ia_u\theta}\bar{u} \;\; e^{-ia_d\theta}\bar{d}) \begin{pmatrix} m_u & 0 \\ 0 & m_d \end{pmatrix} \begin{pmatrix} e^{ia_u\theta}u \\ e^{ia_d\theta}d \end{pmatrix} \\ &= (\bar{u} \;\; \bar{d}) \begin{pmatrix} m_u & 0 \\ 0 & m_d \end{pmatrix} \begin{pmatrix} u \\ d \end{pmatrix} \\ &= \bar{q} m_q q \end{aligned}$$

와 같이 되므로 그 모양이 유지되며 불변이다. 하지만, 운동에너지 항의 변환은 좀 복잡하다.

$$
\begin{aligned}
\bar{q}'(i\gamma^\mu\partial_\mu)q' &= (e^{-ia_u\theta}\bar{u} \;\; e^{-ia_d\theta}\bar{d})i\gamma^\mu\partial_\mu \begin{pmatrix} e^{ia_u\theta}u \\ e^{ia_u\theta}u \end{pmatrix} \\
&= ie^{-ia_u\theta}\bar{u}\gamma^\mu\partial_\mu\left[e^{ia_u\theta}u\right] \\
&\quad +ie^{-ia_d\theta}\bar{d}\gamma^\mu\partial_\mu\left[e^{ia_u\theta}d\right] \\
&= ie^{-ia_u\theta}\bar{u}\gamma^\mu\left[e^{ia_u\theta}\partial_\mu u + ia_u\bar{d}\partial_\mu\theta\; e^{ia_u\theta}u\right] \\
&\quad +ie^{-ia_d\theta}\bar{d}\gamma^\mu\left[e^{ia_d\theta}\partial_\mu d + ia_d\partial_\mu\theta\; e^{ia_d\theta}d\right] \\
&= i\bar{u}\gamma^\mu\left[\partial_\mu u + ia_u\bar{d}\partial_\mu\theta\; u\right] \\
&\quad +i\bar{d}\gamma^\mu\left[\partial_\mu d + ia_d\partial_\mu\theta\; d\right] \\
&= \bar{q}i\gamma^\mu\partial_\mu q + i\partial_\mu\theta\left[ia_u\bar{u}\gamma^\mu u + ia_d\bar{d}\gamma^\mu d\right]
\end{aligned}
$$

와 같이 변환한다. 즉, 페르미 입자 이중항의 전체 그랑지안 밀도는 다음과 같이 변환한다.

$$
\begin{aligned}
\mathcal{L}\to\mathcal{L}' &= \bar{q}i\gamma^\mu\partial_\mu q + i\partial_\mu\theta\left[ia_u\bar{u}\gamma^\mu u + ia_d\bar{d}\gamma^\mu d\right] + \bar{q}m_q q \\
&= \mathcal{L} + i\partial_\mu\theta\left[ia_u\bar{u}\gamma^\mu u + ia_d\bar{d}\gamma^\mu d\right] \qquad (4.9)
\end{aligned}
$$

여기서 보듯이, $\theta(x)$는 공간에 의존하는 함수이기 때문에, 국소적 $U(1)$ 게이지 변환을 하면 $\partial_\mu q$에 의하여 위상의 도함수 $\partial_\mu\theta$에 비례하는 추가항이 생긴다.

이 추가항이 있는 한, 페르미 입자 이중항의 라그랑지안 밀도도 불변이 아니다. 그러므로 여기서도 마찬가지로, 국소적 $U(1)$ 게이지 대칭성을 확보하려면, 뭔가 조치를 취해서 이 추가항을 없애야 할 것이다.

4.3.2 스칼라 입자

이제, 스칼라 입자의 차례다. 원래 차례라면 게이지 입자인데, 순서를 바꾸어 게이지 입자는 마무리 투수로서 등장할 것이다.

스칼라 입자의 국소적 $U(1)$ 게이지 변환은 어떻게 되는가. 글로벌 $U(1)$ 게이지 변환에서도 문제가 생겼듯이, 여기서도 스칼라 입자는 문제다. 스칼라 입자를 실수 함수로 표현하게 되면 그 변환은

$$\phi \to \phi' = e^{ia_\phi \theta(x)}\phi$$

와 같이 정의할 수 있는데, 무엇보다 문제인 것은 저 위상 θ는 라그랑지안 밀도 $\frac{1}{2}\partial^\mu\phi\partial_\mu\phi - \frac{1}{2}m^2\phi^2$의 질량항 등에서 상쇄되지 않고 남게 되어, $\theta = 0$으로 택하지 않는 한 없앨 수 없다는 것이다. 물론, 라그랑지안 밀도에 있는 $\partial_\mu\phi$에 의하여 $\partial_\mu\theta(x)$가 생겨서 모양이 달라지는 것도 문제다.

따라서, 실수 함수 스칼라 입자가 변환하는 경우, 그 라그랑지안 밀도는 불변이 아니며, 위상을 0으로 하지 않는 한, 방법이 없다. 그러므로 실수 함수 스칼라 입자는 국소적 $U(1)$ 게이지 변환의 논의에서 제외시킬 수밖에 없다.

그렇다면, 복소수로 표현한 두 개의 스칼라 입자

$$\phi = \frac{1}{\sqrt{2}}(\phi_1 + i\phi_2)$$

에 대하여 다음과 같은 게이지 변환을 적용하면 라그랑지안 밀도가 어떻게 되는지 조사해 보자. (ϕ_1 및 ϕ_2는 실수)

$$\begin{cases} \phi \to \phi' = e^{ia_\phi \theta(x)}\phi \\ \phi^* \to \phi'^* = e^{-ia_\phi \theta(x)}\phi^* \end{cases} \tag{4.10}$$

이때 그 도함수들은

$$\begin{cases} \partial_\mu\phi \to \partial_\mu\phi' = \partial_\mu(e^{ia_\phi\theta}\phi) = ia_\phi\partial_\mu\theta e^{ia_\phi\theta}\phi + e^{ia_\phi\theta}\partial_\mu\phi \\ \partial^\mu\phi^* \to \partial^\mu\phi'^* = -ia_\phi\partial^\mu\theta e^{-ia_\phi\theta}\phi^* + e^{-ia_\phi\theta}\partial^\mu\phi^* \end{cases}$$

와 같이 변환하게 된다. 여기서 a_ϕ는 하나의 상수이며, 나중 표준모형에서는 복소 함수 스칼라 입자의 hypercharge와 관계 있다.

라그랑지안 밀도는 다음과 같이 변환한다. 질량항 $-m^2\phi'^*\phi'$는 위상이 서로 상쇄되므로 불변이다. (그냥 실수함수로 스칼라 입자를 표현하면 상쇄되지 않는다.)

운동 에너지 항은

$$\begin{aligned} \partial^\mu\phi'^*\partial_\mu\phi' &= (-ia_0\phi^* e^{-i\theta}\partial^\mu\theta + e^{-i\theta}\partial^\mu\phi^*) \\ &\quad \cdot (ia_0 e^{i\theta}\phi\partial_\mu\theta + e^{i\theta}\partial_\mu\phi) \\ &= \partial^\mu\phi^*\partial_\mu\phi + \partial^\mu\phi^* ia_0\partial_\mu\theta\phi - ia_0\partial^\mu\theta\phi^*\partial_\mu\phi \\ &\quad +(a_0)^2\phi^*\phi\partial^\mu\theta\partial_\mu\theta \end{aligned} \tag{4.11}$$

와 같이 변환한다. 따라서, 복소함수 스칼라 입자의 경우, 국소적 $U(1)$ 게이지 변환에 대하여 다음과 같은 추가항이 생긴다는 것을 알 수 있다.

$$\mathcal{L}' - \mathcal{L} = ia_0(\phi\partial^\mu\phi^* - \phi^*\partial^\mu\phi)\partial_\mu\theta + (a_0)^2\phi^*\phi\partial^\mu\theta\partial_\mu\theta \tag{4.12}$$

페르미 입자의 경우와 마찬가지로, 이 추가항을 처리해야 복소함수 스칼라 입자의 국소적 $U(1)$ 대칭성을 보장할 수 있다. (추가항들을 처리할 방법은 있다. 게이지 입자의 역할이 바로 그런 처리를 담당하는 것이다.)

어떤 책에서는 $A \overleftrightarrow{\partial} B = (\partial A)B - A(\partial B)$라는 표현을 도입하여

$$\phi^* \overleftrightarrow{\partial}^\mu \phi = (\partial^\mu\phi^*)\phi - \phi^*\partial^\mu\phi$$

와 같이 간단히 표현하기도 한다.

다음으로, 스칼라 입자의 이중항

$$\phi = \frac{1}{\sqrt{2}} \begin{pmatrix} \phi_1 \\ \phi_2 \end{pmatrix}$$

에 대하여도 그 변환을 구해보면 역시 추가항이 등장하게 된다. 여기서는 변환을 좀 편하게 기술하기 위하여

$$U(\theta) = \begin{pmatrix} e^{ia_1\theta} & 0 \\ 0 & e^{ia_2\theta} \end{pmatrix} \tag{4.13}$$

인 2×2 변환행렬을 도입하기도 하는데, 이 행렬은

$$U^{-1}(\theta) = U(-\theta) = U^\dagger(\theta) \tag{4.14}$$

을 만족하는 하나의 유니타리 행렬이다. (θ의 x 의존은 생략)

이 행렬에는 매개변수 $\theta(x)$와 상수 a_1 및 a_2가 들어 있다. 두 개의 상수 a_1와 a_2의 값은 일반적으로 서로 독립이다. 하지만, 다시 유의할 점은, 나중에 표준모형에서 스칼라 입자 이중항의 변환을 다룰 때에는 $a_1 = a_2$라고 두어야 한다는 것이다.

지금은 일반적인 경우를 생각하여 a_1과 a_2가 서로 다른 상수라고 가정하고 논의를 이어가자. 국소적 $U(1)$ 게이지 변환에 의하여 스칼라 입자 이중항은

$$\begin{cases} \phi \to \phi' = U(\theta)\phi = \dfrac{1}{\sqrt{2}} \begin{pmatrix} e^{ia_1\theta}\phi_1 \\ e^{ia_2\theta}\phi_2 \end{pmatrix} \\ \phi^\dagger \to \phi'^\dagger = \phi^\dagger U^{-1}(\theta) = \dfrac{1}{\sqrt{2}} (e^{-ia_1\theta}\phi_1^* \quad e^{-ia_2\theta}\phi_2^*) \end{cases} \tag{4.15}$$

와 같이 변환하며 그 도함수는

$$\partial_\mu \phi \to \partial_\mu \phi' \;=\; \partial_\mu [U(\theta)\phi]$$

$$\begin{aligned} &= U(\theta)\partial_\mu\phi + [\partial_\mu U(\theta)]\phi \\ &= \frac{1}{\sqrt{2}}U(\theta)\begin{pmatrix} \partial_\mu\phi_1 \\ \partial_\mu\phi_2 \end{pmatrix} \\ &+ \begin{pmatrix} ia_1 & 0 \\ 0 & ia_2 \end{pmatrix}\partial_\mu\theta\, U(\theta)\phi \end{aligned} \tag{4.16}$$

와 같이 변환한다.

스칼라 입자 이중항의 라그랑지안 밀도의 변환을 조사해 보면, 먼저, 질량항은

$$\begin{aligned} -\phi'^\dagger M_\phi^2\phi' &= -(\phi^\dagger U^{-1})M_\phi^2(U\phi) = -\phi^\dagger(U^{-1}M_\phi^2 U)\phi \\ &= -\phi^\dagger M_\phi^2\phi \end{aligned} \tag{4.17}$$

이므로 불변이다. 왜냐하면 U와 M_ϕ^2는 모두 대각 행렬이기 때문에 $U^{-1}M_\phi^2 U = M_\phi^2$가 된다.

그러나 운동 에너지 항은

$$\begin{aligned} (\partial^\mu\phi')^\dagger\partial_\mu\phi' &= \partial^\mu\left[U(\theta)\phi\right]^\dagger\partial_\mu\left[U(\theta)\phi\right] \\ &= \left[U\partial^\mu\phi + (\partial^\mu U)\phi\right]^\dagger\left[U\partial_\mu\phi + (\partial_\mu U)\phi\right] \\ &= [(\partial^\mu\phi)^\dagger U^\dagger + \phi^\dagger(\partial^\mu U)^\dagger][U\partial_\mu\phi + (\partial_\mu U)\phi] \\ &= (\partial^\mu\phi)^\dagger\partial_\mu\phi + (\partial^\mu\phi)^\dagger U^\dagger(\partial_\mu U)\phi \\ &\quad +\phi^\dagger(\partial^\mu U)^\dagger U\partial_\mu\phi + \phi^\dagger(\partial^\mu U)^\dagger(\partial_\mu U)\phi \end{aligned}$$

와 같이 복잡하게 변환하므로, 일단 겉으로 보기에도 불변이 아니다.

그런데, θ가 무시할 정도로 작다고 하면 맨 마지막항 $\phi^\dagger(\partial^\mu U)^\dagger(\partial_\mu U)\phi$도 무시할 수 있다. 왜냐하면

$$(\partial^\mu U)^\dagger(\partial_\mu U) = \begin{pmatrix} a_1^2\partial^\mu\theta\partial_\mu\theta & 0 \\ 0 & a_2^2\partial^\mu\theta\partial_\mu\theta \end{pmatrix}$$

이므로 θ^2에 비례하기 때문이다. 그래서 $\theta \approx 0$라고 두면 맨 마지막 항은 0으로 접근한다. ($\theta \approx 0$라고 두는 근사는 사실 근거가 있다. 원래 게이지 변환은 미소변환으로 정의되기 때문이다.)

하지만, 맨 마지막 항을 무시하고도 운동에너지 항은 변환에 대하여 모양이 유지되지 않는다. 그래서, 스칼라 입자 이중항의 라그랑지안 밀도도 국소적 $U(1)$ 게이지 변환을 하면

$$\mathcal{L} \to \mathcal{L}' = \mathcal{L} + (\partial^\mu \phi)^\dagger U^\dagger (\partial_\mu U)\phi + \phi^\dagger (\partial^\mu U)^\dagger U \partial_\mu \phi \tag{4.18}$$

처럼 두 개의 추가항이 발생하므로 불변이 아니다.

새로 등장한 두 개의 항은 다르게 표현할 수도 있는데,

$$\begin{aligned} \partial_\mu U &= \begin{pmatrix} \partial_\mu e^{ia_1\theta} & 0 \\ 0 & \partial_\mu e^{ia_2\theta} \end{pmatrix} \\ &= \begin{pmatrix} ia_1 e^{ia_1\theta}\partial_\mu\theta & 0 \\ 0 & ia_2 e^{ia_2\theta\partial_\mu\theta} \end{pmatrix} \\ &= iU \begin{pmatrix} a_1 & 0 \\ 0 & a_2 \end{pmatrix} \partial_\mu\theta \end{aligned}$$

를 이용하여, 앞의 항은

$$\begin{aligned} (\partial^\mu \phi)^\dagger U^\dagger (\partial_\mu U)\phi &= (\partial^\mu \phi)^\dagger U^\dagger \left[iU \begin{pmatrix} a_1 & 0 \\ 0 & a_2 \end{pmatrix} \partial_\mu\theta \right] \phi \\ &= i(\partial_\mu\theta)(\partial^\mu\phi)^\dagger \begin{pmatrix} a_1 & 0 \\ 0 & a_2 \end{pmatrix} \phi \end{aligned}$$

으로 고치고, 뒤의 항은

$$\phi^\dagger (\partial^\mu U)^\dagger U \partial_\mu \phi = \left[(\partial_\mu \phi)^\dagger U^\dagger (\partial^\mu U)\phi \right]^\dagger$$

$$= -i(\partial^\mu\theta)\phi^\dagger \begin{pmatrix} a_1 & 0 \\ 0 & a_2 \end{pmatrix} \partial_\mu\phi$$

으로 고치면 (사실, 뒷 항은 앞 항의 에르미트 켤레다.) 두 개의 항은

$$\begin{aligned}
&(\partial^\mu\phi)^\dagger U^\dagger(\partial_\mu U)\phi + \phi^\dagger(\partial^\mu U)^\dagger U\partial_\mu\phi \\
&= i\partial_\mu\theta\left[(\partial^\mu\phi)^\dagger \begin{pmatrix} a_1 & 0 \\ 0 & a_2 \end{pmatrix}\phi - \phi^\dagger \begin{pmatrix} a_1 & 0 \\ 0 & a_2 \end{pmatrix}\partial^\mu\phi\right] \\
&= \frac{1}{2}i\partial_\mu\theta\left[a_1(\phi_1\partial^\mu\phi_1^* - \phi_1^*\partial^\mu\phi_1) + a_2(\phi_2\partial^\mu\phi_2^* - \phi_2^*\partial^\mu\phi_2)\right] \\
&= \frac{1}{2}i\partial_\mu\theta\left[a_1\phi_1^* \overleftrightarrow{\partial}^\mu\phi_1 + a_2\phi_2^* \overleftrightarrow{\partial}^\mu\phi_2\right]
\end{aligned}$$

라고 정리할 수 있다. (뒷 항을 대입할 때 지표를 아래 위로 바꾸었다.)

따라서, 스칼라 입자 이중항의 경우, 국소적 $U(1)$ 게이지 변환에 대하여 θ^2 이상을 무시하면

$$\mathcal{L} \to \mathcal{L}' = \mathcal{L} + \frac{1}{2}i\partial_\mu\theta\left[a_1\phi_1^* \overleftrightarrow{\partial}^\mu\phi_1 + a_2\phi_2^* \overleftrightarrow{\partial}^\mu\phi_2\right] \tag{4.19}$$

와 같이 변환한다.

이상에서 우리는 국소적 $U(1)$ 게이지 변환을 알아보았거니와, 여러 가지의 추가항이 출현하는 것을 목격하였다. 이들 추가항들을 없애야 국소적 $U(1)$ 게이지 대칭성을 보장할 수 있는데, 그 없애는 방법은 정통적으로는 공변도함수를 도입하는 것이다.

여기서는 공변도함수를 도입하지 않고도 추가항들이 서로 상쇄되도록 만드는 방법이 있는지 찾아 보자. 이때 등장하는 것이 게이지 입자의 변환이다. 게이지 입자의 변환을 이용하면 추가항들을 서로 상쇄시키는 방법이 나오는데, 그 방법은 결국 공변도함수를 도입하는 방법이라는 것을 자연스럽게 알게 된다. 그리고 게이지 입자의 변환이 공변도함수의 도입에 중요한 역할을 하는 것도 알게 된다.

그래서 이제 게이지 입자의 변환을 먼저 논의한 다음, 공변도함수를 도입하는 방법을 논의하고자 한다.

4.3.3 게이지 입자

게이지 입자의 변환에 대하여 논의를 시작하자. 게이지 입자는 말하자면 야구에서 마무리 투수와 같다. 국소적 게이지 변환에서 중요한 역할을 맡고 있는 입자가 바로 게이지 입자들이다. 앞서의 모든 입자들이 국소적 게이지 변환에서 갖가지 추가항들을 생성하였는데, 게이지 입자들이 그 추가항들을 말끔하게 소거시켜 주기 때문이다.

우리는 앞에서 맥스웰 방정식에서의 벡터 퍼텐셜 A_μ 말고도 두 종류의 게이지 입자를 더 소개하였다. 하나는 B_μ이고 또 하나는 확장된 형태로써 W_μ^i $(i = 1, 2, 3)$였다. 이들은 글로벌 게이지 변환은 하지 않는다고 논의한바 있다.

이제 이들의 국소적 게이지 변환을 알아봐야 하는데, 먼저 밝힐 것은 이들의 국소적 게이지 변환은 선택적이라는 점이다. 즉, 국소적 게이지 변환의 대칭성이 무엇이냐에 따라 변환하는 게이지 입자가 다르다는 말이다. 국소적 게이지 변환이 $U(1)$이면 B_μ만 변환하며, $SU(2)$이면 W_μ^i $(i = 1, 2, 3)$들만 변환한다. 바꾸어 말하면, W_μ^i들은 국소적 $U(1)$ 게이지 변환과 무관하며, B_μ는 $SU(2)$ 변환과 무관한 것이다.

그러므로 국소적 $U(1)$ 게이지 변환이라면 B_μ의 변환만 알아보면 된다.

게이지 입자 B_μ는 국소적 $U(1)$ 변환에 대하여

$$B_\mu \to B'_\mu = B_\mu - \frac{1}{g_1}\partial_\mu \chi(x) \tag{4.20}$$

와 같이 변환한다. 이 변환의 일반적인 모양은 나중에 더 설명하게 될 것이다.

이 변환에서 나오는 $\chi(x)$는 임의의 스칼라 매개함수이며, g_1은 상수다. 이 g_1이라는 상수는 나중에 표준모형에서는 국소적 $U(1)$ 게이지 대칭성으로 표현되는 어떤 상호작용의 결합상수이지만 지금 단계에서는 그냥 χ를 재정의하면서 나온다고 말해도 된다.

이때, 스트레스 텐서는

$$\begin{aligned} B'_{\mu\nu} &= \partial_\mu B'_\nu - \partial_\nu B'_\mu \\ &= \partial_\mu B_\nu - \frac{1}{g_1}\partial_\mu\partial_\nu\chi - \partial_\nu B_\mu + \frac{1}{g_1}\partial_\nu\partial_\mu\chi \\ &= B_{\mu\nu} \end{aligned} \tag{4.21}$$

와 같이 변환하므로, 라그랑지안 밀도에서 $(-1/4)B^{\mu\nu}B_{\mu\nu}$로 주어지는 운동에너지 항은 불변이다.

만일 게이지 입자 B_μ가 질량 m을 가지고 있다면, 라그랑지안 밀도에 질량항 $\frac{1}{2}m^2B^\mu B_\mu$이 들어오는데, 그 질량항은 다음과 같이 변환하게 된다.

$$\begin{aligned} \frac{1}{2}m^2 B'^\mu B'_\mu &= \frac{1}{2}m^2\left(B^\mu - \frac{1}{g_1}\partial^\mu\chi\right)\left(B_\mu - \frac{1}{g_1}\partial_\mu\chi\right) \\ &= \frac{1}{2}m^2 B^\mu B_\mu \\ &\quad -\frac{1}{2}m^2\left(\frac{1}{g_1}B^\mu\partial_\mu\chi + \frac{1}{g_1}B_\mu\partial^\mu\chi\right) \\ &\quad +\frac{1}{2}\frac{m^2}{g_1^2}\partial^\mu\chi\partial_\mu\chi \end{aligned} \tag{4.22}$$

즉, 게이지 입자의 라그랑지안 밀도의 질량항은 게이지 변환에 의하여 원래의 질량항 이외에 새로운 항이 덧붙여진다. 그러므로 국소적

$U(1)$ 대칭성을 확보하려면 이들 새로운 항을 없애는 방법을 강구해야 한다.

페르미 입자나 스칼라 입자의 게이지 변환에서도 새로운 항들이 나와서 뭔가 조치를 취해야 한다고 이야기한 적이 있었다. 그때는 그렇게 말해도 방법이 있다는 뉘앙스의 언급이었다. 그리고 실제로 방법이 있다.

그런데, 게이지 입자는 다르다. 게이지 입자의 질량에 비례하는 이 새로운 항을 없애기 위해서는 $m = 0$가 유일한 방법이다. $m = 0$이 아닌 한 $g_1 = 0$ 또는 $\chi = B_\mu = 0$이어야 하는데, 둘 다 받아들일 수 없다.

$g_1 = 0$이라는 말은 국소적 $U(1)$ 게이지 변환에 대하여 B_μ가 변하지 않아야 한다는 말과 동일하다. 지금 B_μ가 변해서는 안 된다는 말은 국소적 $U(1)$ 게이지 변환을 포기하라는 말이나 다름없다. 그리고 $\chi = B_\mu = 0$라는 말도 국소적 $U(1)$ 게이지 변환을 논의하지 말자는 말이므로 무의미하다.

이 두 가지 방법 이외의 어떤 성질이나 조건을 χ나 B_μ에 주더라도 이 추가항을 없앨 수 없다. 결국, 국소적 $U(1)$ 대칭성을 확보하려면 새로 추가하는 항을 없애야 하므로, 필요충분조건으로써 $m = 0$이어야 한다. 즉, 질량항이 게이지 입자의 라그랑지안 밀도에 등장하는 한, 국소적 $U(1)$ 대칭성을 보장할 수 없다는 것이며, 역으로, 국소적 $U(1)$ 대칭성을 보장하려면 $U(1)$ 게이지 입자인 B_μ의 질량이 없어야 한다.

대칭성을 위하여 질량을 희생해야 하는 첫번째 사례가 바로 이것이다. 기억해 두자.

이제 B_μ의 질량을 없앤 다음, 전류 j_μ가 있는 공간에서의 라그랑

지안 밀도

$$\mathcal{L} = -\frac{1}{4}B^{\mu\nu}B_{\mu\nu} - j^{\mu}B_{\mu}$$

의 변환을 조사하자.

느닷없이 무슨 전류? 지금까지 페르미 입자든 스칼라 입자든 게이지 변환을 논의하였을 때, 자유공간에서의 변환만 따졌지, 전류가 있는 공간에서의 변환은 따지지 않았었는데, 갑자기 게이지 입자만 전류가 있는 공간에서 변환을 논의하는 것이 좀 의아할지도 모르겠다.

하지만, 다 이유가 있다. 일단 전류가 있는 공간에서의 변환을 보면,

$$\begin{aligned}
\mathcal{L}' &= -\frac{1}{4}B'^{\mu\nu}B'_{\mu\nu} - j^{\mu}B'_{\mu} \\
&= -\frac{1}{4}B^{\mu\nu}B_{\mu\nu} - j^{\mu}\left(B_{\mu} - \frac{1}{g_1}\partial_{\mu}\chi\right) \\
&= -\frac{1}{4}B^{\mu\nu}B_{\mu\nu} - j^{\mu}B_{\mu} + \frac{1}{g_1}j^{\mu}\partial_{\mu}\chi \\
&= \mathcal{L} + \frac{1}{g_1}j^{\mu}\partial_{\mu}\chi
\end{aligned} \tag{4.23}$$

와 같다.

게이지 변환에 의하여 j^{μ} 때문에 새로운 항이 라그랑지안 밀도에 들어오게 되는데, 그렇다면 왜 굳 전류가 있는 공간에서의 게이지 변환을 따지는가? 전류가 없는 자유공간에서라면 라그랑지안 밀도가 변하지 않을 것이며, 게이지 대칭성이 확보될 것인데 말이다.

그런데, 전류에 비례하는 이 추가항의 모양이 공교롭다. 페르미 입자나 스칼라 입자의 게이지 변환을 논의할 때 생기는 추가항의 모양과 매우 유사한 것이다.

그래서 만일 페르미 입자와 게이지 입자를 한꺼번에 하나의 라그랑지안 밀도에 밀어넣게 되면 페르미 입자에 의하여 생기는 추가항과 게이지 입자에 의하여 생기는 추가항을 상쇄시켜서 두 개의 골치거리를 한꺼번에 처리하는 방법이 있을 것 같다는 느낌이다.

그리고 그 느낌은 옳다. 상쇄시킬 수가 있는 것이다. 물론 스칼라 입자의 경우도 마찬가지다.

사실, 전류가 있는 공간에서의 게이지 입자라는 말은 페르미 입자나 스칼라 입자가 있는 공간에서의 게이지 입자라는 말과 같다. 다시 말해서, 페르미 입자나 스칼라 입자가 게이지 입자와 상호작용을 하고 있는 것이다. 전류라는 것은 결국 페르미 입자나 스칼라 입자의 운동을 가리킨다. (물론, 여기서 전류란 딱히 쿨롱의 법칙에 따르는 전하의 흐름은 아니며, hypercharge 같은 양자수의 흐름이다.) 그러므로 게이지 입자가 있는 공간에 전류도 있다는 말은 게이지 입자와 상호작용하는 페르미 입자나 스칼라 입자가 그 공간에 함께 있다는 말과 같다.

그래서, 이제부터는 전류라기보다는 상호작용이라는 말을 쓰는 것이 좋겠다. 실제로, 전류항이라는 말보다는 상호작용항이라고 표현하는 것이 맞다. 왜냐하면, 전류항이라는 것이 본질적으로 게이지 입자와 페르미 입자의 곱 또는 게이지 입자와 스칼라 입자의 곱으로 정의되기 때문이다.

뭔가 서로의 라그랑지안 밀도에서 생기는 추가항을 없애기 위하여 서로 비밀리에 거래한다는 느낌이 들 것이다. 아니면, 입자들이 서로 협력하고 부족한 점을 도와주면서 국소적 게이지 대칭성을 완성한다고 할까. 좋은 의미든 나쁜 의미든, 국소적 게이지 대칭성과 상호작용은 서로 필요로 하고 있다.

4.3.4 국소적 $U(1)$ 대칭성을 위한 입자들의 상호작용 또는 협력

그럼, 페르미 입자가, 그리고 스칼라 입자가, 각각 게이지 입자와 어떻게 협력하여, 상호작용항을 구성하고, 국소적 $U(1)$ 게이지 대칭성을 확보하는지 하나씩 알아보기로 하겠다.

(1) 페르미 입자 ψ:

국소적 $U(1)$ 게이지 변환으로 전류가 있는 공간에서 게이지 입자의 라그랑지안 밀도는

$$\frac{1}{g_1} j^\mu \partial_\mu \chi$$

와 같은 추가항이 새로 생겼다. 한편, 페르미 입자의 라그랑지안 밀도도

$$i\partial_\mu \theta \ [ia\bar{\psi}\gamma^\mu \psi]$$

와 같은 추가항이 생기는 것을 보았다. 그러므로 이 두 개의 추가항을 더하여

$$0 = \frac{1}{g_1} j^\mu \partial_\mu \chi + i\partial_\mu \theta \ [ia\bar{\psi}\gamma^\mu \psi] \tag{4.24}$$

가 된다면 양쪽의 라그랑지안 밀도에서 생긴 추가항이 상쇄되어 없어지므로 전체 라그랑지안 밀도는 대칭성을 가지게 될 것이다. 어떻게 하면 추가항들의 합이 0이 될 수 있을까.

일단, 양쪽의 게이지 변환의 매개변수를 하나로 맞춘다. 즉, $\theta = \chi$ 라고 가정한다. 그리고,

$$j^\mu = ag_1 \bar{\psi}\gamma^\mu \psi \tag{4.25}$$

라고 가정한다. 이 두 조건이 만족되면 추가항들은 서로 상쇄되는 것이다. 이것이 국소적 $U(1)$게이지 변환에 대하여 불변인 조건이다.

이 조건을 적용하여, 페르미 입자 ψ와 게이지 입자 B_μ가 함께 등장하는 라그랑지안 밀도를 구성하면

$$\begin{aligned}\mathcal{L} &= \mathcal{L}_\psi + j^\mu B_\mu + \mathcal{L}_{B_\mu} \\ &= \bar{\psi}(i\gamma^\mu \partial_\mu - m)\psi - j^\mu B_\mu - \frac{1}{4}B^{\mu\nu}B_{\mu\nu} \\ &= \bar{\psi}(i\gamma^\mu \partial_\mu - m)\psi - ag_1\bar{\psi}\gamma^\mu\psi B_\mu - \frac{1}{4}B^{\mu\nu}B_{\mu\nu} \qquad (4.26)\end{aligned}$$

와 같이 쓸 수 있다. 페르미 입자는 질량이 m이며, 게이지 입자는 질량이 0이다.

여기서 강조할 점은 전류항에 페르미 입자와 게이지 입자가

$$j^\mu B_\mu = ag_1\bar{\psi}\gamma^\mu\psi B_\mu$$

의 곱의 형태로 공존하고 있다는 것이다. 그리고 전류라는 것이 페르미 입자로 표현되고 있다는 것이다.

그러므로 이 전류항은 하나의 상호작용을 의미하고 있다. 달리 말하자면, 게이지 입자의 입장에서는, 주위에서 페르미 입자가 움직이고 있는 것이 하나의 전류로 보인다는 것이며, 페르미 입자의 입장에서는 게이지 입자를 유도하여 상호작용을 하는 것이라고 말할 수 있다. 그리고, 그러한 상호작용을 함으로써, 게이지 변환에서 서로의 추가항을 상쇄시켜 게이지 대칭성을 확보할 수 있는 것이다.

라그랑지안 밀도를 좀 고쳐서 다음과 같이 표현하자.

$$\mathcal{L} = \bar{\psi}(i\gamma^\mu \partial_\mu - m)\psi - ag_1\bar{\psi}\gamma^\mu\psi B_\mu - \frac{1}{4}B^{\mu\nu}B_{\mu\nu}$$

$$= \bar{\psi}\left[i\gamma^{\mu}\left(\partial_{\mu}+iag_{1}B_{\mu}\right)-m\right]\psi-\frac{1}{4}B^{\mu\nu}B_{\mu\nu} \tag{4.27}$$

여기서 $\partial_\mu + iag_1B_\mu$라는 것이 등장하는데, 이것을

$$D_\mu = \partial_\mu + iag_1B_\mu \tag{4.28}$$

라고 정의하면, 페르미 입자와 게이지 입자가 공존하는 공간에서의 라그랑지안 밀도는

$$\mathcal{L} = \bar{\psi}(i\gamma^\mu D_\mu - m)\psi - \frac{1}{4}B^{\mu\nu}B_{\mu\nu} \tag{4.29}$$

와 같이 간결하게 표현할 수 있다.

저 D_μ를 공변도함수(covariant derivative)라고 부른다. 공변도함수는 게이지 입자 B_μ에 의존하며, 두 개의 상수가 들어 있는데, a는 페르미 입자와 관계 있는 상수이며, g_1은 게이지 입자와 관계 있는 상수다.

이렇게 통합 수정한 라그랑지안 밀도가 과연 국소적 $U(1)$ 게이지 변환에 대하여 불변인지 다시 한번 확인해 보자. 각 입자의 변환은 다음과 같다. (매개변수는 θ 하나로 표현한다)

$$\begin{cases} \psi \to \psi' = e^{ia\theta}\psi \\ \bar{\psi} \to \bar{\psi}' = \bar{\psi}e^{-ia\theta} \\ B_\mu \to B'_\mu = B_\mu - \dfrac{1}{g_1}\partial_\mu\theta \end{cases} \tag{4.30}$$

이와 같은 게이지 변환에 대하여 공변도함수도 함께 변환하면서,

$$\begin{aligned} D'_\mu\psi' &= \left[\partial_\mu + iag_1B'_\mu\right]\psi' \\ &= \partial_\mu(e^{ia\theta}\psi) + iag_1(B_\mu - \frac{1}{g_1}\partial_\mu\theta)e^{ia\theta}\psi \end{aligned}$$

$$
\begin{aligned}
&= iae^{ia\theta}\partial_\mu\theta\ \psi + e^{ia\theta}\partial_\mu\psi + iae^{ia\theta}(g_1 B_\mu - \partial_\mu\theta)\psi \\
&= e^{ia\theta}(\partial_\mu + iag_1 B_\mu)\psi \\
&= e^{ia\theta}D_\mu\psi
\end{aligned}
$$

와 같이 되므로,

$$\bar{\psi}'\left[i\gamma^\mu D'_\mu\right]\psi' = \bar{\psi}e^{-ia\theta}\left[i\gamma^\mu\right]e^{ia\theta}D_\mu\psi = \bar{\psi}(i\gamma^\mu)D_\mu\psi$$

이다. 즉, 그 모양이 변하지 않는다. 또한, 페르미 입자의 질량항 $\bar{\psi}m\psi$의 모양이 불변하는 것은 자명하고, $B'_{\mu\nu} = B_{\mu\nu}$도 금방 확인할 수 있다.

요약하면,

$$
\begin{aligned}
\mathcal{L}' &= \bar{\psi}'(i\gamma^\mu D'_\mu - m)\psi' - \frac{1}{4}B'^{\mu\nu}B'_{\mu\nu} \\
&= \bar{\psi}(i\gamma^\mu D_\mu - m)\psi - \frac{1}{4}B^{\mu\nu}B_{\mu\nu} \\
&= \mathcal{L}
\end{aligned}
\tag{4.31}
$$

이다.

그러므로, 게이지 입자와 상호작용하는 전류가 페르미 입자로 구성된 흐름이라면, 라그랑지안 밀도 전체가 국소적 $U(1)$ 게이지 변환에 대하여 그 모양이 변하지 않는다는 것을 확인하였다. 이때, 국소적 $U(1)$ 게이지 대칭성이 존재하게 되는 것이다.

(2) 페르미 입자 이중항 q:

질량행렬이

$$m_q = \begin{pmatrix} m_u & 0 \\ 0 & m_d \end{pmatrix}$$

으로 주어지는 페르미 입자 이중항

$$q = \begin{pmatrix} u \\ d \end{pmatrix}$$

에 대하여 논의를 확장해 보자. 페르미 입자 이중항이 게이지 입자 B_μ 가 함께 있는 경우에 어떻게 하면 라그랑지안 밀도가 변환에 대하여 그 모양을 유지할 수 있을까.

앞서, 페르미 입자 이중항의 라그랑지안 밀도는 국소적 $U(1)$ 게이지 변환에 의하여

$$i\partial_\mu\theta\left(ia_u\bar{u}\gamma^\mu u + ia_d\bar{d}\gamma^\mu d\right)$$

라는 추가항이 생기는 것을 보았다. 이 추가항이 게이지 입자의 라그랑지안 밀도 쪽에서 생기는 추가항 $-\frac{1}{g_1}j^\mu\partial_\mu\chi$와 상쇄되면 전체 라그랑지안 밀도는 국소적 $U(1)$ 게이지 변환에 대하여 모양이 변하지 않는다.

양쪽의 추가항을 상쇄시키기 위하여 양쪽의 매개변수를 $\chi = \theta$로 일치시키고,

$$j^\mu = g_1\ \bar{q}\begin{pmatrix} a_u & 0 \\ 0 & a_d \end{pmatrix}\gamma^\mu q = a_u g_1\bar{u}\gamma^\mu u + a_d g_1\bar{d}\gamma^\mu d \qquad (4.32)$$

라고 정의하면 된다. 이때,

$$i\partial_\mu\theta\left(ia_u\bar{u}\gamma^\mu u + ia_d\bar{d}\gamma^\mu d\right) + \left[-\frac{1}{g_1}j^\mu\partial_\mu\theta\right] = 0$$

이 되므로 추가항이 상쇄되어 없어진다.

실제로, j^μ 대신에 저 위의 표현을 대입하여, 페르미 입자 이중항과 게이지 입자가 곱해진 전류항 $j^\mu B_\mu$을 상호작용항 $\mathcal{L}_{int}$라고 정의하여 전체 라그랑지안 밀도를 다시 써 보면,

$$\mathcal{L} \quad = \quad \mathcal{L}_q + \mathcal{L}_{int} + \mathcal{L}_{B_\mu}$$

$$
\begin{aligned}
&= \bar{q}(i\gamma^\mu\partial_\mu - m_q)q - g_1\,\bar{q}\begin{pmatrix} a_u & 0 \\ 0 & a_d \end{pmatrix}\gamma^\mu q B_\mu \\
&\quad -\frac{1}{4}B^{\mu\nu}B_{\mu\nu} \\
&= \bar{q}\begin{pmatrix} i\gamma^\mu\partial_\mu - a_u g_1\gamma^\mu B_\mu & 0 \\ 0 & i\gamma^\mu\partial_\mu - a_d g_1\gamma^\mu B_\mu \end{pmatrix} \\
&\quad -\bar{q}m_q q - \frac{1}{4}B^{\mu\nu}B_{\mu\nu} \\
&= \bar{q}\begin{pmatrix} i\gamma^\mu(\partial_\mu + i a_u g_1 B_\mu) & 0 \\ 0 & i\gamma^\mu(\partial_\mu + i a_d g_1 B_\mu) \end{pmatrix} \\
&\quad -\bar{q}m_q q - \frac{1}{4}B^{\mu\nu}B_{\mu\nu}
\end{aligned}
$$

와 같아지며, 공변도함수를 도입할 수 있다. 다만, 페르미 입자가 이중항이므로 공변도함수도 u 쿼크 및 d 쿼크에 대하여 각각 도입해야 한다.

$$D^u_\mu = \partial_\mu + i a_u g_1 B_\mu\ , \quad D^d_\mu = \partial_\mu + i a_d g_1 B_\mu \tag{4.33}$$

이라고 하면, 2×2 행렬을 사용하여,

$$
\begin{aligned}
D_\mu &= \begin{pmatrix} D^u_\mu & 0 \\ 0 & D^d_\mu \end{pmatrix} \\
&= \begin{pmatrix} \partial_\mu + i a_u g_1 B_\mu & 0 \\ 0 & \partial_\mu + i a_d g_1 B_\mu \end{pmatrix} \\
&= \partial_\mu + i g_1 \begin{pmatrix} a_u & 0 \\ 0 & a_d \end{pmatrix} B_\mu
\end{aligned} \tag{4.34}
$$

라는 공변도함수 행렬을 정의할 수 있다.

공변도함수 행렬로써 전체 라그랑지안 밀도를 다시 고쳐 쓰면

$$\mathcal{L} = \bar{q}\left(i\gamma^\mu D_\mu - m_q\right)q - \frac{1}{4}B^{\mu\nu}B_{\mu\nu} \tag{4.35}$$

와 같이 간결하게 표현할 수 있고, 2×2 행렬을 풀어서 성분으로 표현면 다음과 같이 풀어 쓸 수도 있다.

$$\mathcal{L} = \bar{u}(i\gamma^\mu D_\mu^u - m_u)u + \bar{d}(i\gamma^\mu D_\mu^d - m_d)d - \frac{1}{4}B^{\mu\nu}B_{\mu\nu} \quad (4.36)$$

공변도함수 행렬 D_μ에는 두 종류의 상수가 들어 있다는 것에 유의하라. 그 중에서 a_u 및 a_d는 u 쿼크 및 d 쿼크와 관계 있는 상수이며, g_1은 게이지 입자 B_μ와 관계 있는 상수다.

여기서, 코멘트할 것이 하나 있다. 만일, 페르미 입자가 단중항 ψ와 이중항 q가 동시에 게이지 입자 B_μ와 공존한다면 국소적 $U(1)$ 게이지 변환은 어떻게 다루어야 할까 하는 문제다.

얼핏 생각하기에는, 단중항 ψ에 대한 전류와 이중항 q에 대한 전류가 각각 $ag_1\bar{\psi}\gamma^\mu\psi$와 $a_u g_1\bar{u}\gamma^\mu u + a_d g_1\bar{d}\gamma^\mu d$로 서로 다르기 때문에 상충하는 것이 아닐까 의심이 생길 수도 있다. 하지만, 그런 염려는 하지 않아도 된다. 페르미 입자 이중항에 대한 전류도 u와 d에 대하여 각각 독립적으로 병렬 연결하듯이, 단중항과 이중항도 병렬 연결하면 된다.

즉, 게이지 입자와의 상호작용을 독립적으로 정의하면 된다. 라그랑지안 밀도는 전부 한꺼번에 쓰면

$$\mathcal{L} = \bar{\psi}(i\gamma^\mu\partial_\mu - m)\psi + \bar{q}(i\gamma^\mu\partial_\mu - m_q)q - \frac{1}{4}B^{\mu\nu}B_{\mu\nu} - j^\mu B_\mu$$

와 같으므로, 전류 j^μ를

$$j^\mu = ag_1\bar{\psi}\gamma^\mu\psi + a_u g_1\bar{u}\gamma^\mu u + a_d g_1\bar{d}\gamma^\mu d$$

와 같이 정의하면 $j^\mu B_\mu$의 각각의 항이 페르미 단중항과 이중항에 공변도함수로서 들어가게 되어

$$\mathcal{L} = \bar{\psi}(i\gamma^\mu D_\mu - m)\psi + \bar{q}\,(i\gamma^\mu D_\mu - m_q)\,q - \frac{1}{4}B^{\mu\nu}B_{\mu\nu} \quad (4.37)$$

로 정리할 수 있다.

이때, 각 입자는 국소적 $U(1)$ 게이지 변환에 대하여

$$\begin{cases} \psi \to \psi' = e^{ia\theta}\psi \\ q \to q' = \begin{pmatrix} e^{ia_u\theta} & 0 \\ 0 & e^{ia_d\theta} \end{pmatrix} q \\ B_\mu \to B'_\mu = B_\mu - \dfrac{1}{g_1}\partial_\mu\theta \end{cases} \tag{4.38}$$

와 같이 변환하는데, 결과적으로 라그랑지안 밀도는 추가항이 생기지 않고 모양이 유지되는 것을 확인할 수 있다.

요컨대, 페르미 입자가 단중항과 이중항이 동시에 존재하더라도, 게이지 입자와의 상호작용을 적절히 정의하면 국소적 $U(1)$ 게이지 대칭성을 함께 공유할 수 있는 것이다.

(3) 복소함수 스칼라 입자 ϕ:

실수함수로 표현되는 스칼라 입자의 경우, 게이지 변환을 논의하지 않는다고 하였다. 국소적 $U(1)$ 게이지 변환에서도 마찬가지다. 그래서 복소함수 스칼라 입자부터 논의하기로 한다.

국소적 $U(1)$ 게이지 변환에 의하여 복소함수 스칼라 입자의 라그랑지안 밀도에 생기는 추가항은

$$+ia_0(\phi\partial^\mu\phi^* - \phi^*\partial^\mu\phi)\partial_\mu\theta + (a_0)^2\phi^*\phi\partial^\mu\theta\partial_\mu\theta \tag{4.39}$$

이라고 하였다.

이 추가항을 없애기 위하여, 게이지 입자의 전류항 $j^\mu B_\mu$를 복소함수 스칼라 입자와 게이지 입자와의 상호작용항 $\mathcal{L}_{int}$으로 대치하고,

다음과 같이 정의한다.

$$\begin{aligned}\mathcal{L}_{int} &= ia_0g_1\left[(\partial^\mu\phi^*)\phi - \phi^*\partial^\mu\phi\right]B_\mu + a_0^2g_1^2\phi^*\phi B^\mu B_\mu \\ &= ia_0g_1[\phi^* \overleftrightarrow{\partial}\phi]B_\mu + a_0^2g_1^2\phi^*\phi B^\mu B_\mu \end{aligned} \tag{4.40}$$

이를 이용하여 복소함수 스칼라 입자와 게이지 입자가 함께 있는 라그랑지안 밀도를 써 보면

$$\begin{aligned}\mathcal{L} &= \mathcal{L}_\phi + \mathcal{L}_{int} + \mathcal{L}_{B_\mu} \\ &= (\partial^\mu\phi)^*\partial_\mu\phi - m^2\phi^*\phi \\ &\quad + ia_0g_1[\phi^* \overleftrightarrow{\partial}\phi]B_\mu + a_0^2g_1^2\phi^*\phi B^\mu B_\mu \\ &\quad - \frac{1}{4}B^{\mu\nu}B_{\mu\nu} \end{aligned} \tag{4.41}$$

와 같이 쓸 수 있다. 그리고, 공변도함수를 도입하는데, 그 모양은 앞서 페르미 입자들의 경우를 참고하여

$$D_\mu = \partial_\mu + ia_0g_1B_\mu \tag{4.42}$$

와 같다고 가정할 수 있다. (실제로, 그래야 한다.)

이렇게 공변도함수를 도입하면 라그랑지안 밀도는

$$\mathcal{L} = (D^\mu\phi)^*D_\mu\phi - m^2\phi^*\phi - \frac{1}{4}B^{\mu\nu}B_{\mu\nu} \tag{4.43}$$

와 같이 깔끔하게 정리된다. 그뿐 아니라, 국소적 $U(1)$ 게이지 변환

$$\begin{cases} \phi' = e^{ia_0\theta}\phi \\ B'_\mu = B_\mu - \dfrac{1}{g_1}\partial_\mu\theta \end{cases}$$

에 대하여 이 라그랑지안 밀도는 추가항이 생기지 않고, 따라서 불변이 되며, 대칭성이 확보되는 것이다.

실제로 계산해 보면

$$\begin{aligned}
D'_\mu\phi' &= \left(\partial_\mu + ia_0g_1B'_\mu\right)\phi' \\
&= \left[\partial_\mu + ia_0g_1(B_\mu - \frac{1}{g_1}\partial_\mu\theta)\right]e^{ia_0\theta}\phi \\
&= \partial_\mu\left(e^{ia_0\theta}\phi\right) + \left[ia_0g_1B_\mu - ia_0\partial_\mu\theta\right]e^{ia_0\theta}\phi \\
&= e^{ia_0\theta}\partial_\mu\phi + e^{ia_0\theta}\phi ia_0\partial_\mu\theta \\
&\quad + \left[ia_0g_1B_\mu - ia_0\partial_\mu\theta\right]e^{ia_0\theta}\phi \\
&= e^{ia_0\theta}\left[\partial_\mu\phi + \phi ia_0\partial_\mu\theta + ia_0g_1B_\mu\phi - ia_0\partial_\mu\theta\phi\right] \\
&= e^{ia_0\theta}\left(\partial_\mu\phi + ia_0g_1B_\mu\phi\right) \\
&= e^{ia_0\theta}D_\mu\phi
\end{aligned} \tag{4.44}$$

이므로,

$$(D'^\mu\phi')^*(D'_\mu\phi') = (D^\mu\phi)^*(D_\mu\phi)$$

가 되며, 복소함수 스칼라 입자의 질량항 $-m^2\phi^*\phi$ 및 게이지 입자의 운동에너지항 $-\frac{1}{4}B^{\mu\nu}B_{\mu\nu}$가 각각 게이지 변환에 대하여 불변이라는 것은 이미 확인하였으므로, 저 위의 라그랑지안 밀도 전는 게이지 변환에 대하여 불변임을 확인할 수 있다.

스칼라 입자에 대한 공변도함수에 대하여 설명을 요하는 부분이 있는데, 왜냐하면, 전류항의 모습이 페르미 입자의 전류항 $ag_1\bar{\psi}\gamma^\mu\psi$와는 다르기 때문이다.

먼저, 페르미 입자의 전류항에는 입자의 미분이 들어 있지 않은데, 스칼라 입자의 전류항에는 $ia_0g_1[\phi^* \overleftrightarrow{\partial} \phi]B_\mu + a_0^2g_1^2\phi^*\phi B^\mu B_\mu$에서 보듯이 미분이 들어 있다. 이것은 라그랑지안 밀도 전체가 rank-0 tensor이어야 하며, 또한 ϕ의 [MLT] 차원이 ψ의 차원과 달라서 그렇게 된다.

또 하나는 소위 4-point interaction이라고 해서 시공간의 한 점에서 입자 4개가 한꺼번에 등장하는 상황으로서, 라그랑지안 밀도에서는 입자 4개의 함수가 곱셈으로 등장하는 항이 있다는 것이다. 즉, 스칼라 입자와 게이지 입자의 경우, $\phi^*\phi B^\mu B_\mu$와 같은 항이 있는데, 스칼라 입자와 게이지 입자의 4-point interaction을 나타낸다. 나중에 표준모형에서 힉스 메커니즘을 설명하다 보면 스칼라 입자의 4승으로 표현되는 4-point interaction도 반드시 필요하게 된다.

(4) 스칼라 입자 이중항 ϕ:

이제는 게이지 입자와의 연계가 거의 루틴한 작업이 된 느낌이다. 앞서 구한 바와 같이, 스칼라 입자 이중항

$$\phi = \begin{pmatrix} \phi_1 \\ \phi_2 \end{pmatrix}$$

의 라그랑지안 밀도는 질량행렬

$$M_\phi^2 = \begin{pmatrix} m_1^2 & 0 \\ 0 & m_2^2 \end{pmatrix}$$

라고 하면

$$\begin{aligned} \mathcal{L}_\phi &= \partial^\mu \phi^\dagger \partial_\mu \phi - \phi^\dagger M_\phi^2 \phi \\ &= \frac{1}{2}\partial^\mu \phi_1^* \partial_\mu \phi_1 - \frac{1}{2} m_1^2 \phi_1^* \phi_1 + \frac{1}{2}\partial^\mu \phi_2^* \partial_\mu \phi_2 - \frac{1}{2} m_2^2 \phi_2^* \phi_2 \end{aligned}$$

이다.

국소적 $U(1)$ 게이지 변환에 대하여 스칼라 입자 이중항 ϕ와 게이지 입자 B_μ는

$$\begin{cases} \phi_1 \to \phi_1' = e^{ia_1\theta}\phi_1 \\ \phi_2 \to \phi_2' = e^{ia_2\theta}\phi_2 \\ B_\mu \to B_\mu' = B_\mu - \dfrac{1}{g_1}\partial_\mu\theta \end{cases} \tag{4.45}$$

와 같이 변환하는데, 스칼라 입자 이중항의 변환은 변환행렬

$$U(\theta) = \begin{pmatrix} e^{ia_1\theta} & 0 \\ 0 & e^{ia_2\theta} \end{pmatrix} \tag{4.46}$$

을 이용하여

$$\phi \to \phi' = U(\theta)\phi \tag{4.47}$$

와 같이 쓸 수도 있다. 이중항의 변환에는 두 개의 상수가 등장하는데, a_1 및 a_2는 각각 ϕ_1 및 ϕ_2의 hypercharge와 관계가 있는 상수들이다.

여기서 게이지 입자와의 상호작용를 표현하기 위하여 공변도함수를

$$D_\mu^1 = \partial_\mu + ia_1g_1B_\mu \ , \quad D_\mu^2 = \partial_\mu + ia_2g_2B_\mu \tag{4.48}$$

와 같이 도입한다. 이들도 하나의 2×2 공변도함수 행렬로 표현할 수 있다. 두 개의 상수 a_1 및 a_2로 이루어진 상수 행렬을

$$a = \begin{pmatrix} a_1 & 0 \\ 0 & a_2 \end{pmatrix}$$

라고 하면,

$$D_\mu = \begin{pmatrix} D_\mu^1 & 0 \\ 0 & D_\mu^2 \end{pmatrix}$$

$$
\begin{aligned}
&= \begin{pmatrix} \partial_\mu + ia_1 g_1 B_\mu & 0 \\ 0 & \partial_\mu + ia_2 g_1 B_\mu \end{pmatrix} \\
&= \partial_\mu + iag_1 B_\mu
\end{aligned} \tag{4.49}
$$

라고 쓸 수 있다. 이 공변도함수 안에 게이지 입자와의 상호작용항 $\mathcal{L}_{int}$이 포함되어 있으므로, 게이지 입자와의 전체 라그랑지안 밀도는 다음과 같이 표현할 수 있다.

$$
\begin{aligned}
\mathcal{L} &= \mathcal{L}_\phi + \mathcal{L}_{int} + \mathcal{L}_{B_\mu} \\
&= (D^\mu\phi)^\dagger D_\mu\phi - \phi^\dagger M_\phi^2 \phi - \frac{1}{4} B^{\mu\nu} B_{\mu\nu}
\end{aligned} \tag{4.50}
$$

또는 이중항의 성분으로 나누어 표현하면 다음과 같다.

$$
\begin{aligned}
\mathcal{L} &= \frac{1}{2}(D^{1\mu}\phi_1)^* D_\mu^1 \phi_1 - \frac{1}{2} m_1^2 \phi_1^* \phi_1 + \frac{1}{2}(D^{2\mu}\phi_2)^* D_\mu^2 \phi_2 \\
&\quad - \frac{1}{2} m_2^2 \phi_2^* \phi_2 - \frac{1}{4} B^{\mu\nu} B_{\mu\nu}
\end{aligned}
$$

알다시피, 스칼라 입자 이중항의 질량 $\phi^\dagger M_\phi^2 \phi$와 게이지 입자의 운동 에너지 $-(1/4)B^{\mu\nu}B_{\mu\nu}$는 이미 국소적 $U(1)$ 게이지 변환에 대하여 불변이므로, 여기서는 $(D^\mu\phi)^\dagger D_\mu\phi$의 변환만 조사하면 된다.

$D_\mu\phi$가 어떻게 변환하는지 조사해 보면

$$
\begin{aligned}
D'_\mu\phi' &= \left[\partial_\mu + iag_1 B'_\mu\right]\phi' \\
&= \left[\partial_\mu + iag_1\left(B_\mu - \frac{1}{g_1}\partial_\mu\theta\right)\right] U(\theta)\phi \\
&= \partial_\mu[U(\theta)\phi] + iag_1 B_\mu U(\theta)\phi - i[\partial_\mu\theta]\, aU(\theta)\phi
\end{aligned}
$$

와 같이 되는데, 첫째항의 미분은

$$
\partial_\mu[U(\theta)\phi] = U(\theta)\partial_\mu\phi + [\partial_\mu U(\theta)]\phi
$$

$$
\begin{aligned}
&= U(\theta)\partial_\mu\phi + \begin{pmatrix} ia_1 e^{ia_1\theta}\partial_\mu\theta & 0 \\ 0 & ia_2 e^{ia_2\theta}\partial_\mu\theta \end{pmatrix}\phi \\
&= U(\theta)\partial_\mu\phi + i[\partial_\mu\theta]\ aU(\theta)\phi
\end{aligned}
$$

와 같이 고쳐 쓸 수 있으므로, 이를 대입하면

$$
\begin{aligned}
D'_\mu\phi' &= \partial_\mu\left[U(\theta)\phi\right] + ia\left(g_1B_\mu - \partial_\mu\theta\right)U(\theta)\phi \\
&= U(\theta)\partial_\mu\phi + i[\partial_\mu\theta]\ aU(\theta)\phi \\
&\quad + iag_1B_\mu U(\theta)\phi - i[\partial_\mu\theta]\ aU(\theta)\phi \\
&= U(\theta)\partial_\mu\phi + iag_1B_\mu U(\theta)\phi \\
&= U(\theta)\left[\partial_\mu\phi + iag_1B_\mu\right]\phi \\
&= U(\theta)D_\mu\phi
\end{aligned} \tag{4.51}
$$

가 된다. 그러므로 공변도함수가 우리가 원하는 대로 변환한다는 것을 확인할 수 있다.

$$
\begin{aligned}
(D^\mu\phi)^\dagger D_\mu\phi \to (D'^\mu\phi')^\dagger D_\mu\phi' &= (D^\mu\phi)^\dagger U^\dagger U D_\mu\phi \\
&= (D^\mu\phi)^\dagger D_\mu\phi
\end{aligned}
$$

따라서 스칼라 입자 이중항과 $U(1)$ 게이지 입자가 함께 등장하는 라그랑지안 밀도

$$
\mathcal{L} = (D^\mu\phi)^\dagger D_\mu\phi - \phi^\dagger M_\phi^2\phi - \frac{1}{4}B^{\mu\nu}B_{\mu\nu}
$$

는 국소적 $U(1)$ 게이지 대칭성을 가진다는 것을 확인하였다. 지금까지의 논의 결과를 표로 만들면 표.4.2와 같다.

우리는 국소적 $U(1)$ 게이지 변환에 대하여 공부하였다. 국소적 게이지 변환은 매개변수가 공간의 함수라는 점이 글로벌 게이지 변환과 다르다. 특히 운동 에너지 항을 변환할 때, 매개변수도 편미분하게

표 4.2: 국소적 $U(1)$ 게이지 대칭성을 가는 라그랑지안 밀도. 참여하는 게이지 입자는 질량이 없는 B_μ이며, 벡터 게이지 입자 $\vec{W}_\mu = (W_\mu^1, W_\mu^2, W_\mu^3)$는 참여하지 않는다. 매개변수는 $\theta(x)$는 x의 함수다. 입자들의 상호작용은 전류항이 아니라 공변도함수에 포함되어 해당 입자의 운동에너지 항에 들어 있다.

입자 및 변환식	라그랑지안 밀도의 운동에너지 항 및 공변도함수
게이지 입자 B_μ $B_\mu \to B'_\mu = B_\mu - \frac{1}{g_1}\partial_\mu \theta$	$\mathcal{L}_{B_\mu} = -\frac{1}{4} B^{\mu\nu} B_{\mu\nu}$
페르미 입자 ψ $\psi \to \psi' = e^{ia\theta}\psi$	$\mathcal{L}_\psi = \bar{\psi}(i\gamma^\mu D_\mu - m)\psi$ $D_\mu = \partial_\mu + iag_1 B_\mu$
페르미 입자 이중항 $q = \begin{pmatrix} u \\ d \end{pmatrix}$ $q \to q' = e^{ia_q\theta} q$	$\mathcal{L}_q = \bar{q}(i\gamma^\mu D_\mu - m_q)q$ $D_\mu = \partial_\mu + ia_q g_1 B_\mu$
복소함수 스칼라 입자 $\phi = \frac{1}{\sqrt{2}}(\xi_1 + i\xi_2)$ $\phi \to \phi' = e^{ia_0\theta}\phi$	$\mathcal{L}_\phi = (D^\mu \phi)^* D_\mu \phi - m^2 \phi^* \phi$ $D_\mu = \partial_\mu + ia_0 g_1 B_\mu$
스칼라 입자 이중항 $\phi = \frac{1}{\sqrt{2}}\begin{pmatrix} \phi_1 \\ \phi_2 \end{pmatrix}$ $\phi \to \phi' = e^{ia_\phi\theta}\phi$	$\mathcal{L}_\phi = (D^\mu \phi)^\dagger D_\mu \phi - \phi^\dagger M_\phi^2 \phi$ $D_\mu = \partial_\mu + ia_\phi g_1 B_\mu$

된다. 이 때문에 라그랑지안 밀도를 변환한 결과, 여러 가지의 추가항이 출현하는 것을 목격하였다. 그러한 추가항들을 서로 상쇄시키거나 모두 없애고 국소적 $U(1)$ 게이지 대칭성을 확립하기 위하여 우리는 공변도함수라는 것을 도입하였다.

이 공변도함수는 본질적으로 게이지 입자와의 상호작용을 말한다. 즉, 페르미 입자의 공변도함수는 페르미 입자와 게이지 입자와의 상호작용을, 스칼라 입자의 공변도함수는 스칼라 입자와 게이지 입자와의 상호작용을 기술하고 있다.

게이지 입자와의 상호작용 부분을 따로 떼어내면 그것은 해당 입자의 전류밀도와 관계 있는 양이 된다. 게이지 입자의 라그랑지안 밀도에서 등장하는 $-j^\mu B_\mu$에서 j^μ에 해당한다. 국소적 게이지 대칭성과 연관하여 공변도함수가 등장한 가장 중요한 이유는 국소적 $U(1)$ 게이지 변환의 매개변수 $\theta(x)$가 공간의 함수이기 때문이다. 그래서 ∂^μ를 수행할 때 매개변수도 미분해야 하는 상황이 생기고 그에 따라 라그랑지안 밀도에 추가항들이 등장한 것이다.

그러므로 국소적 게이지 변환과 공변도함수 사이에는 밀접한 관계가 있다고 말해도 된다. 또는 달리 생각하면 공변도함수는 여러 종류의 추가항들을 서로 상쇄시키려고 시도하다 보니 자연스럽게 등장했다고 말해도 된다. 추가항들을 상쇄시키는 것은 다름 아니라 게이지 입자의 라그랑지안 밀도에 등장하는 전류 밀도 j^μ를 다른 입자들과 연결시켜준 것이다.

끝으로, 게이지 입자의 국소적 $U(1)$ 게이지 변환을 미소 변환이

아닌 일반 변환으로 표현해 보자. $U(x) = e^{i\theta(x)}$라고 하면

$$\begin{cases} B_\mu \to B'_\mu = UB_\mu U^{-1} - \frac{i}{g_1} U\partial_\mu U^{-1} \\ \qquad\qquad = B_\mu - \frac{i}{g_1} U\partial_\mu U^{-1} \\ B_{\mu\nu} \to B'_{\mu\nu} = UB_{\mu\nu}U^{-1} = B_{\mu\nu} \end{cases} \tag{4.52}$$

와 같이 정의한다. 이것이 일반적인 변환식이다. 이때,

$$\partial_\mu U^{-1} = \partial_\mu e^{-i\theta} = -ie^{-i\theta}\partial_\mu \theta = iU^{-1}\partial_\mu \theta$$

이므로

$$B'_\mu = B_\mu - \frac{i}{g_1} U(-iU^{-1}\partial_\mu \theta) = B_\mu - \frac{1}{g_1}\partial_\mu \theta \tag{4.53}$$

가 된다.

지금, 변환식의 모양이 앞서 논의하였던 변환식과 똑같다는 것을 알 수 있다. 특별히 θ가 작다고 근사를 취하지 않아도 같은 결과를 얻는다는 말이다. 그 이유는 지금은 국소적 게이지 변환이 $U(1)$로서 그 구조가 간단한 가환군 (Abelian group)이기 때문이다.

하지만, 일반적인 이야기가 아니다. 일반적으로는 근사를 취하느냐 않느냐에 따라 그 모양이 달라진다. 군의 구조가 $SU(2)$처럼 비가환군으로 확장되면 계산도 복잡해질뿐더러 θ^2 이상을 무시하는 근사를 취해야 한다.

4.4 글로벌 $SU(2)$ 게이지 변환

그렇지 않아도 $SU(2)$에 대하여 논의하려고 하였는데, 기왕 말이 나왔으니, 이제 군의 구조를 $U(1)$에서 $SU(2)$로 확장하여 게이지 대칭성을 논의하자. 간단하게, $SU(2)$에 대하여 소개하자면 가장 기본적인

비 아벨 군(non-Abelian group)으로서, 연속군이며, 표준모형에서 요구하는 필수적인 군이다.

$SU(2)$는 3개의 발생자(generator)를 가지고 있다. 이제, $SU(3)$의 발생자 3개를 τ_1, τ_2, τ_3라고 하자. 비 아벨 군의 특징 중의 하나는 발생자들이 서로 교환되지 않는다는 것이다. $SU(2)$도 비 아벨 군이므로 그 발생자들은 다음과 같은 non-trivial한 교환관계식을 만족한다.

$$[\tau_i, \tau_j] = i\epsilon_{ijk}\tau_k \tag{4.54}$$

여기서 ϵ_{ijk}는 $SU(2)$의 구조상수 (structure constant)로서, 그 값은 Levi-Civita 기호의 값과 같다. 즉, $\epsilon^{123} = \epsilon^{231} = \epsilon^{312} + +1$ 등이다.

연속군의 해석에는 발생자라는 개념이 매우 중요하며, 또한 요긴하게 쓰인다. 발생자들을 발생자라고 부르는 이유는 연속군의 모든 원소를 단위원소로부터 만들어낼 수 있기 때문이다. 발생자와 곱해진 매개변수의 값을 0에서부터 변화시키면 된다.

$SU(3)$는 발생자가 3개 있으므로 매개변수도 3개다. 그 매개변수를 θ_1, θ_2, θ_3라고 하자. 이 3 개의 실수 매개변수가 공간의 함수가 아닌 상수라면 그 $SU(2)$는 글로벌 $SU(2)$ 군이며, 공간의 함수라면 국소적 $SU(2)$ 군이다. 지금은 글로벌 $SU(2)$ 게이지 변환을 먼저 논의하고 있으므로 이들 매개변수는 상수다.

$SU(2)$의 임의의 원소는

$$U(\theta_1, \theta_2, \theta_3) = e^{i(\tau_1\theta_1 + \tau_2\theta_2 + \tau_3\theta_3)} = U(\vec{\theta}) = e^{i\vec{\tau}\cdot\vec{\theta}} \tag{4.55}$$

라고 표현할 수 있다. 여기서 $\vec{\tau}$나 $\vec{\theta}$는 둘 다 3차원 공간의 벡터가 아니지만 발생자도 3개이며 매개변수도 3개이므로 수식을 간편하게 표현하기 위하여 도입한 것이다. 벡터로써 그 의미를 혼동할 위험은 없으며, 연산할 때에는 벡터처럼 연산하면 편리하다.

이때, $\theta_1 = \theta_2 = \theta_3 = 0$인 원소는 당연히 단위 원소 I가 된다.

$$U(0,0,0) = I$$

또, $U(\theta_1, \theta_2, \theta_3)$의 역 원소(inverse element)는

$$[U(\theta_1, \theta_2, \theta_3)]^{-1} = U^\dagger = U(-\theta_1, -\theta_2, -\theta_3)$$

이다.

단, 여기서 θ_i들은 모두 매우 작아서 제곱 이상은 0으로 둔다는 근사를 취해야 하다. 이와 같은 근사가 필요한 이유는, τ_i들이 서로 교환하지 않기 때문이다. 다시 말해서, 일반적으로, 교환하지 않는 두 개의 $n \times n$ 행렬 A 및 B에 대하여 그 지수는

$$e^{A+B} \neq e^A e^B$$

이므로

$$e^{A+B} e^{-(A+B)} \neq e^0 = I$$

이기 때문이다. 즉, θ_i들의 값이 임의로 크다면 ,

$$U(\theta_1, \theta_2, \theta_3) U(-\theta_1, -\theta_2, -\theta_3) \neq I$$

이므로, 매개변수들이 매우 작다는 근사를 취해야 하는 것이다. 이와 같은 근사는 아벨 군이나 또는 앞서 논의한 $U(1)$에서는 필요 없다. 이제, θ_i들이 매우 작다고 가정하고 논의를 계속하자.

아직까지는 발생자들이 행렬로써 표현되어야 한다는 개념이 필요 없다. 그런데, 구체적으로 계산할 때는 $SU(2)$의 원소 $U(\vec{\theta})$를 행렬로 표현하여 계산하는 것이 편할 때가 있다. 이때, 그 원소는 유니타리

행렬로 정의할 수 있으며, 발생자들은 에르미트 행렬이 된다. 발생자들의 교환관계식을 만족하는 에르미트 행렬은 어떤 것이 있는가? 그 행렬을 발생자의 representation이라고 하는데, 2×2 행렬일 수도 있고 3×3 행렬이거나 더 큰 행렬일 수도 있다. 이 중에서 2×2 행렬로 표현된 representation이 가장 기본적이며 irreducible representation 이다.

만일 $SU(2)$의 원소를 2×2 유니타리 행렬로 표현한다면 그 발생자들은

$$\tau_i = \frac{1}{2}\sigma_i \tag{4.56}$$

$(i = 1, 2, 3)$와 같이 파울리의 행렬 σ_i로써 표현할 수 있다. 왜냐하면, 파울리 행렬의 교환관계식이 $SU(2)$의 발생자들이 만족하는 교환관계식과 똑같기 때문이다.

한편, 만일 $SU(2)$의 원소를 3×3 유니타리 행렬로 표현한다면 발생자들의 표현도 여러 방법이 있는데, 예를 들자면,

$$\tau_1 = \begin{pmatrix} 0 & 0 & 0 \\ 0 & 0 & -i \\ 0 & i & 0 \end{pmatrix}, \quad \tau_2 = \begin{pmatrix} 0 & 0 & i \\ 0 & 0 & 0 \\ -i & 0 & 0 \end{pmatrix},$$

$$\tau_3 = \begin{pmatrix} 0 & -i & 0 \\ i & 0 & 0 \\ 0 & 0 & 0 \end{pmatrix}$$

와 같이 표현할 수도 있다.

발생자들을 2×2 행렬로 표현해야 할지 3×3 행렬로 표현해야 할지는 관측하고 있는 물리계의 특성에 따라 정해진다. 가령, $SU(2)$ 대칭성을 검사하려는 입자가 이중항이라면 2×2 행렬로 표현하는

것이 가장 적절하며 또한 그래야 한다. 삼중항이라면 3×3 행렬로 표현해야 한다. 그런데, 마침, 표준모형에서는 입자들이 이중항으로 표현되는 것이 고작이므로 2×2 행렬로써 $SU(2)$의 발생자들을 표현하면 충분하다.

$SU(2)$의 원소와 발생자를 2×2 행렬로 표현한다면 글로벌 $SU(2)$ 게이지 변환 또한 2×2 행렬로 표현될 것이다. 이때, 입자들이 이중항으로 묶여 있지 않으면 글로벌 $SU(2)$ 게이지 변환 행렬을 적용할 수 없다. 왜냐하면 단중항이나 3중항 등은 2×2 행렬과 곱하여 다시 단중항이나 3중항이 나오지 않기 때문이다. 그러므로, 페르미 입자 ψ나 복소함수 스칼라 입자 ϕ는 단중항이므로 $SU(2)$ 게이지 변환을 논의할 수 없다. 또한, 게이지 입자들 글로벌 변환과 무관하다. 그러므로, 여기서는 페르미 입자 이중항과 스칼라 입자 이중항에 대해서만 글로벌 $SU(2)$ 게이지 변환을 공부하면 된다.

(1) 페르미 입자 이중항:

페르미 입자 이중항 q는 글로벌 $SU(2)$ 게이지 변환에 대하여

$$q = \begin{pmatrix} u \\ d \end{pmatrix} \to q' = U(\vec{\theta})q = e^{i\vec{\tau}\cdot\vec{\theta}} \begin{pmatrix} u \\ d \end{pmatrix} \tag{4.57}$$

와 같이 변환하며, 그 에르미트 켤레는

$$\bar{q} = (\bar{u} \ \ \bar{d}) \to \bar{q}' = \bar{q}U^{\dagger}(\vec{\theta}) = (\bar{u} \ \ \bar{d})e^{-i\vec{\tau}\cdot\vec{\theta}} = \bar{q}U^{-1}(\vec{\theta}) \tag{4.58}$$

와 같이 변환한다.

페르미 입자 이중항의 라그랑지안 밀도를 글로벌 $SU(2)$ 게이지 변환에 대하여 조사해 보면 운동 에너지 항은 불변이라는 것을

확인할 수 있는데, 질량항은 그렇지 못하다. 페르미 입자 이중항의 질량항은

$$m_q = \begin{pmatrix} m_u & 0 \\ 0 & m_d \end{pmatrix}$$

와 같은 질량 행렬로 표현할 수 있는데, 이 행렬이 비록 대각 행렬이기는 하지만 일반적으로 (그리고 실제적으로) $m_u \neq m_d$이기 때문에 $SU(2)$의 발생자 중에서 τ_1, τ_2와는 교환하지 않는다. 즉,

$$[m_q, \tau_i] \neq 0$$

$(i = 1, 2)$. 그러므로, 일반적인 글로벌 $SU(2)$ 게이지 변환에 대하여 불변이려면 페르미 입자 이중항의 질량이 $m_u = m_d$이든지 0이어야 한다.

만일 질량을 0으로 둔다면 대칭성을 위하여 질량을 희생시킨다고 말할 수 있다. 만일 $m_u = m_d$으로 둔다면 그것은 꼭 질량을 희생시킨다고 말하기보다는 그냥 현실과 다른 억압적 조건이라고 말할 수 있을 것이다. 그런데, 여태까지 대칭성을 공부하면서, 글로벌 $U(1)$ 대칭성이나 국소적 $U(1)$ 대칭성의 경우에는 단중항이든 이중항이든 페르미 입자의 질량은 대칭성과 문제가 생기지 않았다. 지금 비가환군인 $SU(2)$ 게이지 대칭성에 이르러 페르미 입자 이중항의 질량은 대칭성과 마찰이 생기고 있는 것이다.

그런데, 이 마찰을 구태여 지금 해결할 필요가 없다. 왜냐하면, 결정적으로, 카이랄 대칭성을 고려하게 되면 페르미 입자 이중항은 물론 페르미 입자 단중항의 질량까지도 0으로 두어야 하기 때문이다. 라그랑지안 밀도에 대하여 카이랄 대칭성을 요구하면 페르미 입자들은 단중항이든 이중항이든 질량을 가질 수 없는 것이다. 그래서, 카이랄 대칭성은 좀 있다가 공부할 것이지만, 우리는 지금부터 페르미 입자의 질량을 0으로 두기로 한다.

아무튼, 이것이 대칭성을 위하여 질량을 희생시키는 두번째의 예라고 말할 수 있다.

(2) 스칼라 입자 이중항:

다음으로, 스칼라 입자 이중항에 대하여 고려하자. 스칼라 입자 이중항은 글로벌 $SU(2)$에 대하여

$$\phi = \frac{1}{\sqrt{2}}\begin{pmatrix} \phi_1 \\ \phi_2 \end{pmatrix} \rightarrow \phi' = e^{i\vec{\tau}\cdot\vec{\theta}}\phi = \frac{1}{\sqrt{2}}e^{i\vec{\tau}\cdot\vec{\theta}}\begin{pmatrix} \phi_1 \\ \phi_2 \end{pmatrix} \tag{4.59}$$

와 같이 변환하며, 그 에르미트 켤레

$$\phi^\dagger = \frac{1}{\sqrt{2}}(\phi_1^* \ \phi_2^*) \rightarrow \phi'^\dagger = \phi^\dagger e^{-i\vec{\tau}\cdot\vec{\theta}} = \frac{1}{\sqrt{2}}(\phi_1^* \ \phi_2^*)e^{-i\vec{\tau}\cdot\vec{\theta}} \tag{4.60}$$

와 같이 변환한다.

이들을 스칼라 입자의 라그랑지안 밀도에 대입하여 계산해 보면, 역시 질량항만 없다면, 글로벌 $SU(2)$ 게이지 변환에 대하여 불변임을 알 수 있다.

스칼라 입자 이중항의 질량 행렬

$$M_\phi^2 = \begin{pmatrix} m_1^2 & 0 \\ 0 & m_2^2 \end{pmatrix}$$

도 일반적으로 $m_1 \neq m_2$이기 때문에 $SU(2)$의 발생자 중에서 τ_1 및 τ_2와 교환하지 않는다. 만일 $m_1 = m_2$이거나 질량이 0이라면 글로벌 $SU(2)$ 게이지 변환에 대하여 불변일 것이다.

그런데 스칼라 입자 이중항의 질량은 페르미 입자 이중항의 경우와 다르다. 라그랑지안 밀도에 카이랄 대칭성을 강요한다고 해서

스칼라 입자 이중항의 질량을 없앨 수 없다. 왜냐하면 곧 알게 되겠지만 카이랄 대칭성은 페르미 입자에 대해서만 관계가 있으며, 스칼라 입자와는 무관하기 때문이다.

그러므로 지금 스칼라 입자 이중항에 대하여 글로벌 $SU(2)$ 대칭성을 고집한다면, 그 질량을 0으로 두거나 $m_1 = m_2$이라고 가정해야 한다. 현재로써는 어느 선택도 자연스럽지 못하다. 그야말로 대칭성을 위하여 질량을 희생해야 하는 세번째 예라고 말할 수도 있다.

그런데 다행인 것은 스칼라 입자 이중항의 퍼텐셜 에너지를 구해보면 그 안에 질량항과 비슷하게 생긴 항이 들어 있다. 그리고 이 퍼텐셜 에너지는 중요한 역할을 담당한다. 그리고 더욱 중요한 것은 힉스 메커니즘이라는 과정을 거치면서 이 퍼텐셜 에너지로부터 스칼라 입자 이중항의 질량이 나오게 된다. 따라서 지금은 스칼라 입자의 질량을 0으로 두어도 괜찮다. 요컨대, 스칼라 입자의 질량항을 대칭성 때문에 없앤다고 말하지 않아도 무방하다.

스칼라 입자의 경우, 대칭성 때문이 아니라 대의를 위하여 질량을 0으로 두는 것이다. 그리고 나중에 그 대의에 의하여 스칼라 입자는 질량이 생기게 되니, 복권이랄까 전화위복이랄까, 좋은 결말라고 할 수 있다.

아무튼, 이상을 요약하면 다음의 표 4.3과 같다.

4.5 국소적 $SU(2)$ 게이지 변환

이제 국소적 $SU(2)$ 게이지 변환에 대하여 알아 보자. 지금까지 논의하였던 게이지 변환 중에서 가장 복잡한 변환이다. 그리고 한번 소개된 뒤로 여태껏 뒤에서 조용히 대기하고 있던 게이지 입자 3중항 W_μ^i가 드디어 전면에 나서서 역할을 맡게 된다.

표 4.3: 글로벌 $SU(2)$ 게이지 대칭성을 갖는 표준모형의 라그랑지안 밀도. 여기서 θ_i $(i = 1, 2, 3)$는 상수들이다. 단중항 및 게이지 입자는 변환하지 않고 이중항만 변환한다. 이중항 각 입자의 질량은 없다는 사실에 유의하라. 그리고 글로벌 $U(1)$의 경우처럼 상수 "a"들이 등장하지 않는다는 점도 유의하라.

입자	변환식	라그랑지안 밀도
B_μ	변환하지 않음	
$\vec{W}_\mu = (W_\mu^1, W_\mu^2, W_\mu^3)$	변환하지 않음	
ψ	변환하지 않음	
$q = \begin{pmatrix} u \\ d \end{pmatrix}$	$q' = e^{i\vec{\tau}\cdot\vec{\theta}} q$	$\mathcal{L} = \bar{q}(i\gamma^\mu \partial_\mu) q$
$\phi = \frac{1}{\sqrt{2}}(\xi_1 + i\xi_2)$	변환하지 않음	
$\phi = \frac{1}{\sqrt{2}} \begin{pmatrix} \phi_1 \\ \phi_2 \end{pmatrix}$	$\phi' = e^{i\vec{\tau}\cdot\vec{\theta}} \phi$	$\mathcal{L} = (\partial^\mu \phi)^\dagger \partial_\mu \phi$

국소적 $U(1)$ 게이지 변환에서는 B_μ의 역할이 컸는데 반하여 W_μ^i는 변환하지 않았던 것을 기억하는가? 지금은 그때와 반대로 B_μ가 변환하지 않으며, W_μ^i가 변환하게 된다. 그리고 국소적 $SU(2)$ 게이지 대칭성을 위하여 어떻게 페르미 입자 이중항이나 스칼라 입자 이중항과 상호작용을 해야 하는지도 W_μ^i의 역할이 중요하다.

그래서, 여기서는 순서를 바꾸어, 먼저 국소적 $SU(2)$ 게이지 변환에 대하여 W_μ^i가 어떻게 변환하는지 논의하고, 이어서 W_μ^i의 페르미 입자 이중항과의 상호작용 및 스칼라 입자 이중항과의 상호작용을 논의하기로 하겠다.

4.5.1 게이지 입자

3개의 게이지 입자 W_μ^i들은 국소적 $SU(2)$ 게이지 변환에 대하여 어떻게 변환할까? 국소적 $U(1)$ 게이지 변환에 대하여 B_μ의 변화를 상기하여

$$W_\mu^i \to W_\mu^{\prime i} = W_\mu^i - \frac{1}{g_2}\partial_\mu \theta_i$$

와 같이 변환한다고 유추해 보자. $(i = 1, 2, 3)$ 여기서 g_2라는 상수는 국소적 $U(1)$ 게이지 변환에서 B_μ가 변환할 때 나타났던 g_1에 대응하는 또 하나의 상수로 보면 된다. 그 물리적인 의미는 표준모형에서 $SU(2)$의 결합상수로써, 스트레스 텐서 $W_{\mu\nu}^i$를

$$W_{\mu\nu}^i = \partial_\mu W_\nu^i - \partial_\nu W_\mu^i - g_2 \epsilon^{ijk} W_\mu^j W_\nu^k$$

또는

$$\vec{W}_{\mu\nu} = \partial_\mu \vec{W}_\nu - \partial_\nu \vec{W}_\mu - g_2 \vec{W}_\mu \times \vec{W}_\nu$$

와 같이 정의하면서 이미 설명한 바 있다.

그런데, 보기에는 그럴 듯하지만, 논의를 전개해 보면 W_μ^i가 위와 같이 변환해서는 $SU(2)$ 게이지 대칭성을 보장할 수 없다는 것을 깨닫게 된다. 실제로, $W_{\mu\nu}^i$의 변환을 계산해 보면 어려움에 봉착하게 된다. 즉,

$$\begin{aligned} W_{\mu\nu}^i \to W_{\mu\nu}^{\prime i} &= \partial_\mu W_\nu^{\prime i} - \partial_\nu W_\mu^{\prime i} - g_2 \epsilon^{ijk} W_\mu^{\prime j} W_\nu^{\prime k} \\ &= \partial_\mu W_\nu^i - \frac{1}{g_2}\partial_\mu \partial_\nu \theta_i - \partial_\nu W_\mu^i + \frac{1}{g_2}\partial_\nu \partial_\mu \theta_i \\ &\quad -g_2 \epsilon^{ijk}(W_\mu^j - \frac{1}{g_2}\partial_\mu \theta_j)(W_\nu^k - \frac{1}{g_2}\partial_\nu \theta_k) \\ &\approx W_{\mu\nu}^i + \epsilon^{ijk}(W_\mu^j \partial_\nu \theta_k + W_\nu^k \partial_\mu \theta_j) \qquad (4.61) \end{aligned}$$

와 같이 변환하게 되는 것이다. (마지막 근사식은 θ^2 항을 무시하면 얻게 된다.)

이 변환을 보면 국소적 $U(1)$ 게이지 변환에서의 B_μ의 경우와 달리 $W^i_{\mu\nu}$에 추가항이 생기면서 그 모양이 변한하는 것을 알 수 있으며, 이에 따라 라그랑지안 밀도의 운동 에너지항 $-\frac{1}{4}W^{i\mu\nu}W^i_{\mu\nu}$도 게이지 변환에 대하여 추가항이 생기면서 그 모양이 변하게 되므로, 라그랑지안 밀도가 게이지 변환에 대하여 불변이 아니다.

그러나, 우리는 W^i_μ의 라그랑지안 밀도가 국소적 $SU(2)$ 게이지 변환에 대하여 불변하도록 하고 싶으므로, 뭔가 조치를 취해야 하는데, 이 시점에서 억지로 논의를 계속할 수도 있겠지만, 그보다 처음부터 W^i_μ가 다른 방식으로 변환하도록 정의하여 문제를 해결해 보자.

다음과 같은 변환은 어떠한가?

$$W^i_\mu \to W'^i_\mu = W^i_\mu - \frac{1}{g_2}\partial_\mu\theta_i - \epsilon^{ijk}\theta_j W^k_\mu \tag{4.62}$$

또는 벡터로 표현하여

$$\vec{W}_\mu \to \vec{W}'_\mu = \vec{W}_\mu - \frac{1}{g_2}\partial_\mu\vec{\theta} - \vec{\theta}\times\vec{W}_\mu \tag{4.63}$$

와 같은 변환이다. 책에 따라서는 이 변환식에 등장하는 부호를 둘 다 "+"로써 정의한 책도 있다. ($\vec{W}'_\mu = \vec{W}_\mu + \frac{1}{g_2}\partial_\mu\vec{\theta} + \vec{\theta}\times\vec{W}_\mu$)

이때, $W^i_{\mu\nu}$의 변환은 다음과 같다. 벡터로 표현하여,

$$\begin{aligned}
\vec{W}'_{\mu\nu} &= \partial_\mu\vec{W}'_\nu - \partial_\nu\vec{W}'_\mu - g_2\vec{W}'_\mu\times\vec{W}'_\nu \\
&= \partial_\mu\left[\vec{W}_\nu - \frac{1}{g_2}\partial_\nu\vec{\theta} - \vec{\theta}\times\vec{W}_\nu\right] \\
&\quad -\partial_\nu\left[\vec{W}_\mu - \frac{1}{g_2}\partial_\mu\vec{\theta} - \vec{\theta}\times\vec{W}_\mu\right]
\end{aligned}$$

$$
\begin{aligned}
& -g_2\left(\vec{W}_\mu - \frac{1}{g_2}\partial_\mu\vec{\theta} - \vec{\theta}\times\vec{W}_\mu\right) \\
& \qquad \times\left(\vec{W}_\nu - \frac{1}{g_2}\partial_\nu\vec{\theta} - \vec{\theta}\times\vec{W}_\nu\right) \\
= \;& \partial_\mu\vec{W}_\nu - \frac{1}{g_2}\partial_\mu\partial_\nu\vec{\theta} - \partial_\mu(\vec{\theta}\times\vec{W}_\nu) \\
& -\partial_\nu\vec{W}_\mu + \frac{1}{g_2}\partial_\nu\partial_\mu\vec{\theta} + \partial_\nu(\vec{\theta}\times\vec{W}_\mu) \\
& -g_2\vec{W}_\mu\times\vec{W}_\nu \\
& +g_2\vec{W}_\mu\times\left(\frac{1}{g_2}\partial_\nu\vec{\theta} + \vec{\theta}\times\vec{W}_\nu\right) \\
& +g_2\left(\frac{1}{g_2}\partial_\mu\vec{\theta} + \vec{\theta}\times\vec{W}_\mu\right)\times\vec{W}_\nu - g_2\,O(\theta^2) \\
\approx \;& \partial_\mu\vec{W}_\nu - \partial_\nu\vec{W}_\mu - g_2\vec{W}_\mu\times\vec{W}_\nu \\
& -\partial_\mu(\vec{\theta}\times\vec{W}_\nu) + \partial_\nu(\vec{\theta}\times\vec{W}_\mu) \\
& +\vec{W}_\mu\times\partial_\nu\vec{\theta} + \partial_\mu\vec{\theta}\times\vec{W}_\nu \\
& +g_2\vec{W}_\mu\times(\vec{\theta}\times\vec{W}_\nu) + g_2(\vec{\theta}\times\vec{W}_\mu)\times\vec{W}_\nu \\
= \;& \vec{W}_{\mu\nu} \\
& -\vec{\theta}\times\partial_\mu\vec{W}_\nu + \vec{\theta}\times\partial_\nu\vec{W}_\mu \\
& +g_2\left[\vec{W}_\mu\times(\vec{\theta}\times\vec{W}_\nu) + (\vec{\theta}\times\vec{W}_\mu)\times\vec{W}_\nu\right]
\end{aligned}
\tag{4.64}
$$

여기서 제일 마지막 줄은 벡터곱의 "BAC–CAB" 법칙을 사용하여

$$
\begin{aligned}
& \vec{W}_\mu\times(\vec{\theta}\times\vec{W}_\nu) + (\vec{\theta}\times\vec{W}_\mu)\times\vec{W}_\nu \\
& = \vec{W}_\mu\times(\vec{\theta}\times\vec{W}_\nu) - \vec{W}_\nu\times(\vec{\theta}\times\vec{W}_\mu) \\
& = \vec{\theta}(\vec{W}_\mu\cdot\vec{W}_\nu) - \vec{W}_\nu(\vec{W}_\mu\cdot\vec{\theta}) - \vec{\theta}(\vec{W}_\nu\cdot\vec{W}_\mu) + \vec{W}_\mu(\vec{W}_\nu\cdot\vec{\theta}) \\
& = \vec{W}_\mu(\vec{W}_\nu\cdot\vec{\theta}) - \vec{W}_\nu(\vec{W}_\mu\cdot\vec{\theta}) \\
& = \vec{\theta}\times(\vec{W}_\mu\times\vec{W}_\nu)
\end{aligned}
$$

와 같이 정리할 수 있는데, 맨 마지막 등호에서 "BAC–CAB" 법칙을 다시 한번 사용하였다. 그러므로, 모두 취합하면,

$$
\vec{W}'_{\mu\nu} \;=\; \vec{W}_{\mu\nu} - \vec{\theta}\times\partial_\mu\vec{W}_\nu + \vec{\theta}\times\partial_\nu\vec{W}_\mu
$$

$$\begin{aligned} & +g_2\vec{\theta}\times(\vec{W}_\mu\times\vec{W}_\nu) \\ = & \vec{W}_{\mu\nu}-\vec{\theta}\times[\partial_\mu\vec{W}_\nu-\partial_\nu\vec{W}_\mu-g_2(\vec{W}_\mu\times\vec{W}_\nu)] \\ = & \vec{W}_{\mu\nu}-\vec{\theta}\times\vec{W}_{\mu\nu} \end{aligned} \tag{4.65}$$

으로 간결하게 표현된다.

이제 게이지 입자 $\vec{W}_\mu$의 라그랑지안 밀도에 대하여 게이지 변환을 조사하자. 먼저, 운동 에너지항 $-\frac{1}{4}\vec{W}^{\mu\nu}\cdot\vec{W}_{\mu\nu}$는 국소적 $SU(2)$ 게이지 변환에 대하여

$$\begin{aligned} & \vec{W}'^{\mu\nu}\cdot\vec{W}'_{\mu\nu} \\ & =(\vec{W}^{\mu\nu}-\vec{\theta}\times\vec{W}^{\mu\nu})\cdot(\vec{W}_{\mu\nu}-\vec{\theta}\times\vec{W}_{\mu\nu}) \\ & =\vec{W}^{\mu\nu}\cdot\vec{W}_{\mu\nu} \\ & \quad -\vec{W}^{\mu\nu}\cdot(\vec{\theta}\times\vec{W}_{\mu\nu})-(\vec{\theta}\times\vec{W}^{\mu\nu})\cdot\vec{W}_{\mu\nu}+O(\theta^2) \\ & \approx\vec{W}^{\mu\nu}\cdot\vec{W}_{\mu\nu}-(\vec{W}^{\mu\nu}\times\vec{\theta})\cdot\vec{W}_{\mu\nu})-(\vec{\theta}\times\vec{W}^{\mu\nu})\cdot\vec{W}_{\mu\nu} \\ & =\vec{W}^{\mu\nu}\cdot\vec{W}_{\mu\nu} \end{aligned} \tag{4.66}$$

가 되므로 불변임을 알 수 있다. 여기서 맨 마지막 등호에서는 벡터의 3중곱에 관한 공식을 사용하여 끝의 두개의 항을 상쇄시켰다.

게이지 입자의 질량항은 어떠한가? 3개의 게이지 입자의 질량을 하나의 행렬로

$$M^2=\begin{pmatrix} m_1^2 & 0 & 0 \\ 0 & m_2^2 & 0 \\ 0 & 0 & m_3^2 \end{pmatrix}$$

라고 하면 게이지 입자의 질량항은

$$(1/2)\vec{W}^\mu M^2\vec{W}_\mu$$

와 같이 쓸 수 있다. 이 질량항은 $\vec{W}'_\mu = \vec{W}_\mu - (1/g_2)\partial_\mu\vec{\theta} - (\vec{\theta}\times\vec{W}_\mu)$와 같은 게이지 변환에 대하여 그 모양을 유지할 수 없다는 것은 계산을 굳이 해 보지 않더라도 금방 알 수 있다.

$$\frac{1}{2}\vec{W}'^{\mu}M^2\vec{W}'_\mu \neq \frac{1}{2}\vec{W}^{\mu}M^2\vec{W}_\mu$$

그러므로, 게이지 입자의 질량항은 국소적 게이지 변환에 대하여 불변이 아니다.

앞서 국소적 $U(1)$ 대칭성을 위하여 B_μ의 질량항을 없앴듯이, 지금도 마찬가지로, 국소적 $SU(2)$ 대칭성을 확보하려면 하나의 필요조건으로써 $M^2 = 0$이어야 한다. 게이지 입자 $\vec{W}_\mu$의 질량항이 라그랑지안 밀도에 등장하는 한, 국소적 $SU(2)$ 대칭성을 보장할 수 없으므로, 그 대칭성을 보장하려면 그 게이지 입자의 질량이 없어야 한다. 분명히, 이것은 대칭성을 위하여 질량을 희생시켜야 하는 세번째 사례가 된다. (앞서 스칼라 입자 이중항의 질량을 없애는 경우를 세번 째라고 하면 네번 째가 된다.)

국소적 $SU(2)$ 게이지 변환에 의하여 게이지 입자 $\vec{W}_\mu$는 이처럼 상당히 복잡한 형태로 변환한다. 일단 여기서 다음과 같이 요약한다.

$$\begin{cases} \vec{W}'_\mu = \vec{W}_\mu - \dfrac{1}{g_2}\partial_\mu\vec{\theta} - (\vec{\theta}\times\vec{W}_\mu) \\ \vec{W}'_{\mu\nu} = \vec{W}_{\mu\nu} - \vec{\theta}\times\vec{W}_{\mu\nu} \end{cases} \tag{4.67}$$

그리고, 그 라그랑지안 밀도에서 운동 에너지항은 게이지 변환에 대하여 불변이지만, 질량항은 불변이 아니므로, 게이지 대칭성을 존중하기 위하여 게이지 입자의 질량은 제거하였다.

그런데, $\vec{W}_\mu$의 변환에 대하여 한마디하자면, 확실히 B_μ의 국소적 $U(1)$ 게이지 변환보다 복잡하다는 것이다. 처음에 B_μ처럼 $\vec{W}'_\mu = \vec{W}_\mu - (1/g_2)\partial_\mu\vec{\theta}$와 같이 변한다고 가정하고 보니 라그랑지안 밀도에 추가항이 생겨서 어쩔 수 없이 위와 같이 복잡해 보이는 변환을 고려하게 되었던 것이다. 하지만 $W_{\mu\nu}$의 변환은 오히려 간결해지고, 라그랑지안 밀도는 적어도 질량항만 없으면 불변인 것이다. (물론, 계산상 θ^2 이상은 무시하였다.)

왜 그런지 이유를 살펴보면, 국소적 $SU(2)$ 게이지 변환과 국소적 $U(1)$ 게이지 변환의 차이에 기인하며, 그 차이점은 바로 $SU(2)$의 비가환성이다. 비가환성 때문에 국소적 $SU(2)$ 게이지 변환에 대하여 $\vec{W}_\mu$는 $-\vec{\theta}\times\vec{W}_\mu$라는 항이 추가된 셈이다.

이제, $\vec{\theta}(x)$의 크기가 임의라고 가정하고, 게이지 입자의 국소적 $SU(2)$ 변환을 미소변환이 아닌 일반 변환으로 정의해 보자. $SU(2)$의 임의의 원소를 $U=e^{i\vec{\tau}\cdot\vec{\theta}}$라고 하면, 국소적 $SU(2)$ 게이지 변환에 대하여 게이지 입자 $\vec{W}_\mu$는

$$\begin{cases} \vec{\tau}\cdot\vec{W}_\mu \to \vec{\tau}\cdot\vec{W}'_\mu = U(\vec{\tau}\cdot\vec{W}_\mu)U^{-1} - \dfrac{i}{g_2}U\partial_\mu U^{-1} \\ \vec{\tau}\cdot\vec{W}_{\mu\nu} \to \vec{\tau}\cdot\vec{W}'_{\mu\nu} = U(\vec{\tau}\cdot\vec{W}_{\mu\nu})U^{-1} \end{cases} \tag{4.68}$$

와 같이 변환한다고 정의할 수 있다. 이 변환식은 임의의 크기의 $\theta_i(x)$에 대한 게이지 입자의 국소적 $SU(2)$ 변환이다. 여기, $\vec{\tau}\cdot\vec{W}_\mu$의 변환식 끝에 붙어 있는 항 $-(i/g_2)U\partial_\mu U^{-1}$를 pure-gauge 항이라고 부르기도 한다.

θ가 매우 작아서 제곱 이상을 무시할 수 있을 때, 위의 변환식이 과연 우리가 앞서 구한 변환식과 같아지는지 알아 보자. 일단, 다음과 같은 관계식이 있다. 임의의 $SU(2)$ 벡터 $\vec{A}$에 대하여 $\theta\approx 0$라고 가정하고 θ^2 이상을 무시하면

$$U(\vec{\tau}\cdot\vec{A})U^{-1} = \vec{\tau}\cdot\vec{A} - \vec{\tau}\cdot(\vec{\theta}\times\vec{A}) \tag{4.69}$$

와 같은 관계식이 성립한다. 실제로 계산해 보면,

$$U(\vec{\tau}\cdot\vec{A})U^{-1} \approx [1+i\vec{\tau}\cdot\vec{\theta}](\vec{\tau}\cdot\vec{A})[1-i\vec{\tau}\cdot\vec{\theta}]$$

$$
\begin{aligned}
&\approx \vec{\tau}\cdot\vec{A} + i(\vec{\tau}\cdot\vec{\theta})(\vec{\tau}\cdot\vec{A}) - i(\vec{\tau}\cdot\vec{A})(\vec{\tau}\cdot\vec{\theta}) \\
&= \vec{\tau}\cdot\vec{A} + i(\tau_i\theta_i)(\tau_j A^j) - i(\tau_j A^j)(\tau_i\theta_i) \\
&= \vec{\tau}\cdot\vec{A} + i[\tau_i, \tau_j]\theta_i A^j \\
&= \vec{\tau}\cdot\vec{A} + i(i\epsilon_{ijk}\tau_k)\theta_i A^j \\
&= \vec{\tau}\cdot\vec{A} - \tau_k(\vec{\theta}\times\vec{A})^k \\
&= \vec{\tau}\cdot\vec{A} - \vec{\tau}\cdot(\vec{\theta}\times\vec{A})
\end{aligned}
$$

와 같으므로 저 위의 관계식이 증명되는 것이다.

저 관계식을 이용하면,

$$U(\vec{\tau}\cdot\vec{W}_\mu)U^{-1} = \vec{\tau}\cdot\vec{W}_\mu - t\vec{au}\cdot(\vec{\theta}\cdot\vec{W}_\mu$$

가 되며, pure-gauge 항은

$$\partial_\mu U^{-1} = \partial_\mu e^{-i\vec{\tau}\cdot\vec{\theta}} \approx \partial_\mu(1 - i\vec{\tau}\cdot\vec{\theta}) = -i\vec{\tau}\cdot\partial_\mu\vec{\theta}$$

이므로

$$-\frac{i}{g_2}U\partial_\mu U^{-1} \approx -\frac{i}{g_2}(1 + i\vec{\tau}\cdot\vec{\theta})(-i\vec{\tau}\cdot\partial_\mu\vec{\theta}) \approx -\frac{1}{g_2}\vec{\tau}\cdot\partial_\mu\vec{\theta}$$

와 같이 고쳐 쓸 수 있다. 즉, pure-gauge 항은 국소적 $U(1)$ 게이지 변환에서의 $\partial_\mu\chi = (1/g_1)\partial_\mu\theta$에 해당한다는 것을 알 수 있다.

이제 pure-gauge 항과 $U(\vec{\tau}\cdot\vec{W}_\mu)U^{-1}$에 대한 결과를 합하면 $\vec{\tau}\cdot\vec{W}_\mu$의 변환은

$$
\begin{aligned}
\vec{\tau}\cdot\vec{W}'_\mu &= U(\vec{\tau}\cdot\vec{W}_\mu)U^{-1} - \frac{i}{g_2}U\partial_\mu U^{-1} \\
&= \vec{\tau}\cdot\vec{W}_\mu - \vec{\tau}\cdot(\vec{\theta}\times\vec{W}_\mu) - \frac{1}{g_2}\vec{\tau}\cdot\partial_\mu\vec{\theta} \\
&= \vec{\tau}\cdot[\vec{W}_\mu - \frac{1}{g_2}\partial_\mu\vec{\theta} - (\vec{\theta}\times\vec{W}_\mu)] \qquad (4.70)
\end{aligned}
$$

와 같이 정리되므로, $\vec{\tau}$를 상쇄시키면

$$\vec{W}'_\mu = \vec{W}_\mu - \frac{1}{g_2}\partial_\mu\vec{\theta} - (\vec{\theta} \times \vec{W}_\mu) \tag{4.71}$$

이다. 이 식은 우리가 앞에서 정의한 $\vec{W}_\mu$의 변환식과 똑같다.

$\vec{W}_{\mu\nu}$의 변환식도 마찬가지다. 앞서 매우 길고 지루한 계산 끝에 얻은 결과도 위의 관계식에서 $\vec{A}$에 $\vec{W}_{\mu\nu}$를 대입하면 금방

$$\begin{aligned} \vec{\tau}\cdot\vec{W}_{\mu\nu} \to \vec{\tau}\cdot\vec{W}'_{\mu\nu} &= U(\vec{\tau}\cdot\vec{W}_{\mu\nu})U^{-1} \\ &= \vec{\tau}\cdot\vec{W}_{\mu\nu} - \vec{\tau}\cdot(\vec{\theta}\times\vec{W}_{\mu\nu}) \\ &= \vec{\tau}\cdot(\vec{W}_{\mu\nu} - \vec{\theta}\times\vec{W}_{\mu\nu}) \end{aligned}$$

와 같이 나오이므로 정리하면

$$\vec{W}'_{\mu\nu} = \vec{W}_{\mu\nu} - \vec{\theta} \times \vec{W}_{\mu\nu} \tag{4.72}$$

인 것이다.

그러나, 아직 갈 길이 멀다. 페르미 입자와 스칼라 입자의 국소적 $SU(2)$ 게이지 변환에 대하여 공부해야 한다. 페르미 입자 이중항과 복소함수 스칼라 입자 이중항의 라그랑지안 밀도가 국소적 $SU(2)$ 게이지 대칭성을 가지도록 게이지 입자와 적절한 상호작용을 하도록 라그랑지안 밀도를 수정해야 하는 것이다. 이때, 국소적 $U(1)$ 게이지 변환과 마찬가지로 공변도함수를 도입해야 한다.

4.5.2 페르미 입자와 게이지 입자

페르미 입자 ψ는 싱글이다. 즉, 단중항이므로 $SU(2)$에서는 변환하지 않는다. 즉, 굳이 $\vec{W}_\mu$와의 상호작용이 필요하지 않다. 하지만, 페르미

입자 이중항 q는 $SU(2)$에 의하여 변환하므로 그 라그랑지안 밀도에 추가항이 생길 수 있으며, 이를 상쇄하기 위하여 게이지 입자 $\vec{W}_\mu$의 참여가 필요하다. 게이지 입자가 공변도함수의 형태로 페르미 입자와 상호작용함으로써, 추가항이 상쇄되면서 전체 라그랑지안 밀도가 게이지 변환에 대하여 불변이 되는 것이다.

국소적 $SU(2)$ 게이지 변환에 대하여 q는 어떻게 변환할까. 일단, 다음과 같다고 가정하고 계산을 수행해 보자. 그 결과를 보고 이와 같은 변환을 적용할 수 있을지 판단할 것이다.

$$\begin{cases} q \to q' = e^{i\vec{\tau}\cdot\vec{\theta}} q \\ \bar{q} \to \bar{q}' = \bar{q} e^{-i\vec{\tau}\cdot\vec{\theta}} \\ \partial_\mu q \to \partial_\mu q' = e^{i\vec{\tau}\cdot\vec{\theta}} \partial_\mu q + i e^{i\vec{\tau}\cdot\vec{\theta}} (\vec{\tau}\cdot\partial_\mu\vec{\theta}) q \end{cases} \tag{4.73}$$

이와 같은 변환에 대하여 페르미 입자 이중항의 질량항을 보면, 질량행렬을 m_q라 할 때,

$$-\bar{q} m_q q \to -\bar{q}' m_q q' \;=\; -\bar{q} e^{-i\vec{\tau}\cdot\vec{\theta}} \begin{pmatrix} m_u & 0 \\ 0 & m_d \end{pmatrix} e^{i\vec{\tau}\cdot\vec{\theta}} q$$

와 같이 변환하므로, 질량행렬이 τ_i와 교환하지 않는 한, 문제가 생긴다. 질량행렬이 τ_i와 교환하려면 $m_u = m_d$이든지, 아니면 질량항이 없어야 한다. 그래서 여태까지 그러하였듯이, 질량을 없애기로 한다. 대칭성을 위하여 "질량 따위"는 필요없다.

질량항이 없는 페르미 입자 이중항의 라그랑지안 밀도는 $\mathcal{L} = \bar{q}(i\gamma^\mu\partial_\mu - m_q)q$이므로, 국소적 $SU(2)$ 게이지 변환에 대하여

$$\begin{aligned} \mathcal{L}' &= \bar{q}'(i\gamma^\mu\partial_\mu)q' \\ &= \bar{q} e^{-i\vec{\tau}\cdot\vec{\theta}} i\gamma^\mu [e^{i\vec{\tau}\cdot\vec{\theta}} \partial_\mu q + i e^{i\vec{\tau}\cdot\vec{\theta}} (\vec{\tau}\cdot\partial_\mu\vec{\theta}) q] \end{aligned}$$

$$= \quad \bar{q}(i\gamma^\mu\partial_\mu)q + i\bar{q}[i\gamma^\mu(\vec{\tau}\cdot\partial_\mu\vec{\theta})]q \tag{4.74}$$

와 같이 변환하며, $theta_i$를 미분한 추가항이 발생한다. 이 추가항을 없애려면 공변도함수를 도입하는 것이 우리가 배운 방법이다.

국소적 $SU(2)$ 게이지 변환에 해당하는 공변도함수의 모양을 어떻게 만들 것인가? $U(1)$의 경우를 상기하면서

$$D_\mu = \partial_\mu + ig_2\vec{\tau}\cdot\vec{W}_\mu \tag{4.75}$$

라고 정의해 보자. 이것도 나중에 결과를 보고 맞는지 확인할 것이다.

위와 같이 공변도함수를 정의하면,

$$\begin{aligned}
D'_\mu q' &= (\partial_\mu + ig_2\vec{\tau}\cdot\vec{W}'_\mu)q' \\
&= [\partial_\mu + ig_2\vec{\tau}\cdot(\vec{W}_\mu - \frac{1}{g_2}\partial_\mu\vec{\theta} - \vec{\theta}\times\vec{W}_\mu)]e^{i\vec{\tau}\cdot\vec{\theta}}q \\
&= e^{i\vec{\tau}\cdot\vec{\theta}}\partial_\mu q + e^{i\vec{\tau}\cdot\vec{\theta}}i(\partial_\mu\vec{\theta}\cdot\vec{\tau})q \\
&\quad +ig_2(\vec{\tau}\cdot\vec{W}_\mu)e^{i\vec{\tau}\cdot\vec{\theta}}q - ig_2\vec{\tau}\cdot(\frac{1}{g_2}\partial_\mu\vec{\theta})e^{i\vec{\tau}\cdot\vec{\theta}}q \\
&\quad -ig_2\vec{\tau}\cdot(\vec{\theta}\times\vec{W}_\mu)e^{i\vec{\tau}\cdot\vec{\theta}}q \\
&= e^{i\vec{\tau}\cdot\vec{\theta}}\partial_\mu q + ig_2(\vec{\tau}\cdot\vec{W}_\mu)e^{i\vec{\tau}\cdot\vec{\theta}}q \\
&\quad -ig_2\vec{\tau}\cdot(\vec{\theta}\times\vec{W}_\mu)e^{i\vec{\tau}\cdot\vec{\theta}}q \\
&\approx e^{i\vec{\tau}\cdot\vec{\theta}}\partial_\mu q + ig_2(\vec{\tau}\cdot\vec{W}_\mu)e^{i\vec{\tau}\cdot\vec{\theta}}q \\
&\quad -ig_2\vec{\tau}\cdot(\vec{\theta}\times\vec{W}_\mu)q
\end{aligned} \tag{4.76}$$

와 같이 된다. 맨 마지막 항에서 θ^2 이상을 무시하였다.

행렬의 계산을 위하여 $[A,B]\neq 0$인 두 스퀘어 행렬 A, B에 대한 관계식을 이용하자. 즉,

$$Ae^B \quad = \quad A\left(1 + B + \frac{1}{2!}B^2 + \cdots\right)$$

$$
\begin{aligned}
&= A + (BA + [A,B]) + \frac{1}{2!}(B^2 A + [A,B^2]) + \cdots \\
&= (1 + B + \frac{1}{2!}B^2 + \cdots)A + [A,B] + \frac{1}{2!}[A,B^2] + \cdots \\
&= e^B A + [A,B] + \frac{1}{2!}[A,B^2] + \cdots
\end{aligned} \tag{4.77}
$$

라는 관계식이다. 이 관계식을 이용하면

$$
(\vec{\tau}\cdot\vec{W}_\mu)e^{i\vec{\tau}\cdot\vec{\theta}} = e^{i\vec{\tau}\cdot\vec{\theta}}(\vec{\tau}\cdot\vec{W}_\mu) + i[(\vec{\tau}\cdot\vec{W}_\mu),(\vec{\tau}\cdot\vec{\theta})] + \cdots
$$

와 같이 쓸 수 있다. (θ^2 이상의 항은 무시한다.) 그러므로,

$$
\begin{aligned}
D'_\mu q' &= e^{i\vec{\tau}\cdot\vec{\theta}}\partial_\mu q + ig_2(\vec{\tau}\cdot\vec{W}_\mu)e^{i\vec{\tau}\cdot\vec{\theta}}q - ig_2\vec{\tau}\cdot(\vec{\theta}\times\vec{W}_\mu)q \\
&= e^{i\vec{\tau}\cdot\vec{\theta}}\partial_\mu q \\
&\quad + ig_2\left(e^{i\vec{\tau}\cdot\vec{\theta}}(\vec{\tau}\cdot\vec{W}_\mu) + i[(\vec{\tau}\cdot\vec{W}_\mu),(\vec{\tau}\cdot\vec{\theta})]\right)q \\
&\quad - ig_2\vec{\tau}\cdot(\vec{\theta}\times\vec{W}_\mu)q \\
&= e^{i\vec{\tau}\cdot\vec{\theta}}\left(\partial_\mu + ig_2(\vec{\tau}\cdot\vec{W}_\mu)\right)q \\
&\quad - g_2[(\vec{\tau}\cdot\vec{W}_\mu),(\vec{\tau}\cdot\vec{\theta})]q - ig_2\vec{\tau}\cdot(\vec{\theta}\times\vec{W}_\mu)q \\
&= e^{i\vec{\tau}\cdot\vec{\theta}}D_\mu q \\
&\quad - g_2[(\vec{\tau}\cdot\vec{W}_\mu),(\vec{\tau}\cdot\vec{\theta})]q - ig_2\vec{\tau}\cdot(\vec{\theta}\times\vec{W}_\mu)q
\end{aligned}
$$

가 된다.

그런데, 파울리 행렬 σ_i는 임의의 두 벡터 $\vec{a}$와 $\vec{b}$에 대하여

$$
(\vec{\sigma}\cdot\vec{a})(\vec{\sigma}\cdot\vec{b}) = \vec{a}\cdot\vec{b} + i\vec{\sigma}\cdot(\vec{a}\times\vec{b}) \tag{4.78}
$$

라는 관계식을 만족하므로,

$$
\begin{aligned}
[(\vec{\sigma}\cdot\vec{a}),(\vec{\sigma}\cdot\vec{b})] &= (\vec{\sigma}\cdot\vec{a})(\vec{\sigma}\cdot\vec{b}) - (\vec{\sigma}\cdot\vec{b})(\vec{\sigma}\cdot\vec{a}) \\
&= i\vec{\sigma}\cdot(\vec{a}\times\vec{b}) - i\vec{\sigma}\cdot(\vec{b}\times\vec{a})
\end{aligned}
$$

$$= \quad 2i\vec{\sigma} \cdot (\vec{a} \times \vec{b})$$

이다. 이제, $\vec{A}$와 $\vec{B}$에 각각 $\vec{W}_\mu$와 $\vec{\theta}$를 대입하고, $\vec{\tau} = (1/2)\vec{\sigma}$를 대입하면,

$$[\vec{\tau} \cdot \vec{W}_\mu, \vec{\tau} \cdot \vec{\theta}] = i\vec{\tau} \cdot (\vec{W}_\mu \times \vec{\theta})$$

가 된다. 그러므로,

$$-g_2[(\vec{\tau} \cdot \vec{W}_\mu), (\vec{\tau} \cdot \vec{\theta})]q - ig_2\vec{\tau} \cdot (\vec{\theta} \times \vec{W}_\mu)q = 0$$

이며,

$$D_\mu q \to D'_\mu q' = e^{i\vec{\tau}\cdot\vec{\theta}} D_\mu q \tag{4.79}$$

가 되고, 이것이 우리가 원하던 공변도함수의 변환식이다.

정리하면,

$$D_\mu = \partial_\mu + ig_2\vec{\tau} \cdot \vec{W}_\mu \tag{4.80}$$

라고 페르미 입자 이중항에 대한 $SU(2)$ 공변도함수를 정의한 것은 올바른 선택이었다. 마찬가지로, 앞서 가정한 페르미 입자 이중항의 국소적 $SU(2)$ 게이지 변환식도 옳다는 것을 확인한 셈이다.

지금까지 계산한 결과를 정리하여 국소적 $SU(2)$ 게이지 변환에 대한 페르미 입자 이중항 및 공변도함수의 변환을 한꺼번에 적어보면 다음과 같다.

$$\begin{cases} q \to e^{i\vec{\tau}\cdot\vec{\theta}} q \\ \bar{q} \to \bar{q} e^{-i\vec{\tau}\cdot\vec{\theta}} \\ \vec{W}_\mu \to \vec{W}_\mu - \dfrac{1}{g_2}\partial_\mu\vec{\theta} - \vec{\theta} \times \vec{W}_\mu \\ \vec{W}_{\mu\nu} \to \vec{W}_{\mu\nu} - \vec{\theta} \times \vec{W}_{\mu\nu} \\ D_\mu q \to e^{i\vec{\tau}\cdot\vec{\theta}} D_\mu q \quad (D_\mu = \partial_\mu + ig_2\vec{\tau} \cdot \vec{W}_\mu) \end{cases} \tag{4.81}$$

페르미 입자 이중항과 $SU(2)$ 게이지 입자가 함께 등장하는 라그랑지안 밀도

$$\mathcal{L} = \bar{q}(i\gamma^\mu D_\mu)q - \frac{1}{4}\vec{W}^{\mu\nu}\vec{W}_{\mu\nu} \tag{4.82}$$

와 같이 된다. 페르미 입자 이중항의 질량항은 없다. 이 라그랑지안 밀도는 위와 같은 국소적 $SU(2)$ 게이지 변환에 대하여 불변이라는 것을 확인하라. (물론 θ^2 이상은 무시한다.)

이 라그랑지안 밀도는 국소적 $U(1)$ 게이지 대칭성을 가지는 페르미 입자 이중항의 라그랑지안 밀도와 비교하여, 그 모양은 비슷하지만, 공변도함수의 모양도 다르고 참여하는 게이지 입자도 다르다는 점을 유의할 필요가 있다.

4.5.3 스칼라 입자와 게이지 입자

끝으로, 복소함수 스칼라 입자 이중항의 국소적 $SU(2)$ 게이지 변환에 대하여 논의하자. 복소함수 스칼라 입자 이중항 다음과 같이 변환한다.

$$\begin{cases} \phi \to \phi' = e^{i\vec{\tau}\cdot\vec{\theta}}\phi \\ \phi^\dagger \to \phi'^\dagger = \phi^\dagger e^{-i\vec{\tau}\cdot\vec{\theta}} \\ \partial_\mu\phi \to \partial_\mu\phi' = e^{i\vec{\tau}\cdot\vec{\theta}}\partial_\mu\phi + ie^{i\vec{\tau}\cdot\vec{\theta}}\phi\left(\vec{\tau}\cdot\partial_\mu\vec{\theta}\right) \\ \partial^\mu\phi^\dagger \to \partial^\mu\phi'^\dagger = \partial^\mu\phi^\dagger e^{-i\vec{\tau}\cdot\vec{\theta}} - i\phi^\dagger e^{-i\vec{\tau}\cdot\vec{\theta}}\left(\vec{\tau}\cdot\partial_\mu\vec{\theta}\right) \end{cases} \tag{4.83}$$

이제는 어느 정도 게이지 변환에 대하여 익숙해졌으므로, 국소적 $SU(2)$ 게이지 변환의 공변도함수를 바로

$$D_\mu = \partial_\mu + ig_2\vec{\tau}\cdot\vec{W}_\mu \tag{4.84}$$

와 같이 도입하기로 하자. 그러면, 앞서 계산한 바에 의하여

$$D_\mu \phi \to D'_\mu \phi' = (\partial_\mu + ig_2 \vec{\tau} \cdot \vec{W}'_\mu) e^{i\vec{\tau}\cdot\vec{\theta}} \phi = e^{i\vec{\tau}\cdot\vec{\theta}} D_\mu \phi \tag{4.85}$$

가 되는 것을 확인 할 수 있다.

그러므로, 스칼라 입자의 라그랑지안 밀도를

$$\mathcal{L} = (D^\mu \phi)^\dagger D_\mu \phi - \frac{1}{4} \vec{W}^{\mu\nu} \vec{W}_{\mu\nu} \tag{4.86}$$

와 같이 정의하면 이 라그랑지안 밀도는 국소적 $SU(2)$ 게이지 변환에 대하여 불변이다.

페르미 입자의 경우와 마찬가지로, 여기서도 질량항이 없음을 확인한다. 그리고, 되풀이하거니와, 이 라그랑지안 밀도의 모양은 국소적 $U(1)$ 게이지 대칭성을 가지는 스칼라 입자의 라그랑지안 밀도와 모양이 유사하지만, 공변도함수의 모양이 다르고 게이지 입자가 다르다.

이상을 모두 정리한 것이 표 4.4이다.

4.6 카이랄 대칭성

표준모형에서 말하는 게이지 대칭성의 군 구조는 $SU(2)$ 와 $U(1)$의 곱이다. 그래서 표준모형의 게이지 대칭성은 일반적으로는 $SU(2) \times U(1)$이라고 말한다. 하지만, 구체적으로 표현하여 $SU_L(2) \times U(1)$ 또는 $SU(2)_L \times U(1)$이라고 말하기도 한다. 즉, 표준모형의 $SU(2)$가 단순한 $SU(2)$가 아니라 어떤 조건이 붙어 있는 $SU(2)$라는 뜻이다. 그러므로 그 조건이 무엇인지 알아야 $SU_L(2)$ 또는 $SU(2)_L$라고 쓰는 물리적 의미를 납득할 수 있다. (우리는 $SU(2)_L$ 대신 $SU_L(2)$이라는 표현을 쓰겠다.)

표 4.4: 국소적 $SU(2)$ 게이지 대칭성을 갖는 라그랑지안 밀도. 여기서 $\theta_i(x)$ $(i = 1, 2, 3)$는 공간의 함수들이다. 참여하는 게이지 입자는 $\vec{W}_\mu$이다. 게이지 입자의 운동 에너지 항 $-(1/4)\vec{W}^{\mu\nu} \cdot \vec{W}_{\mu\nu}$를 페르미 입자 이중항의 라그랑지안 밀도 및 스칼라 입자 이중항의 라그랑지안 밀도에 각각 더해야 각 이중항의 완전한 라그랑지안 밀도가 된다. 모든 입자들의 질량을 어떤 이유든 간에 없앴다는 사실에 유의하라. 한편, 국소적 $U(1)$ 변환과는 달리 "a"들이 등장하지 않으므로, 국소적 $SU(2)$ 변환에서의 공변도함수는 페르미 입자 이중항이나 스칼라 입자 이중항이나 관계없이 똑같다.

입자	변환식	라그랑지안 밀도
ψ	변환하지 않음	
$q = \begin{pmatrix} u \\ d \end{pmatrix}$	$q' = e^{i\vec{\tau}\cdot\vec{\theta}} q$	$\mathcal{L} = \bar{q}(i\gamma^\mu D_\mu)q$ $D_\mu = \partial_\mu + ig_2\vec{\tau} \cdot \vec{W}_\mu$
B_μ	변환하지 않음	
$\vec{W}_\mu$	$\vec{W}'_\mu = \vec{W}_\mu - \frac{1}{g_2}\partial_\mu\vec{\theta}$ $- \vec{\theta} \times \vec{W}_\mu$	$\mathcal{L} = -\frac{1}{4}\vec{W}^{\mu\nu} \cdot \vec{W}_{\mu\nu}$
$\phi = \frac{1}{\sqrt{2}}(\xi_1 + i\xi_2)$	변환하지 않음	
$\phi = \frac{1}{\sqrt{2}} \begin{pmatrix} \phi_1 \\ \phi_2 \end{pmatrix}$	$\phi' = e^{i\vec{\tau}\cdot\vec{\theta}} \phi$	$\mathcal{L} = (D^\mu \phi)^\dagger D_\mu \phi$ $D_\mu = \partial_\mu + ig_2\vec{\tau} \cdot \vec{W}_\mu$

일단, 카이랄 대칭성에 대하여 논의하겠다. 표준모형의 게이지 대칭성을 $SU_L(2) \times U(1)$이라고 표현할 때, L이라는 첨자가 $SU_L(2)$에 붙어 있는 이유는 카이랄 대칭성 때문이다. 카이랄 대칭성도 군의 군조를 가지고 있어서 카이랄 $U(1)$ 대칭성도 있고, 카이랄 $SU(2)$

대칭성도 있는데, $SU(2)$만 $SU_L(2)$로 표현하는 이유는 카이랄 $U(1)$ 대칭성은 없고 카이랄 $SU(2)$ 대칭성만 있다는 것을 말한다.

카이랄 대칭성 또는 chirality은 어떤 개념인가.

"카이랄(chiral)"이라는 말은 손을 뜻하는 그리스어 "kheir"에서 왔다고 한다. 우리말로는 손지기, 나선성, 카이랄리티, 심지어 키랄성 등으로 다양하게 번역되고 있다. 이 책에서는 오른손잡이나 왼손잡이라는 말에 붙여 쓰는 "손잡이(handed)", 또는 그냥 "카이랄"이라는 말을 사용하겠다.

카이랄에서 유래한 "chirality"도 영어로서는 좀 낯선 단어다. 우리가 아는 영어로는 "handedness"가 적당하다. 물리학과 화학에서 서로 다르게 번역하여 사용하고 있다. 생물학에서도 다르게 사용하고 있다. 매우 기본적인 개념인데도 불구하고 우리말로 번역하기 까다로운 용어다. 그래서 이 책에서는 그냥 chirality라고 쓰겠다.

카이랄 대칭성은 좌우 대칭성과 다르다. 좌우 대칭성은 하나의 개체에 대한 대칭성이다. 하나의 개체에 대하여 관측자가 대칭점, 대칭축 또는 대칭면 등 대칭기준을 상정하여 그 대칭기준에 대하여 개체를 관측한 결과 대칭일 때 그 개체가 "좌우 대칭적이다" 또는 "좌우 대칭성을 가진다" 등으로 표현하는 것이다.

이등변 삼각형이나 원, 직사각형, 원뿔, 공 등은 좌우 대칭적이다. 왜냐 하면 이들은 각각 어떤 대칭축이나 대칭면에 대하여 대칭적이기 때문이다. 특히 이들은 자신들의 거울상과 완전히 일치한다. 그래서 좌우 대칭성을 거울 대칭성 또는 반사 대칭성이라고도 부른다.

함수 중에도 좌우 대칭 또는 좌우 반대칭 함수의 예는 얼마든지 있다. 삼각함수 중에서 사인 함수는 좌우 반대칭이지만 코사인 함수는 좌우 대칭이다. 멱함수 중에서 x^2이나 x^4은 좌우 대칭이지만 x^3은 좌우 반대칭이다.

그런데, 좌우 대칭적인 개체보다 그렇지 않은 개체들이 훨씬 많다. 즉, 거울 속으로 비치는 거울상과 실제의 모습이 다른 개체들이 많이 존재한다. 예를 들어 울퉁불퉁하게 생긴 돌멩이나 로댕의 생각하는 사람 등을 비롯하여 달력, 시계, 책처럼 글자나 숫자가 적혀 있는 개체는 좌우 대칭성이 없다. 이들은 모두 거울에서 보이는 모습과 다르기 때문에 거울상을 보면 금방 좌우가 바뀌었다는 것을 알아차릴 수 있다. 알아차린다는 것은 관측자가 그 개체를 구별한다는 것이고, 그렇게 구별된다는 것은 좌우 대칭적이 아니라는 말이다.

함수 중에서 좌우 비대칭인 함수의 예를 들자면 $\sin(x) + \cos(x)$라든지 $x^2 + x^3$ 같은 것은 좌우 대칭도 아니고 좌우 반대칭도 아니다. 그래서 이런 함수들은 $x \to -x$에 대하여 아무런 대칭성이 없다.

이처럼 좌우 대칭이 아닌 개체, 즉, 거울상과 실제 모습이 다른 개체에 대하여 우리는 그 개체가 "chirality를 가지고 있다" 또는 "카이랄이다"라고 표현한다. 좌우 대칭적인 개체는 그에 반하여 "achiral (not chiral)"이라고 표현한다.

이제 chirality가 있는 수많은 좌우 비대칭적인 개체들을 모아 놓고 관찰해 보면 그 중에 특별한 쌍들이 발견된다. 어떤 개체의 거울상과 똑같이 생긴 다른 개체가 존재할 수 있다. 즉, 좌우 대칭성이 없는 두 개의 개체가 각각 하나는 다른 하나의 거울상이 된다. 다시 말해서 서로 거울상이 반대인데, 어느 하나의 좌우를 뒤집거나 거울 속으로 보면 그 개체의 모습이 좌우 반전이 되면서 다른 하나와 일치하게 되는 것이다.

좌우 대칭성이 없으면서, 즉 카이랄이면서, 이처럼 하나가 다른 하나의 거울상이 되는 특별한 쌍의 대표적인 예를 든다면 무엇이 있을까? 가장 대표적인 것이 바로 우리의 손이다. 너무나 당연한 관찰이지만 오른손이나 왼손이나 좌우 대칭적이 아니다. 그러므로 양손은 각각 chirality를 가지고 있다.

그러나, 오른손은 거울 속으로 보면 왼손처럼 보인다. 왼손도 마찬가지다. 그러므로 이들 양손은 원래의 개체와 거울상이 서로 일치한다. 앞서 말했듯이 chirality의 어원은 그리스어로 손을 뜻하는 "kheir"에서 왔으며 영어로 쉽게 풀이하여 "handedness"가 된다는 것이 이해되는 대목이다.

이처럼, 좌우 대칭성은 없지만 하나가 다른 하나의 거울상이 되는 쌍을 이루는 두 개체에 대하여 우리는 카이랄 대칭성이 있다고 말한다. "Our hands are chirally symmetric."이라거나, "There is a chiral symmetry in our hands."이라거나, "Under reflection, the right hand transforms into the left hand."이라거나, 또는 "The right hand is chiral to the left hand."이라고 하는 등, 다양한 표현이 가능하다. 우리의 양손 말고도 카이랄 대칭성을 가지는 한 쌍의 개체를 찾는 것은 어렵지 않다. 예를 들면, 구두 한 켤레, 장갑 한 켤레 등 일상생활에서도 찾을 수도 있고, 아미노산 중에서도 찾을 수 있고, 같은 분자 구성이지만 분자 구조가 반대로 되어 있어서 광학적으로 성질이 다른 광학이성체(enantiomer)들의 쌍도 존재한다.

그렇지만, 좌우 대칭적이 아닌 개체들에 대하여 항상 하나의 쌍을 찾아낼 수 있는 것은 아니다. 가령, 로댕의 생각하는 사람은 좌우 대칭성이 없지만, 그렇다고 해서 카이랄 대칭성을 가지는 또 다른 조각상도 없다. 달력, 시계, 책처럼 글자나 숫자가 적혀 있는 개체들은 좌우 대칭성이 없으며, 동시에 카이랄 대칭성을 가지는 한 쌍의 달력, 시계, 책은 존재하지 않는다. 대부분의 개체들은 좌우 대칭성도 없으면서 카이랄 대칭성도 가지지 못한다. 요컨대, 한쌍의 개체가 카이랄 대칭성을 가지는 것은 특별한 경우에 해당한다.

카이랄 대칭성에 대하여 또 하나의 중요한 점은 반드시 두 개로 이루어진 한 쌍에 대하여 논해야 한다는 점이다. 3 개 이상의 개체를 묶어서 "서로 카이랄이다"라는 말을 하는 것은 불가능하다. 왜냐하면 3 개 이상의 개체가 각각 하나는 다른 하나의 거울상과 같을 수 없기 때문이다. A가 B의 거울상이고 B는 C의 거울상이면서 동시에 C는 A의 거울상이 될 수는 없다. 카이랄 대칭성은 두 개의 개체에 대하여만 적용되는 개념이다.

지금까지 좌우 대칭성이 없는 개체들을 그냥 "chirality를 가지고 있다" 또는 "카이랄이다"라고 말할 수 있지만, 카이랄 대칭성을 가지는 한 쌍에 대해서는 다르게 말할 수 있다. 즉, 서로의 chirality가 반대라고 정의할 수 있다.

그러므로, "They have opposite chiralities since they are chirally symmetric."라는 표현이 성립하는 것이다. 이처럼, 한 개체의 chirality와 다른 개체의 chirality는 서로 반대라고 정의하는 것이 타당하고 합리적인 이유는 카이랄 대칭성을 가지기 때문이다.

카이랄 대칭성을 가지는 한 쌍의 개체에 대하여 서로 반대인 chirality를 어떻게 표현할 것인가. 간단한 방법은 음이냐 양이냐 지정하면 된다. 마치 positive parity 또는 negative parity를 지정하는 것처럼 positive chirality 또는 negative chirality를 지정하면 서로 반대인 chirality를 표현하는 방법이 된다. 하지만 더 좋은 방법은 오른손과 왼손을 사용하는 것이다.

오른손과 왼손의 chirality는 서로 반대라고 정의하는 것은 자연스럽다. 오른손과 왼손은 각각 chirality가 있는데, 관습상 당연한 이야기지만 오른손이 가지고 있는 chirality는 오른손잡이(right-handed)라 하고 왼손이 가지고 있는 chirality는 왼손잡이(left-handed)라고 한다. 즉, 오른손은 "right-handed chirality"가 있으며, 왼손은 "left-handed chirality"가 있다. 어떤 한 쌍의 개체에 대하여 그냥 오른손잡이(right-handed) 또는 왼손잡이(left-handed)라고 말해도 그 개체들은 각각 서로 반대인 chirality를 가진다는 뜻이 된다.

우리의 경우 카이랄 대칭성이라고 말하는 것은 $U_L(1)$과 $U_R(1)$에 대한 대칭성이다. 이들 $U_L(1)$과 $U_R(1)$은 각각 chirality가 있다. 이들은 handedness가 반대지만 서로 카이랄 대칭적이다. 만일 어느 하나가 존재하지 않는다면 이들 사이에는 카이랄 대칭성이 성립하지 않는다. 다음에 공부할 카이랄 $SU(2)$ 대칭성도 $SU(2)$ 및 $SU_R(2)$에 대한 대칭성이다.

먼저, $U(1)$ 게이지 대칭성에 카이랄 대칭성을 도입하고, 이어서 $SU(2)$ 게이지 대칭성에 카이랄 대칭성을 도입하여 논의를 진행하고자 한다.

4.6.1 카이랄 $U(1)$ 대칭성

페르미 입자 단중항을 기술하는 스피너 ψ는 4개의 독립성분을 가진 스피너라고 하였다. 이 스피너를 우리는 두 파트로 나누려고 하는데, 그 작업을 위하여 다음과 같은 연산자를 도입한다.

$$\begin{cases} P_L = \frac{1}{2}(1-\gamma^5) \\ P_R = \frac{1}{2}(1+\gamma^5) \end{cases} \tag{4.87}$$

바일 표현으로 감마 행렬들을 정의하면 γ_5는

$$\gamma_5 = \begin{pmatrix} -1 & 0 \\ 0 & 1 \end{pmatrix}$$

였으므로, (여기서 1은 2×2 단위행렬이며 0은 0행렬 (null matrix)이다.)

$$P_L = \begin{pmatrix} 1 & 0 & 0 & 0 \\ 0 & 1 & 0 & 0 \\ 0 & 0 & 0 & 0 \\ 0 & 0 & 0 & 0 \end{pmatrix}, \quad P_R = \begin{pmatrix} 0 & 0 & 0 & 0 \\ 0 & 0 & 0 & 0 \\ 0 & 0 & 1 & 0 \\ 0 & 0 & 0 & 1 \end{pmatrix}$$

이다.

P_L 및 P_R은 에르미트 행렬이며,

$$\begin{cases} P_L + P_R = 1 \\ P_L \cdot P_R = P_R \cdot P_L = 0 \\ P_L^2 = P_L \ , \quad P_R^2 = P_R \\ P_L^\dagger = P_L \ , \quad P_R^\dagger = P_R \end{cases} \tag{4.88}$$

와 같은 성질을 가지고 있으므로 사영 연산자(projection operators) 라고 부르기도 한다.

이제, P_L과 P_R를 스피너 ψ에 적용하여

$$\psi_L = P_L \psi \ , \quad \psi_R = P_R \psi \tag{4.89}$$

를 정의하자. 이렇게 정의한 ψ_L 및 ψ_R를 각각 왼손잡이(left-handed) 스피너 및 오른손잡이(right-handed) 스피너라고 부른다. 이때,

$$\psi = \psi_L + \psi_R \tag{4.90}$$

이며,

$$\begin{cases} P_L \psi_L = \psi_L, \quad P_L \psi_R = 0 \\ P_R \psi_R = \psi_R, \quad P_R \psi_L = 0 \end{cases} \tag{4.91}$$

를 만족한다. 다만, ψ_L 및 ψ_R은 서로 독립인 스피너들이지만, 각각 2개의 성분만 가지고 있다.

한편, $\bar{\psi}_L$ 및 $\bar{\psi}_R$도 정의할 수 있다. 주의할 점은 $\bar{\psi}_L$가 수반 스피너의 왼손잡이, left-handed spinor of $\bar{\psi}$가 아니라, 왼손잡이 ψ_L의 수반 스피너, adjoint of ψ_L라는 것이다.

$$\bar{\psi}_L \quad = \quad \text{adjoint of} \ \ \psi_L$$

$$\begin{aligned} &= (\psi_L)^\dagger\gamma^0 = (P_L\psi)^\dagger\gamma^0 \\ &= \psi^\dagger P_L\gamma^0 = \psi^\dagger\frac{1}{2}(1-\gamma^5)\gamma^0 = \psi^\dagger\gamma^0\frac{1}{2}(1+\gamma^5) \\ &= \bar{\psi}\frac{1}{2}(1+\gamma^5) = \bar{\psi}P_R \end{aligned} \tag{4.92}$$

사실, 수반 스피너의 왼손잡이라는 것은 $P_L \cdot \bar{\psi}$라는 행렬 곱이 아예 성립하지 않기 때문에, 수학적으로 정의할 수도 없다.

마찬가지로, $\bar{\psi}_R$는 오른손잡이 ψ_R의 수반 스피너(adjoint of ψ_R)이다.

$$\bar{\psi}_R = \text{adjoint of } \ \psi_R = (\psi_R)^\dagger\gamma^0 = \bar{\psi}\frac{1}{2}(1-\gamma^5) = \bar{\psi}P_L \tag{4.93}$$

이들과 ψ_L 및 ψ_R 사이에는 다음과 같은 연산이 성립한다.

$$\begin{cases} \bar{\psi} = \bar{\psi}_L + \bar{\psi}_R \\ \bar{\psi}_L\psi_L = \bar{\psi}P_RP_L\psi = 0, \quad \bar{\psi}_R\psi_R = \bar{\psi}P_LP_R\psi = 0 \\ \bar{\psi}\psi = (\bar{\psi}_L + \bar{\psi}_R)(\psi_L + \psi_R) = \bar{\psi}_L\psi_R + \bar{\psi}_R\psi_L \\ \bar{\psi}_L\gamma^\mu\psi_R = \bar{\psi}_R\gamma^\mu\psi_L = 0 \\ \bar{\psi}\gamma^\mu\psi = (\bar{\psi}_L + \bar{\psi}_R)\gamma^\mu(\psi_L + \psi_R) = \bar{\psi}_L\gamma^\mu\psi_L + \bar{\psi}_R\gamma^\mu\psi_R \end{cases}$$

이 정도로 사영 연산자 P_L과 P_R의 성질을 파악하고, ψ_L 및 ψ_R의 연산을 익혔으니, 페르미 입자 단중항 ψ의 라그랑지안 밀도를 오른손잡이 스피너와 왼손잡이 스피너로 다시 적어 보자. (국소적 게이지 대칭성 및 게이지 입자는 잠시 제쳐 둔다.)

$$\begin{aligned} \mathcal{L} &= \bar{\psi}(i\gamma^\mu\partial_\mu - m)\psi \\ &= (\bar{\psi}_L + \bar{\psi}_R)(i\gamma^\mu\partial_\mu - m)(\psi_L + \psi_R) \\ &= i\bar{\psi}_L\partial_\mu\gamma^\mu\psi_L + i\bar{\psi}_R\partial_\mu\gamma^\mu\psi_R \\ &\quad -m(\bar{\psi}_L\psi_R + \bar{\psi}_R\psi_L) \end{aligned} \tag{4.94}$$

이 라그랑지안 밀도가

$$\begin{cases} \psi \to \psi' = e^{i\alpha}\psi \\ \bar{\psi} \to \bar{\psi}' = \bar{\psi}e^{-i\alpha} \end{cases} \tag{4.95}$$

와 같은 글로벌 $U(1)$ 게이지 변환, 즉,

$$\begin{cases} \psi_L \to \psi'_L = e^{i\alpha}\psi_L \\ \psi_R \to \psi'_R = e^{i\alpha}\psi_R \\ \bar{\psi}_L \to \bar{\psi}'_L = \bar{\psi}_L e^{-i\alpha} \\ \bar{\psi}_R \to \bar{\psi}'_R = \bar{\psi}_R e^{-i\alpha} \end{cases} \tag{4.96}$$

와 같은 변환에 대하여 대칭성을 가지고 있다는 것은 이미 공부하였다. (물론, 앞서 공부할 때에는 위상을 α가 아니라 θ로 표현하였지만 말이다.) 질량항도 허용된다.

이 글로벌 $U(1)$ 대칭성을 $U_V(1)$ 또는 벡터 $U(1)$ 대칭성이라고 특정하여 부르기로 하자. 왜냐하면 또 하나의 비슷한 글로벌 $U(1)$ 게이지 변환이 있기 때문이다. 이 새로운 글로벌 $U(1)$ 게이지 변환을 $U_A(1)$ 또는 축성 벡터(axial vector) $U(1)$ 변환이라고 부르며, 그에 대응하는 대칭성을 글로벌 $U_A(1)$ 대칭성이라고 부른다.

$U_A(1)$에 대한 변환은 다음과 같이 정의한다.

$$\begin{cases} \psi \to \psi' = e^{i\alpha\gamma^5}\psi = (1 + i\gamma^5 + \cdots)\psi \\ \bar{\psi} \to \bar{\psi}' = (\psi')^\dagger\gamma^0 = (e^{i\alpha\gamma^5}\psi)^\dagger\gamma^0 \\ \quad = \psi^\dagger e^{-i\alpha\gamma^5}\gamma^0 = \psi^\dagger\gamma^0 e^{+i\alpha\gamma^5} \\ \quad = \bar{\psi}e^{+i\alpha\gamma^5} \end{cases} \tag{4.97}$$

이때 오른손잡이 스피너와 왼손잡이 스피너는 각각 다음과 같이 변환한다.

$$\begin{cases} \psi_L \to \psi_L' = e^{i\alpha\gamma^5}\psi_L \\ \psi_R \to \psi_R' = e^{i\alpha\gamma^5}\psi_R \\ \bar{\psi}_L \to \bar{\psi}_L' = \bar{\psi}P_R e^{i\alpha\gamma^5} = \bar{\psi}_L e^{i\alpha\gamma^5} \\ \bar{\psi}_R \to \bar{\psi}_R' = \bar{\psi}P_L e^{i\alpha\gamma^5} = \bar{\psi}_R e^{i\alpha\gamma^5} \end{cases} \tag{4.98}$$

여기서, 예를 들어 $\bar{\psi}_L'$는

$$\begin{aligned} \bar{\psi}_L' &= \text{bar of } \ \psi_L' = (\psi_L')^\dagger\gamma^0 = (e^{i\alpha\gamma^5}P_L\psi)^\dagger\gamma^0 \\ &= \psi^\dagger P_L^\dagger e^{-i\alpha\gamma^5}\gamma^0 = \psi^\dagger P_L e^{-i\alpha\gamma^5}\gamma^0 \\ &= \psi^\dagger\gamma^0 P_R e^{i\alpha\gamma^5} = \bar{\psi}P_R e^{i\alpha\gamma^5} \\ &= \bar{\psi}_L e^{i\alpha\gamma^5} \end{aligned}$$

와 같으므로 위의 식처럼 정리된 것이다.

라그랑지안 밀도는 어떻게 되는가? 글로벌 $U_A(1)$ 게이지 변환에 대하여 라그랑지안 밀도는 (감마 행렬들의 교환법칙 등의 성질을 사용하면)

$$\begin{aligned} \mathcal{L} \to \mathcal{L}' &= \bar{\psi}'(i\gamma^\mu\partial_\mu - m)\psi' \\ &= \bar{\psi}(i\gamma^\mu\partial_\mu - m)e^{i\alpha\gamma^5}\psi \\ &= \bar{\psi}(i\gamma^\mu\partial_\mu e^{-i\alpha\gamma^5}e^{i\alpha\gamma^5} - me^{i\alpha\gamma^5}e^{i\alpha\gamma^5})\psi \\ &= \bar{\psi}(i\gamma^\mu\partial_\mu - me^{2i\alpha\gamma^5})\psi \end{aligned} \tag{4.99}$$

와 같이 변환한다.

여기서 분명하게 눈에 띄는 것이 질량항의 변한 모습이다. 즉, 글로벌 $U_A(1)$ 변환에 대하여 질량항은 불변이 아니다. 따라서 글로벌 $U_V(1)$에서는 질량항이 허용되었지만, 글로벌 $U_A(1)$ 게이지 변환에서는 대칭성을 위하여 허용되지 않는 것이다.

이제, 우리는 글로벌 $U_V(1)$ 게이지 대칭성과 글로벌 $U_A(1)$ 게이지 대칭성을 모두 요구하기로 하고 그 대신, 페르미 입자의 질량을 없애기로 한다. 페르미 입자의 질량은 $U_A(1)$ 대칭성과 공존할 수 없기 때문이다. 이것은 대칭성에 의하여 희생되는 질량의 또 하나의 사례다.

이제, $U_V(1)$와 $U_A(1)$를 결합하여 두 종류의 새로운 형태의 $U(1)$ 게이지 변환을 도입한다. 하나는 $U_L(1)$ 대칭성 변환이며 또 하나는 $U_R(1)$인데, 각각의 원소는

$$\begin{cases} U_L(1) \ : \ e^{i\alpha\frac{1}{2}(1-\gamma^5)} = e^{i\alpha P_L} \\ U_R(1) \ : \ e^{i\alpha\frac{1}{2}(1+\gamma^5)} = e^{i\alpha P_R} \end{cases} \tag{4.100}$$

와 같이 주어진다. 이러한 원소에 대하여 페르미 입자의 라그랑지안 밀도는 어떻게 되는지 따져보자.

(1) $U_L(1)$:

$U_L(1)$부터 알아 보자. $U_L(1)$ 변환의 한 원소 $e^{i\alpha\frac{1}{2}(1-\gamma^5)}$는

$$\begin{aligned} e^{i\alpha\frac{1}{2}(1-\gamma^5)} &= e^{i\alpha P_L} \\ &= 1 + i\alpha P_L + \frac{1}{2!}(i\alpha P_L)^2 + \cdots \\ &= 1 + i\alpha P_L + \frac{1}{2!}(i\alpha)^2 P_L + \cdots \\ &= (1-P_L) + P_L + i\alpha P_L + \frac{1}{2!}(i\alpha)^2 P_L + \cdots \\ &= (1-P_L) + P_L e^{i\alpha} = P_R + P_L e^{i\alpha} \end{aligned} \tag{4.101}$$

와 같이 고쳐 쓸 수 있다. 그리고

$$(e^{i\alpha\frac{1}{2}(1-\gamma^5)})^\dagger = (P_R + P_L e^{i\alpha})^\dagger = P_R + P_L e^{-i\alpha} \tag{4.102}$$

이다.

이와 같은 $U_L(1)$ 변환에 대하여 오른손잡이 스피너와 왼손잡이 스피너는

$$\begin{cases} \psi_L \to \psi'_L = (P_R + P_L e^{i\alpha}) P_L \psi = (P_R P_L + P_L^2 e^{i\alpha})\psi \\ \qquad\qquad = e^{i\alpha} P_L \psi = e^{i\alpha}\psi_L \\ \psi_R \to \psi'_R = (P_R + P_L e^{i\alpha}) P_R \psi = (P_R^2 + P_L P_R e^{i\alpha})\psi \\ \qquad\qquad = P_R\psi = \psi_R \\ \bar{\psi}_L \to \bar{\psi}'_L = (\psi'_L)^\dagger \gamma^0 = (e^{i\alpha}\psi_L)^\dagger \gamma^0 = \psi_L^\dagger \gamma^0 e^{-i\alpha} \\ \qquad\qquad = \bar{\psi}_L e^{-i\alpha} \\ \bar{\psi}_R \to \bar{\psi}'_R = \bar{\psi}_R \end{cases}$$

와 같이 변환한다.

이 $U_L(1)$ 변환에 대하여 (질량항은 이미 없앤) 라그랑지안 밀도 $\mathcal{L}$는

$$\begin{aligned} \mathcal{L}' &= i\bar{\psi'}_L \partial_\mu \gamma^\mu \psi'_L + i\bar{\psi'}_R \partial_\mu \gamma^\mu \psi'_R \\ &= i\bar{\psi}_L e^{-i\alpha} \partial_\mu \gamma^\mu e^{i\alpha} \psi_L + i\bar{\psi}_R \partial_\mu \gamma^\mu \psi_R \\ &= i\bar{\psi}_L \partial_\mu \gamma^\mu \psi_L + i\bar{\psi}_R \partial_\mu \gamma^\mu \psi_R \\ &= \mathcal{L} \end{aligned} \tag{4.103}$$

와 같이 된다. 즉, 라그랑지안 밀도는 $U_L(1)$ 변환에 대하여 불변이다. 만일 질량항을 계속 달고 다녔다면 $U_L(1)$ 변환에 대하여 불변일 수 없다. 질량이 없어야 $U_L(1)$ 대칭성을 보장할 수 있는 것이다.

(2) $U_R(1)$:

다음으로, $U_R(1)$에 대하여 공부해 보자. $U_R(1)$ 변환의 원소는 $e^{i\alpha\frac{1}{2}(1+\gamma^5)}$와 같이 표현되는데,

$$\begin{aligned}
e^{i\alpha\frac{1}{2}(1+\gamma^5)} &= e^{i\alpha P_R} \\
&= 1 + i\alpha P_R + \frac{1}{2!}(i\alpha P_R)^2 + \cdots \\
&= 1 + i\alpha P_R + \frac{1}{2!}(i\alpha)^2 P_R + \cdots \\
&= (1 - P_R) + P_R + i\alpha P_R + \frac{1}{2!}(i\alpha)^2 P_R + \cdots \\
&= (1 - P_R) + P_R e^{i\alpha} = P_L + P_R e^{i\alpha} \qquad (4.104)
\end{aligned}$$

와 같이 고쳐 쓸 수 있다. 그리고

$$(e^{i\alpha\frac{1}{2}(1+\gamma^5)})^\dagger = (P_L + P_R e^{i\alpha})^\dagger = P_L + P_R e^{-i\alpha} \qquad (4.105)$$

이다. 그러므로, $U_R(1)$ 변환에 대하여

$$\begin{cases}
\psi_R \to \psi'_R = (P_L + P_R e^{i\alpha}) P_R \psi = (P_L P_R + P_R^2 e^{i\alpha})\psi \\
\qquad\qquad = e^{i\alpha} P_R \psi = e^{i\alpha}\psi_R \\
\psi_L \to \psi'_L = (P_L + P_R e^{i\alpha}) P_L \psi = (P_L^2 + P_R P_L e^{i\alpha})\psi \\
\qquad\qquad = P_L \psi = \psi_L \\
\bar{\psi}_R \to \bar{\psi}'_R = (e^{i\alpha}\psi_R)^\dagger \gamma^0 = \psi_R^\dagger \gamma^0 e^{-i\alpha} \\
\qquad\qquad = \bar{\psi}_R e^{-i\alpha} \\
\bar{\psi}_L \to \bar{\psi}'_L = \bar{\psi}_L
\end{cases}$$

와 같이 변환한다.

이때 라그랑지안 밀도는 $U_R(1)$ 변환에 대하여

$$\begin{aligned}
\mathcal{L}' &= i\bar{\psi}'_L \partial_\mu \gamma^\mu \psi'_L + i\bar{\psi}'_R \partial_\mu \gamma^\mu \psi'_R \\
&= i\bar{\psi}_L \partial_\mu \gamma^\mu \psi_L + i\bar{\psi}_R e^{-i\alpha} \partial_\mu \gamma^\mu e^{i\alpha} \psi_R \\
&= i\bar{\psi}_L \partial_\mu \gamma^\mu \psi_L + i\bar{\psi}_R \partial_\mu \gamma^\mu \psi_R
\end{aligned}$$

$$= \mathcal{L} \tag{4.106}$$

와 같이 변환한다. 즉, 여기서도 $U_L(1)$ 변환에서와 마찬가지로, 질량이 없어야 $U_R(1)$ 대칭성을 가질 수 있다. 이 두개의 대칭성을 곱한 $U_L(1) \times U_R(1)$ 대칭성을 카이랄 $U(1)$ 대칭성이라고 부른다.

4.6.2 카이랄 $SU(2)$ 대칭성

군의 구조가 크더라도 카이랄 대칭성이 있을 수 있다. 즉, $SU(2)$에 대하여 카이랄 $SU(2)$ 대칭성을 고려할 수 있다. 이때, $SU_L(2)$이니 $SU_R(2)$ 또는 $SU_V(2)$나 $SU_A(2)$ 등을 이야기할 수 있는 것이다. $SU(2)$ 대칭성은 2×2 행렬이 기본적인 표현이므로(basic representation) 카이랄 $SU(2)$ 대칭성에 대응하는 입자들도 이중항으로 묶어서 논의해야 한다.

게이지 입자나 스칼라 입자는 카이랄 대칭성과 무관하므로 페르미 입자만 보자. 페르미 입자 이중항인

$$q = \begin{pmatrix} u \\ d \end{pmatrix}, \quad \bar{q} = (\bar{u} \;\; \bar{d}) \tag{4.107}$$

에 대하여

$$\begin{cases} q_L = P_L q = \begin{pmatrix} P_L u \\ P_L d \end{pmatrix} = \begin{pmatrix} u_L \\ d_L \end{pmatrix} \\ q_R = P_R q = \begin{pmatrix} P_R u \\ P_R d \end{pmatrix} = \begin{pmatrix} u_R \\ d_R \end{pmatrix} \end{cases} \tag{4.108}$$

와 같이 오른손잡이 이중항과 왼손잡이 이중항을 각각 정의하자. 그

러면 이들의 에르미트 켤레들도

$$\begin{cases} \bar{q}_L = (q_L)^\dagger \gamma^0 = \begin{pmatrix} u_L \\ d_L \end{pmatrix}^\dagger \gamma^0 = (u_L^\dagger \ d_L^\dagger)\gamma^0 \\ \qquad = (\bar{u}_L \ \bar{d}_L) \\ \bar{q}_R = (q_R)^\dagger \gamma^0 = (u_R^\dagger \ d_R^\dagger)\gamma^0 = (\bar{u}_R \ \bar{d}_R) \end{cases} \tag{4.109}$$

와 같이 정의할 수 있다.

이들 오른손잡이 이중항과 왼손잡이 이중항은 당연히 다음과 같은 성질을 만족한다.

$$\begin{cases} q = q_L + q_R = \begin{pmatrix} u_L \\ d_L \end{pmatrix} + \begin{pmatrix} u_R \\ d_R \end{pmatrix} = \begin{pmatrix} u_L + u_R \\ d_L + d_R \end{pmatrix} \\ \qquad = \begin{pmatrix} u \\ d \end{pmatrix} = q \\ \bar{q} = \bar{q}_L + \bar{q}_R = (\bar{u}_L \ \bar{d}_L) + (\bar{u}_R \ \bar{d}_R) \\ = (\bar{u}_L + \bar{u}_R \ \ \bar{d}_L + \bar{d}_R) = \bar{q} \end{cases}$$

(1) $SU_L(2)$:

이제 $SU_L(2)$ 변환의 한 원소를 생각해 보자. $SU_L(2)$ 변환도 하나의 $SU(2)$ 변환이므로 매개변수가 3개다. 그들을 α^i $(i = 1, 2, 3)$이라고 하면 $SU_L(2)$의 한 원소는

$$\begin{aligned} e^{i\vec{\tau}\cdot\vec{\alpha}P_L} &= 1 + i\vec{\tau}\cdot\vec{\alpha}P_L + \frac{1}{2!}(i\vec{\tau}\cdot\vec{\alpha}P_L)^2 + \cdots \\ &= 1 + \left[i\vec{\tau}\cdot\vec{\alpha}P_L + \frac{1}{2!}(i\vec{\tau}\cdot\vec{\alpha})^2 P_L + \cdots\right] \\ &= 1 - P_L + \left[P_L + i\vec{\tau}\cdot\vec{\alpha}P_L + \frac{1}{2!}(i\vec{\tau}\cdot\vec{\alpha})^2 P_L + \cdots\right] \end{aligned}$$

$$= \quad P_R + e^{i\vec{\tau}\cdot\vec{\alpha}} P_L \tag{4.110}$$

와 같이 표현할 수 있다.

그러므로, $SU_L(2)$ 변환에 대하여 페르미 입자의 오른손잡이 이중항과 왼손잡이 이중항은 각각

$$\begin{cases} q_L \to q'_L = (e^{i\vec{\tau}\cdot\vec{\alpha}P_L} q)_L = P_L(P_R + e^{i\vec{\tau}\cdot\vec{\alpha}} P_L)q = e^{i\vec{\tau}\cdot\vec{\alpha}} P_L q \\ \qquad\qquad = e^{i\vec{\tau}\cdot\vec{\alpha}} q_L \\ q_R \to q'_R = P_R(P_R + e^{i\vec{\tau}\cdot\vec{\alpha}} P_L)q = P_R q = q_R \\ \bar{q}_L \to \bar{q}'_L = (q'_L)^\dagger \gamma^0 = (e^{i\vec{\tau}\cdot\vec{\alpha}} q_L)^\dagger \gamma^0 = (q_L)^\dagger \gamma^0 e^{-i\vec{\tau}\cdot\vec{\alpha}} \\ \qquad\qquad = \bar{q}_L e^{-i\vec{\tau}\cdot\vec{\alpha}} \\ \bar{q}_R \to \bar{q}'_R = (q'_R)^\dagger \gamma^0 = (q_R)^\dagger \gamma^0 = \bar{q}_R \end{cases}$$

와 같이 변환한다.

페르미 입자의 질량항이 있으면 카이랄 $U(1)$ 대칭성이 깨어진다는 것은 이미 목격하였는데, 카이랄 $SU(2)$ 대칭성도 마찬가지로 깨어지는 것을 확인할 수 있다. 그러므로 페르미 입자 이중항의 질량도 없다고 가정하자.

이때 질량이 없는 페르미 입자 이중항의 라그랑지안 밀도는 오른손잡이 이중항과 왼손잡이 이중항을 사용하여

$$\begin{aligned} \mathcal{L} = i\bar{q}\gamma^\mu \partial_\mu q \quad &= \quad i(\bar{q}_L + \bar{q}_R)\gamma^\mu \partial_\mu (q_L + q_R) \\ &= \quad i\bar{q}_L \gamma^\mu \partial_\mu q_L + i\bar{q}_R \gamma^\mu \partial_\mu q_R \end{aligned} \tag{4.111}$$

와 같이 쓸 수 있다. 이 라그랑지안 밀도는 $SU_L(2)$ 변환에 대하여 다음과 같이 변환한다.

$$\mathcal{L} \to \mathcal{L}' \quad = \quad i\bar{q}'_L \gamma^\mu \partial_\mu q'_L + i\bar{q}'_R \gamma^\mu \partial_\mu q'_R$$

$$
\begin{aligned}
&= i\bar{q}_L e^{-i\vec{\tau}\cdot\vec{\alpha}}\gamma^\mu\partial_\mu e^{i\vec{\tau}\cdot\vec{\alpha}} q_L + i\bar{q}_R\gamma^\mu\partial_\mu q_R \\
&= i\bar{q}_L\gamma^\mu\partial_\mu q_L + i\bar{q}_R\gamma^\mu\partial_\mu q_R \\
&= \mathcal{L} \qquad (4.112)
\end{aligned}
$$

여기서 τ 행렬과 감마행렬들은 서로 작용하는 공간이 다르기 때문에 치환가능하다는 점을 이용하였다. 요컨대, 질량이 없을 때, 페르미 입자 이중항의 라그랑지안 밀도는 $SU_L(2)$ 대칭성을 가지고 있다는 점이 결론다.

(2) $SU_R(2)$:

다음으로, $SU_R(2)$ 변환에 대하여 생각해 보자. $SU_R(2)$ 변환의 한 원소도 $SU_L(2)$의 경우와 마찬가지로, 3 개의 매개변수 α^i $(i = 1, 2, 3)$에 의하여 $e^{i\vec{\tau}\cdot\vec{\alpha}P_R}$와 같이 정의할 수 있으며, 이때,

$$
e^{i\vec{\tau}\cdot\vec{\alpha}P_R} = P_L + e^{i\vec{\tau}\cdot\vec{\alpha}} P_R \qquad (4.113)
$$

와 같이 쓸 수 있다. 이 관계식을 $e^{i\vec{\tau}\cdot\vec{\alpha}P_L}$의 전개와 다른 방법으로 전개해 보면 다음과 같다.

$$
\begin{aligned}
e^{i\vec{\tau}\cdot\vec{\alpha}P_R} &= e^{i\vec{\tau}\cdot\vec{\alpha}\frac{1}{2}(1+\gamma^5)} = e^{i\frac{1}{2}\vec{\tau}\cdot\vec{\alpha}} e^{i\frac{1}{2}\vec{\tau}\cdot\vec{\alpha}\gamma^5} \\
&= e^{i\frac{1}{2}\vec{\tau}\cdot\vec{\alpha}}[\cos(\frac{1}{2}\vec{\tau}\cdot\vec{\alpha}) + i\gamma^5\sin(\frac{1}{2}\vec{\tau}\cdot\vec{\alpha})] \\
&= e^{i\frac{1}{2}\vec{\tau}\cdot\vec{\alpha}}\left[\frac{1}{2}(e^{i\frac{1}{2}\vec{\tau}\cdot\vec{\alpha}} + e^{-i\frac{1}{2}\vec{\tau}\cdot\vec{\alpha}}) \right. \\
&\qquad \left. + \frac{1}{2i} i\gamma^5 (e^{i\frac{1}{2}\vec{\tau}\cdot\vec{\alpha}} - e^{-i\frac{1}{2}\vec{\tau}\cdot\vec{\alpha}})\right] \\
&= \frac{1}{2}\left[(e^{i\vec{\tau}\cdot\vec{\alpha}} + 1) + \gamma^5(e^{i\vec{\tau}\cdot\vec{\alpha}} - 1)\right] \\
&= \frac{1}{2}\left[e^{i\vec{\tau}\cdot\vec{\alpha}} + 1 + \gamma^5 e^{i\vec{\tau}\cdot\vec{\alpha}} - \gamma^5\right] \\
&= \frac{1}{2}\left[1 - \gamma^5 + e^{i\vec{\tau}\cdot\vec{\alpha}}(1+\gamma^5)\right]
\end{aligned}
$$

$$= \quad P_L + e^{i\vec{\tau}\cdot\vec{\alpha}} P_R \tag{4.114}$$

아무튼, 이와 같은 $SU_R(2)$ 변환에 대하여 오른손잡이 페르미 이중항과 왼손잡이 이중항은

$$\begin{cases} q_L \to q'_L = (e^{i\vec{\tau}\cdot\vec{\alpha}P_R} q)_L = P_L(P_L + e^{i\vec{\tau}\cdot\vec{\alpha}} P_R)q = P_L q \\ \qquad\qquad = q_L \\ q_R \to q'_R = P_R(P_L + e^{i\vec{\tau}\cdot\vec{\alpha}} P_R)q = e^{i\vec{\tau}\cdot\vec{\alpha}} P_R q = e^{i\vec{\tau}\cdot\vec{\alpha}} q_R \\ \bar{q}_L \to \bar{q}'_L = (q'_L)^\dagger \gamma^0 = (q_L)^\dagger \gamma^0 = \bar{q}_L \\ \bar{q}_R \to \bar{q}'_R = (q'_R)^\dagger \gamma^0 = (e^{i\vec{\tau}\cdot\vec{\alpha}} q_R)^\dagger \gamma^0 = (q_R)^\dagger \gamma^0 e^{-i\vec{\tau}\cdot\vec{\alpha}} \\ \qquad\qquad = \bar{q}_R e^{-i\vec{\tau}\cdot\vec{\alpha}} \end{cases}$$

와 같이 변환한다.

그리고, 질량이 없는 페르미 입자 이중항의 라그랑지안 밀도는 $SU_R(2)$ 변환에 대하여

$$\begin{aligned} \mathcal{L} \to \mathcal{L}' &= i\bar{q}'_L \gamma^\mu \partial_\mu q'_L + i\bar{q}'_R \gamma^\mu \partial_\mu q'_R \\ &= i\bar{q}_L \gamma^\mu \partial_\mu q_L + i\bar{q}_R e^{-i\vec{\tau}\cdot\vec{\alpha}} \gamma^\mu \partial_\mu e^{i\vec{\tau}\cdot\vec{\alpha}} q_R \\ &= i\bar{q}_L \gamma^\mu \partial_\mu q_L + i\bar{q}_R \gamma^\mu \partial_\mu q_R \\ &= \mathcal{L} \end{aligned} \tag{4.115}$$

와 같이 변환하므로 그 모양이 변하지 않는다는 것을 알 수 있다.

이상, $SU_L(2)$ 및 $SU_R(2)$ 변환에 대하여 페르미 입자의 이중항으로 구성된 라그랑지안 밀도가 그 모습을 유지한다는 것을 알았다. 결론적으로, 질량이 없다면, 페르미 입자 이중항의 라그랑지안 밀도는 $SU_L(2) \times SU_R(2)$ 대칭성을 가지고 있다. 즉, 카이랄 $SU(2)$ 대칭성을 가지고 있다.

사실 카이랄 대칭성은 대칭성이라기보다 카이랄 비대칭(chiral asymmetry) 또는 비대칭적 손잡이(asymmetric chirality)라고 말해야 더 적합하다. 카이랄 대칭성이 오른손잡이 페르미 입자와 왼손잡이 페르미 입자에 대하여 비대칭적으로 작용하고 있기 때문이다. 중성미자가 왼손잡이라는 사실은 카이랄 비대칭의 하나의 발현(manifestation)이라고 할까, 표준모형의 특징이라고 말할 수 있다. 그리고, 표준모형의 대칭성으로서 $SU_L(2) \times U(1)$라고 표현할 때의 "L"이라는 첨자가 이미 카이랄 대칭성의 비대칭성을 드러내고 있다.

카이랄 대칭성에 대한 논의를 마치기 전에 몇 가지 코멘트할 필요가 있다.

무엇보다, 카이랄 대칭성은 페르미 입자에만 적용되는 대칭성이다. 게이지 입자나 스칼라 입자는 스피너가 아니기 때문에 감마행렬과 무관하며, 따라서 카이랄 대칭성과 무관하다. 이들이 카이랄 대칭성에 의하여 어떻게 변환하는지 따질 필요가 없다는 말이다.

그래서 카이랄 대칭성의 논의에서 페르미 입자와 관계있는 감마행렬이 중요한데, 그 중에서도 γ_5가 핵심적인 역할을 한다. γ_5에 의하여 P_L 및 P_R라는 사영 연산자가 정의되고, 오른손잡이와 왼손잡이로 구분되기 때문이다. 사실, 카이랄 대칭성이라는 대칭성이 페르미 입자에만 적용되는 것도 이 때문이다.

둘째, 두말할 필요도 없지만, 카이랄 대칭성과 페르미 입자의 질량항은 공존하지 못한다. 질량항이 있으면 카이랄 대칭성이 깨지고, 대칭성이 있으려면 질량항이 없어야 하는 것이다. 어느 하나를 희생시켜야 하는데, 우리는 대칭성을 지키고 질량을 희생시켰다. 사실, 지금까지 게이지 변환에 대하여 공부하면서 대칭성을 위하여 언제나 질량을 희생시키지 않았던가.

셋째, 카이랄 $U(1)$ 대칭성에 대하여는 페르미 입자 단중항 ψ뿐만 아니라 이중항 q도 변환하였다. 하지만 카이랄 $SU(2)$ 대칭성에 대하여 ψ는 변환하지 않고 q만 변환한다. 왜냐하면, 단중항은 그냥 하나의 함수이므로 2×2 행렬로 표현되는 $SU(2)$에 대하여 변환하지 않기 때문이다. 한편, 왼손잡이 스피너는 단중항이든 이중항이든 $U_R(1)$ 및 $SU_R(2)$에 대하여 불변이며, 오른손잡이 스피너는 단중항이든 이중항이든 $U_L(1)$ 및 $SU_L(2)$에 대하여 불변이다.

넷째, 왼손잡이 페르미 입자의 경우, 그 단중항은 $U_L(1)$에 대한 변환이 $U(1)$에 대한 변환과 동일하며, 그 이중항은 $SU(2)$에 대한 변환이 $SU(2)$에 대한 변환과 동일하다. 마찬가지로, 오른손잡이 페르미 입자의 경우, 그 단중항은 $U_R(1)$에 대한 변환 및 $U(1)$에 대한 변환이 똑같고, 그 이중항은 $SU_R(2)$에 대한 변환 및 $SU(2)$에 대한 변환이 똑같다.

끝으로, 라그랑지안 밀도에서 등장하는 편미분기호는 게이지 입자와의 상호작용을 도입하여 공변도함수로 바꾸어도 상관없다. 상관없는 이유는 카이랄 대칭성은 게이지 대칭성과 독립적으로 작용하므로 글로벌 게이지 대칭성이든 국소적 게이지 대칭성이든 관계없기 때문이다.

카이랄 $U(1)$ 및 $SU(2)$ 대칭성과 오른손잡이 페르미 입자 단중항 및 이중항의 관계, 그리고 왼손잡이 페르미 입자 단중항 및 이중항과의 관계를 정리한 것이 다음 페이지의 표 4.5이다.

표 4.5: 카이랄 대칭성에 대한 페르미 입자 단중항 및 이중항의 변환식. 라그랑지안 밀도는 질량항이 없으므로 카이랄 대칭성을 가진다. 스칼라 입자와 게이지 입자들은 카이랄 대칭성과 무관하기 때문에 표에 등장하지 않는다. 여기서 α 및 $\vec{\alpha}$는 매개변수이며, 상수로서 공간의 함수가 아니다.

대칭성	페르미 입자의 단중항 및 이중항 변환식	라그랑지안 밀도
$U_L(1)$	$\begin{cases} \psi_L \to e^{i\alpha}\psi_L \\ \psi_R \to \psi_R \end{cases}$	$\bar{\psi}_L(i\gamma^\mu\partial_\mu)\psi_L + \bar{\psi}_R(i\gamma^\mu\partial_\mu)\psi_R$
	$\begin{cases} q_L \to e^{i\alpha}q_L \\ q_R \to q_R \end{cases}$	$\bar{q}_L(i\gamma^\mu\partial_\mu)q_L + \bar{q}_R(i\gamma^\mu\partial_\mu)q_R$
$U_R(1)$	$\begin{cases} \psi_L \to \psi_L \\ \psi_R \to e^{i\alpha}\psi_R \end{cases}$ $\begin{cases} q_L \to q_L \\ q_R \to e^{i\alpha}q_R \end{cases}$	위와 같음
$SU_L(2)$	$\begin{cases} \psi_L \to \psi_L \\ \psi_R \to \psi_R \end{cases}$ $\begin{cases} q_L \to e^{i\vec{\tau}\cdot\vec{\alpha}}q_L \\ q_R \to q_R \end{cases}$	$\bar{q}_L(i\gamma^\mu\partial_\mu)q_L + \bar{q}_R(i\gamma^\mu\partial_\mu)q_R$
$SU_R(2)$	$\begin{cases} \psi_L \to \psi_L \\ \psi_R \to \psi_R \end{cases}$ $\begin{cases} q_L \to q_L \\ q_R \to e^{i\vec{\tau}\cdot\vec{\alpha}}q_R \end{cases}$	위와 같음

제 5장

—— 무시할 수 없는 질량

지금까지 여러 대칭성을 논의하였는데, 만일 대칭성을 고집한다면 어느 입자든 질량을 가질 수 없다는 사실을 확인하였다. 대칭성을 유지하기 위하여 모든 입자들의 질량을 없앤 것이다. 처음에는, 카이랄 대칭성을 위하여 페르미 입자의 질량항을 없애고, 다음에는 국소적 게이지 대칭성을 위하여 스칼라 입자와 게이지 입자의 질량항을 없애는 바람에 그 어떤 입자의 질량도 살아 남을 수 없었다.

질량을 없앤 근거를 정리하면 다음과 같다.

(1) 게이지 입자의 질량은 국소적 게이지 대칭성을 유지하기 위하여 없앤다.
(2) 페르미 입자의 질량은 카이랄 대칭성을 유지하기 위하여 없앤다.
(3) 스칼라 입자의 질량은 스칼라 입자의 퍼텐셜 에너지 안에 질량항과 유사한 항으로 대체하고 없앤다 (퍼텐셜 에너지의 모양은 다음 장에서 논의할 것이다).

이런 식으로 표현하고 보니 마치 무슨 계엄 정부의 포고령이나 식민지의 훈령을 보는 듯한 기분이 드는데, 아무튼 대칭성을 지키기 위하여 질량을 제거하였다는 사실은 분명하다. 말하자면 "대칭성 우위" 또는 "대칭성 우선주의 (Symmetry comes first.)"인 것이다.

하긴, 그렇다. 이론적으로 보면 대칭성이라는 개념이 질량이라는 개념보다 훨씬 더 매력적이다. 왜냐하면 대칭성은 질량보다 추상적이고 구조적이 형이상학적인 개념이기 때문이다. 그래서 질량이라는 구체적이고 현실적인 개념을 형이하학적이라고 외면하는 것이다.

만일 자연이 질량보다 대칭성을 택한다면 우리는 그에 따라 대칭성을 택하면 된다. 대칭성을 가진 이론으로써 자연을 설명하면 그만이다. 하지만 자연이 질량도 대칭성도 모두 택한다면 우리는 어떻게 해야 하는가? 더 나아가, 자연에는 비대칭적인 현상이 가득하고, 자연이 질량을 택한다면, 그럼에도 우리는 여전히 대칭성 우위를 고집할 수 있을까?

현실을 보라. 현실에서는 대부분의 입자들이 질량을 가지고 있다. 그리고 자연에서는 완벽한 대칭성을 찾기란 매우 어렵다. 카이랄 대칭성도 대칭적이 아니라 비대칭적이다. 표준모형의 대칭성이라는 $SU_L(2) \times U(1)$도 현실적으로는 깨져 있다. 다른 대칭성도 항상 조금씩 깨져 있다. 그저 근사적으로 대칭성을 가정하여 논의하고 있을 뿐이다.

그러므로, 대칭성이 아무리 매력적이고 고귀한들, 현실에 발 붙이고 살아야 하는 형이하학으로서의 입자물리학은 질량을 외면할 수 없다. 질량이 없어서는 안 되는 것이다.

글로벌 대칭성이니 국소적 대칭성이니 떠받들면서 질량을 모두 없애버렸지만, 현실을 직시하는 한, 질량을 외면할 수 없다. 즉, 대칭성을 지키자니 질량을 없애야 하고, 질량을 지키자니 대칭성을 무너뜨려야 하는 양자택일의 상황이다. 요컨대, 질량과 대칭성은 표준모형에서 양립할 수 없다. 새로운 이론에 의하여 둘 다 살리는 방법이 나오지 않는 한, 질량과 대칭성 중에서 무엇을 우선하고 무엇을 지킬 것인가는 적어도 당분간은 심각하고 중요한 딜렘마다.

사실은 딜렘마가 아니다. 질량을 없애서는 안 된다. 대칭성을 깨더라도 질량은 지켜야 하는 것이다.

여태껏 우리는 글로벌 대칭성이니 국소적 대칭성이니 논의하면서 질량을 모두 없애버렸지만, 현실을 직시하는 한, 질량을 외면할 수 없다. 그리고, 실제로 입자물리학은 질량은 무시하지 않고 있다. Review of Particle Properties라는 엄청난 데이터 북의 대부분도 수많은 입자의 질량을 측정한 실험 결과에 할애하고 있다. 예를 들어, 전자의 질량 같은 양은 $O(1/10^8)$의 정밀도로 측정하면서 업그레이드를 계속하고 있다. 한마디로, 대칭성보다 질량인 것이다.

5.1 대칭성보다 질량이다

이제, 없애버린 질량을 다시 살려내야 하는데, 그 방법이 문제다. 질량을 되살리는 데 걸림돌은 대칭성이다.

가장 간단하고 직선적인 방법은 처음부터 질량을 없애지 않으면 된다. 대칭성이 깨어지든 말든 질량을 유지하면 그만이다. 아예 대칭성이 없다는 전제 하에서 질량이 있는 이론을 구성하든지, 아니면 대칭성은 있으나 질량에 의하여 깨어진다는 가정 아래 질량을 포함하는 이론을 구성하면 되는 것이다.

예를 들어 초대칭성 이론에서 초대칭성을 깨뜨리는 방법이 그 방법이다. 초대칭성 이론의 가장 기본적인 전제는 자연이 초대칭성을 가지고 있다는, 즉, 페르미 입자와 보오스 입자가 대칭적으로 존재한다는 조건이다. 페르미 입자와 보오스 입자의 공존은 누가 봐도 감탄할 수밖에 없는 대칭성이다. 그래서 많은 사람들이 초대칭성 이론을 반겼다.

초대칭성 이론에서는 페르미 입자에 대응하는 보오스 입자 파트너가 존재하며, 보오스 입자도 역시 페르미 입자 파트너가 있어야 한다. 그리고 파트너들끼리는 질량이 같아야 한다. 하지만 어디를 둘러 봐도 그런 파트너 입자는 아직 보이지 않는다. 실험적으로 발견할 수 없을 뿐더러 혹시 파트너 입자가 있다고 하더라도 질량이 전혀 다를 수밖에 없다. (그래서 발견할 수 없는 것이라고 치부하면 되니까.) 즉, 초대칭성은 처음부터 없거나, 아니면 깨어져 있는 것이다.

그래서 초대칭성 이론은 초대칭성을 전제하고 출발하지만 나중에는 현실을 받아들이기 위하여 반드시 깨어진 초대칭성이어야 한다. 이것은 질량을 지키기 위한 불가피한 선택 아니다. 그냥 초대칭성을 깨뜨린 다음 초대칭성을 논의하는 것이다. 초대칭성에 관한 하나의 불편한 진실이랄까. 대칭성이 있기는 있는데, 이미 깨어진 대칭성이다.

“그럴 바에야 뭐하러 초대칭성을 고려하는가? 그런 대칭성이 왜 필요한가?”라는 질문이 당연히 나올 수 있다. 웬만한 상식으로는 이해되지 않을 것이다. 이해가 되든 이해되지 않든, 우리도 그러한 방법을 쓸 수도 있다. 다시 말해서, 대칭성을 도입하더라도 입자들의 질량은 없앨 수 없다는 입장을 유지하면 된다. 그러면 질량을 유지하기 위하여 대칭성을 깨뜨려야 한다.

이 방법은 직선적이며 또한 거칠다. 대칭성이 명시적으로 손상되기 때문이다. 보다 유연한 방법은 없을까. 대칭성을 높이 받들면서도 질량을 슬쩍 회복시키는 방법 말이다.

그런데, 그런 방법이 있다. 이 방법에 따르면, 대칭성을 도입하고 질량을 없애버려도 괜찮다. 그래도 나중에 그 대칭성이 저절로 깨어지면서 질량이 회복된다. 정말 기묘하지 않은가? 이 방법이 바로 힉스 메커니즘이다.

힉스 메커니즘에 등장하는 스칼라 입자는 대칭성이 저절로 깨어지게 하면서 동시에 게이지 입자와 페르미 입자의 질량을 생성시켜 준다. 그리고 자기 자신의 질량도 생성한다. 즉, 힉스 메커니즘을 통하여 모든 입자들이 질량을 가질 수 있게 되는 것이다. 기발하다 못해 혁명적인 메커니즘이라고 말할 수 있다. 다만, 그 댓가로 원래의 게이지 대칭성과 카이랄 대칭성은 더 이상 유지할 수 없다.

5.2 대칭성은 과연 진리인가?

여기서, 질문을 하나 던진다. 진리는 과연 아름다운가?

이 물음에 대하여 문헌을 찾아 보니, 여러 학자들이 이미 폭넓게 연구한 바 있으며, 책으로도 정리하여 많이 출간하였다. 나도 그런 책들을 섭렵하면서 생각이 깊어졌지만, 여기서는 다만 대칭성이 과연 진리인지에 대하여 하나의 절로써 논의하고자 한다.

그에 앞서, 다음과 같은 질문을 해 보자. 대칭성은 하나의 절대선으로서 꼭 지켜야 하는 진리인가? 먼저, 진리라는 말의 적절성에 대하여 생각해 보자. 영어로 "truth" 또는 독일어로 "Wahrheit"라고 하면 우리말로는 진실, 참, 진리 등으로 번역할 수 있는데, 이 중에서 가장 무거운 의미는 아무래도 "진리"일 것이다. 한국철학회에 발표된 어떤 논문을 보면
"우리말에서 진리, 진실, 참은 문맥에 따라 다른 의미로 사용된다. 따라서 서로 바꿔 쓸 경우 어색해지는 경우가 허다하다. 그럼에도

불구하고 이 세 개념의 차이를 철학적으로 천착한 연구는 매우 드물다. 다만 백낙청 교수의 몇 편의 글에서 진리와 진실을 구분하는 것을 볼 수 있을 뿐이다. 그는 진리와 진실을 구분하고서, 진리는 인문학과 예술이, 진실은 과학이 추구하는 것이라고 주장한다. 하지만 나의 논리는 그와 정반대로, 전자는 과학이, 후자는 인문학과 예술이 추구하는 것이다."

라고 논의하고 있다. 즉, 과학에서 다루는 것은 진실이 아닌 진리라는 이야기인데, 공감이 간다.

실제로 과학에서는 객관적이고 보편적이며 일관성을 가진 이론에 대하여 오류가 발견되지 않는 한, 그 이론을 진리라고 한다. 아인시타인의 상대성 이론이나 맥스웰 방정식을 진실이라고 말하면 좀 어색하게 느껴지는데, 진리라고 말하면 수긍이 가지 않는가? 그래서 과학에서의 "truth"는 우리말로 진리라고 번역하는 것이 타당하다고 생각한다. 물론, 문맥상 진실 또는 참이라고 번역하는 것이 더 낫다면 그렇게 번역할 수도 있다. 또한, "truth"를 "true theory"의 다른 표현이라고 받아들여도 된다.

이제, 다음과 같은 삼단논법을 생각해 보자. 우리의 주된 관심사는 대칭성이기 때문이다.

"아름다운 것은 진리다. 대칭성은 아름답다. 고로 대칭성은 진리다."

얼핏 논리적으로 그럴 듯해 보이는데, 이러한 삼단논법을 무비판적으로 수용하는 것은 무리가 있다. 왜냐하면 첫 번째 명제부터 성립하지 않을 수 있기 때문이다.

진리는 과연 아름다운가? 아름다운 것은 진리라고 누가 제일 처음 말했던가? 영어권에서는 영국의 낭만 시인 존 키이츠(John Keats)를 지목하고 있다. 그는 1819년 "그리스 항아리에 대한 송시 (Ode on a Grecian Urn)"이라는 시를 지었는데, 그 마지막 구절에

> "Beauty is truth, truth beauty,—that is all
> Ye know on earth, and all ye need to know."

라고 하였다.

키이츠 이후 많은 사람들이 아름다움은 진리라는 키이츠의 구절을 인용하였고 활용하였으며 또 재구성하였다. 심지어 어떤 이는 "One of the greatest problems of art—perhaps the greatest—is that truth is not beauty, beauty not truth. Nor is it all we need to know."라고 비꼬았는데, 형식은 키이츠의 형식을 따랐지만 내용은 그 반대로 아이러니였다. 하지만 호응이 많았다. [Martin Gardner , Scientific American, April 2007]

한편, 키이츠보다 약 30년 뒤, 빅토리아 시대 영국의 미술 평론가 존 러스킨(John Ruskin)이 진실하지 않은 것은 아름답지 않다고 언급한 바가 있다. 러스킨은 1847년에 현대화가론이라는 글에서
"어떤 그림이든 모방만으로 사람의 눈을 속이는 것은 좋은 그림이 아니다. 왜냐하면 진실하지 않은 것은 아름다울 수 없기 때문이다. (No picture can be good which deceives by its imitation, for the very reason that nothing can be beautiful which is not true.)"
라고 하였다.

러스킨의 말에 대하여 여러 사람이 해석하였는데, 가장 내 생각과 비슷한 코멘트는
"이 말은 어떤 것이든 진정성이 결여되었거나 진짜가 아니라면 정말 아름답다고 판단해서는 안 된다는 것이다. 러스킨은 미적으로 기쁨을 주고 사람을 사로잡을 수 있는 것이 무엇인지에 대한 정의로써 정통성과 진정성을 강조하고 있다. (It suggests that when something is

not genuine or lacks integrity, it cannot be considered truly beautiful. It emphasizes the importance of authenticity and honesty in defining what is truly aesthetically pleasing or captivating.)"
라는 것이다.

해석이야 어떻든, 예술은 자연의 아름다움을 추구하는 것이 목적이지만 물리학은 자연의 진리를 추구하는 것이 목적이므로 관점이 서로 다를 수밖에 없다.

추구하는 바가 다르다는 것을 차치하고라, "아름다운 것은 진리다."라는 명제는 항상 참일 수 없다. 러스킨의 말을 뒤집으면, "진리는 아름답다." 또는 "아름답지 않은 것은 진리가 아니다." 등이 되는데, 명제가 참이 아니면 이들 또한 참이 아닐 수 있다.

일상 생활에서 흔히 듣는 우리말에 "번지르르한 거짓말"이라는 표현이 있는데, 그것은 거짓말일수록 겉으로는 잘 꾸며져 있다는 말이다. 또, "힘을 가진 자가 곧 진리다."라는 강자의 논리는 정치사회적으로 하나의 참일 수 있지만 아름다움과는 거리가 멀다. 다시 말해서 거짓이라도 아름다울 수 있으며, 진리라 해도 추악하고 불편할 수 있기 때문이다.

불편한 진실이라는 말은 낯설지 않다. 영화제목으로도 쓰였다. 마주하기 두렵다는 의미에서의 불편일 수도 있고 편안함을 거부해야 한다는 의미에서의 불편함일 수도 있다. 전자의 의미로 사용된 것은, 2017년에 제작된 영화로서 미국에서 조직적인 인종차별을 주도한 집단이 현재의 시민 인권운동가 멀홀랜드(Mulholland)의 집안이었다는 충격적 이야기를 담은 "불편한 진실 (The Uncomfortable Truth)"이며, 후자의 의미로 사용된 것은, 미국의 전 부통령이자 환경운동가 앨 고어(Al Gore)가 2006년에 제작한 다큐멘터리 영화의 제목이 "불편한 진실 (Uninconvenient Truth)"이다. 그리고 "추악한 진실 (The Ugly Truth)"라는 영화도 있다.

어떻든 진실은 아름답지 않을 수 있다. 물리학의 진리도 마찬가지다. 아름다울 수도 있고 그렇지 않을 수도 있다. 하지만, 리처드 파인먼(Richard Feynman)은 물리학이 아름답다고 하였다. 파인먼은 20세기의 가장 천재적인 물리학자로서 양자전자기학을 완성하였다. 그는 1965년 코넬 대학에서 강연하면서 다음과 같이 물리학의 법칙을 묘사하였다.
“The most impressive fact is that gravity is simple. It is simple to state the principles completely and not have left any vagueness for anybody to change the ideas of the law. It is simple, and therefore it is beautiful... This is common to all our laws.”
물리학이 진리를 표현하는 법칙은 간결하며, 간결하기 때문에 아름답다는 것이다.

스티븐 와인버그도 비슷한 이야기를 하였다.
“Science is beautiful when it makes simple explanations of phenomena or connections between different observations. Examples include the fundamental equations of physics.”
과학이 아름다운 것은 다양한 현상을 간결하게 설명할 수 있기 때문이라는 것이다. 물리학의 기본적인 방정식들처럼 말이다.

이들의 이야기는 겉으로는 단순하게 “Simplicity is beautiful.”와 같아 보이지만, 사실 속으로는 “Truth is simple.”이라는 말을 내면에 깔고 있다. 즉, “Truth is beautiful becasue it is simple.” 또는 파인만의 말마따나 “Truth is simple; therefore it is beautiful.”이라는 이야기다.

하지만 이러한 대가들의 말과 달리, 아름답다고 해서 진리일 수는 없다는 견해도 있다. 2007년에 나온 이언 스튜어트(Ian Stewart)의 “Why Beauty is Truth: A History of Symmetry”라는 책은 그 제목만 보면 아름다움이 진리인 이유를 밝혀주는 것처럼 보이지만,

실은 아름다움이 진리가 아닐 수 있다는 논의를 전개하고 있다. 스튜어트는 자기의 책을 "In physics, beauty does not automatically ensure truth, but it helps."라는 격언으로 마무리하고 있다. 수학과 물리학을 넘나들면서 신선한 논리와 사례를 들면서 대칭성의 역사를 훑은 스튜어트도 아름답다고 해서 반드시 진리라고 보장할 수는 없다고 단언한 것이다. 이 책은 우리말로도 번역되어 시중에서 찾아 볼 수 있는데, 전반부는 바빌론과 그리스 수학의 역사부터 시작하여 군론까지 이르고 있으며, 후반부는 물리학에서의 대칭성과 군론을 본격적으로 논의하고 있는데, 끈 이론도 언급하고 있다.

끈 이론은 한때 폭발적인 인기를 끌었으며, 그 수학적 구조 때문에 여전히 아름답다고 생각하는 물리학자도 많지만, M 이론으로 확장되면서 [적어도 아름다움에 관한 한] 지저분하게 바뀌었다고 혹평하는 물리학자도 적지 않다.

그렇다면 두 번째 명제는 어떠한가? 대칭성이 아름답다니, 과연 대칭성은 아름다운가? 이것도 일부만 참이라고 받아들일 수 있다. 왜냐하면 비대칭적인 대상에 대하여 아름다움을 느끼는 사람이라 할지라도 대칭성이 있는 대상을 아름답다고 생각하기 때문이다. 아무리 감성이 무디다고 해도 대칭을 추하다고 생각하는 사람은 없을 것이다. 그러므로 대칭성이 아름답다는 명제는 다수가 동의할 것이다.

물리학자 중에 지(Anthonee Zee)가 있는데, 그는 "Fearful Symmetry: The Search for Beauty in Modern Phsics"라는 책을 내었다. 그는 현대물리학에 등장하는 대칭성과 비대칭성의 병존 또는 대립에 대하여 위트 있게 설명하면서 대칭성과 관련하여 "아름다움을 추구하는 것은 근본적인 물리학의 원칙 중의 하나 (Search for beauty is one of the guiding principles of fundamental physics)"라고 강조하였다. 지에게 있어서 대칭성이 무섭다는 말은 아마도 대칭성을 표현하는 수학적 테크닉이 어렵다는 뜻이거나 아니면 자연의 곳곳에 존재하는 비대칭적인 현상을 필연적으로 대면해야 한다는 뜻이 아닐까.

그 책의 서문에서 로저 펜로즈(Penrose)는 “He was able to exploit the fact that symmetry and beauty are closely liknked. He emphsizes the beauty in the use of symmetry that lies behind our modern theories of the forces of the Nature.” 라고 소개하였으며, 프린스턴 대학 출판부는 “As twentieth-century physics has revealed, symmetry has a special, central role in nature, one that is occasionally and enigmatically violated. Fearful Symmetry brings the incredible discoveries of the juxtaposition of symmetry and asymmetry in contemporary physics within everyone’s grasp.” 라고 서평을 올려 놓았다.

사실, “무서운 대칭성”이라는 말을 가장 최초로 언급한 사람은 지가 아니라, 영국의 시인 윌리엄 블레이크(William Blake)이다. 그가 1794년 펴낸 시집에 “The Tyger”라는 시가 있는데, 그 시에

> Tyger Tyger, burning bright,
> In the forests of the night;
> What immortal hand or eye,
> Could frame thy fearful symmetry?

와 같이 대칭성의 무서움을 언급하고 있다.

어떻거나 간에, 물리학을 연구하는 대부분의 사람은 자연을 설명하는 이론이 대칭성을 가지고 있으면 막연하나마 그 이론이 아름답게 느낀다. 그리고 아름다움을 추구하는 것은 물리학의 원칙이라고 말하지 않더라도 인간의 본성 중의 하나다.

실제로, 고대로부터 인간은 기하학적으로 대칭인 건물을 지음으로써 아름다움을 추구하였다. 이슬람 사원 등에서 볼 수 있는 기하학적 패턴은 대칭성을 극한까지 추구하여 그 아름다움은 보는 사람으로 하여금 경탄하게 만든다. 인도 아그라의 타지마할도 이슬람 건축물의 대표적인 예로서, 좌우의 대칭이 매우 완벽한 아름다움을 갖추고 있다.

한편, 대칭적인 신체를 가진 사람이 질병이나 외부의 공격에 더 강하다는 연구도 있다. 심리적으로도 대칭적으로 생긴 얼굴에 더 호감을 느낀다는 조사도 있고, 일반적으로 대중은 잘생긴 사람의 말을 더 신뢰한다고 한다. 그래서, 서비스 업계 등에서는 고객을 담당하는 사람들을 선발할 때 그 외모를 상당히 고려한다고 한다.

하지만, 이런 따위의 외모지상주의랄까 성형을 부추기고 외모 가꾸기를 조장하는 이야기는 곰곰히 따져봐야 한다. 못생긴 것도 억울하다면 억울한데 신뢰도마저 에누리 당한다면 되겠는가. 적어도, 더 잘 생긴 사람이 항상 더 진실한 것은 아니다.

실제로도 외모와 신뢰도의 상관관계는 없다. 다음은 인터넷에서 찾은 글이다.

> 미국 어느 주에서 중학교 교사를 대상으로 실험을 하였다. 실험의 내용은 학생들의 사진만 보고 그 학생의 수행능력에 대하여 예측하는 것이었다. 대부분의 교사들이 외모와 학업성적에 강한 상관관계를 나타내었다. 즉, 잘생긴 아이들의 성적이 좋을 것이라고 교사들은 예측한 것이다.
>
> 그러나 실제 성적 평가의 결과는 교사들의 예측 유의미한 차이가 있었다. 다시 말해서, 외모만 보고 예측한 교사들의 판단이 부정확하다는 것을 보여주는 동시에 교사들이

> 그렇게 예측했다는 것 자체가 외모로서 신뢰도를 결정하기도 한다는 것을 가리킨다.

그런데 말이다. 대칭만 아름다운 것이 아니다. 비대칭도 아름답다. 대칭을 아름답다고 느끼기도 하지만, 비대칭도 아름답다고 느끼는 것이다. 대칭이 아닌 대상물에서도 사람들은 아름다움을 발견한다. 예를 들어 호주 시드니의 오페라 하우스는 어느 방향에서 바라보아도 대칭이 아니지만 세계적으로 아름다운 건축물에 속하며 많은 사람들의 사랑을 받고 있다.

또, 저 유명한 먼로 점 (Monroe beauty mark 또는 Monroe mole)이 있다. 마릴린 먼로는 화장을 마친 후 일부러 입가 한 쪽에 찍었다고 하는 그 점이다. 그 점은 먼로에게 독특한 개성과 매력적인 성숙미를 부여하여 먼로를 더 아름답게 만들었다. 무엇보다, 그 점은 비대칭적이었다. 반대쪽에는 찍지 않았기 때문이다.

사실, 비대칭이 더 깊고도 여운이 남는 감동을 주기도 한다. 수필가 피천득이 쓴 "수필"이라는 제목의 수필에 다음과 같은 대목이 있다.

> "덕수궁 박물관에 청자 연적이 하나 있었다. 내가 본 그 연적은 연꽃 모양을 한 것으로, 똑같이 생긴 꽃잎들이 정연히 달려 있었는데, 다만 그 중에 꽃잎 하나만이 약간 옆으로 꼬부라졌었다. 이 균형 속에 있는 눈에 거슬리지 않는 파격이 수필인가 한다. 한 조각 연꽃잎을 꼬부라지게 하기에는 마음의 여유를 필요로 한다."

말하자면 정연한 대칭을 깨뜨리는 파격이 있음으로써 청자 연적이 더 아름답게 보였다는 말이다.

피천득처럼 섬세한 감성의 소유자라면 꼬부라진 꽃잎을 보고도 아름다움을 느낀다. 입자물리학을 공부하려면 이와 같은 섬세한 감성과 정밀한 관찰력이 필요하다. 그래야 자연에 존재하는 비대칭적 요소를 파악할 수 있을 것이다. 비대칭적 요소를 인정하면 오히려 자연에 대한 이해가 깊어질 수 있고, 입자물리학의 이론에서 아름다움을 느낄 수 있다. 완벽한 대칭성을 추구하면서도 동시에 대칭성이 깨어져 있는 상황을 순순히 받아들이고 즐길 수 있는 것이다. 대칭성도 추구할 가치가 있지만, 비대칭성도 역시 추구할 가치가 있다. 사족으로, 물리학자 피서영의 아버지가 피천득이다.

대칭성이라는 개념을 도입하면 자연에 관한 물리적 해석을 확장할 수 있지만, 그렇다고 해서 전적으로 대칭성에만 의존하여 자연을 설명할 수 없다. 비대칭적인 요소가 엄연히 존재하기 때문이다. 겉보기에 둥그렇게 생긴 맷돌을 원으로 묘사할 수 있겠지만 실은 원이 아니며, 바닷가의 파도가 일정한 주기로 철썩거린다고 말할 수 있겠지만 실은 일정하지 않다.

물리학적으로 관찰해 보아도 자연은 결코 대칭성을 존중하지 않는다. 우리가 몸담고 있는 우주만 해도, 물질이 반물질보다 압도적으로 많다. 물질과 반물질의 대칭이 깨어져 있다. 우주와 같은 거시적 세계 뿐만 아니라 미시적 세계에서도 입자들의 현상을 관찰해 보면 대칭성은 깨져 있다.

미시적 세계에서는 그러한 비대칭적 요소가 더 중요할 수 있다. 원자핵을 구성하는 양성자와 중성자를 묶어서 핵자라고 부르며 동위스핀이라는 대칭성 구조 안에서 설명하는데, 약간 어긋난 대칭이다. 그 때문에 이들의 질량은 아주 조금 차이난다. 이때 그 질량 차이는 무시할 수 없으며, 사실 중요하다. 예를 들어, 그 차이로 말미암아 중성자는 양성자로 붕괴할 수 있어도 양성자는 중성자로 붕괴할 수 없는 것이다.

그렇다면, 결론인 세 번째 명제는 어떤가? 대칭성은 진리인가? 사실 첫 번째 명제가 참이 아니면 삼단논법은 논리적으로 성립하지 않는다. 즉, 세 번째 명제도 당연히 참이 아닌 것이다. 대칭성이 반드시 진리일 수는 없다. 자연은 비대칭을 포함하고 있기 때문에 비대칭도 진리다.

요컨대, 진리는 항상 아름다운 것이 아니며, 비대칭이 대칭보다 아름다울 수도 있다. 그러므로, 대칭성이 진리라는 명제는 항상 성립할 수 없다.

지금까지 지리할 정도로 논의하였는데, 아름답든 아름답지 않든, 대칭성이 항상 진리는 아니므로, 우리는 대칭성을 떠받들 이유가 없다. 무엇보다, 대칭성은 절대선이 아니다. 그러므로 질량을 희생시키면서까지 대칭성을 지킬 필요가 없다. 대칭성을 깨뜨리겠다는 말이다. 다만, 폭력적으로 깨뜨리기보다 저절로 깨어지는 방법으로 말이다. 그리고, 비대칭에 주목하여 질량을 도입하고자 한다.

끝으로, 물리학을 위하여 변명을 하자면, 여전히 물리학이 아름답다고 믿는 사람도 많으며, 물리학의 이론이 "elegant"하다거나, 그러한 이론으로서 설명가능한 자연 그 자체가 "miraculous"하다면서 감동하는 사람도 많다는 것을 강조하겠다.

5.3 힉스 메커니즘

피터 힉스(Peter Ware Higgs)는 1929년 5월 29일 영국 뉴카슬(Newcastle upon Tyne)에서 태어났다. 런던 킹스 칼리지에 입학하여 박사학위까지 마쳤다. 에딘버러 대학의 연구원으로 시작한 그의 연구활동은 여러 대학을 거쳐 1960년에 에딘버러 대학에 정착하게 된다.

자료에 의하면, 그는 학생시절에 히치하이크로 에딘버러 프린지 페스티벌에 찾아간 것이 인연이 되어 에딘버러를 좋아하게 되었다고 한다. 1996년에는 에딘버러 대학에서 정년을 맞이하였다.

1964년, 힉스로서는 잊을 수 없는 해였으며, 입자물리학계도 기념할 만한 해였다. 그해, 힉스는 힉스 메커니즘의 기초가 되는 개념을 설명한 논문을 유럽대륙의 저명한 물리학 저어널인 Physics Letters에 발표하였다. 이것이 가장 먼저 발표된 논문이다. 그리고는 이어서 힉스 메커니즘을 더 연구하여 결과논문을 다시 Physics Letters에 투고하였는데, 이번에는 퇴짜를 맞았다. 당시 CERN에 있던 한 논문심사 위원이 "물리학과 명백한 관련이 없다 (of no obvious relevance to physics)"라는 이유로 논문을 거절하였다고 한다. 그래서 힉스는 퇴짜를 맞은 논문에 부연 설명으로 한 문단 추가하여 미국의 톱 클래스 저어널인 Physical Review Letters에 다시 투고하였는데, 이번에는 무난히 발표할 수 있었다. 1964년 10월의 일이었다. 힉스로서는 전화위복이요, Physics Letter로서는 엄청난 논문을 알아보지 못하고 걷어차 버린 셈이었다.

그런데, 힉스 메커니즘의 본질적 개념은 당시 다른 사람들도 연구하여 잇달아 논문으로 발표하였다. Robert Brout와 Francois Englert는 힉스보다 약간 앞서서 같은 해 8월에 (그러나 힉스의 첫 Physics Letters 논문보다는 늦게) Physical Review Letters에 논문을 발표하였다 또한 Gerald Guralnik, C. R. Hagen, Tom Kibble 등 3명도 같은 해인 1964 11월에 독립적인 연구를 통하여 Physical Review Letters에 논문을 발표하였다.

그러므로 1964년은 질량의 생성에 관한 이론적 개념과 방법론을 확립시킨 논문들이 세 편이나 잇달아, 그것도 똑같이 Physical Review Letters에 발표된 해였다. 입자들이 질량을 왜 가지는지, 또는 어떻게 대칭성이라는 장벽을 넘어서 질량을 가질 수 있는지에 대한 중요한 이론이 제시된 해라고 말할 수 있다.

이들이 발표한 논문의 물리학적 중요성과 가치는 어느 하나가 다른 것보다 더 높다고 평가할 수는 없다. 그래서, 이들이 1964년에 Physical Review Letters에 발표된 3편의 논문에서 제안한 질량 생성의 방법론을 대개는 그냥 힉스 메커니즘이라고 부르지만, 가끔, 그 3편의 논문을 발표한 6명의 저자의 이름을 모두 모아서 순서대로 붙인 Englert-Brout-Higgs-Guralnik-Hagen-Kibble 메커니즘이라고 하여 모두의 공로를 밝히는 경우도 있다.

힉스 입자를 "신의 입자 (God particle)"라고 부르기도 한다. 이 이름은 노벨 물리학상 수상자인 리언 레더먼 (Leon Lederman)이 낸 책의 제목인데, 실제로 레더먼이 원고를 출판사에 넘기면서 붙인 제목은 "신의 입자"가 아니라 "빌어먹을 입자" 정도로 번역할 수 있는 "goddamn particle"이었다고 한다. 왜냐하면 힉스 입자의 존재가 예측된지 수십 년이 지나도록 발견되지 않아 실망하였던 레더먼이었기 때문이다. 하지만 레더먼의 원고를 받아든 편집인은 그런 제목이 불편했던 모양이었다. 편집인의 의도에 따라 레더먼의 책은 "신의 입자 (The God Particle: If the Universe is the Answer, What is the Question?)"라는 제목을 달고 1993년에 출판되었다. 이 책은 이 에피소드로도 유명하며, 내용도 재미있다. 한국에도 번역본이 나와 있다. 여담이지만, 힉스 자신은 무신론자로써 신의 입자라는 표현을 별로 달갑게 생각하지 않는다는 견해를 피력하였다고 한다.

레더먼이 기다리다 지쳐 "goddamn"이라고 욕한 힉스 입자는 2012년에 그 존재가 실험적으로 입증되었다. 그리고 2013년, 84세의 힉스는 앙글레르와 함께 노벨 물리학상을 수상하였다. 힉스 입자가 존재한다는 것이 밝혀짐으로써, 힉스 메커니즘은 공식적으로 하나의 이론으로 확립되었다. 하지만, 영국의 저명한 이론 물리학자 스티븐 호킹의 생각은 달랐다. 차라리 힉스 입자가 없는 편이 더 물리학적으로 동기부여가 된다고 생각했던 호킹이었다.

힉스가 노벨상을 받기 이전에, 스티븐 호킹은 케임브리지 대학의 루커스 석좌교수 (Lucasian Professor of Mathematics, 2009년 9월 은퇴)로 재직하고 있던 당시 2008년 9월 9일 BBC 라디오와의 인터뷰를 가졌는데, "힉스 입자가 발견되지 않는다는 쪽에 100 달러를 걸겠다"고 내기를 걸었다. 다음이 그 인터뷰 이야기다.

> "⋯ The LHC will increase the energy at which we can study particle interactions, by a factor of four. According to present thinking, this should be enough to discover the Higgs particle, the particle that gives mass to all the other particles," Professor Hawking told the (BBC Radio) Today programme. He also added that "⋯ I think it will be much more exciting if we don't find the Higgs. That will show something is wrong, and we need to think again. I have a bet of $ 100 that we won't find the Higgs ⋯"

힉스 입자가 발견되어 기존의 이론을 확인하는 데 그치기보다는 힉스 입자가 발견되지 않음으로써 기존의 이론을 깨고 새로운 이론을 생각해야 하는 것이 더 흥분되는 일이라는 호킹의 말은 의미심장하고 수긍이 간다. 하지만, 호킹의 기대(?)를 저버리고, 그 4년 뒤에 힉스 입자가 발견되었으며, 입자물리학의 가장 중요한 입자로 자리잡게 되었다. 짓궂은 상상이지만, 호킹은 힉스가 노벨 물리학상을 받는 장면을 어떤 심정으로 지켜보았을까.

이제, 본격적으로 힉스 메커니즘을 진지하게 알아보자. 힉스 메커니즘은 글로벌 $U(1)$ 대칭성을 가지는 복소함수 스칼라 입자로부터 시작한다.

그 스칼라 입자를 $\phi(x)$라고 하면 다음과 같이 표현할 수 있다.

$$\phi(x) = \frac{1}{\sqrt{2}}(\xi_1(x) + i\xi_2(x)) \tag{5.1}$$

이 복소함수가 기술하는 스칼라 입자의 질량이 m이라면 자유공간에서의 라그랑지안 밀도는 앞서 기술한 바와 같이

$$\mathcal{L} = \partial^\mu \phi^* \partial_\mu \phi - m^2 \phi^* \phi \tag{5.2}$$

이다. 그동안 몇번 언급하였듯이, 라그랑지안 밀도를 역학의 개념에 따라 $L = T - V$라고 구분하면, $\partial^\mu \phi^* \partial_\mu \phi$는 운동 에너지 항에 해당하고 질량항 $m^2 \phi^* \phi$는 하나의 퍼텐셜 에너지 항에 해당한다.

이제, 퍼텐셜 에너지 항을 다음과 같이 좀 더 일반화시킨다. 단순히 $m^2 \phi^* \phi$이라는 질량항 대신에

$$V(\phi) = \mu^2 |\phi|^2 + \lambda |\phi|^4 \tag{5.3}$$

와 같은 퍼텐셜 에너지 항을 도입한다. (책에 따라 (1/2) 또는 (1/4) 등의 인자를 곱하기도 한다) 왜 이렇게 일반화시키는지 그 근거는 다음 절에서 전체주의 원리로서 설명할 것이다. 여기서 μ와 λ는 상수인데, 특히 μ는 m처럼 질량의 차원을 가지지만, 스칼라 입자의 질량이라고 성급하게 해석해서는 안 된다.

이러한 퍼텐셜 에너지 항을 가진 스칼라 입자의 전체 라그랑지안 밀도는

$$\mathcal{L} = \partial^\mu \phi^* \partial_\mu \phi - (\mu^2 |\phi|^2 + \lambda |\phi|^4) \tag{5.4}$$

와 같다. 이때, 이 라그랑지안 밀도는 기본적으로

$$\phi \to \phi' = e^{i a_0 \theta} \phi \tag{5.5}$$

와 같은 임의의 상수 θ로 표현되는 변환에 대하여

$$\begin{aligned}\mathcal{L}' &= \partial^\mu \phi'^* \partial_\mu \phi' - (\mu^2 |\phi|'^2 + \lambda |\phi|'^4) \\ &= \mathcal{L}\end{aligned} \tag{5.6}$$

와 같이 불변이므로 글로벌 $U(1)$ 게이지 대칭성을 가진다.

이 라그랑지안 밀도를 가지는 스칼라 입자의 기저상태는 무엇인가? 기저상태는 스칼라 입자가 가질 수 있는 가장 낮은 에너지 상태로서 정의된다.

운동 에너지는 음일 수 없으므로 그 최소값은 0이다. 운동 에너지가 조금이라도 있다면 그보다 낮은 에너지 상태가 존재하기 때문에 기저상태에서의 운동 에너지는 0이어야 한다.

그래서 스칼라 입자의 운동 에너지를 0으로 두면,

$$\partial^\mu \phi^* \partial_\mu \phi = 0 \tag{5.7}$$

와 같이 된다. 이것은 $\partial_\mu \phi = 0$이라는 말이며, 달리 말해서 ϕ의 값이 공간의 어느 위치에서든 일정하다는 말이다. 즉, 기저상태에서는 모든 x에 대하여

$$\phi(x) = \text{constant} = c \tag{5.8}$$

이다. (c는 일반적으로 어떤 복소수)

이것은 중요한 의미가 있다. 기저상태에서 스칼라 입자의 함수 값은 공간 어디에서나 일정하다는 것이다. 다시 말해서, 기저상태일 때의 스칼라 입자는 “공간의 한 점에서는 이런 값이며 공간의 다른 점에서는 저런 값이다.”이어서는 안 된다는 말이다. 공간의 모든 점에서 스칼라 입자의 함수 값이 균일하게 동일한 값을 가지는 상황이 기저상태이다.

이때, $V(\phi(x)) = V(x)$로써 퍼텐셜 에너지가 결국 위치의 함수가 아니냐고 생각할 수도 있겠지만, 기저상태에서는 공간 어디에서나 $\phi(x) = c$이므로 기저상태에서의 퍼텐셜 에너지는 x의 함수가 아니라 ϕ의 함수로 생각해야 한다.

따라서, 퍼텐셜 에너지의 최소값은 공간 어느 위치에서 최소가 되는가를 물을 수 없으며, 그 대신 ϕ의 값이 얼마일 때 최소가 되는가를 물어야 하는 것이다. 거꾸로 말하면, 퍼텐셜 에너지가 최소값을 가지게 해주는 스칼라 입자의 함수 값이 얼마인지 알아야 기저상태를 정의할 수 있다.

즉, 스칼라 입자의 퍼텐셜 에너지는 최소값을 구할 때, x에 대하여 미분하는 것은 무의미하며, ϕ에 대하여 미분을 하여야 한다. 즉, ϕ 자체가 바로 변수의 역할을 한다.

이것은 수학적으로 복소함수의 미분에 해당한다. 복소수 z 및 z^*로 표현되는 어떤 실함수 $f(z) = f(z, z^*)$가 있다고 가정하자. (그 함수의 값은 실수이다.) 이때, $f(z)$가 z 평면 상의 어느 점에서 최소가 되는지 구하려면 z를 상수로 취급하면서 z^*에 대하여 미분하여 나오는 식을 z에 대하여 풀면 구할 수 있다. 즉,

$$0 = \frac{\partial}{\partial z^*} f(z, z^*)\bigg|_z \tag{5.9}$$

가 되는 z의 값을 찾으면 된다.

우리의 경우, 앞서 주어진 퍼텐셜 에너지는 복소수 ϕ 및 ϕ^*의 함수이면서 그 값은 언제나 실수인 실함수이므로 $f(z)$의 조건에 부합한다. 그러므로 $f(z) = \mu^2\phi^*\phi + \lambda(\phi^*\phi)^2$라고 두고 미분하되, ϕ를 상수로 간주하고 ϕ^*에 대하여 미분하면 된다.

$$0 \;=\; \frac{\partial}{\partial \phi^*}[\mu^2\phi^*\phi + \lambda(\phi^*\phi)^2]\bigg|_\phi$$

$$
\begin{aligned}
&= \mu^2\phi + 2\lambda(\phi^*\phi)\phi \\
&= \mu^2\phi + 2\lambda|\phi|^2\phi \\
&= \phi\left(\mu^2 + 2\lambda|\phi|^2\right) \qquad (5.10)
\end{aligned}
$$

이 식을 만족하는 ϕ의 값을 구하면 퍼텐셜 에너지의 국소적 최소값을 얻을 수 있다. 정확히는 국소적 극값을 얻을 수 있다고 말해야 한다. 왜냐하면 1차 도함수가 0이 되는 값이기 때문이다.

윗 식을 만족하는 ϕ의 값은 두 개다.

하나는 $\phi = 0$인데, 자명한 해, 즉 자명해(trivial solution)에 해당한다. $\phi = 0$라는 말은 곧 공간 어디에도 스칼라 입자는 없다는 말이다. 이 경우, 기저상태는 그야말로 “empty void”를 가리킨다.

또 하나는

$$\mu^2 + 2\lambda|\phi|^2 = 0 \qquad (5.11)$$

를 만족하는 ϕ이며, 비자명해(nontrivial solution)에 해당한다.

비자명해는 λ 및 μ의 값에 따라 다르다. $\lambda = 0$이라면 조건을 만족하는 해가 없다. 그러나, $\lambda > 0$이라면 해가 나온다. 윗식을

$$|\phi|^2 = -\frac{\mu^2}{2\lambda} \qquad (5.12)$$

라고 고쳐 쓸 수 있으며, 이때, μ의 값에 따라 해가 다르다.

만일, $\mu^2 \geq 0$이면 $|\phi| = 0$만 이 식을 만족하며, 자명해와 같다. 그런데, $\mu^2 < 0$이면

$$|\phi|^2 = -\frac{\mu^2}{2\lambda} = \frac{v^2}{2} \qquad (5.13)$$

를 만족하는 ϕ가 비자명해가 된다. 그런데, $|\phi| = v/\sqrt{2}$를 만족하는 ϕ는

$$\phi = \frac{v}{\sqrt{2}}e^{i\alpha} \quad (0 \leq \alpha < 2\pi\text{는 임의의 상수})$$

로서 무수히 많다. 극단적으로, $\phi = (v/\sqrt{2}, 0)$ 뿐만 아니라, $\phi = (0, iv/\sqrt{2})$이나 $\phi = (-v/\sqrt{2}, 0)$이나 모두 비자명해가 된다.

이처럼 비자명해가 무수히 많은 것은 물론 라그랑지안 밀도가 글로벌 $U(1)$ 대칭성을 가지고 있기 때문이다. 단, $\mu^2 < 0$이라는 사실에서 μ가 스칼라 입자의 질량이 아니라는 것을 알 수 있다. (v는 양의 실수이다.)

아무튼, $\lambda > 0$이고 $\mu^2 < 0$일 때, 퍼텐셜 에너지의 극값을 주는 자명해는 $\phi = 0$이며, 비자명해는 $|\phi| = v/\sqrt{2}$이다.

이제, $\lambda > 0$이고 $\mu^2 < 0$인 퍼텐셜 에너지를 좀 더 살펴보자. 이 퍼텐셜 에너지를 복소함수 ϕ 평면에 그려 보면 소위 솜브레로 모양이 된다. 즉, 전체적으로는 글로벌 $U(1)$ 대칭성 때문에 원형의 대칭이면서, 원점에 봉우리가 솟아 있고 주위에는 둥그렇게 도랑이 파인 모습이며, 도랑을 건너면 무한대로 치솟는 담이 역시 둥그렇게 둘러싸고 있다. 이런 그림은 책이나 인터넷에서 금방 찾아볼 수 있다.

원형의 대칭이므로 퍼텐셜 에너지의 단면을 ϕ를 가로축으로 하는 2차원 평면의 세로축에 그리면 좌우대칭의 곡선이 그려진다. 이런 그림도 많이 나온다. 원점에서 볼록하며, $\phi = \pm v/\sqrt{2}$에서는 움푹 파이고, $\phi \to \pm\infty$일 때 무한대로 커지는 모습이다.

ϕ의 1차원 직선에서의 원점은 사실 퍼텐셜 에너지의 국소적 최대점이며, $\phi = \pm v/\sqrt{2}$가 두 개의 국소적 최소점으로서 퍼텐셜 에너지의 최소값을 준다. 실제로, 퍼텐셜 에너지의 2차 도함수를 계산해

보면

$$\begin{cases} \left.\dfrac{\partial^2 V(\phi)}{\partial \phi^2}\right|_{\phi=0} = 2\mu^2 < 0 \\ \left.\dfrac{\partial^2 V(\phi)}{\partial \phi^2}\right|_{\phi=v/\sqrt{2}} = -4\mu^2 > 0 \end{cases}$$

이다.

퍼텐셜 에너지의 값 자체를 비교해 봐도,

$$\begin{cases} V(\phi = 0) = 0 \\ V(|\phi| = v/\sqrt{2}) = -\dfrac{\mu^4}{4\lambda} \end{cases}$$

으로서, $|\phi| = v/\sqrt{2}$일 때 스칼라 입자의 퍼텐셜 에너지가 $\phi = 0$일 때의 퍼텐셜 에너지보다 낮다.

그러므로 $|\phi| = v/\sqrt{2}$인 상태가 에너지가 가장 낮은 상태이며, 기저상태가 된다. 그리고 그 기저상태가 진공이다.

5.4 진공에 대한 단상

이제 숨도 돌릴 겸, 진공이라는 개념에 대하여 한번 진지하게 생각해 보자. 진공은 무엇인가? 물질이 없거나 압력이 0인 텅빈 허공(empty void)을 진공이라고 하는가? 일상 생활에서나, 또는 일반론으로서는, 그렇게 정의하고 사용한다. 진공청소기라든지 진공 펌프 등에 사용하듯이 말이다. 천체물리학에서 우주를 거의 진공이라고 표현하기도 하는데, 그런 의미에서 맞는 말이다. 우주 전체의 공간 크기에 비하여 별이나 은하 등 우주의 물질이 매우 작아서 물질의 밀도가 9×10^{-27} $\mathrm{kg/m^3}$으로서 거의 0이기 때문이다.

하지만, 우리의 입장은 다르다. 기본적으로, 양자장론에서는 기저 상태를 진공이라고 정의한다. 진공이란 주어진 물리계가 가장 낮은 에너지 상태로서의 기저상태에 있는 상황을 가리킨다. 즉, 물질 내지 입자들이 있어도 되는 것이다.

입자물리학의 이론에 나오는 진공의 핵심은 텅빈 허공이 아니라도 정의할 수 있다는 점이다. “텅빈 허공=진공”이라는 등식이 성립하지 않는다는 말이다. 물질이 하나도 없는 상황이라고 해서 자동적으로 진공이 되는 것이 아니다. 진공이라도 물질이 무수히 많이 존재할 수 있다.

“디랙의 바다(Dirac sea)”가 하나의 예다. “디랙의 바다”에서는 전자들이 음의 에너지를 가질 수 있다. 이때, 음의 에너지를 가진 전자들이 “디랙의 바다”를 완전히 채우고, 양의 에너지를 가진 전자는 한 개도 없는 상태를 진공이라고 정의하는 것이다. 그러므로 디랙 이론의 진공은 전자가 없는 것이 아니라 무수히 많은 전자들이 존재한다. 다만, 그들이 모두 음의 에너지를 가지고 있을 뿐이다. 진공에서 전자-양전자의 쌍생성이 일어나는 상황은 음의 에너지를 가진 전자가 양의 에너지를 얻어 “디랙의 바다”에서 탈출하는 상황으로써 설명하기도 한다.

입자물리학 뿐만 아니라 응집물질 물리학 등 물리학의 여러 분야에서도 물질이 존재하는 경우의 진공을 상정하여 논의하고 있는데, 인터넷에 나오는 런던 임페리얼 대학의 강의 노트에서는 자유 진공(free vacuum)과 물리적 진공(physical vacumm)을 구분하여 설명하는 것도 볼 수 있다.

그보다, 진공이니 허공이니 할 때의 “공(空)”이라고 하면 불교의 공 사상이 떠오른다. 그래서, 불교에서의 공이라는 개념에 대하여 알아보려고 하면 워낙 많은 논의가 이루어져서 참고문헌의 바다에 표류하는 심정인데, 특히 물리학자들의 책도 적지 않다는 점이 놀랍다.

우리나라의 물리학자들도 현대의 양자물리학과 불교를 비교 분석한 저서를 많이 내고 있거니와, 서구의 물리학자도 물리학적 개념을 해석하면서 불교에서의 공을 언급하고 있다.

춤추는 물리학이라는 책은 이미 정평이 있는 유명한 책이거니와, 최근 번역본이 나온 카를로 로벨리의 책도 양자이론을 새로운 관점에서 논의하면서 공 사상을 언급하고 있다. 로벨리는 피관찰체의 속성은 관찰자와의 관계 속에서 결정된다는 양자역학적 상호작용에 주목하고, "이 세계 속에 있는 모든 존재는 정해진 속성을 가진 독립된 실체가 아니라, 다른 것과의 관계 속에서만, 게다가 상호작용할 때만, 속성을 가지게 되는 존재들이다."라고 주장하면서, 용수보살이 설파한바, 외부와 무관하게 그 자체로 존재하는 것은 없다는 점을 언급하고 있는데, 말하자면 "이것이 있기에 저것이 있고, 저것이 없다면 이것도 없다."라는 연기법과 무아 사상을 가리키고 있는 것이다.

다만, 이러한 논의들은 과학과 불교의 비교 분석이라는 점에서 그 자체로써 매우 흥미롭기는 하지만, 지금 우리가 다루고 있는 진공의 개념과는 조금 지향점이 달라서 아쉽게 느껴진다.

아무튼, 이 정도로 진공에 대한 여러 생각을 마무리하자. 기본적으로 우리는 양자장론적 해석에 따르므로, 우리가 말하는 진공은 스칼라 입자의 기저상태로써, 퍼텐셜 에너지의 극소점으로 정의된다. 퍼텐셜 에너지의 극소점은 1차 도함수가 0인 조건을 만족한다. 하지만, 극소점이 진짜 최소인지 아니면 국소적 최소인지에 따라 가짜 진공(false vacuum)과 진짜 진공(true vacuum)으로 나눌 수 있다. 가짜 진공은 퍼텐셜 에너지가 국소적으로 최소이지만 2차 도함수가 음인 경우에 해당한다. 즉, 퍼텐셜 에너지가 불안정한 최소(unstable minimum) 또는 국소적 최소(local minimum)가 되면, 가짜 진공이다.

이에 반하여, 진짜 진공은 퍼텐셜 에너지가 국소적으로도 최소

이며 변수의 전 영역에서도 최소(global minimum)가 되는 것을 가리킨다. 우리의 경우, $\phi = 0$는 가짜 진공이며, $|\phi| = v/\sqrt{2}$가 진짜 진공이다.

무슨 말이냐 하면, 공간 어디에도 스칼라 입자가 존재하지 않는 상황보다 차라리 전 공간에 스칼라 입자가 $|\phi| = v/\sqrt{2}$만큼 균일하게 존재하는 상황이 기저상태라는 말이다. 그래서, 좀 억지 같지만, 스칼라 입자가 공간 어디에도 없는 상황은 진공이 아니며, 도리어 전 공간에 스칼라 입자가 균일하게 존재하여, 그 함수값이 0인 아닌 상수인 상황이 진짜로 진공이다. 얼핏 생각하면 스칼라 입자가 존재하지 않는 empty void가 진짜로 진공일 것 같은데, 그게 아니다. 즉, 공간에 이 진공기대값을 가진 스칼라 입자가 균일하게 깔려 있는 상황이 퍼텐셜 에너지가 최소이기 때문이다.

이때, 퍼텐셜 에너지의 최소점에서의 ϕ의 값 $v/\sqrt{2}$를 스칼라 입자의 진공기대값(vacuum expectation value)이라고 부른다. (책에 따라 $\sqrt{2}$를 없앤 v를 진공기대값이라고 부르기도 한다.)

여기서 아마도 다음과 같은 생각이 떠오르게 될 것이다. 진짜 진공이니 가짜 진공이니 말장난 같은 논의를 피하기 위하여, 스칼라 입자를 재정의해서라도 "empty void"로서의 진공을 확립해야 하지 않겠느냐라는 어찌 보면 당연하고도 자연스러운 생각 말이다.

괜찮지 않은가. 새롭게 스칼라 입자를 정의하는 방식이라니.

공간 그 어디에도 스칼라 입자가 없는 상태가 진공이 아니라, 스칼라 입자 $\phi(x)$가 전 공간에 $v/\sqrt{2}$만큼 균일하게 깔려 있는 상태가 진공이라면, 차라리 $v/\sqrt{2}$를 ϕ에서 제거한 복소함수를 ϕ 대신 새로운 스칼라 입자로서 도입하는 것도 좋을 것이다. 이제, 그러한 생각을 따라가 보자.

$\phi(x)$ 대신 새로운 스칼라 입자 $\eta(x)$를 다음과 같이 도입한다.

$$\eta(x) = \phi(x) - \frac{v}{\sqrt{2}} \tag{5.14}$$

말하자면 기준점을 좀 옮긴 것이라 해도 되고, 아니면 ϕ에서 $v/\sqrt{2}$ 만큼 일괄적으로 공제한 것이라고 해도 된다.

라그랑지안을 새로운 스칼라 입자로 고쳐 쓰더라도 수학적으로는 동일하다. 그러므로 ϕ에 대한 라그랑지안 밀도나 η에 대한 라그랑지안 밀도나 물리적 현상을 설명하는 것도 원칙적으로는 동일해야 한다. 그러나 실제적으로는 다르다.

라그랑지안 밀도는 섭동론을 수용해야 하며, 섭동론에서는 에너지가 최소인 상태에서의 fluctuation, 즉, 요동을 계산해야 한다. 그런데 원래의 라그랑지안 밀도를 그냥 사용하게 되면 $\phi = 0$에서 섭동론을 적용해야 하는데, 섭동론을 적용할 수 없다. 불안정한 극소점이기 때문이다. $\phi = 0$에서 섭동론을 적용하면 계산이 수렴하지 않고 발산하게 된다.

반면에 고쳐 쓴 라그랑지안 밀도를 사용하게 되면 우리가 선택한 진공인 $\phi = v/\sqrt{2}$에서 섭동론을 적용하는데, 다시 말해서 $\eta = 0$에서 전개하면 된다. 그런데 $\eta = 0$은 에너지가 최소인 점이므로 안정적인 극소점이다. 즉, 당연하고 자연스럽게 섭동론을 적용할 수 있다. 따라서 계산 결과가 수렴하며, 물리적으로 타당한 결과를 낳는다.

요컨대, ϕ로 표현한 원래의 라그랑지안 밀도는 타당한 물리적인 결과를 낳지 못한다는 것이며 기준점을 옮긴 라그랑지안 밀도는 물리적으로 타당하다는 것이다. 이 점이 우리가 기준점을 옮기는 본질적인 이유다. 그냥 단순하게 기준점을 옮겨 보는 것이 어떨까 하고 옮긴 것이 아니다.

이 새로운 스칼라 입자 η로 라그랑지안 밀도를 다시 써 보면

$$\begin{aligned}\mathcal{L}(\eta) &= \partial^\mu\phi^*\partial_\mu\phi - (\mu^2|\phi|^2 + \lambda|\phi|^4) \\ &= \partial^\mu\eta^*\partial_\mu\eta - \left(\mu^2\left|\eta + \frac{v}{\sqrt{2}}\right|^2 + \lambda\left|\eta + \frac{v}{\sqrt{2}}\right|^4\right) \qquad (5.15)\end{aligned}$$

와 같다. (물론 $\mu^2 < 0$ 및 $\lambda > 0$이며 $v > 0$ 등은 모두 실수다.)

이 라그랑지안 밀도에서 퍼텐셜 에너지의 최소값은

$$\begin{aligned}0 &= \frac{\partial}{\partial\eta^*}V(\eta,\eta^*) \\ &= \frac{\partial}{\partial\eta^*}\left[\mu^2\left(\eta^* + \frac{v}{\sqrt{2}}\right)\left(\eta + \frac{v}{\sqrt{2}}\right)\right. \\ &\qquad\qquad \left.\left. +\lambda\left(\eta^* + \frac{v}{\sqrt{2}}\right)^2\left(\eta + \frac{v}{\sqrt{2}}\right)^2\right]\right|_\eta \\ &= \left(\eta + \frac{v}{\sqrt{2}}\right)\left[\mu^2 + 2\lambda\left(\eta^* + \frac{v}{\sqrt{2}}\right)\left(\eta + \frac{v}{\sqrt{2}}\right)\right] \\ &= \left(\eta + \frac{v}{\sqrt{2}}\right)\left[\mu^2 + 2\lambda\left|\eta + \frac{v}{\sqrt{2}}\right|^2\right] \qquad (5.16)\end{aligned}$$

를 만족하는 η를 구하면 된다. $\eta = -v/\sqrt{2}$는 금방 눈에 띄는데, $\eta = 0$는 풀어서 정리하면 해가 된다는 것을 확인할 수 있다. 이들은 각각 $\phi = 0$ 및 $\phi = v/\sqrt{2}$에 대응하는 해들이다.

어느쪽이 진짜로 퍼텐셜 에너지의 최소값을 주는지 확인해 보면 당연히 $\eta = 0$일 때 최소가 된다.

$$V(\eta = -v/\sqrt{2}) = 0 > V(\eta = 0) = -\frac{\mu^2}{4\lambda} \qquad (5.17)$$

그러므로 소위 진공기대값이라든지 가짜 진공이니 진짜 진공이니 하는 것을 따질 필요가 없다. 복소함수 η로 기술되는 스칼라 입자가 0인

상황이 진공이다. 즉, η가 공간 그 어디에도 존재하지 않는 “empty void”가 진공인 것이다.

어쩌면, 스칼라 입자를 재정의해서 진정한 의미에서의 진공을 확립하겠다고 시작한 일이 좋은 결말을 맺은 것인지 모르겠다. 하지만 아니다. 그렇지 않다. 진공을 명확히 한 것은 좋은지 몰라도, 우리는 그 댓가를 치루게 된다. 바로 글로벌 $U(1)$ 게이지 대칭성이 깨어진 것이다.

5.5 대칭성은 무너지고 질량이 회복되다

대칭성이 깨어진 것에 대하여 아쉬워할 일은 아니다. 만일 새로운 스칼라 입자 η가 질량을 가질 수 있다면 그것이 우리가 원하는 바이기 때문이다. 그깟 질량을 얻기 위하여 대칭성을 깨버렸다고 말하면 안 된다. 댓가를 치룬 게 아니라 오히려 정상화라고 말해도 된다.

먼저 대칭성이 깨졌다는 것부터 확인하자. η로 고쳐 쓴 라그랑지안 밀도는 글로벌 $U(1)$ 게이지 대칭성이 없다.

$$\eta \to \eta' = e^{i\beta}\eta \quad (0 \le \beta < 2\pi\text{는 임의의 상수})$$

와 같은 변환에 대하여 라그랑지안 밀도의 모양이 변하는 것을 확인할 수 있다. 즉, 글로벌 $U(1)$ 대칭성이 깨어져버린 것이다.

앞서 퍼텐셜 에너지의 최소값을 주는 비자명해도 무수히 많다고 하면서, 극단적인 예로서, $\phi = (v/\sqrt{2}, 0)$ 뿐만 아니라, $\phi = (0, iv/\sqrt{2})$이나 $\phi = (-v/\sqrt{2}, 0)$이나 모두 비자명해가 된다고 설명한 바가 있다. 지금은 그렇지 않다. 퍼텐셜 에너지의 최소값을 주는 비자명해는 $\phi = (v/\sqrt{2}, 0)$로서 $\eta = 0$뿐이다.

언제, 왜 깨어졌는가? 단순히 함수의 기준점을 좀 옮긴 것뿐인데 말이다.

사실, 우리는 $\eta = \phi - (0, iv/\sqrt{2})$라고 퍼텐셜 에너지의 기준점을 옮길 수도 있었고 $\eta = \phi - (-v/\sqrt{2}, 0)$라고 기준점을 옮길 수도 있었다. 그러한 무수한 가능성, 또는 임의성 중에서 $(v/\sqrt{2}, 0)$라는 하나의 특정한 값을 선택하였다. 즉, 우리는 무수히 많은 ϕ의 진짜 진공 중에서 $(v/\sqrt{2}, 0)$라는 특정한 값을 콕 짚어 η의 진공으로 삼았다. 이 진공을 기준으로 새로운 복소 스칼라 입자를

$$\eta = \phi - (v/\sqrt{2}, 0)$$

와 같이 정의하였다. 바로 이 순간, 하나의 특정한 값을 선택한 순간, 대칭성은 깨어진 것이다.

즉, 대칭성이 깨진 것은 우리가 진공을 재정의한 결과다. 특정한 값으로 진공을 재정의하면서 퍼텐셜 에너지의 기준점을 옮기는 순간, 임의성이 사라지고 대칭성은 깨어진다. 기준점을 옮기고 진공을 재정의하였다는 것이 핵심이다.

강조하거니와, 특정한 값이 대칭성을 깨는 것이 아니라, 그 값을 선택하는 행위가 대칭성을 깨고 있다. 대칭성이 있으므로 아무 값이나 진공으로 선택할 수 있지만, 일단 그 중의 하나를 선택하고 나면 더 이상 대칭성은 없는 것이다. 대칭성 때문에 대칭성이 깨어지는 아이러니다.

일상에서도, 목적지에 이르는 길이 여러 갈래가 있다면 어느 길로 가든지 목적지에 갈 수 있으므로, 선택은 마음대로다. 하지만, 마음대로라고 해도 우리는 하나를 선택해야 한다. 그리고 어느 한 길로 들어서는 순간 다른 길로는 갈 수가 없다. "너 마음대로 해. 선택은 자유야. 하지만 한번 선택하면 그것으로 끝이야." 뭐 이런 통고는

아니지만, 선택권을 사용하면 더 이상 선택권이 없다는 뜻에서 대칭성을 사용하자 대칭성이 없어지는 우리의 상황과 비슷하다.

자, 그렇다면 이제는 질량이다.

질량은 어떻게 되는가? 원래의 복소 함수 스칼라 입자 ϕ를 성분으로 표현하면

$$\phi = \frac{1}{\sqrt{2}}(\xi_1 + i\xi_2)$$

와 같이 두 개의 실수 함수 ξ_1 및 ξ_2로 나타낼 수 있다. 즉, 한 쌍의 입자-반입자, 그러니까 두 개의 입자가 있는 것이다. 이때 라그랑지안 밀도는

$$\begin{aligned}\mathcal{L} &= \partial^\mu\phi^*\partial_\mu\phi - (\mu^2|\phi|^2 + \lambda|\phi|^4) \\ &= \frac{1}{2}\partial^\mu\xi_1\partial_\mu\xi_1 + \frac{1}{2}\partial^\mu\xi_2\partial_\mu\xi_2 - \frac{1}{2}\mu^2(\xi_1^2 + \xi_2^2) \\ &\quad -\frac{1}{4}\lambda(\xi_1^2 + \xi_2^2)^2 \end{aligned} \tag{5.18}$$

와 같이 되는데, ξ_1 및 ξ_2의 제곱항을 보면 ("−"를 뺀) 계수는 $\mu^2/2 < 0$으로서 음이다. 만일 이 제곱항을 질량항이라고 해석하게 되면 허수의 질량이 나오는 것이다. 그러므로, 이 제곱항을 질량항으로 해석할 수 없으며, ξ_1와 ξ_2는 질량이라는 것을 정의할 수 없다.

진공을 재정의하기 위하여 기저상태를 하나 선택하고 기준점을 옮겨서 새로운 스칼라 입자 η를 도입하였는데, 그 스칼라 입자 η를

$$\eta = \frac{1}{\sqrt{2}}(\chi_1 + i\chi_2) \tag{5.19}$$

라고 두 실수 성분 ξ_1 및 ξ_2로 표현하면,

$$\eta \;=\; \phi - (v/\sqrt{2}, 0)$$

$$= \frac{1}{\sqrt{2}}(\xi_1 - v + i\xi_2) \tag{5.20}$$

가 되므로 라그랑지안 밀도를 $\xi_1 = \chi_1 + v$ 및 $\xi_2 = \chi_2$로서 고쳐 쓰면

$$\begin{aligned}
\mathcal{L} &= \partial^\mu \eta^* \partial_\mu \eta - (\mu^2 \left|\eta + \frac{v}{\sqrt{2}}\right|^2 + \lambda \left|\eta + \frac{v}{\sqrt{2}}\right|^4) \\
&= \frac{1}{2}\partial^\mu \chi_1 \partial_\mu \chi_1 + \frac{1}{2}\partial^\mu \chi_2 \partial_\mu \chi_2 + \frac{1}{2}\lambda v^2 \left[(\chi_1 + v)^2 + \chi_2^2\right] \\
&\quad -\frac{1}{4}\lambda \left[(\chi_1 + v)^2 + \chi_2^2\right]^2 \\
&= \frac{1}{2}\partial^\mu \chi_1 \partial_\mu \chi_1 + \frac{1}{2}\partial^\mu \chi_2 \partial_\mu \chi_2 - \lambda v^2 \chi_1^2 + \cdots
\end{aligned} \tag{5.21}$$

가 된다 ($\mu^2 = -\lambda v^2$).

이때, $-\lambda v^2 \xi^2$이라는 ξ_1의 제곱항이 나타난다. 그 제곱항의 ("−"를 뺀) 계수는 λv^2이며 양이다. 그래서 이를 질량항으로 해석할 수 있다. 즉, χ_1은 $\sqrt{2\lambda v^2}$의 질량을 가지게 된 것이다. 다만, χ_2는 제곱항이 없으므로 질량이 0이다.

진공기대값만큼 공제하고 스칼라 입자를 새로 정의하게 되면서 χ_1의 질량항에 해당하는 항이 등장하였다. 질량이 생기는 것과 대조적으로, 원래의 ξ_1 및 ξ_2의 라그랑지안 밀도는 글로벌 $U(1)$ 대칭성이 있었는데 χ_1 및 χ_2의 라그랑지안 밀도는 그 대칭성이 없어졌다.

요컨대, 질량을 생성하는 대신 대칭성을 희생한 셈이다. 이것이 힉스 메커니즘의 핵심이다. 즉, "대칭성의 자발적 깨짐(spontaneous symmetry breaking)"에 의한 "질량의 생성"이다.

그런데, 한 가지 의문이 생길 수 있다. 왜 ξ_2는 0이라는 질량을 가지는가라는 의문이다. 질량을 정의조차 할 수 없었던 χ_1 및 χ_2와 비교하면 상황이 개선되었다고 말할 수 있지만, ξ_2가 질량이 없다는 것은 설명이 요구되는 부분이다.

힉스 메커니즘 말고도 대칭과 질량의 관계를 언급하는 정리가 있다. 바로 골드스톤의 정리인데, 힉스 메커니즘이나 골드스톤의 정리나 둘 다 질량과 대칭성과의 관계를 언급하고 있다는 점에서 공통성을 가지고 있다. 골드스톤의 정리는 골드스톤 보오스 입자라고 불리는 입자의 존재에 관한 정리로서, 다음과 같다.
"A massless scalar particle exists if a continuous global symmetry is broken spontaneously."
즉, 스칼라 입자에 대한 글로벌 대칭성이 자발적으로 깨어지면 질량이 0인 스칼라 입자가 존재한다는 것이다. 이 스칼라 입자를 골드스톤 보오스 입자라고 부른다. 즉, 골드스톤의 정리에 의하면 질량이 없는 스칼라 입자가 존재하기 위한 필요충분 조건은 대칭성이 저절로 깨져야 한다는 것이다.

예를 들어, N 개의 스칼라 입자를 가진 물리계의 라그랑지안 밀도가 어떤 대칭성을 가지고 있는데, 그 대칭성은 M 개의 발생자를 가지고 있다고 하자. 만일, 이 물리계의 기저 상태가 원래의 대칭성을 유지하지 못하고 축소된 대칭성만 가지게 되면 원래의 대칭성은 일부가 깨어진 셈이다.

이때, M 개의 발생자 중에서 그 일부 깨어진 대칭성에 해당하는 발생자는 제 기능을 못하게 된다. 즉, 더 이상 대칭성의 발생자가 아닌 것이다. 이와 같이 원래의 대칭성이 깨어지는 경우, 깨어진 부분에 해당하는 발생자의 수가 몇 개냐에 따라 그 수만큼의 스칼라 입자는 더 이상 질량을 가질 수 없게 된다. 질량이 0인 이 스칼라 입자가 골드스톤 보오스 입자다—라는 것이 골드스톤의 정리다.

하지만 힉스 메커니즘과 골드스톤의 정리는 입자들의 질량을 바라보는 입장이 조금 다르다. 조금 다른 게 아니라 어떻게 생각하면 반대의 입장일 수도 있다. 즉, 힉스 메커니즘에서는 질량을 회복하는 입자에 관심이 있는 반면, 골드스톤의 정리는 질량이 없어지는 입자에 관심이 있기 때문이다. 요컨대, 우리의 경우인 복소함수 스칼라 입자의 글로벌 $U(1)$ 대칭성에 대하여 힉스 메커니즘과 골드스톤의 정리는 각각 다음과 같은 입장이다.

골드스톤의 정리:
"라그랑지안 밀도에 질량을 가진 2개의 스칼라 입자가 있다. 그리고 발생자가 1개인 대칭성이 있다. 그 대칭성이 저절로 깨어지게 되면 골드스톤 보오스 입자가 하나 존재하게 된다. (나머지 하나는 질량이 있든 없든 상관하지 않겠다.)"

힉스 메커니즘:
"라그랑지안 밀도에 질량이 정의되지 않는 2개의 스칼라 입자가 있다. 그리고 발생자가 1개인 대칭성이 있다. 그 대칭성이 저절로 깨어지게 되면 질량을 가진 스칼라 입자가 하나 존재하게 된다. (이때, 나도 마찬가지로, 다른 하나는 질량이 있든 없든 상관없다. 하지만, 만일 그 스칼라 입자가 질량이 없다면 골드스톤의 정리를 존중하여 골드스톤 보오스 입자라고 불러 주겠다.)"

5.6 전체주의 원리 (Totalitarian Principle)

여기서 힉스 메커니즘을 다른 각도에서 바라보자. 바로, 전체주의 원리의 적용이라는 관점에서 힉스 메커니즘을 분석해 보려는 것이다.

전체주의란 무엇인가.

무솔리니의 말을 들어 보자. 무솔리니는 집권후,
"모든 것은 국가 안에 있고, 그 어느 것도 국가 밖에 없으며, 아무 것도 국가에 반대할 수 없다. (Tutto nello Stato, niente al di fuori dello Stato, nulla contro lo Stato. 영어로는 Everything in the State, nothing outside the State, none against the State.)"

라고 선언하면서 파시즘을 밀어부쳤다. 이 선언이 정치적인 의미에서 전체주의에 대한 가장 선명한 정의가 아닐까.

무솔리니와 같은 정치가가 사용하여 유명해지기도 하였거니와, 전체주의는 20세기에 들어서서 중요한 정치적 개념이 되었다. 특히, 냉전시대를 거치면서 전체주의는 민주주의를 위협하는 개념으로 확장되었다. 그리하여 서구 민주국가에서는 공산주의뿐만 아니라 독재를 비롯하여 심지어 공공의 이익을 우선하는 복지국가라든지 사회계약론 등에도 다양하게 전체주의라는 말을 사용하였다고 한다. 그래서 전체주의라는 말은 어감부터 별로 좋지 않다. 특히, 우리나라에서는 전체주의는 공산주의와 동격으로 해석되면서 상당히 적대감을 불러일으키는 정치적 용어가 되었다.

조지 오웰의 작품 중에 동물농장이라는 우화소설이 있는데, 이 소설도 전체주의를 풍자한 소설이다. 하지만 극단적인 반공주의 속에서 독재의 거짓 아우라 속에서 살았던 우리나라에서는 조지 오웰의 소설은 공산주의의 극단적 파행성을 보여주는 도구에 불과하였다. 즉, 조지 오웰의 소설은 해방 이후 남한사회에 번역되면서, 스탈린 독재체제를 포함하여 공산주의에 반대하는 반공소설로 둔갑하고 말았다. 실제로, 어떤 연구는 우리나라의 동물농장 번역의 결점을 지적하기를, 반공 제일이라는 이념에 사로잡혀 있었던 지난 시대의 번역가나 독자들은 전체주의를 성찰하고 사유하는 지점까지 나아갈 수 없었다고 한다. 조지 오웰의 소설에서 전체주의의 알레고리를 읽어낼 수 없었다는 것이다.

헉슬리의 멋진 신세계라는 소설도 역시 정치적 풍자에 속한다. 반공주의를 내세운 것은 아니지만 전체주의적 사회의 디스토피아를 그린 명작이라고 한다. 누군가는 멋진 신세계와 영국 수상 마가렛 대처의 정치철학을 관련지은 논문을 쓰기도 하였다. 아무튼 전체주의는 하나의 정치적 개념으로 해석하는 것이 옳을 것이다. 단순하게 공산주의와 비슷한 의미의 정치적 용어로 받아들이는 것은 무리다.

그런데, 전체주의는 기본적으로 정치적인 개념이 아니라 철학적 개념이다. 물론, 처음부터 전체주의라는 이름을 가지고 있지는 않았지만, 아주 오래 전에 정립된 개념인 것이다. 철학자들은 전체주의의 기원으로서 플라톤을 지목하고 있다. 예를 들어, 칼 포퍼와 같은 철학자는 플라톤의 "충만의 원리 (principle of plenitude)"가 바로 전체주의 원리의 시작이라고 평가하였다. 플라톤은
"우주는 모든 가능한 형태의 존재를 포함하고 있다. (The universe contains all possible forms of existence.)"
라고 하였다. 이것을 정치적인 언명으로 볼 수는 없는 것이다. 플라톤의 이 언명을 충만의 원리라고 부른다. 충만의 원리라는 표현 자체는 미국의 철학자 러브조이가 처음 사용하였다고 한다.

사실, 정치적인 의미가 아닌 전체주의 또는 충만의 원리는 우리의 일상생활에서도 자주 작동하고 있다. 예를 들자면,
"일어날 일은 꼭 일어난다. (Whatever will happen will happen.)"
라고 흔히 말하는데, 이것은 플라톤이 언명한 바, 충만의 원리에 그대로 부합한다. 아서 왕의 전설에 관한 바윗속 장검 (The Sword in the Stone)이라는 소설은 테렌 화이트가의 작품인데, 이 소설에서도 충만의 원리와 비슷한 개념이랄까, "Everything not forbidden is compulsary."라는 문장이 나온다고 한다.

반면에, 아리스토텔레스의 형이상학에서는 판단론이랄까, "theory of modality"로써, "가능한 모든 것이 실제로 존재할 필요는 없다. (It is not necessary that everything that is possible should exist in actuality.)" 라는 언명이 있다고 한다. 다시 말해서, "실현이 가능하다고 해도 실현화되지 않을 가능성이 있다. (It is possible for that which has a potency not to realize it.)" 라는 의미인데, 플라톤의 충만의 원리와는 뭔가 대립적인 느낌이지만 모순도 아니며 상충하지

않는다. 서로 보완적인 언명이다.

전문적인 학문 분야에서는 어떠한가. 전체주의 원리는 여러 학문 분야에서도 이미 존재하고 있다.

대표적인 것이 법학인데, 예를 들어, 서양의 법학에서는 라틴 말로 "Nulla poena sine lege"라는 공리가 있다. 영어로 쓰면 "법이 없으면 처벌도 없다. (No penalty without law)"인데, 바꾸어 말하면 "Everything which is not forbidden is allowed."이다. 곧 죄형법정주의를 가리키며, 근대 형법의 기본적 원리가 되었다. 어떤 행위든 법률이 금지하지 않는 한 허용된다는 개념이다. 영국에서는 이를 지방의회에 적용하여 "일반적 대응력 (general power of competence)" 이라는 용어로서 정의하였다.

생물학 분야의 어떤 글을 보니 전체주의와 세포의 유기주의 (organicism)를 비교 분석한 글이 눈에 들어왔다. 유기주의 또는 유기체론 자체가 철학적 개념이므로 전체주의와 유기주의를 비교한다는 것은 철학의 범주에서 유의미한 일이다. 유기주의란 우주 자체가 하나의 유기체처럼 자연적 질서를 가진 생명이라고 보는 관점인데, 우주뿐만 아니라 그의 일부분, 예를 들어 인간의 사회도 하나의 유기체라는 입장이다. 부분은 부분대로 전체는 전체대로 각각 지속적으로 변화하는 포괄적 시스템 내의 역동적 구성요소로 생각해야 한다는 것이다. 즉, 움직임이 없는 물체들이 적당하게 자리잡아서 전체를 구성하는 것이 아니라는 것이다.

이제, 눈을 돌려 입자물리학을 보자. 입자물리학에서도 전체주의 원리가 있다. 쿼크 이론의 개척자인 겔만이 1956년에 논문을 하나 발표하면서, 전체주의적 개념이라고 해석할 수 있는 이론을 제시하였다. 즉, 겔만은

"입자들은 어떤 과정이든 보존법칙이 금지하지 않는한, 반드시 일어난다. (Any process which is not forbidden by a conservation law

actually does take place.)"
라고 주장하면서, "팔정도 (The Eightfold Way)"라는 혁신적인 쿼크 모형을 구성하였던 것이다. 이때, 겔만은 조금 오해할 수도 있는 표현을 덧붙였는데,
"사실, 이것은 완벽한 전체주의 국가에서 '하라고 시키지 않은 일은 해서는 안 된다'라는 금지 사항과 관계 있다. (It is an assumption related to the state of affairs that is said to prevail in a perfect totalitarian state. Anything that is not compulsory is forbidden.)"
라고 하였다고 한다. 그래서 그 뒤 과학사학자들의 논란과 비평이 있었는데, 그저 하나의 해프닝이었으며 심각한 결과는 없었다.

입자물리학에서 전체주의 원리가 적용된 또 하나의 예가, 나의 개인적인 생각인데, 바로 힉스 메커니즘이다. 사실, 지금까지 장황하게 전체주의 원리에 대하여 논의한 이유가 바로 힉스 메커니즘도 전체주의 원리로서 설명할 수 있다고 생각하기 때문이다.

스칼라 입자의 퍼텐셜 항에 전체주의 원리를 적용함으로써 대칭성을 무너뜨리고 입자들의 질량을 회복시키는 힉스 메커니즘이 완성되었다면, 과연 전체주의 원리가 어떻게 적용되었는지 살펴보자.

복소함수 스칼라 입자의 질량을 m이라고 하면 그 라그랑지안 밀도는 $m^2\phi^*\phi$와 같은 질량항을 가진다는 설명은 이미 하였다. 그런데 힉스는 그 질량항 대신

$$V(\phi) = V(|\phi|^2) = \mu^2|\phi|^2 + \lambda|\phi|^4$$

와 같은 모양의 퍼텐셜 에너지 항을 도입하여 힉스 메커니즘을 만들었다.

우리가 제기하고 싶은 문제는 퍼텐셜 에너지의 모양이 왜 저런 모양인지, 왜 저런 모양에 국한되는지 등이다. 이것이 사소한 문제

같지만, 실은 매우 중요한 문제다. 왜냐하면, 퍼텐셜 에너지가 저런 모양을 가짐으로써 힉스 메커니즘이 구동될 수 있기 때문이다.

허용되지 않는 명백한 근거가 있지 않는 한 허용되어야 한다는 전체주의 원리에 비추어 보면 퍼텐셜 에너지의 모양은 가능한 한 가장 일반적이어야 한다. 과연 그런지 확인해 보자. 즉, 퍼텐셜 에너지에 다른 항은 포함될 수 없는지, 그 근거는 무엇인지, 따져보자.

퍼텐셜 에너지에 아무런 금지 사항이라든지 제약이 없다면 다음과 같은 모양이 허용되어야 한다.

$$\begin{aligned} V(|\phi|) &= \sum_{0}^{\infty} a_n |\phi|^n \\ &= a_0 + a_1|\phi| + a_2|\phi|^2 + a_3|\phi|^3 + a_4|\phi|^4 + \cdots \end{aligned}$$

여기서 ϕ 대신 $|\phi|$를 사용한 이유는 라그랑지안 밀도가 실수여야 한다는 제약이 있기 때문이다. 라그랑지안 밀도가 복소수이면 운동 방정식을 결정할 수 없는 문제가 생기기도 하고 (“overdetermined”) 물리적으로 모순되는 결과가 도출되기도 하기 때문이다. 이 말인즉, 벌써 하나의 금지 조건에 의하여 퍼텐셜 에너지의 모양에 제한이 작동된 것이다.

다른 금지 사항 또는 제약이 어떤 것이 있는지 보자.

일단, $|\phi|$의 홀수 제곱은 퍼텐셜 항에 허용되지 않는다. 그 이유는 많다.

$|\phi| = \sqrt{\phi^* \phi}$라고 하면 ϕ가 실수일 때

$$|\phi| = \phi^* = \phi$$

이다. 이때

$$\phi \to \phi' = e^{i\pi}\phi = -\phi$$

와 같은 게이지 변환에 대하여 홀수 제곱 항들은 부호가 바뀌므로 라그랑지안 밀도의 모양이 유지되지 않는다.

또한, ϕ가 실수성분만 있을 때 $\phi \to \infty$이든 $\phi \to -\infty$이든 어느 한 쪽에서 퍼텐셜 에너지가 $-\infty$가 되므로 전체 물리계가 불안정하며 발산하게 된다. 이러한 이유로, $|\phi|$의 홀수 제곱은 제외해야 한다.

그렇다면 짝수 제곱은 무한정 허용되는가? 아니다. $|\phi|$의 6승이니 8승이니 무제한으로 허용되는 것이 아니다. 해당 물리계가 양자장론의 재규격화가 가능하려면 (renormalizability) $|\phi|$의 4승까지만 허용된다.

결론적으로 스칼라 입자의 퍼텐셜 에너지는 $|\phi|$의 2승 및 4승의 항만 가능하다. 이것이 가장 일반적인 퍼텐셜 에너지의 모습이다. 즉, 허용되지 않는 것을 제외하고는 모든 것을 허용하여 만든 퍼텐셜 에너지인 것이다. 그러므로 힉스 메커니즘에서 퍼텐셜의 모양을 $|\phi|^4$까지 고려한 것은 바로 전체주의 원리에 의한 결과라고 생각할 수 있다.

5.7 자발적? 기대값?

따지고 보면 이상한 말이다. 먼저, "자발적(spontaneous)"이라는 말을 생각해 보자. 자발적이라는 말은 영어로는 "volutary"라는 단어가 더 적합한데, "스스로 마음을 일으킨다."라는 의미가 있기 때문이다. 물리학에서는 어떤 물리계가 외부의 영향 없이 내부에서 스스로 일어나는 현상에 대하여 자발적이라고 묘사하며, 이에 해당하는 물리적 현상의 예는 많다.

대칭성을 가지고 있다가 상황에 따라 대칭성이 없어지는 경우도 그러하다. 바로 위의 골드스톤의 정리가 하나의 예다. 그밖에, 강자성체라든지, 응집물질 물리학에서의 남부-골드스톤 입자 (Nambu-Goldstone boson)라든지, 란다우-긴즈부르그의 이론에서라든지 여러 물리적 예를 찾아볼 수 있고, 일상에서도 관찰할 수 있는 예로는, 과냉각된 물이 갑자기 응결하는 경우를 들 수 있다. 이런 것들 대칭성이 저절로 깨어지는 예다.

이처럼, 대칭성을 가지고 있던 물리계가 그 대칭성을 더 이상 유지하지 못하는 경우, 그 대칭성이 "자발적으로" 또는 저절로 깨어진다고 말한다. 하지만 말이 그렇다는 것이지, 과연 "자발적으로" 대칭성이 깨어지는지 또는 어쩔 수 없이 깨어지는지 누가 알겠는가.

단적인 예로서, 권좌에서 밀려나는 권력자를 보자. 그는 하야하고 싶을까? 자발적으로 하야하고 싶은 권력자는 없다. 하지만 단 하나의 출구로써 하야해야 한다면, 그는 이런저런 말만 번지르르한 구실을 대면서 권력을 내려놓겠다고 선언하고 권좌에서 스스로 물러나는 모양새를 취하면서 사임할 것이다. 그러나, 겉보기에는 스스로 물러나는 것처럼 보여도 사실은 다른 방도가 없어서 사임한 것이다. 다만, 자의에 의하여 물러난다고 해야 그나마 체면을 지킬 수 있기 때문에 그러한 제스추어를 보인 것이다. 이러한 상황을 자발적 하야라고 부르는 것은 사실 코메디에 가깝다.

자발적 대칭성의 깨어짐이라는 표현도 내가 보기에 자발적 하야라는 표현과 오십보백보다. 대칭성이 깨어지고 싶어서 깨어진 것이 아니라는 말이다. 대칭성도 한번 성립하면 스스로 유지하려는 관성이 있다. 즉, 대칭성을 가지고 있는 물리계는 변화를 하더라도 그 대칭성 안에서 변화하려고 한다. 다만, 내부적 원인에 의하여 대칭성이 깨어질 수 있다. 이때, 대칭성은 사실 자발적으로—저절로— 깨어진 것이 아니지만 그저 말로만 자발적으로 깨어졌다고 말하는 것이다.

힉스 메커니즘에서의 대칭성도 마찬가지다. 스칼라 입자의 질량을 없애고 글로벌 $U(1)$ 대칭성을 고집하여 라그랑지안 밀도를 구성하였지만, 입자들이 질량을 가지고 있다는 현실을 무시할 수는 없다. 결국 진공의 재정의를 통하여 대칭성은 무너지고 스칼라 입자의 질량은 회복되었다. 이를 힉스 메커니즘에서는 대칭성의 자발적 깨어짐이라고 표현하는데, 대칭성의 입장에서는 마지못해 받아들이는 표현이다.

대칭성은 아름답다. 완벽할수록 대칭성은 더 아름답다. 대칭성의 아름다움에 대한 추구가 하나의 도그마처럼 굳어진 마당에, 붕괴되고 싶은 대칭성이 어디 있을까. 하지만, 물리적 현실 앞에 버틸 수 없어서 무너지는 것이다. 그렇기 때문에 자발적이라는 말은 대칭성의 입장에서는 사실상 굴욕을 뜻한다. 이러한 관점에서 보자면 대칭성의 자발적 깨어짐이라는 표현은 대칭성의 명예로운 퇴장을 위한 하나의 명분이며 대칭성에게 나름 "graceful exit"를 마련해 준 것이 아닐까.

"자발적"이라는 말만큼이나 "기대값(expectation value)"이라는 말도 부적절하다. 내 생각에는 좀 이상하게 번역된 것같다. 물론, 한자어를 사용하는 동양권 물리학계에서는 대체로 "expectation value"라는 말을 기대값이라고 번역하며 우리나라도 마찬가지다. 또한, 통계물리학에서 확률론적으로 기대값이라는 말을 사용할 때는 그 의미가 직접적으로 와 닿고 금방 이해된다. 주사위를 6번 던져서 나오는 눈의 평균은 얼마일까라는 질문에 대하여 모든 눈이 한 번씩 나온다고 예상 또는 기대할 수 있으므로 "그 기대값은 3.5이다."라고 말해도 충분히 통용되는 것이다.

하지만, "expectation"이라는 영어를 "기대"라는 말로 번역하는 것이 단어 대 단어로는 괜찮을지 몰라도 입자물리학에서는 물리적 의미를 제대로 표현하는 말인지 모르겠다. 특히 힉스 메커니즘의 경우에는 이 용어가 적절하지 않다고 개인적으로 생각한다. 왜냐하면 마치 우리가 진공에 대하여 무엇을 기대한 것처럼 들리기 때문이다. 우리는 진공에 대하여 어 기대값을 기대하지 않았다. 그리고 기대했다 해도 진공으로써 $\phi = 0$을 기대하였지 $\phi = v/\sqrt{2}$를 기대하지는 않았다. 말하자면 기대하지 않았던 의외의 결과인 것이다.

그리고 더 나아가 생각해 보라. 잘 생각해 보면 힉스 메커니즘에서 진공이라고 정의한 상황은 에너지가 충만해 있는 상황이다. $v/\sqrt{2}$는 질량 또는 에너지의 차원이므로 그만큼의 에너지가 전 공간, 다시 말해서 전 우주에 균일하게 깔려 있는 상태가 진공이라는 것이다.

이처럼 에너지가 우주 전체에 충만해 있다는 사실은 우리에게 뜻밖의 행운이라고 말할 수 있다. 기대하지 않았던 에너지가 생긴 것 아닌가? 진공은 우리에게 무한한 에너지를 제공하고 있으며, 우리는 그 에너지를 사용할 수 있다면 말이다. (물론, 퍼텐셜 에너지의 기준점을 바꾸면 없어지는 에너지이므로 행운도 아니고 좋아할 필요도 없다.)

아무튼, 나는 이처럼 전 공간에 에너지가 충만한 상황을 진공이 대칭성을 깨뜨리면서 우리에게 남겨준 하나의 재산 또는 유산이라고 생각한다. 그러한 의미에서 "expectation value"를 기대값이라고 부르는 것은 부적절하다고 생각하는 바이다.

영국의 대문호 찰스 디킨스가 쓴 소설이 있다. 1861년에 3권으로 출판되었으며 그 후 각색되어 무대에 수없이 올려지고 영화로도 만들어진 이 명작 소설의 제목은 "Great Expectations"이다. 이 소설의 제목이 우리 말로는 무엇인지 아는가? 바로 "위대한 유산"이다. 다시 말해서, "expectations"라는 단어는 기대라는 뜻도 있지만 유산이라는 뜻도 있는 것이다.

힉스 메커니즘에서 맨처음 "vacuum expectation value"라는 말

을 사용한 사람이 누구인지는 알 수 없으나 그 사람도 아마 "진공이 (우리에게 남겨준) 유산의 가치"라는 함축적인 의미로 이 말을 사용하지 않았을까 생각해 본다. 그 사람이 영국 사람이라면 그와 같은 "double-entendre"를 염두에 두는 유머 감각이 있었으리라.

그렇다면 진공기대값이라는 말보다는 "진공의 유산"이라는 말이 더 적절하다고 생각되는데, 그냥 "진공 유산"이라고 하면 "vacuum abortion (진공 흡인 방법 의한 중절)"이라는 말과 혼동할 수도 있어서 곤란하다.

각설하고, 이상은 개인적인 여담으로 흘려버리고, 그냥 자발적이라는 표현이나 진공기대값이라는 말을 계속 쓰기로 하자.

5.8 저절로 깨어지는 글로벌 대칭성

이제 글로벌 $SU(2)\times U(1)$ 대칭성에 대한 힉스 메커니즘을 논의하자. 표준모형을 염두에 두면 $SU(2)$ 대신 $SU_L(2)$을 고려해야 하지만, 페르미 입자에게는 카이랄 대칭성의 여부로서 엄연히 $SU(2)$와 $SU_L(2)$가 다르지만, 스칼라 입자에게는 똑같다.

다만, 단순한 복소함수 스칼라 입자는 $SU(2)$가 보기에 그저 하나의 단중항에 불과하며, 따라서 글로벌 $SU(2)$ 대칭성에 대한 변환을 논의하려면 스칼라 입자도 확장되어야 한다. 적어도 이중항 이상이어야 변환을 논할 수 있는 것이다.

앞에서 이미 소개하였거니와, 스칼라 입자 이중항을 두 개의 복소함수 ϕ_1 및 ϕ_2로 표현하여 다음과 같이 구성하자.

$$\phi = \frac{1}{\sqrt{2}}\begin{pmatrix} \phi_1 \\ \phi_2 \end{pmatrix} = \frac{1}{\sqrt{2}}\begin{pmatrix} \xi_3 + i\xi_4 \\ \xi_1 + i\xi_2 \end{pmatrix}$$

(ξ_i $(i = 1, 2, 3, 4)$는 실함수)

이 스칼라 입자 이중항의 라그랑지안 밀도도 저 앞에서 논의하였듯이,

$$\mathcal{L} = (\partial^\mu \phi)^\dagger \partial_\mu \phi - \phi^\dagger M_\phi^2 \phi \tag{5.22}$$

와 같은데, M_ϕ^2는 스칼라 입자 이중항의 질량행렬이며, m_1 및 m_2는 각각 ϕ_1 및 ϕ_2의 질량이다. 여기에 힉스 메커니즘을 적용하려면 $U(1)$의 경우와 마찬가지로 질량항 대신 일반화된 퍼텐셜 에너지를 도입해야 한다.

사실, 돌이켜 보면, $m_1 = m_2$가 아닌 한,

$$\begin{pmatrix} m_1^2 & 0 \\ 0 & m_2^2 \end{pmatrix} \neq e^{-i\vec{\tau}\cdot\vec{\theta}} \begin{pmatrix} m_1^2 & 0 \\ 0 & m_2^2 \end{pmatrix} e^{i\vec{\tau}\cdot\vec{\theta}}$$

와 같이 글로벌 $SU(2)$ 변환 행렬 $\tau_i = \sigma_i/2$ $(i = 1, 2)$와 질량 행렬 M_ϕ^2가 일반적으로 교환하지 않는다는 핑계로 질량항을 기피한 전력이 있다.

어떻든, 질량항 대신 스칼라 입자 이중의 2제곱 및 4제곱으로 이루어진 퍼텐셜 에너지 항을 다음과 같이 도입한다.

$$V(\phi) = \mu^2 \phi^\dagger \phi + \lambda(\phi^\dagger \phi)^2 \tag{5.23}$$

이때, 전체 라그랑지안 밀도는 다음과 같이 고쳐 쓸 수 있다.

$$\mathcal{L} = (\partial^\mu \phi)^\dagger \partial_\mu \phi - \mu^2 \phi^\dagger \phi - \lambda(\phi^\dagger \phi)^2 \tag{5.24}$$

물론, 이 라그랑지안 밀도는 글로벌 $SU(2)$ 대칭성을 가지고 있으므로

$$\phi \rightarrow \phi' = e^{i\vec{\tau}\cdot\vec{\theta}} \phi$$

에 대하여 불변이다. 여기서 θ_i $(i = 1, 2, 3)$들은 임의의 상수들이다.

또한, 이 라그랑지안 밀도는 글로벌 $U(1)$ 대칭성도 가지고 있는데,

$$\phi \to \phi' = e^{ia_\phi \theta}\phi \tag{5.25}$$

에 대하여도 불변이다. 여기서 a_ϕ는 표준모형에서 hypercharge와 연결되는 특정한 상수이며, θ는 임의의 상수이다.

이제, 앞서 $U(1)$의 경우를 상기하면서 퍼텐셜 에너지의 최소값을 조사하고, 그 최소값을 주는 스칼라 입자 이중항을 결정하기로 한다. 그래야 진공을 정할 수 있다.

$U(1)$의 경우와 마찬가지로, 만일 $\lambda > 0$이고 $\mu^2 < 0$이면 퍼텐셜 에너지는

$$\phi^\dagger\phi = -\frac{\mu^2}{2\lambda} = \frac{1}{2}v^2 \tag{5.26}$$

일 때 국소적 최소가 되며, 최소값은 $-\lambda v^4/4 = -\mu^4/4\lambda$이다.

$U(1)$ 대칭성에 대한 힉스 메커니즘을 논의할 때는 퍼텐셜 에너지의 기준을 바꾸지 않았다. 지금은 이 최소값을 퍼텐셜 에너지에서 빼고, 퍼텐셜 에너지의 기준을 상수 $-\mu^4/4\lambda$만큼 낮추어 논의를 진행하도록 하겠다. (이것은 ϕ 대신 $v/\sqrt{2}$만큼 옮긴 새로운 스칼라 이중항 η을 도입하는 것과 비슷하게 보이지만 전혀 다른 작업이다.)

이때, 퍼텐셜 에너지는 다음과 같이 쓸 수 있다.

$$V(\phi^\dagger\phi) = \lambda\left(\phi^\dagger\phi - \frac{1}{2}v^2\right)^2 \tag{5.27}$$

기준을 낮춘 새로운 퍼텐셜 에너지의 최소값은 $\phi^\dagger\phi = v^2/2$일 때 0이다. ($\phi = 0$이면 퍼텐셜 에너지는 $\mu^4/4\lambda$로서 0보다 크므로 최소값이 아니다.)

이렇게 고쳐 써도 라그랑지안 밀도는 여전히 글로벌 $SU(2) \times U(1)$ 대칭성을 가지고 있다. 왜냐하면,

$$\phi \to \phi' = e^{i\vec{\tau}\cdot\vec{\theta}+ia_\phi\theta}\phi = e^{i(\vec{\tau}\cdot\vec{\theta}+a_\phi\theta)}\phi$$

와 같은 변환에 대하여

$$\begin{aligned} \phi'^\dagger\phi' &= (e^{i(\vec{\tau}\cdot\vec{\theta}+a_\phi\theta)}\phi)^\dagger e^{i(\vec{\tau}\cdot\vec{\theta}+a_\phi\theta)}\phi \\ &= \phi^\dagger e^{-i(\vec{\tau}\cdot\vec{\theta}+a_\phi\theta)}e^{i(\vec{\tau}\cdot\vec{\theta}+a_\phi\theta)}\phi \ = \ \phi^\dagger\phi \end{aligned}$$

와 같기 때문이다.

그러한 대칭성 때문에 이 퍼텐셜 에너지의 최소 조건 $\phi^\dagger\phi = v^2/2$을 만족하는 스칼라 이중항은 무수히 많다. 예를 들어,

$$\frac{1}{\sqrt{2}}\begin{pmatrix} 0 \\ v \end{pmatrix} \ \text{또는} \ \frac{1}{\sqrt{2}}\begin{pmatrix} v \\ 0 \end{pmatrix} \ \text{또는} \ \frac{v}{2}\begin{pmatrix} 1+i \\ 0 \end{pmatrix}$$

등이 모두 퍼텐셜 에너지의 최소 조건을 만족한다. 그 중에 아무거나 골라서 기저상태로 택하면 진공을 정의할 수 있다. 이때도 선택은 자유지만, 한번 선택하고 나면 선택권은 사라진다.

우리는 $U(1)$의 경우와 비슷하게 맨 앞의 예를 택하겠다. 즉, 기저상태로서

$$\frac{1}{\sqrt{2}}\begin{pmatrix} 0 \\ v \end{pmatrix}$$

를 선택한다. 그리고 이 기저상태를 기준으로 하여 새로운 복소함수 스칼라 이중항 η를 다음과 같이 도입한다.

$$\eta = \phi - \frac{1}{\sqrt{2}}\begin{pmatrix} 0 \\ v \end{pmatrix} \tag{5.28}$$

진공은 $\eta = 0$일 때의 상태이며 그때 퍼텐셜 에너지의 값은 최소값이며 0이다.

이제, 라그랑지안 밀도를 ϕ 대신에 η의 함수로 다시 써 보면,

$$\begin{aligned}\mathcal{L} &= \partial^\mu \eta^\dagger \partial_\mu \eta \\ &-\lambda \left[\left(\eta^\dagger + \begin{pmatrix} 0 \\ v/\sqrt{2} \end{pmatrix} \right) \left(\eta + \begin{pmatrix} 0 \\ v/\sqrt{2} \end{pmatrix} \right) - \frac{1}{2} v^2 \right]^2\end{aligned}$$

와 같이 된다.

새로운 스칼라 이중항 η로 고쳐쓰고 나면, 라그랑지안 밀도는 더 이상 글로벌 $SU(2) \times U(1)$ 대칭성을 유지하지 못한다.

$$\eta \to \eta' = e^{ia_\phi \theta} e^{i\vec{\tau}\cdot\vec{\theta}} \eta \tag{5.29}$$

와 같은 변환에 대하여 불변이 아니다. 즉, 글로벌 $SU(2) \times U(1)$ 대칭성이 깨어진 것이다.

대칭성이 깨어진 이유는 다름 아니라 기저 상태를 고정하였기 때문이다. 달리 표현하면 기저상태를 선택하는 순간, 즉 진공을 정의하는 순간, 라그랑지안 밀도는 글로벌 $SU(2) \times U(1)$ 대칭성을 잃어버린 것이다. 우리도 더 이상 선택의 임의성이 없다.

그런데, 대칭성이 깨어졌다느니 변환에 대하여 불변이 아니라느니 말하면 마치 글로벌 $SU(2) \times U(1)$ 대칭성이 완전히 다 깨져버린 것처럼 들리지만, 사실은 대칭성이 하나 남아 있다. 그것이 제7장에서 논의할 $U_{EM}(1)$이며 전자기 상호작용을 설명하는 대칭성이다. 일단, 지금은 그 대칭성이 어떻게 남게 되는지 알아보자.

먼저, $A(\alpha)$라는 2×2 유니터리 행렬을

$$A(\alpha) = \begin{pmatrix} e^{i\alpha} & 0 \\ 0 & 1 \end{pmatrix} \tag{5.30}$$

와 같이 도입한다. 여기서 α는 임의의 상수이며, $A^\dagger A = 1$이다.

이러한 $A(\alpha)$를 기저상태에 적용해 보면

$$\frac{1}{\sqrt{2}}\begin{pmatrix} 0 \\ v \end{pmatrix} \rightarrow \frac{1}{\sqrt{2}}\begin{pmatrix} e^{i\alpha} & 0 \\ 0 & 1 \end{pmatrix}\begin{pmatrix} 0 \\ v \end{pmatrix} = \frac{1}{\sqrt{2}}\begin{pmatrix} 0 \\ v \end{pmatrix}$$

와 같이 불변이다. 즉, 비록 기저상태를 특정하게 고정하는 바람에 글로벌 $SU_L(2) \times U(1)$ 대칭성은 깨어졌지만, $A(\alpha)$라는 변환행렬로 표현되는 어떤 대칭성이 살아 있다는 것은 일단 확인이 된다. 이 대칭성은 하나의 $U(1)$ 대칭성이며, 매개변수가 α 하나만 있다. 다만, 이 $U(1)$은 $SU(2) \times U(1)$의 $U(1)$이 아닐 뿐이다.

기저상태뿐만 아니라 라그랑지안 밀도도 마찬가지다.

$$\eta \rightarrow \eta' = A(\alpha)\eta$$

와 같은 변환에 대하여 운동에너지 항의 변환을 살펴보

$$\partial^\mu \eta^\dagger \partial_\mu \eta \rightarrow \partial^\mu \eta'^\dagger \partial_\mu \eta' = \partial^\mu \eta^\dagger A^\dagger A \partial_\mu \eta = \partial^\mu \eta^\dagger \partial_\mu \eta$$

으로서 불변이다. 퍼텐셜 에너지 항은

$$\begin{aligned} \eta + \begin{pmatrix} 0 \\ v/\sqrt{2} \end{pmatrix} \quad \rightarrow \quad & \eta' + \begin{pmatrix} 0 \\ v/\sqrt{2} \end{pmatrix} \\ & = A(\alpha)\eta + \begin{pmatrix} 0 \\ v/\sqrt{2} \end{pmatrix} \\ & = A(\alpha)\left[\eta + \begin{pmatrix} 0 \\ v/\sqrt{2} \end{pmatrix}\right] \end{aligned}$$

와 같다는 점을 이용하면

$$\left[\eta' + \begin{pmatrix} 0 \\ v/\sqrt{2} \end{pmatrix}\right]^\dagger \left[\eta' + \begin{pmatrix} 0 \\ v/\sqrt{2} \end{pmatrix}\right]$$

$$= \left[\eta + \begin{pmatrix} 0 \\ v/\sqrt{2} \end{pmatrix}\right]^\dagger \left[\eta + \begin{pmatrix} 0 \\ v/\sqrt{2} \end{pmatrix}\right]$$

가 된다. 즉, 퍼텐셜 에너지 항도 불변이다.

따라서 전체 라그랑지안 밀도는 $A(\alpha)$라는 변환에 대하여 대칭성을 가진다. 요약하건대, 글로벌 $SU_L(2) \times U(1)$ 대칭성은 힉스 메커니즘에 의하여 저절로 깨어지지만 $SU(2)$와 $U(1)$의 1차 결합인 어떤 새로운 $U(1)$ 대칭성이 살아 있는 것이다. 그 $U(1)$ 대칭성을 $U_{EM}(1)$이라고 하는데, 제7장에서 자세히 다룰 것이다.

이 살아남은 $U(1)$ 대칭성은 $SU(2)$와 $U(1)$의 1차 결합이라는 것은 금방 확인할 수 있다. 왜냐하면,

$$\alpha = \frac{1}{2}\theta_3 + a_\phi\theta \quad 및 \quad 0 = -\frac{1}{2}\theta_3 + a_\phi\theta$$

를 만족하는 θ_3 및 θ에 대하여

$$\begin{aligned} A(\alpha) = \begin{pmatrix} e^{i\alpha} & 0 \\ 0 & 1 \end{pmatrix} &= e^{i\tau_3\theta_3} e^{ia_\phi\theta} \\ &= \begin{pmatrix} e^{i(1/2)\theta_3} & 0 \\ 0 & e^{-i(1/2)\theta_3} \end{pmatrix} e^{ia_\phi\theta} \end{aligned}$$

와 같이 $A(\alpha)$를 $SU(2)$의 행렬과 $U(1)$의 행렬의 곱으로 나타낼 수 있기 때문이다. ($e^{ia_\phi\theta}$는 단위 행렬을 생략한 $U(1)$의 행렬이다.)

이제, 새로운 복소함수 스칼라 이중항 η를 4개의 실수성분 χ_1, χ_2, χ_3, χ_4로서

$$\eta = \frac{1}{\sqrt{2}} \begin{pmatrix} \chi_1 + i\chi_2 \\ \chi_3 + v + i\chi_4 \end{pmatrix} \tag{5.31}$$

와 같이 정의하면, η로 표현한 라그랑지안 밀도는

$$
\begin{aligned}
\mathcal{L} &= (\partial^\mu \eta)^\dagger \partial_\mu \eta \\
&\quad -\lambda \left[\left(\eta + \frac{1}{\sqrt{2}} \begin{pmatrix} 0 \\ v \end{pmatrix} \right)^\dagger \left(\eta + \frac{1}{\sqrt{2}} \begin{pmatrix} 0 \\ v \end{pmatrix} \right) - \frac{1}{2} v^2 \right]^2 \\
&= \frac{1}{2} \sum_{i=1}^{4} \partial^\mu \chi_i \partial_\mu \chi_i \\
&\quad -\lambda \left[\frac{1}{2} \begin{pmatrix} \chi_1 + i\chi_2 \\ \chi_3 + v + i\chi_4 \end{pmatrix}^\dagger \begin{pmatrix} \chi_1 + i\chi_2 \\ \chi_3 + v + i\chi_4 \end{pmatrix} - \frac{1}{2} v^2 \right]^2 \\
&= \frac{1}{2} \sum_{i=1}^{4} \partial^\mu \chi_i \partial_\mu \chi_i \\
&\quad -\frac{1}{4} \lambda \left[\chi_1^2 + \chi_2^2 + (\chi_3 + v)^2 + \chi_4^2 - v^2 \right]^2
\end{aligned}
$$

가 된다.

일단, 예상한 바와 같이, 퍼텐셜 에너지는 $\chi_1 = \chi_2 = \chi_3 = \chi_4 = 0$일 때 최소가 되며 그 최소값은 0이라는 것을 확인할 수 있다. 왜냐하면 퍼텐셜 에너지가 최소가 되도록 η를 도입하였기 때문이다.

그리고, 이 라그랑지안 밀도를 전개하여 χ_i의 제곱항을 살펴 보면 χ_1, χ_2, χ_4 등의 제곱항은 없지만 χ_3의 제곱항은 있다는 점을 알 수 있다. 그 제곱항은 $-\lambda v^2 \chi_3^2$이며 ("-"를 뺀) 계수 λv^2는 양이다.

따라서 그 제곱항을 χ_3의 질량항으로 해석할 수 있다. 즉, χ_3는

$$m_{\chi_3} = \sqrt{2\lambda v^2} \tag{5.32}$$

라는 질량을 가진다. 나머지 χ_1, χ_2, χ_4 등은 질량이 0이다. (질량을 가질 수 없다는 뜻이 아니다.)

이것이 글로벌 $SU(2) \times U(1)$ 대칭성에 대한 힉스 메커니즘이다. η는 두 쌍의 스칼라 입자-반입자를 나타내므로 모두 4개의 입자를 표현하는 복소함수 이중항인데, 글로벌 $SU(2) \times U(1)$ 대칭성이 깨지는 대신, 그 중의 한 실수 성분 ξ_3는 질량을 가지게 되는 것이다. 앞서 $U(1)$에서도 말한 바 있거니와, 대칭성을 희생시키고 질량을 얻는 "질량의 생성"이며 "자발적 대칭성의 깨어짐"이다.

그런데, 나머지 3개의 실수 성분은 왜 질량이 없는가? 이와 비슷한 질문은 $U(1)$의 힉스 메커니즘을 설명하였을 때도 하였다. 대칭성이 전부든 일부든 깨어진다면 깨어진 만큼 질량이 생겨야 하지 않는가? 글로벌 $SU(2) \times U(1)$ 대칭성이 어떻게 깨어졌길래, η의 실수 성분 중에서 1개만 질량을 가지고 나머지는 0이 되는가?

여기서 골드스톤의 정리가 설명해준다. 글로벌 $SU(2) \times U(1)$ 대칭성이 깨어질 때 골드스톤의 정리가 어떻게 적용되는지 살펴 보자.

먼저 대칭성의 발생자 갯수는 다음과 같다. $SU(2)$의 발생자(generator)는 3개인데, 2×2 행렬로 표현한 것이 τ_i $(i = 1, 2, 3)$ 들이다. $U(1)$의 발생자는 1개이며, 2×2 행렬로 표현하면 단위행렬이 된다. 이들 4개의 발생자가 $SU(2) \times U(1)$ 대칭성의 발생자들이다. 그리고 이들에 대하여 각각 4개의 매개변수 θ_1, θ_2, θ_3 및 θ가 있다. 그래서 글로벌 $SU(2) \times U(1)$ 변환 행렬을 $e^{it\vec{au}\cdot\vec{\theta}}e^{ia_\phi\theta}$로 표현하였던 것이다.

글로벌 $SU(2) \times U(1)$ 대칭성을 가진다는 것은 이 4개의 매개변수의 값을 임의로 해도 전체라그랑지안 밀도의 모양이 변하지 않는다는 뜻이다. 기저상태를 임의로 선택할 수 있었던 것도 라그랑지안 밀도가 대칭성을 가지고 있었기 때문에 가능한 일이었다. 실제, 우리가 특정한 기저상태를 선택한 것은 매개변수의 값을 적절히 임의 선택한 것과 같다. 그리고 기저상태가 고정된 뒤에는, 대칭성이 깨어져버렸으므로 더 이상 매개변수의 값을 임의로 변화시킬 수 없다.

매개변수의 값을 임의로 변화시킬 수 없다는 것은 그에 대응하는 발생자가 역할을 못한다는 것이며, 즉, 대칭성이 깨어졌다는 뜻이다. 이제, 확인할 일이 무엇이냐 하면, 글로벌 $SU(2) \times U(1)$ 대칭성의 일부가 남아 있다면 어떤 발생자와 관계되는지 확인하는 일이다. 4개의 발생자 중에 아직 역할을 하는 발생자가 무엇인지 확인해야 한다.

우리가 임의로 선택한 기저상태가 $A(\alpha)$로 표현되는 변환에 대하여 불변이며,

$$A(\alpha) = e^{i\tau_3\theta_3} e^{ia_\phi\theta}$$

로 나타낼 수 있다는 것은 $SU(2)$의 3번째 축에 대한 회전 및 $U(1)$에 대한 회전에 대하여 기저상태 (그리고 라그랑지안 밀도)가 불변이라는 말과 같다. 즉, 대칭성이 깨지고 나서 남아 있는 $U(1)$ 대칭성은 $SU(2)$의 3번째 축 및 $U(1)$과 관계 있는 것이다. 나중에 표준모형을 본격적으로 논의하면 이것은 전하 Q와 동위스핀의 3번째 성분 I_3와 hypercharge Y 사이에

$$Q = I_3 + \frac{Y}{2}$$

라는 관계식을 주게 된다.

아무튼, 글로벌 $SU(2) \times U(1)$ 대칭성이 가지고 있는 4개의 발생자 중에서 기저상태를 고정시키고 진공을 재정의하고 나면, 1차결합의 형태로 된 1개는 여전히 역할을 하지만 나머지 3개는 역할을 못하게 된다.

골드스톤의 정리에 따르면 어떤 글로벌 대칭성이 깨어지면 그 발생자의 수만큼 질량이 없는 스칼라 입자가 나타난다고 하였다. 우리의 경우 글로벌 $SU_L(2) \times U(1)$ 대칭성이 깨어지면서 3개의 발생자가 역할을 하지 못하게 되었으므로 3 개의 골드스톤 보오스 입자가 있어야 하는 것이다. 이들이 바로 χ_2, χ_3, χ_4이며 모두 질량이 0이다.

힉스 메커니즘의 입장은 무엇인가? 대칭성이 거의 다 깨어졌는데 왜 질량은 χ_3만 가지게 되는가 말이다. 살아 남은 $U(1)$의 발생자가 1개라서 χ_3 하나만 질량을 가지는 것이 아닌가라고 생각할 수도 있다. 말하자면, 대칭성과 질량의 대차대조표가 맞지 않는다.

하지만, 그렇지 않다. 곧, 국소적 게이지 대칭성에 대한 힉스 메커니즘을 논의할 것인데, 국소적 게이지 대칭성을 고려하면 대칭성과 질량이 서로 주고 받는 것이 딱 맞아 떨어진다. 국소적 게이지 대칭성에는 게이지 입자가 필수적으로 등장한다. 이때 국소적 $SU(2)\times U(1)$ 게이지 대칭성이 지금처럼 깨어지게 되면, 1개의 스칼라 입자는 물론 질량을 가질뿐더러, 질량이 없던 게이지 입자들 중에서 3개의 게이지 입자가 질량을 가지게 된다.

요컨대, 지금으로서는 복소함수 스칼라 이중항의 글로벌 $SU(2)\times U(1)$ 대칭성에 대하여 힉스 메커니즘과 골드스톤의 정리는 각각 다음과 같은 입장이다.

골드스톤의 정리:
“라그랑지안 밀도에 질량을 가진 4개의 스칼라 입자가 있다. 그리고 발생자가 4개인 대칭성이 있다. 그 대칭성이 저절로 깨어져서 3개의 발생자를 못 쓰게 된다면 질량이 없는 골드스톤 보오스 입자가 3개 존재하게 된다. (나머지 하나는 상관하지 않겠다.)”

힉스 메커니즘:
“라그랑지안 밀도에 질량이 정의되지 않는 4개의 스칼라 입자가 있다. 그리고 발생자가 4개인 대칭성이 있다. 그 대칭성이 저절로 깨어지게 되면 질량을 가진 스칼라 입자가 적어도 1개 존재하게 된다. (나머지는 골드스톤의 정리에 의하여 질량이 없는 골드스톤 보오스 입자가 된다고 하니, 그러면 되는 것 아닌가?)”

5.9 저절로 깨어지는 국소적 대칭성

이제는 글로벌 대칭성이 아닌 국소적 대칭성에 대한 힉스 메커니즘을 공부한다. 국소적 게이지 대칭성에는 게이지 입자도 등장하게 되므로, 대칭성의 레벨이 다르다. 따라서 힉스 메커니즘도 복잡해진다. 국소적 게이지 대칭성이 깨어지면 궁극적으로는 게이지 입자까지 질량을 생성하게 된다.

5.9.1 $U(1)$

국소적 $U(1)$ 게이지 대칭성이 어떻게 저절로 깨어지는지 글로벌 $U(1)$ 대칭성의 경우를 염두에 두고 서로 비교하면서 논의한다.

복소함수 스칼라 입자 ϕ와 게이지 입자 B_μ의 라그랑지안 밀도는 다음과 같다.

$$\mathcal{L} = (D^\mu \phi)^* D_\mu \phi - \frac{1}{4} B^{\mu\nu} B_{\mu\nu} \tag{5.33}$$

이때, 공변도함수 및 장텐서는 각각 다음과 같다.

$$D_\mu = \partial_\mu + i a_0 g_1 B_\mu \ , \quad B_{\mu\nu} = \partial_\mu B_\nu - \partial_\nu B_\mu \tag{5.34}$$

이 라그랑지안 밀도는

$$\begin{cases} \phi(x) \to \phi'(x) = e^{i a_0 \theta(x)} \phi(x) \\ B_\mu \to B'_\mu = B_\mu - \dfrac{1}{g_1} \partial_\mu \theta \end{cases} \tag{5.35}$$

와 같은 변환에 대하여 불변이므로 국소적 $U(1)$ 게이지 대칭성을 가진다. 여기서 $\theta(x)$는 x에 의존하는 임의의 함수로서 국소적 변환을 나타낸다. 한편, 질량항이 있으면 불변이 아니므로 질량항은 라그랑지안 밀도에 포함되지 않았다.

이제, 힉스 메커니즘을 위하여 스칼라 입자의 퍼텐셜 에너지 항 $V(\phi^*\phi)$를 도입한다.

$$V(\phi^*\phi) = \lambda\left(\phi^*\phi - \frac{1}{2}v^2\right)^2 \tag{5.36}$$

라그랑지안 밀도를 고쳐쓰면

$$\mathcal{L} = (D^\mu\phi)^* D_\mu\phi - V(\phi^*\phi) - \frac{1}{4}B^{\mu\nu}B_{\mu\nu} \tag{5.37}$$

와 같다.

아직까지는 라그랑지안 밀도는 여전히 국소적 $U(1)$ 게이지 대칭성을 가지고 있다. (다른 항들은 이미 앞에서 검증하였고, 여기서는 새로 도입한 퍼텐셜 에너지 항이 국소적 $U(1)$ 게이지 변환에 대하여 불변인지 확인하면 되는데, 자명하다.)

진공을 정의하기 위하여 에너지가 가장 낮은 상태를 찾아보면, 여러 차례 논의한 바와 같이,

$$\phi^*\phi = |\phi|^2 = \frac{1}{2}v^2 \tag{5.38}$$

일 때 퍼텐셜 에너지가 최소가 된다. 이 조건을 만족하는 ϕ를 $\langle\phi\rangle$라고 하면 $\langle\phi\rangle$는 무수히 많다. 아직은 대칭성이 유효하기 때문이다.

(여기서 기호를 혼동하지 않도록 조심해야 하는데, 어떤 책에서는 $\langle\phi\rangle$를 특정한 값, 즉 ϕ의 진공기대값 그 자체를 가리키는 기호로 사용하고 있다. 즉, 그 책에서는 $\langle\phi\rangle = v/\sqrt{2}$이다. 그러나 우리는 이 기호를 퍼텐셜 에너지의 최소값을 주는 스칼라 입자 ϕ들이라고 사용하므로, 예를 들어 $\langle\phi\rangle = v/\sqrt{2}$일 수도 있고, $\langle\phi\rangle = iv/\sqrt{2}$일 수도 있고, $\langle\phi\rangle = (1+i)v/2$일 수도 있는 것이다.)

그래서 우리는 무수히 많은 $\langle\phi\rangle$ 중에서 아무거나 하나 택하여 기저상태로 정할 수 있다. 이때, 그 기저상태를 중심으로 섭동론을 적용하면 물리적으로 유의미한 결과를 얻는다. 그리고, 그 기저상태로서 진공을 정의할 수 있다.

이제, 새로운 스칼라 입자 η를

$$\eta = \phi - \langle\phi\rangle$$

와 같이 도입하자. 여기서 $\langle\phi\rangle$를 어떻게 선택할지는 임의적이다. 대칭성 때문에 선택권이 있다.

그런데, 여기서 우리는 $\langle\phi\rangle$ 대신 ϕ가 특정한 값이 되도록 선택하려고 한다. 즉, ϕ가 실수함수가 되도록 게이지를 택하는 것이다. 무슨 말이냐 하면, $\phi \to \phi' = e^{ia_0\theta}\phi$ 변환에서 θ의 값을 적당히 택하여 ϕ가 실수함수가 되도록 한다는 말이다.

이것은 대칭성이 국소적이므로 공간의 모든 점 x에서 $\phi(x)$의 위상을 상시키는 $\theta(x)$를 택하면 된다. 또한 이것은 대칭성이 아직 유효하므로 가능하다.

물론, 이렇게 하고 나면 더 이상 게이지 대칭성은 없다. 대칭성도 없어졌거니와, 복소함수였던 ϕ가 실수함수가 되었으니 실수 성분도 하나도 줄어든 셈이다.

그보다, 퍼텐셜 에너지의 최소값을 주던 $\langle\phi\rangle$도 무수히 많던 것이 딱 하나만 남는다. 왜냐하면 ϕ가 실수함수이므로

$$V(\phi^*\phi) = V(\phi^2) = \lambda\left(\phi^2 - \frac{1}{2}v^2\right)^2$$

의 최소값은 $\phi = v/\sqrt{2}$일 때이며, 이 값이 $\langle\phi\rangle$의 값으로 고정되기 때문이다. ($\pm v/\sqrt{2}$이지만, 원래 라그랑지안 밀도가 반전대칭성을 가

지고 있기 때문이며, 반전대칭성은 여전히 유효한 대칭성이다.) 즉, $\langle\phi\rangle$의 값을 선택할 수 없게 되었다.

요약하자면, $\langle\phi\rangle$을 특정하게 선택하지 않고 ϕ를 특정하게 선택해도 $\langle\phi\rangle$을 특정하게 선택한 것과 같은 결과가 나오는 것이다.

이때, 새로운 스칼라 입자η도 복소함수가 아니라 실함수가 된다.

$$\eta = \phi - \langle\phi\rangle$$

에서 ϕ도 실함수이며 $\langle\phi\rangle$도 실수이기 때문이다.

이제, η를 실수함수 h를 사용하여 $\eta = h/\sqrt{2}$라고 고친 뒤, $\phi = (h+v)/\sqrt{2}$를 라그랑지안 밀도에 대입하면 .

$$\begin{aligned}
\mathcal{L} &= D^{\mu *}\phi D_\mu\phi - V(\phi^2) - \frac{1}{4}B^{\mu\nu}B_{\mu\nu} \\
&= \frac{1}{2}D^{\mu *}(h+v)D_\mu(h+v) - \frac{1}{4}\lambda\left[(h+v)^2 - v^2\right]^2 \\
&\quad - \frac{1}{4}B^{\mu\nu}B_{\mu\nu} \\
&= \frac{1}{2}\partial^\mu h\partial_\mu h + a_0^2 g_1^2 B^\mu B_\mu h^2 + \frac{1}{2}a_0^2 g_1^2 v^2 B^\mu B_\mu \\
&\quad -\frac{1}{4}\lambda\left[h^2 + 2vh\right]^2 - \frac{1}{4}B^{\mu\nu}B_{\mu\nu}
\end{aligned} \tag{5.39}$$

와 같이 고쳐쓸 수 있다. 이 라그랑지안 밀도는 더 이상 국소적 $U(1)$ 대칭성이 없다.

여기서 h에 대한 항들을 골라내면

$$\frac{1}{2}\partial^\mu h\partial_\mu h - \lambda v^2 h^2 + \cdots \tag{5.40}$$

가 되는데, h의 제곱항이 들어 있음을 확인할 수 있다. 그리고 그 계수는 ("-"를 빼면) 양이다. 따라서 h의 제곱항은 질량항으로 해석할

수 있고, h의 질량은

$$m_h = \sqrt{2\lambda v^2} \tag{5.41}$$

라고 해석할 수 있다.

요컨대, 퍼텐셜 에너지 항을 도입하여 국소적 $U(1)$ 게이지 대칭성을 깨뜨리고 말았지만 h 입자의 질량이 생성된 것이다. 이 과정은 글로벌 $U(1)$ 대칭성에 힉스 메커니즘을 적용할 때와 거의 비슷하다. 그래도 유의미한 차이가 있다.

국소적 $U(1)$ 게이지 대칭성의 경우와 글로벌 $U(1)$ 대칭성의 경우가 어떻게 다른가?

국소적 $U(1)$ 대칭성의 경우 우리는 기저상태를 선택하지 않고 복소함수 스칼라 입자 ϕ를 실함수가 되도록 게이지를 특정하게 선택하였다. 그래서 기저상태는 원하는 바대로 정의할 수 있었지만, 자유도 (degree of freedom)를 하나 없앤 것이다. 그 결과, 글로벌 $U(1)$ 대칭성의 경우에는 질량이 없는 스칼라 성분이 하나 남아 골드스톤 보오스 입자가 되었는데, 국소적 $U(1)$ 대칭성의 경우에는 질량이 없는 스칼라 성분이 아예 없고 h만 질량을 가지게 되었다.

또 하나의 다른 점은 원래 게이지 입자 B_μ는 질량이 없었는데, 대칭성이 깨어지고 나서 B_μ의 질량항이 나타났다는 사실이다. 위의 라그랑지안 밀도를 보면

$$\frac{1}{2}a_0^2 g_1^2 v^2 B^\mu B_\mu \tag{5.42}$$

와 같은 항이 나타났다. 이것은 영락없는 게이지 입자의 질량항이다.

이 항을 질량항으로 해석하면 B_μ의 질량은

$$m = a_0 g_1 v \tag{5.43}$$

가 된다.

게이지 입자의 질량은 국소적 대칭성을 존중하기 위하여 진작 없앴는데, 대칭성이 깨어지고 진공을 정의하게 되고 스칼라 입자를 재정의하는 등 힉스 메커니즘을 진행하는 동안에 게이지 입자의 질량이 다시 등장하게 된 것이다.

게이지 입자와 같이 스핀이 1인 벡터 입자들은 질량이 있을 때와 질량이 없을 때 독립 성분의 수가 다르다. 질량이 있으면 독립 성분이 3 개인 반면, 질량이 없으면 독립 성분이 2 개밖에 없다. 다시 말해서 게이지 입자가 질량을 가지게 되면 자유도가 하나 증가한다는 뜻이다. 그런데 우리의 경우 복소함수 ϕ를 임의적으로 실수함수로 바꾸면서 스칼라 입자의 자유도를 하나 줄였는데, 그 대신 게이지 입자가 질량을 가짐으로써 자유도가 다시 하나 늘어났다. 즉, 라그랑지안 밀도의 전체 자유도의 수는 국소적 대칭성이 저절로 깨어지는 과정에서 변하지 않는다. 깨어지기 전이나 깨어진 후나 똑같다.

한편, 국소적 $U(1)$ 게이지 대칭성이 깨어진 것은 사실이므로 골드스톤 보오스 입자가 존재해야 하는데, 그 어디에도 질량이 0인 입자가 보이지 않는다. h도 질량이 있고, B_μ도 질량이 있다. 무슨 일일까? 대칭성이 깨어졌는데, 골드스톤의 정리는 아무런 기여도 없는 것처럼 보인다.

이 문제는 게이지 입자의 질량으로 해결된다. 게이지 입자의 질량이 생성되면서 골드스톤 보오스 입자의 역할이 끝났다고 보는 것이다. 즉, 골드스톤 보오스 입자가 게이지 입자의 하나의 성분으로 통합되면서 게이지 입자의 질량이 생기고, 골드스톤 보오스 입자는 없어졌다. 말하자면 골드스톤 보오스 입자가 흡수당한 것이다.

경제계에서 한 회사와 다른 회사가 M&A를 거쳐서 하나의 회사로 통합하게 되면 흔히 "먹혔다"라든지 "먹었다"라는 자극적인 표현을 쓰듯이, 지금도 골드스톤 보오스 입자가 "먹혔다"라고 표현하기도 한다.

하지만, 내가 보기에, 적어도 국소적 대칭성이 깨어지는 상황에서는 골드스톤의 정리 자체가 힉스 메커니즘에게 먹힌 것이 아닐까. 게이지 입자의 독립 성분이 하나 증가하여 게이지 입자가 질량을 가지는 것은 힉스 메커니즘의 결과인데, 골드스톤의 정리에 의한 골드스톤 보오스 입자는 게이지 입자에게 먹혀 버렸으니 말이다.

5.9.2 $SU(2) \times U(1)$

마지막으로, 국소적 $SU(2) \times U(1)$ 게이지 대칭성에 대한 힉스 메커니즘을 논의한다. 지금까지 논의한 바를 종합하면 된다. 국소적 게이지 대칭성과 $SU(2) \times U(1)$ 대칭성의 성질을 모두 가지고 있는 것이 국소적 $SU(2) \times U(1)$이기 때문이다.

참여하는 입자들은 복소함수 스칼라 이중항 ϕ와 두 종류 게이지 입자 W_μ^i $(i = 1, 2, 3)$ 및 B_μ이다.

질량항이 없는 라그랑지안 밀도는

$$\begin{aligned} \mathcal{L} &= (D^\mu \phi)^\dagger D_\mu \phi - \lambda \left(\phi^\dagger \phi - \frac{1}{2} v^2 \right)^2 \\ &\quad - \frac{1}{4} \vec{W}^{\mu\nu} \vec{W}_{\mu\nu} - \frac{1}{4} B^{\mu\nu} B_{\mu\nu} \end{aligned} \tag{5.44}$$

와 같이 주어진다. 여기서 여기서 공변도함수는

$$D_\mu = \partial_\mu + i a_\phi g_1 B_\mu + i g_2 \vec{\tau} \cdot \vec{W}_\mu \tag{5.45}$$

이며 장 텐서는

$$\begin{cases} \vec{W}_{\mu\nu} = \partial_\mu \vec{W}_\nu - \partial_\nu \vec{W}_\mu - g_2 \vec{W}_\mu \times \vec{W}_\nu \\ B_{\mu\nu} = \partial_\mu B_\nu - \partial_\nu B_\mu \end{cases} \tag{5.46}$$

이다. 그리고 이 라그랑지안 밀도는

$$\begin{cases} \phi \to \phi' = e^{i\vec{\tau}\cdot\theta(\vec{x})} \cdot e^{ia_\phi \theta(x)} \phi \\ \vec{W}_\mu \to \vec{W}'_\mu = \vec{W}_\mu - \dfrac{1}{g_2}\partial_\mu \vec{\theta} - \vec{\theta} \times \vec{W}_\mu \\ B_\mu \to B'_\mu = B_\mu - \dfrac{1}{g_1}\partial_\mu \theta \end{cases} \tag{5.47}$$

와 같은 변환에 대하여 불변이므로 국소적 $SU(2) \times U(1)$ 게이지 대칭성을 가지고 있다.

이제 힉스 메커니즘을 적용하기 위하여 스칼라 입자의 퍼텐셜 에너지 항을

$$V(\phi^\dagger \phi) = \mu^2 \phi^\dagger \phi + \lambda(\phi^\dagger \phi)^2 \tag{5.48}$$

와 같이 도입한다. 앞서와 마찬가지로, 만일 $\lambda > 0$이고 $\mu^2 < 0$이면 퍼텐셜 에너지는

$$\phi^\dagger \phi = -\frac{\mu^2}{2\lambda} = \frac{1}{2}v^2 \tag{5.49}$$

일 때 최소가 되며, 그 최소값은 $-(1/4)\lambda v^4$이므로, 퍼텐셜 에너지의 기준을 그만큼 낮추어 다음과 같이 고쳐서 도입한다.

$$V(\phi^\dagger \phi) = \lambda \left(\phi^\dagger \phi - \frac{1}{2}v^2 \right)^2 \tag{5.50}$$

이때 퍼텐셜 에너지의 최소값은 0이다.

이 퍼텐셜 에너지 항도

$$\phi \to \phi' = e^{ia_\phi \theta + i\vec{\tau}\cdot\vec{\theta}} \phi$$

에 대하여 불변이므로 국소적 $SU(2) \times U(1)$ 게이지 대칭성을 가지고 있다.

그러므로 퍼텐셜 에너지 항을 포함한 전체 라그랑지안 밀도

$$\begin{aligned}\mathcal{L} &= (D^\mu\phi)^\dagger D_\mu\phi - \lambda\left(\phi^\dagger\phi - \frac{1}{2}v^2\right)^2 \\ &\quad - \frac{1}{4}\vec{W}^{\mu\nu}\vec{W}_{\mu\nu} - \frac{1}{4}B^{\mu\nu}B_{\mu\nu}\end{aligned} \tag{5.51}$$

도 국소적 $SU(2)\times U(1)$ 게이지 대칭성을 가지는데, 다만 입자들의 질량은 없다.

여기까지는 간단하게 도달하였다. 이제부터 힉스 메커니즘을 적용해야 한다.

먼저 기저상태를 하나 골라야 한다. 퍼텐셜 에너지는

$$|\phi| = \sqrt{\frac{-\mu^2}{2\lambda}} = \frac{1}{\sqrt{2}}v \tag{5.52}$$

일 때 최소가 된다. 이 최소조건을 만족하는 ϕ는 대칭성 때문에 무수히 많다. 우리는 그 중에서

$$\frac{1}{\sqrt{2}}\begin{pmatrix} 0 \\ v \end{pmatrix} \tag{5.53}$$

를 기저상태로 정하고 싶은데, 국소적 $U(1)$ 대칭성을 논의하면서 이미 밝혔다시피, 먼저 ϕ를 적절하게 선택하면 나중에 기저상태가 자동적으로 고정되게끔 할 것이다.

그 이유는, 되풀이하지만, ϕ를 재정의하여 라그랑지안 밀도를 η로 고쳐 쓰게 되면 공변도함수가 들어 있는 운동 에너지 항이 대칭성을 깨기 때문에 기저상태를 고를 수 없게 되는 것이다. 기저상태는 이미 고정되어 버렸다.

그래서, 우리는 먼저 ϕ를 회전시켜서 우리가 선택하고 싶은 기저상태와 같은 방향으로 정렬시킨다 (alignment). 아직은 대칭성이

있기 때문에, ϕ를 특정한 방향으로 정렬할 수 있는 임의성이 있는 것이다.

국소적 $SU(2) \times U(1)$의 변환을 이용하여, ϕ를

$$\phi = \frac{1}{\sqrt{2}} \begin{pmatrix} \xi_1 + i\xi_2 \\ \xi_3 + i\xi_4 \end{pmatrix} \rightarrow \frac{1}{\sqrt{2}} \begin{pmatrix} 0 \\ \xi_3 \end{pmatrix} \tag{5.54}$$

가 되도록 만든다. 즉, 4개의 실수 성분 중에서 $\xi_3(x)$만 남기고 나머지 3개의 성분은 없앤 것이다.

이것은 국소적 $SU(2) \times U(1)$의 4개의 매개변수 θ_i $(i = 1, 2, 3)$ 및 θ의 입장에서 보면 3개의 조건을 만족해야 하는 연립방정식이므로, 4개의 매개변수가 다 필요하지 않다. 실제로 4개의 매개변수 중에서 θ와 θ_3의 1차결합, θ_1, θ_2 등 3개의 값만 적당히 택하면 되므로, 나머지 또 하나의 θ와 θ_3와의 1차결합은 독립적인 매개변수로 남게 된다. 그래서 3개의 변수는 더 이상 역할을 못하지만 남은 독립적인 매개변수는 여전히 매개변수로서의 역할을 할 수 있고, 이것이 새로운 $U(1)$의 매개변수가 되는 것이다.

우리는 방금 대칭성을 이용하여 ϕ를 하나의 실함수 ξ_3만 가지도록 고정시켰으므로 더 이상 임의성이 없다. 기저상태를 선택함으로써 국소적 $SU(2) \times U(1)$ 대칭성이 깨어졌다.

이제, 새로운 스칼라 이중항 η를 도입하여 라그랑지안 밀도를 고쳐 쓰자. $\phi(x)$가 실함수 $\xi_3(x)$로서 고정된 만큼 새로운 이중항 $\eta(x)$도 하나의 실함수 $h(x)$만 있으면 된다.

$$\eta = \frac{1}{\sqrt{2}} \begin{pmatrix} 0 \\ h \end{pmatrix} = \phi - \frac{1}{\sqrt{2}} \begin{pmatrix} 0 \\ v \end{pmatrix} \tag{5.55}$$

와 같이 쓰면

$$\phi = \frac{1}{\sqrt{2}} \begin{pmatrix} 0 \\ \xi_3 \end{pmatrix} = \eta + \frac{1}{\sqrt{2}} \begin{pmatrix} 0 \\ v \end{pmatrix} = \frac{1}{\sqrt{2}} \begin{pmatrix} 0 \\ h + v \end{pmatrix}$$

가 된다. 이를 라그랑지안 밀도에 대입하면 η, 또는 h에 대한 라그랑지안 밀도를 얻을 수 있다.

$$\begin{aligned}\mathcal{L} &= \left[\frac{1}{\sqrt{2}}D^{\mu}\begin{pmatrix}0\\ h+v\end{pmatrix}\right]^{\dagger}\frac{1}{\sqrt{2}}D_{\mu}\begin{pmatrix}0\\ h+v\end{pmatrix}\\ &\quad -\frac{1}{4}\lambda\left[(h+v)^2-v^2\right]^2\\ &\quad -\frac{1}{4}\vec{W}^{\mu\nu}\vec{W}_{\mu\nu}-\frac{1}{4}B^{\mu\nu}B_{\mu\nu}\end{aligned} \tag{5.56}$$

이 라그랑지안 밀도에 대하여 언급할 포인트가 세 개 있다.
(i) 새로운 스칼라 입자 h가 질량을 가진다는 것,
(ii) 게이지 입자들이 질량을 가진다는 것 ,
(iii) 그리고, 국소적 $SU_L(2)\times U(1)$ 대칭성은 비록 깨졌지만 또 다른 국소적 $U(1)$ 게이지 대칭성이 남는다는 것 등이다.

먼저, 퍼텐셜 에너지 항을 전개하면

$$\frac{1}{4}\lambda\left[(h+v)^2-v^2\right]^2=\lambda v^2h^2+\lambda vh^3+\frac{1}{4}\lambda h^4 \tag{5.57}$$

와 같이 h의 제곱항이 있는데, 이것은 h의 질량항에 해당한다. 그러므로 새로운 스칼라 입자 h의 질량은

$$m_h=\sqrt{2\lambda v^2} \tag{5.58}$$

이다.

둘째, 게이지 입자들도 질량을 가지게 된다. 이 사실을 확인하려면 공변도함수를 살펴보아야 한다. 공변도함수 $D_\mu\phi$는

$$D_\mu\phi = (\partial_\mu+ia_\phi g_1B_\mu+ig_2\vec{\tau}\cdot\vec{W}_\mu)\frac{1}{\sqrt{2}}\begin{pmatrix}0\\ h+v\end{pmatrix}$$

$$
\begin{aligned}
= \quad & \frac{1}{\sqrt{2}}\partial_\mu h + \frac{1}{\sqrt{2}}\left(ia_\phi g_1 B_\mu + ig_2 \vec{\tau}\cdot\vec{W}_\mu\right)\begin{pmatrix} 0 \\ h \end{pmatrix} \\
& + \frac{1}{\sqrt{2}}\left(ia_\phi g_1 B_\mu + ig_2 \vec{\tau}\cdot\vec{W}_\mu\right)\begin{pmatrix} 0 \\ v \end{pmatrix}
\end{aligned}
$$

와 같이 전개할 수 있다. 따라서, $(D^\mu\phi)^\dagger D_\mu\phi$에서 제일 마지막 항끼리 곱하면 게이지 입자의 제곱항이 나오므로, 게이지 입자의 질량항으로 해석할 수 있다. 이제,

$$
\begin{cases}
ia_\phi g_1 B_\mu = ia_\phi g_1 \begin{pmatrix} B_\mu & 0 \\ 0 & B_\mu \end{pmatrix} \\
+ig_2 \vec{\tau}\cdot\vec{W}_\mu = +ig_2 \begin{pmatrix} W_\mu^3 & W_\mu^1 - iW_\mu^2 \\ W_\mu^1 + iW_\mu^2 & -W_\mu^3 \end{pmatrix}
\end{cases}
$$

를 이용하면 $D_\mu\phi$의 제일 마지막 항은

$$
\begin{aligned}
& \frac{1}{\sqrt{2}}\left(ia_\phi g_1 B_\mu + ig_2 \vec{\tau}\cdot\vec{W}_\mu\right)\begin{pmatrix} 0 \\ v \end{pmatrix} \\
& = \frac{v}{\sqrt{2}}\begin{pmatrix} ig_2(W_\mu^1 - iW_\mu^2) \\ ia_\phi g_1 B_\mu - ig_2 W_\mu^3 \end{pmatrix}
\end{aligned}
$$

와 같이 고쳐 쓸 수 있다. 마찬가지로 $(D^\mu\phi)^\dagger$의 마지막 항도 고쳐 쓴 다음, 마지막 항들끼리 곱하면

$$
\begin{aligned}
& \frac{v^2}{2}\begin{pmatrix} ig_2(W^{1\mu} - iW^{2\mu}) \\ ia_\phi g_1 B^\mu - ig_2 W^{3\mu} \end{pmatrix}^\dagger \begin{pmatrix} ig_2(W_\mu^1 - iW_\mu^2) \\ ia_\phi g_1 B_\mu - ig_2 W_\mu^3 \end{pmatrix} \\
& = \frac{1}{2}v^2 g_2^2 (W^{1\mu}W_\mu^1 + W^{2\mu}W_\mu^2) \\
& \quad + \frac{1}{2}v^2 (a_\phi g_1 B^\mu - g_2 W^{3\mu})(a_\phi g_1 B_\mu - g_2 W_\mu^3) \qquad (5.59)
\end{aligned}
$$

와 같이 정리할 수 있다.

이 식을 보면, W_μ^1, W_μ^2, 그리고 B_μ와 W_μ^3의 1차결합인 $a_\phi g_1 B_\mu - g_2 W_\mu^3$가 제곱항을 가지고 있다. 그러므로 이들을 게이지 입자의 질량항으로 해석할 수 있다. 게이지 입자가 원래 $\vec{W}_\mu$와 B_μ 등 4개이므로, 그중에서 3개가 질량을 가진다면 나머지 하나는 질량이 여전히 없다는 말이다. 즉, B_μ와 W_μ^3의 또다른 1차결합은 질량을 가지지 않는다는 말이다.

표준모형에서는 내용은 같은데, 표현상 W_μ^1와 W_μ^2의 1차결합으로 $W_\mu^\pm$를 정의하고, B_μ와 W_μ^3의 1차결합으로 Z_μ와 A_μ를 정의한다. 새로운 이름의 게이지 입자들은 다음과 같다.

$$\begin{cases} W_\mu^+ = \dfrac{1}{\sqrt{2}}(W_\mu^1 - iW_\mu^2) \\ W_\mu^- = \dfrac{1}{\sqrt{2}}(W_\mu^1 + iW_\mu^2) \\ Z_\mu = \dfrac{1}{\sqrt{g_1^2 + g_2^2}}\left(g_2 W_\mu^3 - g_1 B_\mu\right) \\ A_\mu = \dfrac{1}{\sqrt{g_1^2 + g_2^2}}\left(g_1 W_\mu^3 + g_2 B_\mu\right) \end{cases} \tag{5.60}$$

이때 $W_\mu^\pm$ 및 Z_μ 등 3개의 게이지 입자는 질량을 가지며, A_μ는 질량이 없는 게이지 입자로 남는다. 이 A_μ가 $U_{EM}(1)$라는 새로운 $U(1)$ 대칭성의 게이지 입자로서, 전자기상호작용을 매개하는 게이지 입자, 즉 광자(photon)인 것이다. 제7장에서 더 논의할 것이다.

끝으로, 저 위의 라그랑지안 밀도에 대하여 언급할 세번째 포인트는 국소적 $U(1)$ 대칭성이 남아 있다는 것이다. 힉스 메커니즘에 의하여 대칭성이 축소되는 것은 글로벌 $SU(2) \times U(1)$ 대칭성의 경우에 이미 경험하였다. 국소적 $SU(2) \times U(1)$ 게이지 대칭성에서도

마찬가지인데,

$$A(\alpha) = \begin{pmatrix} e^{i\alpha} & 0 \\ 0 & 1 \end{pmatrix}$$

에 대하여

$$A(\alpha)\frac{1}{\sqrt{2}}\begin{pmatrix} 0 \\ h+v \end{pmatrix} = \frac{1}{\sqrt{2}}\begin{pmatrix} 0 \\ h+v \end{pmatrix}$$

이므로 라그랑지안 밀도에서 퍼텐셜 에너지 항을 포함하여 h 부분은 불변임을 알 수 있다. 게이지 입자의 라그랑지안 밀도도 운동에너지 항이 불변임은 저명한데, 공변도함수 부분을 조사해야 한다. 어떻든 계산은 복잡하지만, (그리고 다음 장에서 다룰 것이다.) 전체적으로 라그랑지안 밀도가 $A(\alpha)$로 표현되는 국소적 $U(1)$ 게이지 변환에 대하여 불변임을 확인할 수 있다.

이상을 요약하여 대칭성과 질량의 대차대조표를 써 보면 다음과 같다. 대칭성의 입장에서 보면, 국소적 $SU(2) \times U(1)$ 게이지 대칭성은 4개의 발생자를 가지고 있었으나 깨어지는 바람에 3개는 못쓰게 되고 하나만 남았으며, 그것이 새로운 국소적 $U(1)$ 게이지 대칭성의 발생자가 되었다.

입자들의 자유도라는 입장에서 보면, 원래의 라그랑지안 밀도는 4개의 실수 성분을 가진 복소함수 이중항 ϕ가 4개의 자유도가 있었고, 질량이 없는 4개의 게이지 입자들 B_μ 및 W^i_μ들이 각각 2개의 자유도가 있었으므로 모두 12개의 자유도를 가지고 있었으나, 힉스 메커니즘에 의하여 스칼라 입자는 실함수 h 하나만 남게 된 반면 게이지 입자들은 하나는 여전히 질량이 없지만 (그래서 자유도가 2개다.) 나머지 3개는 질량을 가짐으로서 자유도가 각각 3개로 증가하였기 때문에 전체 자유도의 수는 12개로서 변하지 않았다.

골드스톤의 정리에서 바라보면, 깨어진 3개의 발생자에 대하여 3개의 질량이 0인 골드스톤 보오스 입자가 생겨야 하는데, 게이지 입자의 성분으로 흡수되었다. 이것이 소위 "골드스톤 모드가 게이지 입자들에게 먹혔다. (The Goldstone bosons are eaten by the gauge bosons.)"라든가, "게이지 변환에 의하여 제거되었다. (gauged away)"라고 표현하는 상황이다.

질량의 입장에서 보면, 스칼라 입자 h 및 3개의 게이지 입자가 질량을 가지게 되었다. 깨진 발생자의 수는 3개인데, 질량을 가진 입자의 수는 4개인 것이다. 이와 같은 차이는 국소적 $U(1)$ 게이지 대칭성의 경우에도 마찬가지였다. 그때도, 발생자는 1개 깨어졌지만 질량이 생긴 입자는 h와 B_μ 둘 다였다.

질량이 생기는 입자의 수와 깨어지는 발생자의 수와의 관계에 대한 힉스 메커니즘의 입장은 모호하다. 힉스 메커니즘의 입장은 단순한데, 대칭성이 자발적으로 깨어지면 스칼라 입자가 질량이 생성된다는 것만 분명히 할 뿐, 전체적으로 어떤 입자들이 또 질량을 가질지 언급이 없다. 이점에 관한 한 골드스톤의 정리가 차라리 깨끗하다. 골드스톤의 정리는 깨어진 대칭성의 발생자 수와 질량이 0인 골드스톤 보오스 입자의 수를 명확하게 연결해 주고 있으니 말이다.

골드스톤의 정리가 힉스 메커니즘에게 먹힌 것 아니냐고 앞 절에서 한마디 던진 바 있는데, 골드스톤의 정리가 먹힌 게 아니라 되려 힉스 메커니즘의 부족한 부분을 채워 주려고 힉스 메커니즘 안으로 뛰어든 것일 수도 있다.

5.10 힉스 메커니즘에 대한 단상

이제 질량의 생성이라는 힉스 메커니즘을 정리하는 차원에서 두서없이 떠오르는 몇 가지 생각을 적어본다.

기초물리학을 배울 때 가장 먼저 등장하는 개념 중의 하나가 질량이다. 질량원기가 프랑스혁명의 시기에 제정되었다는 역사적 사실부터 시작하여, 프랑스 파리에 질량원기가 보관되어 있는데 개정하려고 한다는 이야기와 함께, 모든 물리량은 길이, 질량 및 시간이라는 3개의 차원 [MLT]을 가진 단위로 표현된다는 설명을 거쳐, 힘과 가속도와의 관계, 관성질량과 중력질량의 개념 등 상세한 해석과 논의가 이어진다.

사실, 질량이 중요하다. 질량이 없는 한, 가속도가 없으므로 시간에 대한 변화가 없으며, 물리적으로 우주는 진화하지 않는다. 광자는 질량이 없으므로 시간이 흐르지 않는다.

모든 물체는 질량을 가지고 있다. 우주도 질량을 가지고 있으며, 입자물리학 또는 표준모형에 등장하는 소립자들도 질량을 가지고 있다. 그러므로 자연현상을 물리적으로 설명하기 위하여 질량은 꼭 필요한 개념이며, 결코 무시하거나 배제할 수 없는 현실적이고도 경험적인 물리량이다.

그럼에도 불구하고, 20세기 들어 물리학, 특히 입자물리학의 이론에서는 대칭성이라는 개념이 득세하면서 질량은 부차적인 개념이 되었다. 부차적이라기보다 아예 걸림돌 같은 존재가 되어버린 것이다.

실제로, 대칭성 안에 자연의 진리가 내재되어 있다고 생각하는 물리학자들이 적지 않다. 대칭성을 편견이나 불균형이 없는 자연, 굴절과 왜곡이 없는 평등한 자연을 기술한다고 가정하면, 보편적이고 포괄적인 원리로써 대칭성을 상위 개념에 위치시켜도 된다. 그리고 형이상학이 형이하학보다 더 고차원의 개념으로 취급되는 것처럼, 추상적 개념의 대칭성이 구체적인 개념인 질량보다 더 차원이 높은 개념이라고 가정하는 것도 타당해 보인다. 그러나 이것은 관념에 치우친 태도다.

입자물리학의 대통일 이론 등은 대칭성을 필수적이고 근본적인 패러다임으로 받아들이고 있다. 대칭성을 더 원천적이며 더 선험적 *(a priori)*이라고 생각하였다. 앞에서도 말했었지만, 이 가치관을 "대칭성 우선주의 (Symmetry comes first.)"라고 표현할 수도 있다. 유사한 표현으로, 기업들이 자신들의 서비스정신을 주장하기 위하여 내세우는 이른바 "고객우선주의 (Customer comes first.)"라는 캐치프레이즈도 있다.

표준모형도 "대칭성 우선주의"라는 철학적 태도를 가지고 있었다. 왜냐하면, 입자들의 질량이 있는 한 대칭성을 유지할 수 없고, 대칭성을 지키려고 하면 질량이 없어야 하는 상황에서 대칭성을 택하였기 때문이다.

비슷한 예가 있지 않은가.

메이지 시대의 일본 소설가 오자키 고요(尾崎紅葉)가 1897년부터 집필한 소설 "긴시키야사(金色夜叉)"는 일대의 역작이었는데, 이를 개화기의 소설가 조중환이 한국식으로 번안하여 발표한 것이 "장한몽(長恨夢)"이었다. 1913년에 매일신보에 연재되었고, 주인공인 이수일 및 심순애의 이름은 오늘날까지도 인구에 회자되고 있다.

그 소설에서 이수일과 김중배의 사이에서 "사랑을 따르자니 돈이 울고 돈을 따르자니 사랑이 운다."라는 심순애의 갈등은 극적 전개를 위한 핵심 요소다. 심순애는 배타적 선택을 할 수밖에 없으므로 이것은 하나의 딜렘마이다. 따라서 심순애가 김중배를 버리고 이수일을 택한 것은 딜렘마의 해결을 위한 하나의 선택이었다.

사실, 표준모형으로서도 대칭성과 질량의 문제는 하나의 딜렘마라고 말할 수 있다. 둘 중에 무엇을 선택해도 다른 하나는 버릴 수밖에 없었기 때문이다. 심순애의 딜렘마와 표준모형의 딜렘마는 어느 하나를 택하면 다른 하나를 포기할 수밖에 없다는 면에서 닮았다.

하지만, 표준모형의 딜렘마는 딜렘마라기보다 부조리에 가깝다. 심순애의 경우, 윤리적으로 심순애는 김중배와 이수일을 동시에 선택할 수 없지만, 표준모형의 경우, 자연은 왜 대칭성과 질량을 동시에 수용하는 이론을 허락하지 않는 것인가? 굳이 둘 중의 하나만 택하라고 표준모형에게 강요한다는 점에서 부조리하다. 흔히 세상이 부조리하다고 말들 하는데, 표준모형으로서는 자연이 부조리한 것이다.

그리하여 표준모형은 이상과 현실 사이에서 고민하다가 현실을 외면한 채 질량을 버리고 이상을 좇아 대칭성을 받아들였지만, 이를 두고 표준모형의 철학적 태도가 어떻다느니 가치관이 어떻다느니 하면서 지적할 필요는 없다.

부조리(absurdity 또는 the absurd).

이쯤에서 부조리의 철학 (absurdism)으로 유명한 프랑스의 철학자 알베르 카뮈 (Albert Camus, 1913년 11월 7일 – 1960년 1월 4일)가 떠오른다. 알베르 카뮈는 프랑스가 점령하고 있던 알제리에서 태어났다. 그는 알제리의 알지에에서 가난한 유년시절을 보냈다. 그의 청년 시절의 굴곡은 그의 철학적 사유를 더욱 깊게 만들었으며, . 1942년에 발표한 "이방인 (L'Étranger)"과 역시 같은 해의 "시지푸스의 신화 (Le Mythe de Sisyphe)" 등을 통하여 그는 부조리에 대한 자신의 생각을 표출하였다. 그는 부조리의 역설을 강조하면서 20세기 프랑스의 가장 중요한 사상가며 철학자 가운데 한 사람으로 평가받게 된다.

한국 철학계에서도 카뮈는 주요 연구 테마이며, 그의 부조리 철학은 다양한 논의를 제공하고 있다. 그런데, 카뮈의 철학을 분석한 학자들의 연구 논문들을 읽어 보면 조금씩 관점이 다르다. 물리학적 관점에서 보면 인간과 그 대상으로서의 세계가 서로 다른 두 개의 실체로서 대치하고 있는 상황에서, 부조리함이 어느 쪽에 존재하는지 논의가 다양하다.

예를 들어, 세계가 부조리하다는 의미로는,
"인간으로써 이해할 수 없거나 그 의미를 찾을 수 없는 세계는 부조리한 세상이다."
라는 언급이 있고, 인간과 세계의 관계가 부조리하다는 의미로는,
"부조리는 합리성을 열망하는 인간과 비합리성으로 가득 찬 세계와의 사이에 있다."
라거나
"부조리는 항상 자아와 세계가 대립하면서 생겨난다. 이성을 가지고 세계를 투명하게 바라보고자 열망하는 자아와, 이해할 수 없는 비합리적인 것으로 가득 찬 세계가 서로 부딪침으로써 생겨나는 것이 부조리이며, 시지푸스의 신화의 핵심적인 주제라고 할 수 있다."
라는 언급이 있다. 그리고 인간이 부조리하다는 의미로는
"카뮈가 말하는 부조리 인간(l'homme absurde)은 부조리를 의식하며 살아가는 인간, 즉 깨어 있는 의식을 가진 인간이라는 뜻이다."
라는 언급이 있다.

부조리의 철학에 대한 나의 빈곤한 지식으로 이해하건대, 부조리의 철학은 다음이 요약할 수 있다. 세계는 비합리성과 부조리를 안고 있으며, 그러한 세계 안에서 살아가야 하는 인간으로서는 산다는 것 자체가 부조리하며, 그럼에도 불구하고 그러한 부조리한 세계를 의식하면서 살아가야 하므로 부조리한 인간이 된다는 것이다. 부조리한 인간은 세상이 부조리함에도 불구하고 부조리를 안고 살아간다.

이것을 자연과 표준모형에 대입하면, 다음과 같다. 자연은 깨어진

대칭성과 질량을 가진 입자들로 이루어진 부조리한 세계이며, 그러한 자연을 합리적으로 설명하려는 표준모형이 서로 어긋나는 것이 부조리하며, 그럼에도 불구하고 그러한 자연에 대하여 완전한 대칭성과 질량이 없는 입자로서 설명하고자 하므로 부조리한 이론 (la théorie absurde)이다.

입자물리학에서 표준모형처럼 성공적인 이론이 없는데, 부조리한 이론이라고 비판하자니 미안하고 어불성설일 수 있지만, 힉스 메커니즘을 치켜올리자니 표준모형을 좀 비판할 수밖에 없다.

카뮈는 1951년에 "반항의 인간 ((L'Homme révolté)"이라는 글을 발표하여 부조리에 대한 저항을 철학적으로 설명하고 있다. 카뮈가 제시한 반항의 본질은 부조리를 근원적으로 정리해버릴 수 있는 패러다임으로서 "나는 반항한다. 그러므로 존재한다. (Je me révolte, donc nous sommes.)"라는 유명한 선언이 나오게 하였다.

프랑스어에서 "révolte"와 "révolution"은 밀접한 관계가 있다. 실제로 "révolte et révolution"라는 키워드로 프랑스 논문을 검색하면 다수 찾아볼 수 있다. 심지어 "rébellion"이나 "résistance"라는 말도 함께 검색된다. 그러니까 우리 말로는 반항과 혁명은 좀 거리가 있으며, 반역이나 항거와도 차원이 다른 느낌인데, 프랑스어에서는 서로 가까운 개념인 모양이다.

프랑스 혁명, 10월 혁명, 그리고 알제리 혁명까지 정치적 부조리에 반기를 든 역사가 체화되어 있던 카뮈에게는 반항의 인간은 혁명의 인간이나 같은 의미였을 수도 있다. 그러므로 부조리를 깨뜨리는 것은 하나의 혁명일 수 있다.

이 세상에 온갖 종류의 부조리가 만연해 있다는 사실은 누구나 인식하고 있다. 철학자들은 더욱 심각하게 인간사회의 부조리를 인식하고 있다. 그래서 카뮈는 반항의 인간을 주창하였다.

사르트르와 카뮈는 돈독한 사이였으나 공산주의에 대한 입장 차로 말미암아 결별하였다고 한다. 두 철학의 거장이 만나고 헤어지는 과정도 많은 책이 다루고 있다. 실존주의라는 철학적인 입장에서도 두 거장은 세상의 부조리에 대한 해결책을 다르게 제시하였다. 물론 카뮈의 답은 반항의 인간이었다.

사회학적인 입장에서는 부조리의 해결방법으로써 혁명을 논한다. 정치적이든 경제적이든 사회적이든 구 체제가 구조적으로 결함을 가지고 있을 때 새로운 체제로 비교적 짧은 시간 내에 변환하는 것을 혁명이라고 말한다. 예를 들면 프랑스 혁명 같은 정치적 변환뿐만 아니라, 산업혁명이나 르네상스도 그러한 혁명에 속한다고 말한다. 21세기에 진행중인 세계화 (globalization)도 하나의 혁명이라고 보는 해석도 있다.

과학사에서 유명한 혁명은 중세에 있었던 코페르니쿠스의 혁명 (révolution copernicienne)이다. 혁명이라는 표현은 프랑스에서의 용어다. 독일에서는 코페르니쿠스적 전환 (kopernikanische Wende)이라고 하는데, 이 표현은 칸트가 제일 먼저 사용하였다고 한다.

칸트는 그의 저서 “순수이성비판”에서 인간의 이성이 지닌 한계를 지적하면서 인간 인식에 선험적 형식을 도입하였다. 즉, 사물자체가 있는 그대로 인간에게 인식되는 것이 아니라 인간 이성의 주체적 능력에 의하여 인식된다고 주장하면서 중세의 인식론을 반박하였다고 한다. 이때, 칸트는 자신의 철학에 담긴 인식론적 전환을 표현하면서 “칸트적 전환”이라고 표현하지 않고, “코페르니쿠스적 전환”이라고 표현하였다. 칸트같은 대철학자에게 있어서도 코페르니쿠스의 지동설은 혁명적 사고방식 그 이상으로 평가되었던 것이다.

그의 이름을 기술하는 스펠링은 폴란드어냐 독일어냐에 따라 다른데, 니콜라우스 코페르니쿠스 (Nicolaus Copernicus, 1473년 2월

19일 – 1543년 5월 24일)는 폴드의 부에서 태어났다. 그는 1491년 폴란드 남부의 크라쿠프 대학에 입학하여 1494년까지 수학 및 천문학을 공부하였다고 한다. 그리고 1543년, "천구의 회전에 관하여(De revolutionibus orbium coelestium)"라는 책에서 그는 지구와 태양의 위치를 바꿈으로써 지구가 더 이상 우주의 중심이 아님을 천명하였다. 이것은 당시 누구도 의심하지 않던 프톨레마이오스의 우주체계에 정면으로 도전한 것이었다. 그리고 그의 도전은 중세의 기독교적인 우주관—지구가 우주의 중심이고 인간은 지상에서 살아가는 존재이며 해와 달과 별들의 천상계는 신의 영역이라고 생각했던—을 무너뜨리는 결과를 가져왔다. 난공불락의 종교적 오만함과 무지에 대한 도전이었다. 그렇기 때문에 코페르니쿠스의 지동설은 가히 혁명적이었다. 아니, 혁명 자체였다.

내가 이야기를 카뮈의 부조리에서 시작하여 칸트의 혁명까지 이어온 이유는 힉스 메커니즘 때문이다. 힉스 메커니즘도 하나의 혁명적 시도라고 말하고 싶은 것이다. 자연의 부조리를 해결하기 위하여, 그러한 부조리를 인식하면서도 부조리하게 구성된 표준모형을 위하여 힉스 메커니즘은 표준모형 속으로 뛰어들어 혁명을 이끌어내었다.

힉스 메커니즘이 등장하기 전의 표준모형은 어떠하였나? 질량과 대칭성은 하나의 딜렘마였다 이 둘 사이에서 고민하던 표준모형은 "대칭성이 먼저고 질량은 그 다음이다. 질량은 없다."라고 외치면서 대칭성을 택하여 딜렘마를 해결하였다. 그것은 형이상학적이며 이상적인 고상한 선택이었다.

하지만 현실과는 거리가 먼 선택이었다. 현실의 자연에는 질량이 가득 차 있었으며 대칭성은 완벽하지 않았다. 소위 이상과 현실의 괴리인 것이다. 표준모형의 선택은 딜렘마를 해결하였는지는 몰라도 부조리한 선택이었다. 힉스 메커니즘이 나타나기 전까지 표준모형은 부조리한 이론이었다.

그러자 힉스 메커니즘이 나타났는데, 힉스 메커니즘에 의하여 스칼라 입자 ϕ의 4승에 비례하는 퍼텐셜 에너지 항이 도입면서 사실상 혁명이 시작되었다. ϕ의 4승에 비례하는 항을 도입할 때 누가 알았는가? 그 항이 대칭성을 위협하고 결국 깨뜨려 버리고 말 줄을.

그 항을 도입하는 순간까지도 아무도 대칭성이 무너질 줄 몰랐다. 엄연히 라그랑지안 밀도가 가지고 있던 게이지 대칭성에 순응하면서 도입하였기 때문이다. 그러나 도입되고 나서 $\phi = 0$는 기저상태가 아니므로 진공이 될 수 없다고 지적하고, 기저상태를 찾아야 한다고 주장하였다. 그리고, 기저상태가 무수히 많다면서–무수히 많은 이유도 대칭성 때문이라고 대칭성을 비난하면서–그 중의 하나를 선택하여 진공을 재정의해야 한다는 것이었다.

선택하는 자체는 대칭성을 여전히 유지시켜 주므로 허용되었다. 그러나 일단 기저상태를 선택하고 진공을 재정의하고 나니 대칭성은 깨어지게 된 것이다. 게다가 대칭성에 위배되어 존재가 금지되었던 질량도 등장하였다. 결국 표준모형의 라그랑지안 밀도는 대칭성을 깨뜨리고 질량을 도입하는 것으로 고쳐 쓰게 되었다.

이것이 힉스 메커니즘이 등장한 이후의 표준모형이다. 카뮈의 반항이라는 개념을 부조리라는 개념과 연계하여 표준모형에 적용할 때, 힉스 메커니즘의 역할은 무엇이었는가? 자연의 부조리를 타파하는 역할을 하고 있다. 부조리를 타파한다고 해서 없던 대칭성을 생기게 하거나 있던 질량을 없애는 것이 아니다. 오히려 그 반대로, 자연이 가지고 있는 불완전한 대칭성을 불완전하나마 그대로 받아들이고, 질량이 있는 입자의 질량을 그대로 유지시키도록 표준모형을 바꾼 것이다.

대단하지 않은가—단지, 도입하였을 뿐인데, 진공을 재정의하는 순간 질량이 생성되었다는 기적같은 사실 말이다. 물론 “세상에 공짜는 없다"라는 말이 있듯이 질량의 생성을 위하여 그 대가로써 대칭성을 포기하였다.

이 순간, 초점은 대칭성에서 질량으로 옮겨졌으며, 철학적 관점의 변화가 일어난 것이다. 힉스 메커니즘은 그러한 관점의 변화를 가능하게 하였다. 힉스 메커니즘 이후 물리학자들의 입장은 대칭성은 대칭성이고 질량은 질량이라는 것으로 변하였다. 특히, "자발적"이라는 (대칭성으로서는 굴욕적인) 용어를 물리학자들은 사용하였다. 깨져버린 대칭성에 대하여 "자발적으로 깨어진 것이다."라고 포장하면서 당연하게 받아들이게 되었다.

이러한 의미에서 힉스 메커니즘은 가치관의 변화이며 철학적 스탠스의 변화, 다시 말해서 하나의 혁명이라고 말하고 싶은 것이다.

정치적인 드라마로 각색하자면 표준모형은 하나의 국가 체계이며, 라그랑지안 밀도는 한 나라의 법체계에서의 헌법과도 같은 존재다. 그리고 라그랑지안 밀도에 대칭성 우선주의를 도입하였다. 라그랑지안 밀도에 대칭성의 정신을 확립하고 질량을 배제하였다. 그런데 헌법을 준수하면서 도입된 ϕ의 4승 항이 헌법을 고치게 만든 것이다.

퍼텐셜 에너지가 최소인 상태를 기저상태로 삼아서 진공을 정의해야 한다는 지극히 당연한 주장, 그리고 스칼라 입자가 전 공간에 하나도 없는 것을 진공으로 정의해서는 안된다는 주장은 라그랑지인 밀도로서 섭동론을 전개하기 위한 최소한의 조건이므로 배척할 수 없는 주장이었다. 즉, 진공의 정의(定義, definition)가 헌법과도 같은 라그랑지안 밀도를 고쳐쓰지 않으면 안되게 만든 것이다.

헌법을 고친다는 것은 정치적 혁명에서는 기본적인 절차요 과정이다. 라그랑지안 밀도에 대한 이러한 일련의 변화를 지켜보게 되면 "진공의 정의"에서의 정의란 정의(定義, definition)가 아니라 정의(正義, justice)인지도 모른다. 영어로는 설명하기 곤란하고 우리 말에서만 가능한 언어의 유희에 해당하지만 말이다. 힉스 메커니즘을 설명하다보니 마치 정치적 혁명을 설명하는 것처럼 되어버렸다. 어쩌면 진정으로 하나의 혁명이라고 볼 수도 있지 않겠는가?

발상의 전환 (gedankenwendung)

이야기를 끌어가다 보니, 상당히 바깥으로 번지고 있는데, 발상의 전환이라는 말이 있다. 이 말은 정치, 역사, 문명, 또는 경제 등 모든 분야에서 획기적 발전을 이끌어내면서 중요한 역할을 하였다. 과학의 발전에 있어서 가장 대표적인 예가 코페르니쿠스의 지동설이다. 그래서 이 말을 사용하여 힉스 메커니즘을 묘사하기도 한다.

코페르니쿠스의 지동설이나 힉스 메커니즘 말고도, 고르디움의 매듭을 알렉산더 대왕이 칼로 잘라 풀어버린 이야기도 발상의 전환에 관한 하나의 중요한 예로써 많은 사람들이 자주 언급하고 있다. 전설에 의하면, 오늘날 터키에 속하는 프리기아 (Phrygia)는 한 때 왕이 없었다고 한다. 프리기아의 수도 텔미서스 (Telmissus)의 성문을 소가 끄는 달구지를 타고 들어오는 사람이 있다면 그가 새로운 왕이 될 것이라는 신탁이 나왔다. 마침 가난한 농부인 고르디아스 (Gordias)가 소 달구지를 타고 성문으로 들어왔다. 그때 그의 소달구지에 독수리가 내려와 앉았다고 한다. 제사장들이 그는 프리기아의 왕으로 추대하였다. 그의 아들 마이더스 (Midas)는 감사의 뜻으로 그 소달구지를 프리기아의 신인 사바지오스 (Sabazios)—그리스 신화에서는 제우스로 해석하는—에게 바치고 소달구지 (또는 그 바퀴축)을 신전의 기둥에 유럽산딸나무의 줄기로 만든 복잡한 매듭으로 묶어놓았다. 아마 이 신전을 중심으로 왕궁을 짓고 도시 이름을 고르디움으로 불렀을 것이다. 이것이 고르디움의 매듭이다.

기원전 4세기 프리기아는 이미 쇠퇴하여 페르시아 제국의 작은 지역으로 줄어들었다. 기원전 333년 (또는 334년) 그리스 마케도니아의 왕 알렉산더가 페르시아를 정복하고 프리기아에 도착하였을 때에도 소달구지는 여전히 고르디움의 옛 왕궁에 서 있었다고 한다. 알렉산더는 고르디움에서 겨울을 보내다가 고르디움의 매듭을 발견하였다. 아무리 찾아도 매듭의 끝을 찾아내지 못한 그는 칼을 꺼내어 매듭을 두동강 내면서 매듭의 끝을 만들어 내었다. 이를 일러 알렉산더의 해법, 소위 "Alexandrian solution (to Gordian Knot)"이라고 한다.

이야기를 좀 더 하자면, 그날 밤, 천둥번개가 쳤다고 전해진다. 예언자들은 이에 대하여 제우스가 기뻐하며 알렉산더에게 많은 승리를 베풀 징조라고 해석했다. 알렉산더가 고르디아의 매듭을 풀어버린 것을 놓고 그의 행적을 기록하던 사람들은 "매듭을 푸는 자가 아시아의 왕이 될 것"이라고 예언한 신탁이 이미 있었다고 주장하였다.

흔히들 우리가 알고 있는 콜럼버스적인 발상의 전환은 달걀을 어떻게 세우는가에 대한 콜럼버스의 해결책이었다. 달걀을 세우지 못해서 여러 사람들이 쩔쩔 맬 때 콜럼버스는 달걀 밑을 깨뜨려 세웠다는 이야기인데, 과연 이것이 발상의 전환인지 아닌지에 대하여는 뜨거운 토론이 필요하다고 본다. 이것을 발상의 전환이라고 부르는 데 대하여 불쾌하게 생각하는 사람들도 의외로 많을 것이다. 콜럼버스의 해결책은 경기의 룰을 무시한 비상식적인 행위라는 판단도 내리고 있다. 하기야, 콜럼버스에 대한 이러한 비판적 평가 자체가 또 하나의 발상의 전환인지도 모르지만 말이다.

이야기를 본론으로 돌려, 힉스 메커니즘을 생각해 보자. 표준모형에서 질량과 대칭성의 부조리를 해결했다는 점에서, 또는 대칭성을 자발적으로 깨어지게 하고 질량을 회복시켰다는 점에서, 힉스 메커니즘은 하나의 발상의 전환이었다. 그리고 그것은 혁명적이었다. 그 철학적 의의는 높이 평가되어야 할 것이며, 심도 있게 논의할 가치가 있다.

표 5.1: 글로벌 $U(1)$ 대칭성과 국소적 $U(1)$ 게이지 대칭성에 대한 힉스 메커니즘의 비교. 스칼라 입자의 퍼텐셜 에너지는 $V(\phi^*\phi) = \mu^2(\phi^*\phi) + \lambda(\phi^*\phi)^2$이다.

항목	글로벌 $U(1)$	국소적 게이지 $U(1)$
참여 입자	스칼라 입자 $\phi = \frac{1}{\sqrt{2}}(\xi_1 + i\xi_2)$	스칼라 입자 $\phi = \frac{1}{\sqrt{2}}(\xi_1 + i\xi_2)$ 게이지 입자 B_μ
라그랑지안 밀도	$\mathcal{L} =$ $\partial^\mu\phi^*\partial_\mu\phi - V(\phi^*\phi)$	$\mathcal{L} =$ $D^\mu\phi^* D_\mu\phi$ $-V(\phi^*\phi)$ $-\frac{1}{4}B^{\mu\nu}B_{\mu\nu}$
기저상태	$\lvert\phi\rvert = \frac{v}{\sqrt{2}}$를 만족하는 모든 ϕ (아직 대칭성 유지됨)	ϕ를 실함수가 되도록 $U(1)$ 회전 (이때 대칭성이 깨어짐)
진공을 선택함	$\phi = \left(\frac{v}{\sqrt{2}}, 0\right)$를 진공으로 선택함 (이때 대칭성이 깨어져 버림)	선택권 없음. 진공은 이미 퍼텐셜 에너지의 최소값을 주는 $\phi = \frac{v}{\sqrt{2}}$ 로 고정되어 있음
진공 선택 후 새로 정의된 스칼라 입자	$\eta = \frac{1}{\sqrt{2}}(\chi_1 + i\chi_2)$ $\phi = \eta + \left(\frac{v}{\sqrt{2}}, 0\right)$ $= \frac{1}{\sqrt{2}}(\chi_1 + v, \chi_2)$	$\eta = \frac{1}{\sqrt{2}}h$ 는 실함수 $\phi = \frac{1}{\sqrt{2}}(h + v)$
비고	χ_1은 질량이 있음. χ_2는 질량이 없는 골드스톤 입자.	스칼라 입자 h는 질량을 가짐. 게이지 입자 B_μ도 질량이 있음.

표 5.2: $SU(2) \times U(1)$에 대한 힉스 메커니즘. $U(1)$에 대한 표와 같은 형식이다.

항목	글로벌 $SU(2) \times U(1)$	국소적 게이지 $SU(2) \times U(1)$
참여입자	$\phi = \frac{1}{\sqrt{2}} \begin{pmatrix} \phi_1 \\ \phi_2 \end{pmatrix}$	$\phi = \frac{1}{\sqrt{2}} \begin{pmatrix} \phi_1 \\ \phi_2 \end{pmatrix}$ 그리고 $\vec{W}_\mu$ 및 B_μ
$\mathcal{L}$	$(\partial^\mu \phi)^\dagger \partial_\mu \phi - V(\phi^\dagger \phi)$	$(D^\mu \phi)^\dagger D_\mu \phi$ $-V(\phi^\dagger \phi)$ $-\frac{1}{4}\vec{W}^{\mu\nu} \cdot \vec{W}_{\mu\nu}$ $-\frac{1}{4}B^{\mu\nu}B_{\mu\nu}$
진공을 선택함	$\lvert\phi\rvert = \frac{1}{\sqrt{2}}v$를 만족하는 무수한 상태 중에서 $\phi = \frac{1}{\sqrt{2}} \begin{pmatrix} 0 \\ v \end{pmatrix}$ 선택. 이때 대칭성이 없어짐.	$\phi \to \frac{1}{\sqrt{2}} \begin{pmatrix} 0 \\ \xi \end{pmatrix}$로 회전시켜 하나의 실수 성분만 남도록 선택함. 대칭성이 없어짐.
새 스칼라 입자의 도입	$\eta = \frac{1}{\sqrt{2}} \begin{pmatrix} \chi_3 + i\chi_4 \\ \chi_1 + i\chi_2 \end{pmatrix}$	$\eta = \frac{1}{\sqrt{2}} \begin{pmatrix} 0 \\ h \end{pmatrix}$ (단, h는 실수함수)
치환함	$\phi = \eta + \frac{1}{\sqrt{2}} \begin{pmatrix} 0 \\ v \end{pmatrix}$	$\xi = h + v$ $\phi = \frac{1}{\sqrt{2}} \begin{pmatrix} 0 \\ h+v \end{pmatrix}$
비고	χ_1은 질량이 있음. χ_2, χ_2, χ_3는 질량이 없는 골드스톤 입자들	h는 질량을 가짐. 게이지 입자는 1개만 질량이 없고 3개는 질량을 가짐

제 6장

——— 페르미 입자의 질량 회복

앞 장에서 우리는 힉스 메커니즘을 논의하면서 잡다하게 여러 이야기를 나눈 감이 있지만, 아무튼, 나로서는 내의 생각이었기에 진지하였다.

그런데, 자연을 구성하는 입자들 가운데 앞 장에서 논의한 입자들은 오로지 보오스 입자들이었다. 보오스 입자들의 질량만 논의하였을 뿐, 페르미 입자들의 질량에 대한 논의는 없었다. 페르미 입자도 대칭성 때문에 질량을 가질 수 없었다. 그런데, 힉스 메커니즘을 페르미 입자에 적용하려고 해도 마땅한 방법이 없다. 그 대칭성은 카이랄 대칭성이므로 힉스 메커니즘을 직접 적용시킬 수 없는 대칭성이기 때문이다.

이 문제를 해결하고 페르미 입자의 질량을 부여하는 방법은 무엇인가? 페르미 입자와 스칼라 입자의 상호작용을 이끌어 내는 것이 그 방법이다. 바로 유카와 결합이라는 것이다. 유카와 결합을 상정하는 것도 실은 전체주의를 적용한 결과라는 점을 언급하고 넘어가자. 유카와 결합 같은 결합은 고려해서는 안 된다는 원칙이 없다면 언제든 상정할 수 있기 때문이다. 먼저, 유카와 결합을 설명하고, 그 다음 페르미 입자의 질량을 생성하는 힉스 메커니즘의 부산물로써 페르미 입자의 질량을 회복시키려고 한다.

한가지 유의할 것은, 페르미 입자는 쿼크와 경입자의 두 종류가 있는데, 경입자 중에서 중성미자는 독특하다는 점이다. 쿼크나 다른 경입자는 오른손잡이와 왼손잡이 성분을 모두 가지고 있는데 반하여, 중성미자는 왼손잡이 뿐이다. 그래서 유카와 결합도 쿼크나 다른 경입자의 유카와 결합과 경입자의 유카와 결합은 다르다. 그러므로 일반론으로서의 유카와 결합과 중성미자에 대한 유카와 결합을 나누어 논의하고자 한다.

6.1 유카와 히데키

우리나라 사람으로서 일본인을 긍정적으로 받아들이기에는 여러 모로 예민한 부분이 있지만, 유카와 히데키라는 인물에 대하여 돌이켜 보자. 다음 글은 내가 유카와 히데키에 하여 어떤 지면에 투고하였던 글인데, 약간 다듬어서 여기에 전재한다.

유카와 히데키 (湯川秀樹).

유카와는 1907년에 출생하여 1981년에 73세를 일기로 세상을 났다. 지금부터 약 반세기 전에 세계 무대에서 사라진 셈이다. 그리고 일본 사람이다. 입자물리학의 눈부신 발전을 이야기할 때 좀 오래된 인물처럼 느껴질 수도 있다. 그래서 "요즈음 활약하고 있는 국제적 인물도 많은데 그런 인물을 소개할 것이지, 왜 하필 구시대의 일본 사람인가."라면서 못마땅하게 생각할지도 모른다.

하지만, 유카와는 노벨 물리학상 수상자다. 1913년 인도의 시성 타고르가 노벨 문학상을, 1930년 역시 인도의 라만이 노벨 물리학상을 수상한 이후, 1949년에 세 번째의 동양인으로써 노벨 물리학상을 수상하였다. 그리고 일본인으로서는 처음 노벨상을 수상하였다. 그러니, 그냥 해마다 배출되는 노벨 물리학상 수상자 가운데 한 명이라기보다는 주목할 필요가 있는 인물이다.

유카와의 업적은 이미 잘 알려져 있다시피 입자물리학에서의 중간자 이론의 확립이다. 유카와는 원자핵에서 양성자와 중성자가 왜 흩어지지 않고 서로 묶여있는지에 대해 1933년경부터 생각하였다고 한다. 오사카 대학에 있을 때인 1935년에 유카와는 전자기력에서 광자가 방출되고 흡수되는 것처럼 핵력도 원자 내에서 어떤 미지의 입자 교환에 의한 것이라고 가정하였다.

유카와 퍼텐셜은 중간자의 질량에 따라 성질이 달라진다. 중간자의 질량이 거의 0이면 유카와 퍼텐셜은 근사적으로 쿨롱 퍼텐셜이 되며, 핵력의 세기가 약해진다. 질량이 매우 크면 유카와 퍼텐셜에 의한 핵력의 작용범위가 너무 짧아져서 핵의 안전성 (stability)를 보장하지 못하게 된다. 그래서 중간자의 질량이 너무 작아도 안되고 너무 커도 안되는, 어떤 범위 내에 있어야 한다.

유카와는 이러한 논리를 바탕으로 중간자의 질량을 예측하였다. 양자이론의 플랑크 상수와 아인슈타인의 유명한 질량에너지 관계식 $E = mc^2$, 하이젠베르크의 불확정성의 원리 등을 이용하여 핵력의 범위를 가정하였고, 핵이라는 매우 작은 공간에서 중성자와 양성자가 모여 있기 위해서는 중간자의 질량이 전자 질량의 약 200배 정도 되어야 한다고 예측하였다.

중간자(meson)라는 이름은 유카와가 지은 이름이 아니다. 처음에 유카와는 이 새로운 입자의 질량이 전자의 질량과 양성자의 질량 사이에 놓여 있기 때문에 중간정도의 질량을 가진 전자라는 뜻으로 메조트론(mesotron)으로 명명하였다. 하지만 나중에 대부분의 사람들이 중간자라는 이름으로 부르면서 정착하게 되었다.

유카와는 중간자의 존재를 예언하는 논문을 1935년에 발표하였는데, 유럽이나 미국의 저어널에 게재하지 않고 일본 물리학회와 수학회 연합 학술지에 게재하였다. (논문제목: On the Interaction of Elementary Particles. I, Proc. Phys.-Math. Soc. Japan, 17, p. 48, 1935) 당 서양에서는 이 논문의 내용을 별로 신뢰하지 않았다고 한다.

하지만, 유카와 이론을 발표한지 12년이 지난 후, 1947년 영국의 파월 (C. F. Powell, G. Occhialini, C. Lattes) 등이 이끄는 실험진이 전세계에 걸친 우주선 (cosmic ray)관측을 통해 질량이 전자의 약 285배이며 핵자들과 강하게 상호작용하는 파이 중간자를 발견함으로써 유카와 이론은 확립되었다.

파이 중간자는 전기적으로 중성이며 질량은 유카와가 예측한 범위 안에 있었다. 그리고, 핵물리학적 현상들이 파이 중간자의 교환을 이용하여 계산한 결과들이 실험과 잘 일치하였다. 말하자면 유카와의 중간자 이론은 핵력을 적어도 현상론적으로는 성공적으로 설명하게 되었다. 유카와의 중간자 론은 답보를 거듭하고 있던 20세기 전반 원자핵물리학의 발전에 새로운 길을 열어주었고, 자연계에 존재하는 네 가지의 힘이 어디서 비롯되는지를 알려주었다.

유카와가 대학에서 연구를 수행하던 시기는 동아시아의 정세가 매우 불안하던 시기였다. 일본은 제국주의에 사로잡혀 세력팽창에 주력하고 있었다. 만주사변이 일어난 해가 1931년이었으니 세상이 매우 어수선하였다. 이러한 시대적 배경과 동향을 외면하고 유카와는 오로지 물리학 이론의 연구에만 매진하였다. 마치, 옛날 “소나기가 쏟아져서 볏단이 떠내려가도 글을 읽던 선비"와 같다고 할까. 연구 분야도 일상생활과는 동떨어진 소립자의 세계였으니, 세상사와는 거의 무관한 연구였다.

유카와로서는 차라리 연구에 매진하는 것이 험난한 세계와 무관하게 고고한 학자로써의 신념과 자유를 누릴 수 있었는지도 모른다. 그리하여 28세가 되던 1935년에 중간자를 예언한 논문을 발표할 수 있었던 것이다.

태어나기는 토오쿄오에서 태어났지만 철두철미 쿄오토 사람이었던 모양이다. 유카와는 쿄오토에서 대부분의 연구생활을 보냈다. 만 33세이던 1940년부터는 쿄오토 대학 교수로써 연구를 하였으며 제2차 세계대전이 한참이던 1943년에는 일본 문화훈장도 수여받았다.

전하는 이야기로는 유카와는 강의를 잘하는 편이 아니었다고 한다. 전선이 위축되고 미국의 공습이 일본 본토에도 이어지기 시작하였을 때, 유카와는 토오쿄오 대학에 강의를 하기 위하여 쿄오토에서 기차를 타고 토오쿄오까지 다녀오곤 하였다고 한다. 공습으로 사이렌 소리가 시도 때도 없이 울리는 긴장과 불안의 연속이었을 것이다. 흔들리는 기차 창가에 몸을 기대고 창밖으로 펼쳐지는 황폐한 모습을 유카와는 어떤 눈으로 바라보았을까. 그런 유카와의 심경을 헤아리기 어렵다.

1942년 12월에 진주만 폭격으로 일본이 제2차 세계대전에 뛰어든 것은 다 아는 역사적 사실이다. 일본은 어떻게 미국을 상대로 전쟁을 벌일 생각을 하였을까. 그것은 하나의 설욕전이었다. 당시의 일본은 페리 제독에 의한 강제 개항을 치욕으로 생각하고 있었다는 것이다. 1853년 미국의 동인도함대 사령관 M. C. 페리 제독이 개항을 요구하면서 흑선을 이끌고 일본에 상륙한 바 있었다. 그리하여 이듬해 1854년 일본은 미국의 압력에 굴복하여 불평등 조약을 맺을 수밖에 없었다. 그것이 카나가와 조약이라고 불리는 미 · 일 화친조약으로서 페리 함대의 막강한 힘 앞에 일본은 2백 년 동안 닫고 있었던 쇄국의 문을 열었다. 1858년에는 미국을 비롯하여 영국 · 러시아 · 네덜란드 · 프랑스 등과도 잇달아 통상조약을 체결하였다.

그 와중에 300여 년 내려오던 막부가 1866년 패배하였고, 1867년 10월 14일 대정봉환(大政奉還)이 이루어졌으며 왕정복고가 이루어졌다. 그 이후 1877년에는 지조개정(地組改正)이라는 토지개혁 정책이 실시되는 등 일련의 개혁이 이루어졌다. 그리고 명치유신에 의하여 본격적으로 근대화를 추진하면서 짧은 시간 안에 서구 제국주의를 모델로 삼아 일본의 겉모습이 완전히 바꾸어진 것이다.

그보다, 정신적으로도 일본의 사회는 서구화되었다. 특히, 스펙트럼이 넓고 깊은 서구의 과학을 스펀지처럼 흡수하여 자기 것으로 만들어갔다. 상대성이론이 제안된 것이 1905년이고 양자역학이 연구되기 시작한 것이 1920년대였는데, 이 분야에 전혀 학문적 근원이 없었던 일본의 학자들이 두각을 나타내기 시작하였으니 대단하지 않은가. 일본은 문호개방이후 반세기도 지나기 전에 국제무대에서 당당한 일원이 된 것이다.

이것은 마치 우리나라가 육이오 동란 이후 반세기도 지나기 전에 폐허를 딛고 일어서서 경제적으로 세계 10위권의 경제대국이 된 것과 흡사하다.

일본은 전황이 불리해질 수록 전원 옥쇄를 주장하면서 본토에서의 결사 항전을 준비하였지만, 히로시마와 나가사키에 투하된 원자폭탄을 빌미로 1945년 8월 무조건 항복할 수밖에 없었다. 그 이듬해인 1946년 2월 시작된 극동군사재판은 2년여 동안의 심리를 거쳐 1948년 11월, 도조 히데키 등 A급 전범들에게 사형 등의 형을 선고했다. 이때의 일본은 자존심도 버린 채 궁핍하고 구차하고 고단한 삶을 이어가고 있었다. 자존심은커녕, 폭격의 잿더미에서 거지처럼 연명하면서 먹고살 걱정에 짓눌리던 시기였다.

바로 이러한 시기에 순수 토종이라고 말할 수 있는 유카와가 일본 최초로 노벨 물리학상을 수상하였으니 일본인들의 자긍심이랄까 자존은 일거에 되살아날 수 있었다. 그의 노벨 물리상 수상은 패전 일본에 있어서 하나의 극적인 축복이었으며, 물질적으로 피폐하였던 일본인에게 정신적으로나마 커다란 희망과 위로를 가져다 주었다.

유카와의 이론이 실험적으로 검증된 것은 1947년, 유카와가 노벨 물리학상을 받은 것은 1949년, 전범재판 그 이듬해였다. 유카와의 노벨 물리학상 수상으로 일본은 정신적으로도 면죄부를 얻었다고 할 수 있다. 그 이후, 일본은 다시 국제사회의 중요한 멤버로 복귀하게 된다. 하지만, 한마디 하자면, 그럼에도 불구하고, 군국주의 전쟁을 일으켰던 과거를 없었던 것처럼 모른 척하고 넘어갈 수는 없을 것이다. 아직도 일본의 전쟁범죄 및 침략행위에 대한 "역사의 판결"은 깔끔하게 완결된 것이 아니다. 현재까지도 우리나라는 일본이 제2차 세계대전에서 저지른 만행에 대한 응당한 정의의 실현을 기다리고 있다.

유카와는 제2차 세계대전이 끝나고 나서야 미국에 다녀왔다고 한다. 노벨 물리학상을 수상한 후에는 반핵운동 평화운동에 적극적으로 참여하여, 러셀 아인슈타인 선언에 막스 플랑크와 함께 공동선언자로 이름을 올리기도 하였다. 그가 종신토록 일하던 쿄오토 대학에는 유카와 연구소라는 이론 물리 연구소가 설립되어 지금도 이론물리연구의 세계적 중심으로 이름을 날리고 있다.

유카와라는 인물에 대한 이야기는 여기서 접자.

6.2 유카와 결합

이야기를 본론으로 돌리자. 페르미 입자의 질량을 생성하기 위하여 우리는 스칼라 입자와의 결합을 도입한다. 쿼크든 경입자든 페르미 입자의 질량을 생성하려면 페르미 입자와 스칼라 입자와의 결합이 존재해야 한다. 이 결합을 유카와 결합 (Yukawa coupling)이라고 부른다.

이 결합을 임의로 라그랑지안 밀도에 도입하는 것은 아니다. 라그랑지안 밀도가 가지고 있는 대칭성을 존중하면서 도입해야 한다. 다만, 필요에 의하여 도입하는 것이므로, 자연스럽지 않다. 좀 우악스럽게 표현하자면 라그랑지안 밀도에 유카와 항을 손으로 밀어넣는다고 표현한다. ("put by hand") 하지만 이론적으로 금지된 것은 아니다. 그러므로 유카와 결합은 가능하다. 무엇보다, 앞서 언급하였듯이, 전체주의 원리가 있기 때문이다. 전체주의 원리에 의하면 존재 가능한 것은 실제로도 존재하기 때문이다.

유카와 결합의 구체적 형태는 유카와 퍼텐셜 (Yukawa potential)에서 출발한다. 그리고 유카와 퍼텐셜은 유카와의 중간자 이론에 기초하고 있다. 유카와의 중간자 이론은 핵력에 관한 하나의 이론이다. 핵력이란 핵자들—양성자와 중성자—사이에 작용하는 힘으로, 양성자와 중성자들이 결합하여 하나의 원자핵을 형성하는 기본적인 힘이다.

지금은 양자색자역학 (quantum chromodynamics, 약칭 QCD)이라는 게이지 이론으로 핵력을 거의 완벽하게 설명할 수 있다. 게이지 입자로서 8개의 글루온이 있으며, 이들이 강상호작용을 매개한다. 다만, 상호작용의 세기가 너무 강하여 섭동론을 적용하기가 어렵다는 단점이 있는데, 이 분야의 비섭동론적 양자색자역학 (non-perturbative QCD) 연구는 지속적으로 발전하고 있다.

하지만 이차대전 이전에는 게이지 이론이라는 것이 아직 정립되지 않았다. 그래서 1935년, 유카와 히데키는 핵력에 대하여 어떤 전기적 중성 입자의 교환에 의한 발현이라는 개념을 정립하였다. 그 입자를 유카와는 중간자라고 불렀다. 유카와는 질량이 큰 어떤 중간자가 존재하고, 그 중간자가 핵력을 매개한다는 이론을 제안하였다. 이 이론을 유카와의 중간자 이론이라고 부른다.

유카와의 중간자 이론에 따르면 핵자들 사이에서 중간자가 매개하는 핵력은

$$V(r) = -g^2 \frac{e^{-mr}}{r}$$

와 같은 퍼텐셜에 의하여 기술되는데, m는 중간자의 질량, r은 두 핵자 사이의 유효 거리, g는 어떤 실수 상수다. 이 퍼텐셜에 의한 핵력은 기본적으로 인력이다. 핵자들은 항상 서로 잡아당기고 있다. 이 퍼텐셜을 유카와 퍼텐셜이라고 부른다.

유카와 퍼텐셜은 유카와 상호작용 (Yukawa interaction)으로 설명할 수 있다. 유카와 상호작용은 (원자핵 레벨에서의) 핵자와 중간자의 상호작용인데, 핵자들을 ψ라 하고, 중간자를 ϕ라 하면, $\bar{\psi}\phi\psi$+H.c. 의 형태로 주어진다.

이 형태 자체는 새로운 것이 아니다. 왜냐하면 양자역학에서도 저와 같이 두 입자 장의 곱으로서 두 입자의 상호작용을 표현하고 있다.

이러한 형태의 상호작용을 유카와 항 (Yukawa term)이라고 하며 라그랑지안 밀도에

$$\mathcal{L}_{\text{int}} = g(\bar{\psi}\phi\psi + \text{H.c.}) \tag{6.1}$$

와 같이 도입할 수 있다. 그리고 이 유카와 항을 푸리에 (Fourier) 변환하면 유카와 퍼텐셜을 얻을 수 있다.

정리하자면, 유카와 항에서 유카와 상호작용이 나오고 거기서부터 유카와 퍼텐셜을 얻을 수 있으며, 유카와 결합을 설명할 수 있다. 하지만, 유카와 항이라는 것이 바로 유카와 결합이므로 이야기를 빙빙 돌린 것에 불과하다. 유카와라는 이름이 너무 많이 나온 감이 있다.

아무튼, 일반적으로, 페르미 입자와 보오스 입자가 결합하는 것을 유카와 결합이라고 부른다. 그래서, 표준모형에서도 페르미 입자와 스칼라 입자의 상호작용을 설명할 때 유카와 결합이라는 말을 사용한다. 말하자면, 유카와라는 이름은 페르미 입자에게는 매우 특별한 의미를 가진다고 말해도 된다.

유카와 결합은 (페르미 입자)(스칼라 입자)(페르미 입자)의 곱으로 표현되는 항과 그 에르미트 켤레 (Hermitean conjugate, H.c.)의 합로 표현된다. 즉, 스칼라 입자를 ϕ이라 하고 페르미 입자를 ψ이라 하면, 유카와 결합의 기본적인 형태는

$$\mathcal{L}_{\text{Yukawa}} = \overline{\psi}\phi\psi + \text{H.c.}$$

와 같다. 단, 스칼라 입자가 단중항인지 이중항인지, 그리고 페르미 입자가 단중항인지 이중항인지에 따라 구체적인 유카와 결합은 서로 다르다. 게다가, 페르미 입자가 오른손잡이인지 왼손잡이인지에 따라 다른 점이 또 있으므로 잘 살펴야 한다.

(1) 단중항이며 복소함수인 스칼라 입자와 페르미 입자의 결합

표준모형에서의 스칼라 입자는 이중항만 있다. 하지만 초대칭성 모형이라든지 확장된 이론에서는 단중항도 도입되므로 단중항 복수 함수 스칼라 입자의 유카와 결합을 간단히 살펴 보자.

단중항 복소함수 스칼라 입자를 ϕ라 하자. 이때, 페르미 입자 ψ

도 단중항이라고 하면, 유카와 결합은

$$\overline{\psi}\phi\psi + \text{H.c.}$$

와 같은 형태가 된다. 단, 스칼라 입자는 복소함수로서, $\phi = (\xi_1 + i\xi_2)/\sqrt{2}$이며, 페르미 입자는 오른손잡이와 왼손잡이 성분으로 나누어

$$\psi = \psi_L + \psi_R = \frac{1}{2}(1-\gamma_5)\psi + \frac{1}{2}(1+\gamma_5)\psi$$

로 쓸 수 있다. 이때, 이들의 유카와 결합은

$$\overline{\psi}_L\phi\psi_R + \overline{\psi}_R\phi\psi_L + \text{H.c.}$$

와 같이 고쳐 쓸 수 있다.

페르미 입자가 이중항일 때, 그 이중항을

$$f = \begin{pmatrix} \psi_1 \\ \psi_2 \end{pmatrix}$$

라고 하면 단중항 복소 스칼라 입자와의 유카와 결합은

$$\overline{f}\phi f + \text{H.c.} = (\bar{\psi}_1\ \bar{\psi}_2)\ \phi \begin{pmatrix} \psi_1 \\ \psi_2 \end{pmatrix} + \text{H.c.}$$

의 형태가 되어야 한다.

페르미 입자가 단중항도 있고 이중항도 있다고 가정하면 $\overline{f}\phi\psi +$ H.c.라든지 $\overline{\psi}\phi f +$ H.c.처럼 스칼라 입자의 한쪽에는 단중항 페르미 입자이고 다른쪽은 이중항 페르미 입자가 있는 형태의 유카와 결합을 생각할 수도 있으나, 단중항과 이중항의 행렬 곱셈 자체가 성립하지 않으므로 그런 유카와 결합은 존재할 수 없다.

그런데, 사실 스칼라 입자가 단중항이면, 페르미 입자가 단중항이든 이중항이든 유카와 결합은 용납되지 않는다. 왜냐하면 대칭성에 대하여 불변이 아니기 때문이다. 즉, $U(1)$ 변환

$$\begin{cases} \phi \to \phi' = e^{ia_0\theta}\phi \\ f \to f' = e^{ia_f\theta} f \\ \psi \to \psi' = e^{ia_\psi\theta}\psi \end{cases} \tag{6.2}$$

에 대하여, $\overline{\psi}\phi\psi+\text{H.c.}$이든 $\overline{f}\phi f+\text{H.c.}$이든, 위상이 상쇄되지 않는다. a_ϕ나 a_f의 값은 서로 상쇄되는데, 상수 a_0는 0으로 두지 않는 한, 없앨 수 없기 때문이다. 그러므로 대칭성을 고려하면 단중항 복소함수 스칼라 입자는 페르미 입자와 그 어떤 형태의 유카와 결합도 할 수 없다.

(2) 이중항이며 복소수인 스칼라 입자와 페르미 입자의 유카와 결합

이제, 스칼라 입자가 이중항인 경우를 따져보자. 만일 표준모형에서와 같이 스칼라 입자가 이중항이라면 유카와 결합이 가능한가. 스칼라 입자 이중항을

$$\phi = \frac{1}{\sqrt{2}}\begin{pmatrix} \phi_1 \\ \phi_2 \end{pmatrix}$$

라고 하면 (똑같은 ϕ이지만 앞에서는 단중항이며 여기서는 이중항이다.)

$$\overline{f}\phi\psi + \text{H.c.} = (\bar{\psi}_1\ \bar{\psi}_2)\frac{1}{\sqrt{2}}\begin{pmatrix} \phi_1 \\ \phi_2 \end{pmatrix}\psi + \text{H.c.}$$

이거나, 또는

$$\bar{\psi}\phi^T f + \text{H.c.} = \bar{\psi}\frac{1}{\sqrt{2}}(\phi_1\ \phi_2)\begin{pmatrix} \psi_1 \\ \psi_2 \end{pmatrix} + \text{H.c.}$$

인 형태라면 행렬의 연산이 성립하므로 기본적으로는 가능하다. 그리고 대칭성에 대하여도

$$\begin{cases} \phi \to \phi' = e^{ia_\phi \theta}\phi \\ f \to f' = e^{ia_f \theta} f \\ \psi \to \psi' = e^{ia_\psi \theta}\psi \end{cases} \tag{6.3}$$

와 같은 변환에 대하여 $a_f + a_\phi + a_\psi = 0$되도록 하면 위상을 언제나 상쇄시킬 수 있으므로 불변이다.

요컨대, 스칼라 입자가 복소함수 이중항인 경우, 단중항의 경우와 달리, 페르미 입자와의 유카와 결합이 가능하다는 것이다. 물론, 페르미 입자의 질량을 어떻게 회복시키느냐 하는 것은 별도의 문제이지만 말이다. 앞서, 국소적 게이지 대칭성이냐 아니면 글로벌 대칭성이냐에 따라 게이지 입자를 도입하고 공변도함수를 도입하였는데, 그것은 대칭성을 유지하기 위한 작업이었다. 반면에, 지금은 페르미 입자의 질량을 생성하기 위한 힉스 메커니즘을 적용하려는 것이기 때문에, 대칭성이 국소적이든 글로벌이든 관계없이 페르미 입자와 스칼라 입자의 유카와 결합이 불변인지 아닌지만 살펴보면 된다.

이제, 이중항 스칼라 입자와 유카와 결합을 하는 쿼크와 경입자를 등장시키자. 제1세대 페르미 입자들이다. 쿼크는 u 쿼크와 d 쿼크인데, 그 왼손잡이 성분은 이중항을 구성하며 오른손잡이 성분은 각각 단중항이다. 다음과 같다.

$$q_L = \begin{pmatrix} u_L \\ d_L \end{pmatrix}, \quad u_R, \quad d_R$$

경입자는 전자 e와 중성미자 ν인데, 왼손잡이 성분은 이중항을 구성하는데, 전자는 오른손잡이가 있지만 중성미자는 오른손잡이가 없다.

즉, 다음과 같다.

$$\ell_L = \begin{pmatrix} \nu_L \\ e_L \end{pmatrix}, \quad e_R$$

이들 쿼크와 경입자가 제1세대 페르미 입자들이다. 이들의 질량이 어떻게 생성되는지, 또는 정확히 말하자면 어떻게 회복되는지, 다음 절에서 알아 보자.

6.3 페르미 입자의 질량

6.3.1 전자

먼저 경입자, 구체적으로는 전자의 질량을 최복시키려고 한다. 이중항 스칼라 입자와 경입자와의 유카와 결합으로서 가장 일반적인 형태를 구해 보면 다음과 같다.

$$-g_\ell \bar{\ell}_L \phi e_R + \text{H.c.} = -g_\ell \bar{\ell}_L \phi e_R - g_\ell \bar{e}_R \phi^\dagger \ell_L \tag{6.4}$$

여기서 마이너스 부호는 하나의 관습이며, g_ℓ는 유카와 결합상수라고 부르는데 임의의 실수로서 자유 매개변수다. 보다시피, 오른손잡이 중성미자는 등장하지 않는다. 이 유카와 결합은 $U(1)$ 대칭성에 대하여 불변이며, $SU_L(2)$ 대칭성에 대하여도 불변이다.

이제, 이중항 스칼라 입자 ϕ가 힉스 메커니즘에 의하여 진공기대값

$$\frac{1}{\sqrt{2}} \begin{pmatrix} 0 \\ v \end{pmatrix}$$

와 같이 가지면, 앞서 논의하였듯이 새로운 스칼라 입자 이중항 η를 도입하여 진공을 재정의해야 한다.

$$\eta = \frac{1}{\sqrt{2}}\begin{pmatrix} 0 \\ h \end{pmatrix}$$

와 같이 η를 정의하고,

$$\begin{cases} \phi = \eta + \frac{1}{\sqrt{2}}\begin{pmatrix} 0 \\ v \end{pmatrix} = \frac{1}{\sqrt{2}}\begin{pmatrix} 0 \\ h+v \end{pmatrix} \\ \phi^\dagger = \eta^\dagger + \frac{1}{\sqrt{2}}\begin{pmatrix} 0 & v \end{pmatrix} = \frac{1}{\sqrt{2}}\begin{pmatrix} 0 & h+v \end{pmatrix} \end{cases} \tag{6.5}$$

와 같이 ϕ를 고쳐 쓰면, η는 진공기대값이 없는 스칼라 입자이므로 진공의 정의에 부합한다. (여기서 h는 물론 물리적인 힉스 입자다.)

ϕ 대신 η를 경입자의 유카와 결합에 대입하고 정리하면 다음과 같이 고쳐쓸 수 있다.

$$\begin{aligned} -g_\ell \bar{\ell}_L \phi e_R - g_\ell \bar{e}_R \phi^\dagger \ell_L &= -\frac{1}{\sqrt{2}}(h+v)\left[g_\ell \bar{e}_L e_R + g_\ell \bar{e}_R e_L\right] \\ &= -\frac{1}{\sqrt{2}}(h+v) g_\ell (\bar{e}_L e_R + \bar{e}_R e_L) \\ &= -\frac{1}{\sqrt{2}}(h+v) g_\ell \bar{e} e \\ &= -\frac{1}{\sqrt{2}} v g_\ell \bar{e} e - \frac{1}{\sqrt{2}} g_\ell h \bar{e} e \end{aligned} \tag{6.6}$$

최종적으로 두 개의 항이 나온다. 이때, 둘째 항은 전자와 힉스 입자와의 상호작용을 나타낸다. 그리고, 첫째 항인데, 그 모습은 우리가 카이랄 대칭성을 논의할 때 카이랄 대칭성이 깨어지는 것을 막기 위하여 희생시켰던 페르미 입자 ψ의 질량항

$$-m\bar{\psi}\psi = -m(\bar{\psi}_L \psi_R + \bar{\psi}_R \psi_L)$$

과 모습이 똑같다. 그러므로, 스칼라 입자의 진공기대값 v에 의하여 전자의 질량이 다음과 같이 생성되었다고 말할 수 있다.

$$m_e = \frac{1}{\sqrt{2}} v g_\ell \tag{6.7}$$

또는, 힉스 메커니즘에 의하여 회복되었다고 말해도 된다. 힉스 메커니즘에 의하여 카이랄 대칭성이 무너지게 되고, 그 대칭성 때문에 희생되었던 페르미 입자의 질량이 화려하게 되살아난 것이다. 다만, 중성미자는 오른손잡이가 없는 바람에 스칼라 입자와의 유카와 결합이 아예 처음부터 없어서 질량이 생길 도리가 없다.

6.3.2 d 쿼크

쿼크는 경입자와 다른 점이 두 가지가 있다. 하나는 중성미자와 달리, u 쿼크나 d 쿼크나 모두 오른손잡이 단중항이 있으므로 둘 다 질량을 가질 수 있다는 점이다. 또 하나는, 그렇기 때문에, u 쿼크의 질량을 생성시키는 방법은 d 쿼크의 질량을 생성시키는 방법과 다르다는 점이다.

먼저, d 쿼크의 질량을 생성시키자. 이때는 전자와 똑같은 방식으로 생성할 수 있다. 왜냐하면, d 쿼크와 전자는 각각 쿼크 이중항과 경입자 이중항에서

$$q_L = \begin{pmatrix} u_L \\ d_L \end{pmatrix}, \quad \ell_L = \begin{pmatrix} \nu_L \\ e_L \end{pmatrix}$$

처럼 같은 자리를 차지하고 있기 때문이다. 즉, d 쿼크는 쿼크 이중항의 $I_3 = -1/2$ 성분에 해당하고, 전자는 경입자 이중항의 $I_3 = -1/2$ 성분에 해당한다. 그리고 국소적 $SU_L(2) \times U(1)$ 게이지 변환에 대하여 d 쿼크와 전자는 동일하게 변환한다.

그러므로 d 쿼크의 질량 생성을 위한 유카와 결합은 다음과 같이 쓸 수 있다.

$$-g_d\bar{q}_L\phi d_R - g_d\bar{d}_R\phi^\dagger q_L = -g_d\bar{q}_L\phi d_R + \text{H.c.} \tag{6.8}$$

여기서 g_d는 d 쿼크에 대한 유카와 결합상수이며 실수다.

이 유카와 결합은 국소적 $SU_L(2) \times U(1)$ 게이지 변환에 대하여 불변이며, 힉스 메커니즘에 의하여 ϕ가 진공기대값 v를 가지게 되면

$$-\frac{1}{\sqrt{2}}g_d v\bar{d}d - \frac{1}{\sqrt{2}}g_d h\bar{d}d \tag{6.9}$$

와 같이 고쳐 쓸 수 있다. 이때, d 쿼크의 질량은 두 번 째 항에서 보듯이

$$m_d = \frac{1}{\sqrt{2}}g_d v \tag{6.10}$$

가 된다.

6.3.3 u 쿼크

이제 u 쿼크의 질량을 생성시켜야 한다. 문제는 어떻게 생성해야 하느냐의 방법이다. 왜냐하면 d 쿼크의 질량을 생성하는 방법을 그대로 사용할 수 없으므로 새로운 방법을 고안하여야 하기 때문이다. 경입자로 치면 중성미자와 같은 것이 u 쿼크인데, u 쿼크는 쿼크 이중항의 $I_3 = +1/2$ 성분에 해당하고, 중성미자는 경입자 이중항의 $I_3 = +1/2$ 성분이기 때문이다. 하지만 경입자는 질량이 없어서 문제가 생기지 않았다. 그런데, u 쿼크는 질량이 있어야 하기 때문에, 그 질량을 생성하는 방법을 찾아야 한다.

가령, u 쿼크의 유카와 결합을 d 쿼크와 유사하게

$$-g_u\bar{q}_L\phi u_R - g_u\bar{u}_R\phi^\dagger q_L = -g_u\bar{q}_L\phi u_R + \text{H.c.}$$

와 같다고 가정하면 u 쿼크의 질량을 생성할 수 없다. 왜냐하면 이런 형태의 유카와 결합은

$$-\frac{1}{\sqrt{2}}(h+v)g_u(\bar{d}_L u_R + \bar{u}_R d_L)$$

처럼 u 쿼크의 질량은 만들어내지도 못하면서 물리적으로 해석할 수 없는 엉뚱한 항들이 곁달려서 나타나기 때문이다. 요컨대, u 쿼크의 유카와 결합이 d 쿼크의 유카와 결합처럼 생겼을 것이라고 생각해서는 안 된다. 다른 방법을 고안해야 하는 것이다.

다른 방법이란 스칼라 입자 이중항을 뒤집어서 새로 정의한 뒤, 그 스칼라 이중항과 u 쿼크가 유카와 결합을 하도록 하는 것이다. 먼저 스칼라 입자의 이중항 ϕ을 이용하여 스칼라 반입자의 이중항 ϕ^*을 만든다.

$$\phi = \frac{1}{\sqrt{2}}\begin{pmatrix} \phi^+ \\ \phi^0 \end{pmatrix} \to \phi^* = \frac{1}{\sqrt{2}}\begin{pmatrix} \phi^- \\ \bar{\phi}^0 \end{pmatrix} \tag{6.11}$$

그런데, 이렇게 단순한 방식으로 반입자의 이중항을 만들면 ϕ^*는 좀 문제가 있다. ϕ^-가 위에 놓이고 $\bar{\phi}^0$가 아래 놓여서는 곤란하다. 원래 이중항이든 삼중항이든 다중항은 전하의 내림차순으로 입자들을 묶어야 하는데, isospin multiplet는 I_3가 가장 큰 것부터 위에서 써내려오는 것이 관습이기 때문이다. 스칼라 반입자의 이중항 ϕ^*의 경우, $I_3 = -1/2$인 ϕ^-가 $I_3 = 1/2$인 $\bar{\phi}^0$보다 위에 놓여 있으니 문제인 것이다. (이 스칼라 반입자 이중항의 hypercharge는 $-Y_\phi$로써 ϕ의 hypercharge와 반대다.)

그래서 ϕ^*의 두 성분이 뒤집혀 놓이도록 새로 정의해야 한다. 이렇게 뒤집는 행렬을 ϵ이라고 하자.

$$\epsilon = \begin{pmatrix} 0 & 1 \\ -1 & 0 \end{pmatrix} = i\sigma_2 \tag{6.12}$$

여기서 σ_2는 파울리 행렬 가운데 하나다. 이 ϵ을 사용하여 우리는 새로운 스칼라 이중항 ϕ_c를 다음과 같이 정의하는 것이다.

$$\phi_c = \epsilon\phi^* = \frac{1}{\sqrt{2}}\epsilon \begin{pmatrix} \phi_1^* \\ \phi_2^* \end{pmatrix} = \frac{1}{\sqrt{2}} \begin{pmatrix} \bar{\phi}^0 \\ -\phi^- \end{pmatrix} \tag{6.13}$$

이렇게 정의하면, isospin multiplet의 일반적인 모양과 부합하며 전하의 내림차순, 즉 I_3의 내림차순으로, 스칼라 입자들 $\bar{\phi}^0$와 ϕ^-을 제대로 위치시킬 수 있다. 한마디 첨언하자면, 위의 ϵ이라는 행렬은 초대칭 이론에서도 등장한다. 초대칭 모형에서도 u, c, t 쿼크 등의 질량을 생성하기 위하여 등장한다.

아무튼, ϕ_c를 위와 같이 정의하면 국소적 $SU(2)$ 게이지 변환에 대하여 ϕ와 똑같이 변환하게 되고 u 쿼크와의 유카와 결합도 매끈하게 만들어진다. ϕ_c의 변환은 금방 조사할 수 있다. 즉, ϕ가

$$\phi \to \phi' = e^{i\vec{\tau}\cdot\vec{\theta}}\phi \tag{6.14}$$

와 같이 변환할 때, ϕ_c는

$$\begin{aligned} \phi_c \to \phi_c' &= (\epsilon\phi^*)' \\ &= \epsilon(\phi')^* \\ &= \epsilon\left[e^{i\vec{\tau}\cdot\vec{\theta}}\phi\right]^* \\ &= \epsilon e^{-i\tau_1\theta_1+i\tau_2\theta_2-i\tau_3\theta_3}\phi^* \\ &= e^{i\tau_1\theta_1+i\tau_2\theta_2+i\tau_3\theta_3}\epsilon\phi^* \end{aligned}$$

$$= \quad e^{i\vec{\tau}\cdot\vec{\theta}}\phi_c \tag{6.15}$$

와 같이 변환한다. 여기서 넷째 줄에서 $\tau_2 = (1/2)\sigma_2$의 부호가 반대인 것은

$$\sigma_2^* = \begin{pmatrix} 0 & -i \\ i & 0 \end{pmatrix}^* = -\sigma_2 \tag{6.16}$$

이기 때문이며, 다섯째 줄에서 τ_1 및 τ_3의 부호가 바뀌는 것은 이들이 $\epsilon = i\sigma_2$와 반교환하기 때문이다.

$$\{\sigma_i, \sigma_j\} = 2\delta_{ij} \tag{6.17}$$

그러므로, ϕ_c는 국소적 $SU(2)$ 게이지 변환에 대하여 ϕ와 똑같이 변환한다.

하지만, $U(1)$에 대하여는 ϕ_c와 ϕ는 다르게 변환한다. 그 이유는 hypercharge가 반대이기 때문이다. 즉, ϕ가

$$\phi \to \phi' = e^{i\frac{1}{2}Y_\phi\theta}\phi \tag{6.18}$$

와 같이 변환하면 ϕ_c는

$$\phi_c \to \phi_c' = e^{-i\frac{1}{2}Y_\phi\theta}\phi_c \tag{6.19}$$

와 같이 변환한다.

결론적으로, 국소적 $SU_L(2) \times U(1)$ 게이지 변환에 대하여

$$\begin{cases} \phi \to \phi' = e^{i\frac{1}{2}Y_\phi\theta + i\vec{\tau}\cdot\vec{\theta}}\phi \\ \phi_c \to \phi_c' = e^{-i\frac{1}{2}Y_\phi\theta + i\vec{\tau}\cdot\vec{\theta}}\phi_c \end{cases} \tag{6.20}$$

와 같이 변환한다.

이제, ϕ_c를 사용하여 u 쿼크의 질량을 생성할 수 있는 유카와 항을 다음과 같이 만든다.

$$\mathcal{L}_{\text{Yukawa}} = -g_u \bar{q}_L \phi_c u_R - g_d \bar{u}_R \phi_c^\dagger q_L = -g_u \bar{q}_L \phi_c u_R + \text{H.c.} \quad (6.21)$$

여기서 g_u는 u 쿼크에 대한 유카와 결합상수이며 실수이며,

$$\phi_c^\dagger = (\epsilon\phi^*)^\dagger = \phi^T \epsilon^T = \frac{1}{\sqrt{2}}\begin{pmatrix}\phi_1 & \phi_2\end{pmatrix}\begin{pmatrix} 0 & -1 \\ 1 & 0 \end{pmatrix} = \frac{1}{\sqrt{2}}\begin{pmatrix}\phi_2 & -\phi_1\end{pmatrix} \quad (6.22)$$

이다. 이 유카와 항이 국소적 $SU_L(2) \times U(1)$ 게이지 변환에 대하여 불변임은 다음과 같이 금방 확인할 수 있다.

$$\begin{aligned} \bar{q}'_L \phi'_c u'_R &= \bar{q}_L e^{-i(\frac{1}{2}Y_q\theta + \vec{\tau}\cdot\vec{\theta})} e^{i(-\frac{1}{2}Y_\phi\theta + \vec{\tau}\cdot\vec{\theta})} \phi_c e^{i\frac{1}{2}Y_u\theta} u_R \\ &= e^{i\frac{1}{2}(-Y_q - Y_\phi + Y_u)\theta} \bar{q}_L \phi_c u_R \\ &= \bar{q}_L \phi_c u_R \end{aligned} \quad (6.23)$$

가 된다. 왜냐하면, 해당 입자들의 hypercharge가 각각 $Y_q = 1/3$, $Y_\phi = 1$, $Y_u = 4/3$이므로 (표 7.1을 참조할 것) $-Y_q - Y_\phi + Y_u = 0$이기 때문이다.

힉스 메커니즘에 의하여 ϕ가 진공기대값을 가지면 ϕ_c도 진공기대값을 가진다. 그래서 h라는 힉스 스칼라 입자를 도입하여 ϕ에 대입하는 동시에 ϕ_c에도 다음과 같이 대입해야 한다.

$$\begin{cases} \phi = \frac{1}{\sqrt{2}}\begin{pmatrix} 0 \\ h+v \end{pmatrix} \\ \phi^\dagger = \frac{1}{\sqrt{2}}\begin{pmatrix} 0 & h+v \end{pmatrix} \\ \phi_c = \frac{1}{\sqrt{2}}\epsilon\begin{pmatrix} 0 \\ h+v \end{pmatrix}^* = \frac{1}{\sqrt{2}}\begin{pmatrix} h+v \\ 0 \end{pmatrix} \\ \phi_c^\dagger = \frac{1}{\sqrt{2}}\begin{pmatrix} h+v & 0 \end{pmatrix} \end{cases} \quad (6.24)$$

여기서 h도 실함수이며, v도 실수라는 사실을 이용하였다.

이제, u 쿼크의 유카와 결합에 ϕ_c 및 $\phi_c^\dagger$를 대입하면

$$\begin{aligned}
&-g_u\bar{q}_L\phi_c u_R - g_u\bar{u}_R\phi_c^\dagger q_L \\
&\quad = -\frac{1}{\sqrt{2}}g_u\left[\bar{q}_L\begin{pmatrix} h+v \\ 0 \end{pmatrix}u_R + \bar{u}_R(h{+}v \;\; 0)q_L\right] \\
&\quad = -\frac{1}{\sqrt{2}}g_u(h+v)\left[\bar{u}_L u_R + \bar{u}_R u_L\right] \\
&\quad = -\frac{1}{\sqrt{2}}g_u v\bar{u}u - \frac{1}{\sqrt{2}}g_u h\bar{u}u \qquad (6.25)
\end{aligned}$$

와 같이 고쳐 쓸 수 있으므로 우리는 u 쿼크의 질량을 얻게 된다. 즉, u 쿼크의 질량은 윗 식의 두 번 째 항에서

$$m_u = \frac{1}{\sqrt{2}}g_u v \qquad (6.26)$$

가 되는 것이다.

결론적으로, 스칼라 입자의 진공기대값에 의하여 제1세대 페르미 입자의 질량이 다음과 같이 생성되었다고 말할 수 있다.

$$m_u = \frac{1}{\sqrt{2}}g_u v\ , \quad m_d = \frac{1}{\sqrt{2}}g_d v\ , \quad m_e = \frac{1}{\sqrt{2}}g_\ell v \qquad (6.27)$$

이다. 모두 진공기대값에 비례한다는 점은 주의해 둘 필요가 있다. 오른손잡이가 없는 중성미자는 여전히 질량을 가지지 못한다.

제 7장

—— 살아남은 전자기 대칭성 $U_{\text{EM}}(1)$

제5장에서 힉스 메커니즘을 논의하면서 글로벌 $SU_L(2) \times U(1)$ 대칭성이 저절로 깨지는 것을 목격하였으며, $SU_L(2) \times U(1)$ 게이지 대칭성이 저절로 깨어지는 것도 목격하였다. 그리고 입자들이 질량을 회복하는 과정도 관찰하였다. 이때, $SU_L(2) \times U(1)$ 게이지 대칭성의 게이지 입자들도 질량을 가지게 되는데, B_μ 및 W_μ^i ($i = 1, 2, 3$ 그대로가 아니라 그들의 선형 결합이 질량을 가지는 것이다. 즉, 제5

장에서도 잠깐 소개되었는데,

$$\begin{cases} W_\mu^+ = \frac{1}{\sqrt{2}}(W_\mu^1 - iW_\mu^2) \\ W_\mu^- = \frac{1}{\sqrt{2}}(W_\mu^1 + iW_\mu^2) \\ Z_\mu = \frac{1}{\sqrt{g_1^2+g_2^2}}\left(g_2 W_\mu^3 - g_1 B_\mu\right) \\ A_\mu = \frac{1}{\sqrt{g_1^2+g_2^2}}\left(g_1 W_\mu^3 + g_2 B_\mu\right) \end{cases}$$

와 같이 선형 결합을 할 때, $W_\mu^\pm$ 및 Z_μ는 질량을 가지는 반면, A_μ는 질량이 없는 채로 남는다는 것을 논의한 바 있다. 이들이 표준모형의 물리적 게이지 입자들이며, 각각 W 입자, Z 입자, 그리고 광자(photon)라는 고유한 이름을 가지고 있다. 이들은 실제로 존재하며 발견되었다.

특히, 질량이 없는 광자 A_μ를 주목해야 한다. 왜냐하면 광자는 전자기 상호작용을 매개하기 때문이다. $SU_L(2) \times U(1)$ 게이지 대칭성은 힉스 메커니즘에 의하여 저절로 깨질 때, $SU_L(2)$와 $U(1)$가 섞이면서 어떤 새로운 $U(1)$이 살아남는다는 이야기를 앞서 하였다. 그 살아남은 $U(1)$ 게이지 대칭성이 바로 전자기 상호작용의 대칭성인 $U_{EM}(1)$ 게이지 대칭성이며, 그 대칭성에 대응하는 게이지 입자가 광자인 것이다.

먼저, 약상호작용 혼합각 (weak mixing angle) 또는 와인버그 각(Weinberg angle)이라고 부르는 θ_W를

$$\tan\theta_W = \frac{g_1}{g_2} \tag{7.1}$$

와 같이 도입하여 $U(1)$ 게이지 대칭성에서 등장하는 g_1과 $SU(2)$

게이지 대칭성에서 등장하는 g_2로써 정의하면,

$$\begin{cases} g_1 = \sqrt{g_1^2 + g_2^2}\ \sin\theta_W \\ g_2 = \sqrt{g_1^2 + g_2^2}\ \cos\theta_W \end{cases} \tag{7.2}$$

로 결합 상수를 고쳐쓸 수 있다. 한편, 이들 결합 상수 g_1과 g_2으로써

$$e = g_1 \cos\theta_W = g_2 \sin\theta_W \tag{7.3}$$

와 같이 어떤 새로운 상수 e를 도입할 수 있다. 아직은 전자기 상호작용을 본격적으로 논의하기 전이므로 e라는 새로운 상수의 의미를 알 수 없지만, 이것이 바로 전자기 상호작용의 세기를 결정하는 결합 상수로서, 그 크기는 $e = 1.6 \times 10^{-19}\mathrm{C}$이다.

이때,

$$\begin{cases} g_2 W_\mu^3 = g_2 Z_\mu \cos\theta_W + eA_\mu \\ g_1 B_\mu = -g_1 Z_\mu \sin\theta_W + eA_\mu \end{cases} \tag{7.4}$$

와 같이 고칠 수 있으므로 Z_μ와 A_μ는 다음과 같이 표현할 수 있다.

$$\begin{aligned} Z_\mu &= \frac{1}{\sqrt{g_1^2 + g_2^2}} \left(g_2 W_\mu^3 - g_1 B_\mu\right) = W_\mu^3 \cos\theta_W - B_\mu \sin\theta_W \\ A_\mu &= \frac{1}{\sqrt{g_1^2 + g_2^2}} \left(g_1 W_\mu^3 + g_2 B_\mu\right) = W_\mu^3 \sin\theta_W + B_\mu \cos\theta_W \end{aligned}$$

이제부터 해야 할 일은 $U_{EM}(1)$ 게이지 대칭성에 의한 전자기 상호작용을 논의하는 것이다. 그러려면 A_μ가 어떤 입자들과 어떤 결합을 하고 있는지 알아내어야 한다. 이것은 라그랑지안 밀도에서 W_μ^3와 B_μ가 들어 있는 항들을 모두 수집하면 된다. 게이지 입자들과 다른 입자들과의 결합은 그 입자들의 공변도함수 안에 들어 있는 게이지 입자에 의하여 일어난다. 따라서 $SU(2) \times U(1)$ 게이지 대칭성에서 나온 공변도함수의 모습부터 정리하여 B_μ와 W_μ^i 대신 물리적 게이지 입자들인 $W_\mu^\pm$, Z_μ 및 A_μ로 표현하는 것이 먼저다.

7.1 공변도함수의 일반적 모습

이중항과 단중항에 대하여 각각 알아보자. 이중항에 대한 공변도함수의 기본적인 형태는 앞에서 공부한 대로 다음과 같다 (Y는 해당 이중항의 hypercharge).

$$\begin{aligned} D_\mu &= \partial_\mu + i\frac{1}{2}g_1 Y B_\mu + ig_2\vec{\tau}\cdot\vec{W}_\mu \\ &= \partial_\mu + i\frac{1}{2}g_1 Y B_\mu + ig_2\frac{1}{2}\left(\sigma_1 W_\mu^1 + \sigma_2 W_\mu^2 + \sigma_3 W_\mu^3\right) \\ &= \partial_\mu + i\frac{1}{2}\left(g_1 Y B_\mu + +\sigma_3 W_\mu^3\right) + i\frac{1}{2}\left(\sigma_1 W_\mu^1 + \sigma_2 W_\mu^2\right) \end{aligned} \tag{7.5}$$

이다. 여기서 둘째 항은 대각 행렬이며, 셋째 항은 off-diagonal 행렬이다. 이제 A_μ, Z_μ, $W_\mu^\pm$ 등을 이용하여 각각 고쳐 쓰면, 셋째 항은

$$\begin{aligned} & i\frac{1}{2}\left(\sigma_1 W_\mu^1 + \sigma_2 W_\mu^2\right) \\ &\quad = \frac{i}{2}\begin{pmatrix} 0 & g_2 W_\mu^1 - ig_2 W_\mu^2 \\ g_2 W_\mu^1 + ig_2 W_\mu^2 & 0 \end{pmatrix} \\ &\quad = \frac{i}{\sqrt{2}}g_2\begin{pmatrix} 0 & W_\mu^+ \\ W_\mu^- & 0 \end{pmatrix} \end{aligned} \tag{7.6}$$

가 되며, 둘째 항은 좀 복잡한데,

$$\begin{aligned} & i\frac{1}{2}\left(g_1 Y B_\mu + +\sigma_3 W_\mu^3\right) \\ &= \frac{i}{2}\begin{pmatrix} g_1 Y B_\mu + g_2 W_\mu^3 & 0 \\ 0 & g_1 Y B_\mu - g_2 W_\mu^3 \end{pmatrix} \end{aligned}$$

$$
\begin{aligned}
&= \frac{i}{2}\begin{pmatrix} Y(-g_1 Z_\mu \sin\theta_W + eA_\mu) \\ +(g_2 Z_\mu \cos\theta_W + eA_\mu) & 0 \\ 0 & Y(-g_1 Z_\mu \sin\theta_W + eA_\mu) \\ & -(g_2 Z_\mu \cos\theta_W + eA_\mu) \end{pmatrix} \\
&= \frac{i}{2}e\begin{pmatrix} Y+1 & 0 \\ 0 & Y-1 \end{pmatrix} A_\mu \\
&\quad -\frac{i}{2}\begin{pmatrix} g_1 Y \sin\theta_W - g_2\cos\theta_W & 0 \\ 0 & g_1 Y\sin\theta_W + g_2\cos\theta_W \end{pmatrix} Z_\mu \\
&= \frac{i}{2}e\begin{pmatrix} Y+1 & 0 \\ 0 & Y-1 \end{pmatrix} A_\mu \\
&\quad -\frac{i}{2}\frac{1}{\sqrt{g_1^2+g_2^2}}\begin{pmatrix} g_1^2 Y - g_2^2 & 0 \\ 0 & g_1^2 Y + g_2^2 \end{pmatrix} Z_\mu
\end{aligned}
\tag{7.7}
$$

와 같이 정리할 수 있다. 여기서 다음과 같은 관계식을 이용하였다.

$$
\begin{cases} \sin\theta_W = \dfrac{g_1}{\sqrt{g_1^2+g_2^2}} \\ \cos\theta_W = \dfrac{g_2}{\sqrt{g_1^2+g_2^2}} \end{cases}
\tag{7.8}
$$

그러므로, 이중항에 대한 공변도함수의 최종 표현은

$$
\begin{aligned}
D_\mu &= \partial_\mu + \frac{i}{2}e\begin{pmatrix} Y+1 & 0 \\ 0 & Y-1 \end{pmatrix} A_\mu \\
&\quad -\frac{i}{2}\frac{1}{\sqrt{g_1^2+g_2^2}}\begin{pmatrix} g_1^2 Y - g_2^2 & 0 \\ 0 & g_1^2 Y + g_2^2 \end{pmatrix} Z_\mu \\
&\quad +\frac{i}{\sqrt{2}}g_2\begin{pmatrix} 0 & W_\mu^+ \\ W_\mu^- & 0 \end{pmatrix}
\end{aligned}
\tag{7.9}
$$

와 같다.

한편, 단중항에 대한 공변도함수는 간단하다. $SU(2)$의 게이지 입자인 W_μ^i가 참여하지 않기 때문이다. 그래서, 단지 B_μ만 참여하므로, 그 기본적인 형태는 Y가 해당 단중항의 hypercharge일 때 다음과 같이 주어진다..

$$D_\mu = \partial_\mu + i\frac{1}{2}g_1 Y B_\mu \tag{7.10}$$

그러므로 B_μ를 A_μ 등으로 치환하면

$$\begin{aligned} D_\mu &= \partial_\mu + i\frac{1}{2}Y(-g_1 Z_\mu \sin\theta_W + eA_\mu) \\ &= \partial_\mu + \frac{i}{2}YeA_\mu - \frac{i}{2}Yg_1\sin\theta_W Z_\mu \end{aligned} \tag{7.11}$$

가 된다. 이와 같이 고쳐 쓴 이중항과 단중항에 대한 공변도함수를 각 입자에 적용하면 A_μ 와의 상호작용을 알 수 있다. 먼저 공변도함수를 페르미 입자에 적용하여 A_μ 등과의 결합을 구하고, 그 다음 스칼라 입자와 게이지 입자에 대하여 차례차례 계산해 보자.

7.2 페르미 입자와의 결합

7.2.1 경입자

(1) 왼손잡이 경입자 이중항 ℓ_L ($Y = -1$):

왼손잡이 경입자 이중항의 hypercharge $Y = -1$를 대입하여 경입자에 대한 공변도함수를 고쳐 보자.

$$D_\mu = \partial_\mu + \frac{i}{2}e\begin{pmatrix} 0 & 0 \\ 0 & -2 \end{pmatrix} A_\mu$$

$$
\begin{aligned}
&-\frac{i}{2}\frac{1}{\sqrt{g_1^2+g_2^2}}\begin{pmatrix} -g_1^2-g_2^2 & 0 \\ 0 & -g_1^2+g_2^2 \end{pmatrix} Z_\mu \\
&+\frac{i}{\sqrt{2}}g_2\begin{pmatrix} 0 & W_\mu^+ \\ W_\mu^- & 0 \end{pmatrix} \\
= \quad & \partial_\mu + ie\begin{pmatrix} 0 & 0 \\ 0 & -1 \end{pmatrix} A_\mu \\
&+i\frac{g_2}{2\cos\theta_W}\begin{pmatrix} 1 & 0 \\ 0 & -\cos 2\theta_W \end{pmatrix} Z_\mu \\
&+\frac{i}{\sqrt{2}}g_2\begin{pmatrix} 0 & W_\mu^+ \\ W_\mu^- & 0 \end{pmatrix}
\end{aligned}
\tag{7.12}
$$

가 된다. 여기서 다음과 같은 관계식을 이용하여 두번째 등호 다음의 식을 정리하였다.

$$
\begin{cases}
g_1^2+g_2^2 = g_2^2\tan^2\theta_W + g_2^2 = \left(\dfrac{g_2}{\cos\theta_W}\right)^2 \\
g_1^2-g_2^2 = \left(g_1^2+g_2^2\right)\left(\sin^2\theta_W - \cos^2\theta_W\right) \\
\qquad\quad = -\left(\dfrac{g_2}{\cos\theta_W}\right)^2 \cos 2\theta_W
\end{cases}
$$

이 공변도함수의 모양을 경입자 이중항에 작용시키면 경입자와 게이지 입자들과의 상호작용을 다음과 같이 분명히 볼 수 있다.

$$
\begin{aligned}
&\bar{\ell}_L i\gamma^\mu D_\mu \ell_L \\
&\quad = (\bar{\nu}_L \;\; \bar{e}_L) i\gamma^\mu \left[\partial_\mu + ie\begin{pmatrix} 0 & 0 \\ 0 & -1 \end{pmatrix} A_\mu \right. \\
&\qquad + i\frac{g_2}{2\cos\theta_W}\begin{pmatrix} 1 & 0 \\ 0 & -\cos 2\theta_W \end{pmatrix} Z_\mu \\
&\qquad \left. + \frac{i}{\sqrt{2}}g_2\begin{pmatrix} 0 & W_\mu^+ \\ W_\mu^- & 0 \end{pmatrix}\right]\begin{pmatrix} \nu_L \\ e_L \end{pmatrix}
\end{aligned}
$$

$$
\begin{aligned}
&= \bar{\nu}_L i\gamma^\mu \left[\partial_\mu + i\frac{g_2}{2\cos\theta_W} Z_\mu\right] \nu_L \\
&\quad + \bar{e}_L i\gamma^\mu \left[\partial_\mu + i(-1)eA_\mu - i\frac{g_2}{2\cos\theta_W}\cos 2\theta_W Z_\mu\right] e_L \\
&\quad + \left(\frac{i}{\sqrt{2}} g_2\right) \left[\bar{\nu}_L i\gamma^\mu W_\mu^+ e_L + \bar{e}_L i\gamma^\mu W_\mu^- \nu_L\right] \qquad (7.13)
\end{aligned}
$$

여기서 눈여겨볼 것은 왼손잡이 중성미자와 A_μ와의 결합항이 없다. 즉, 중성미자는 A_μ와 상호작용을 하지 않는다. 물론, 이것은 미리 의도한 바다. 왜냐하면 중성미자는 전기적으로 중성이기 때문에, 중성미자와 A_μ 사이의 결합항이 없도록 만든 것이다.

(2) 오른손잡이 전자 단중항 e_R ($Y = -2$):

오른손잡이 중성미자는 자연에 존재하지 않으므로, 고려할 필요가 없으며, 단중항은 오른손잡이 전자뿐이다. 전자의 hypercharge를 대입하고 오른손잡이 전자에 작용시킬 공변도함수를 구해보면

$$
\begin{aligned}
D_\mu &= \partial_\mu - ieA_\mu + ig_1 \sin\theta_W Z_\mu \\
&= \partial_\mu - ieA_\mu + i\frac{g_2}{\cos\theta_W}\sin^2\theta_W Z_\mu
\end{aligned}
$$

와 같이 고쳐 쓸 수 있다. 따라서, 오른손잡이 전자와 게이지 입자들과의 결합은

$$
\begin{aligned}
&\bar{e}_R i\gamma^\mu D_\mu e_R \\
&\quad = \bar{e}_R i\gamma^\mu \left[\partial_\mu + i(-1)eA_\mu + i\frac{g_2}{\cos\theta_W}\sin^2\theta_W Z_\mu\right] e_R
\end{aligned}
$$

와 같다. 여기서, 오른손잡이 입자와 $W_\mu^\pm$와의 결합이 없는 이유는 간단하다. $W_\mu^\pm$는 $SU(2)$의 게이지 입자이므로 이중항하고만 상호작용을 하기 때문이다.

이제, 왼손잡이 경입자 이중항의 결과와 오른손잡이 전자 단중항의 결과를 합치면 경입자에 대한 공변 도함수는 전체적으로 다음과 같이 정리된다.

$$\begin{aligned}
&\bar{\ell}_L i\gamma^\mu D_\mu \ell_L + \bar{e}_R i\gamma^\mu D_\mu e_R \\
&\quad = \bar{\nu}_L i\gamma^\mu \left[\partial_\mu + i\frac{g_2}{2\cos\theta_W} Z_\mu\right] \nu_L \\
&\qquad + \bar{e}_L i\gamma^\mu \left[\partial_\mu + i(-1)eA_\mu - i\frac{g_2}{2\cos\theta_W}\cos 2\theta_W Z_\mu\right] e_L \\
&\qquad + \bar{e}_R i\gamma^\mu \left[\partial_\mu + i(-1)eA_\mu + i\frac{g_2}{\cos\theta_W}\sin^2\theta_W Z_\mu\right] e_R \\
&\qquad + \left(\frac{i}{\sqrt{2}}g_2\right)\left[\bar{\nu}_L i\gamma^\mu W_\mu^+ e_L + \bar{e}_L i\gamma^\mu W_\mu^- \nu_L\right] \\
&\quad = \bar{\nu}_L i\gamma^\mu \partial_\mu \nu_L + \bar{e} i\gamma^\mu \partial_\mu e \\
&\qquad - e\left[(-1)\bar{e}\gamma^\mu e\right] A_\mu \\
&\qquad - \frac{g_2}{2\cos\theta_W}\left[\bar{\nu}_L\gamma^\mu\nu_L - \cos 2\theta_W(\bar{e}_L\gamma^\mu e_L)\right. \\
&\qquad\qquad\qquad\qquad \left. + 2\sin^2\theta_W(\bar{e}_R\gamma^\mu e_R)\right] Z_\mu \\
&\qquad - \left(\frac{1}{\sqrt{2}}g_2\right)\left[\bar{\nu}_L\gamma^\mu W_\mu^+ e_L + \bar{e}_L\gamma^\mu W_\mu^- \nu_L\right]
\end{aligned} \tag{7.14}$$

여기서 마지막 식의 둘째 줄부터 A_μ, Z_μ 및 $W_\mu^\pm$ 등 게이지 입자와 경입자 사이의 상호작용을 볼 수 있다. 좀 더 정리하여 오른손잡이와 왼손잡이 성분의 전자를 묶어서 표현하려면 $\cos 2\theta_W = 1 - 2\sin^2\theta_W$ 및 관계식

$$\begin{cases} \bar{e}_L\gamma^\mu e_L = \dfrac{1}{2}\left(\bar{e}\gamma^\mu e - \bar{e}\gamma^\mu\gamma^5 e\right) \\ \bar{e}_R\gamma^\mu e_R = \dfrac{1}{2}\left(\bar{e}\gamma^\mu e + \bar{e}\gamma^\mu\gamma^5 e\right) \end{cases}$$

를 이용한다. 그러면

$$-\cos 2\theta_W(\bar{e}_L\gamma^\mu e_L) + 2\sin^2\theta_W(\bar{e}_R\gamma^\mu e_R)$$

$$
\begin{aligned}
&= \left(-1 + 2\sin^2\theta_W\right)\frac{1}{2}\left(\bar{e}\gamma^\mu e - \bar{e}\gamma^\mu\gamma^5 e\right) \\
&\quad + 2\sin^2\theta_W \frac{1}{2}\left(\bar{e}\gamma^\mu e + \bar{e}\gamma^\mu\gamma^5 e\right) \\
&= \left(-\frac{1}{2} + 2\sin^2\theta_W\right)\bar{e}\gamma^\mu e - \left(-\frac{1}{2}\right)\bar{e}\gamma^\mu\gamma^5 e \\
&= g_{eV}\bar{e}\gamma^\mu e - g_{eA}\bar{e}\gamma^\mu\gamma^5 e
\end{aligned} \tag{7.15}
$$

와 같이 정리될 수 있다. 여기서 g_{eV} 및 g_{eA}는 각각

$$
\begin{cases}
g_{eV} = -\dfrac{1}{2} + 2\sin^2\theta_W = I_{e3} - 2Q_e\sin^2\theta_W \\
g_{eA} = -\dfrac{1}{2} = I_{e3}
\end{cases} \tag{7.16}
$$

와 같이 정의된 결합상수들이며, $I_{e3} = -1/2$는 전자의 isospin의 제3 성분의 값이고, $Q_e = -1$는 전자의 전하량이다. 따라서, 최종적으로 경입자의 공변도함수는 다음과 같이 정리할 수 있다.

$$
\begin{aligned}
&\bar{\ell}_L i\gamma^\mu D_\mu \ell_L + \bar{e}_R i\gamma^\mu D_\mu e_R \\
&\quad = \bar{\nu}_L i\gamma^\mu \partial_\mu \nu_L + \bar{e} i\gamma^\mu \partial_\mu e \\
&\qquad - e\left[(-1)\bar{e}\gamma^\mu e\right] A_\mu \\
&\qquad - \frac{g_2}{2\cos\theta_W}\left[\bar{\nu}_L\gamma^\mu\nu_L + g_{eV}(\bar{e}\gamma^\mu e) - g_{eA}(\bar{e}\gamma^\mu\gamma^5 e)\right] Z_\mu \\
&\qquad - \left(\frac{1}{\sqrt{2}}g_2\right)\left[(\bar{\nu}_L\gamma^\mu e_L)W_\mu^+ + (\bar{e}_L\gamma^\mu\nu_L)W_\mu^-\right]
\end{aligned} \tag{7.17}
$$

이 식에서 분명히 알 수 있듯이, 전자 $e = e_L + e_R$는 A_μ와 상호작용을 한다. 그 상호작용의 세기는 $(-1)e$이며 전자의 전하량이다 (이때의 e는 $e = g_1\cos\theta_W = g_2\sin\theta_W$). 다만, 전자와 A_μ와의 상호작용 세기의 단위인 e와 전자 자체를 가리키는 e와 혼동하지 말아야 한다. 한편, 오른손잡이 전자와 왼손잡이 전자는 각각 Z_μ와 결합하기는 하는데 그 세기가 다르다는 점에 주목하라. 오른손잡이 전자는

$ig_1 \sin\theta_W$, 왼손잡이 전자는 $-i\sqrt{g_1^2+g_2^2}\cos 2\theta_W/2$인 것이다. 이것은 나중에 g_{eV} 및 g_{eA} 사이의 실험적 비대칭을 드러나게 한다.

7.2.2 쿼크

쿼크는 왼손잡이 이중항 q_L과 오른손잡이 단중항 d_R 및 u_R이 있다. 이들에게 공변도함수를 작용시킬 때 앞서 논의한 경입자의 경우와 유사하게 하면 되는데, 물론 조심할 점이 있다.

(1) 왼손잡이 쿼크 이중항 q_L $(Y=1/3)$:

이중항에 작용시키는 공변도함수의 일반적인 모양은 앞서 구하였듯이,

$$
\begin{aligned}
D_\mu = \partial_\mu &+ \frac{i}{2}e\begin{pmatrix} Y+1 & 0 \\ 0 & Y-1 \end{pmatrix} A_\mu \\
&- \frac{i}{2}\frac{1}{\sqrt{g_1^2+g_2^2}}\begin{pmatrix} g_1^2 Y - g_2^2 & 0 \\ 0 & g_1^2 Y + g_2^2 \end{pmatrix} Z_\mu \\
&+ \frac{i}{\sqrt{2}} g_2 \begin{pmatrix} 0 & W_\mu^+ \\ W_\mu^- & 0 \end{pmatrix}
\end{aligned}
$$

와 같으므로, 여기에 $Y=1/3$을 대입하면 왼손잡이 쿼크 이중항에 대한 공변도함수의 표현을 얻을 수 있다. 즉,

$$
\begin{aligned}
D_\mu = \partial_\mu &+ \frac{i}{2}e\begin{pmatrix} 4/3 & 0 \\ 0 & -2/3 \end{pmatrix} A_\mu \\
- \frac{i}{2} &\begin{pmatrix} \frac{1}{3}g_1 \sin\theta_W - g_2\cos\theta_W & 0 \\ 0 & \frac{1}{3}g_1\sin\theta_W + g_2\cos\theta_W \end{pmatrix} Z_\mu
\end{aligned}
$$

$$+\frac{i}{\sqrt{2}}g_2\begin{pmatrix} 0 & W_\mu^+ \\ W_\mu^- & 0 \end{pmatrix} \tag{7.18}$$

가 된다. 따라서 왼손잡이 쿼크 이중항에 대하여

$$\begin{aligned}
&\bar{q}_L i\gamma^\mu D_\mu q_L \\
&= (\bar{u}_L \;\; \bar{d}_L) i\gamma^\mu \left[\partial_\mu + ie\begin{pmatrix} 2/3 & 0 \\ 0 & -1/3 \end{pmatrix} A_\mu \right. \\
&\quad - \frac{i}{2}\begin{pmatrix} \frac{1}{3}g_1\sin\theta_W - g_2\cos\theta_W & 0 \\ 0 & \frac{1}{3}g_1\sin\theta_W + g_2\cos\theta_W \end{pmatrix} Z_\mu \\
&\quad \left. + \frac{i}{\sqrt{2}}g_2\begin{pmatrix} 0 & W_\mu^+ \\ W_\mu^- & 0 \end{pmatrix}\right]\begin{pmatrix} u_L \\ d_L \end{pmatrix} \\
&= \bar{u}_L i\gamma^\mu\left[\partial_\mu + i(2/3)eA_\mu\right]u_L \\
&\quad + \bar{d}_L i\gamma^\mu\left[\partial_\mu + i(-1/3)eA_\mu\right]d_L \\
&\quad - \frac{i}{2}\left(\frac{1}{3}g_1\sin\theta_W - g_2\cos\theta_W\right)\bar{u}_L i\gamma^\mu Z_\mu u_L \\
&\quad - \frac{i}{2}\left(\frac{1}{3}g_1\sin\theta_W + g_2\cos\theta_W\right)\bar{d}_L i\gamma^\mu Z_\mu d_L \\
&\quad + \left(\frac{i}{\sqrt{2}}g_2\right)\left(\bar{u}_L i\gamma^\mu W_\mu^+ d_L + \bar{d}_L i\gamma^\mu W_\mu^- u_L\right)
\end{aligned} \tag{7.19}$$

와 같이 쓸 수 있다. 먼저 u 쿼크와 d 쿼크는 각각 $(2/3)e$ 및 $(-1/3)e$의 세기로 A_μ와 결합하고 있다는 점을 확인한다. 잘 알다시피 2/3 및 $-1/3$은 각각 u 쿼크와 d 쿼크의 전하량이다.

(2) 오른손잡이 쿼크 단중항은 상대적으로 간단하다. 오른손잡이 up 쿼크 단중항 u_R $(Y = 4/3)$의 경우,

$$D_\mu \;\; = \;\; \partial_\mu + \frac{i}{2}YeA_\mu - \frac{i}{2}Yg_1\sin\theta_W Z_\mu$$

$$= \partial_\mu + i\frac{2}{3}eA_\mu - i\frac{2}{3}g_1 \sin\theta_W Z_\mu \tag{7.20}$$

이므로

$$\bar{u}_R i\gamma^\mu D_\mu u_R = \bar{u}_R i\gamma^\mu \left[\partial_\mu + i(2/3)eA_\mu - i\frac{2}{3}g_1 \sin\theta_W Z_\mu\right] u_R$$

와 같이 정리되며, 오른손잡이 down 쿼크 단중항 d_R ($Y = -2/3$): 의 경우,

$$\begin{aligned} D_\mu &= \partial_\mu + \frac{i}{2}YeA_\mu - \frac{i}{2}Yg_1 \sin\theta_W Z_\mu \\ &= \partial_\mu - i\frac{1}{3}eA_\mu + i\frac{1}{3}g_1 \sin\theta_W Z_\mu \end{aligned} \tag{7.21}$$

이므로 다음과 같이 정리된다.

$$\bar{d}_R i\gamma^\mu D_\mu d_R = \bar{d}_R i\gamma^\mu \left[\partial_\mu + i(-1/3)eA_\mu + i\frac{1}{3}g_1 \sin\theta_W Z_\mu\right] d_R$$

이와 같이 오른손잡이 쿼크 단중항들에 공변도함수를 작용시킨 모양을 구하였으므로, 이를 앞서 구한바 왼손잡이 쿼크 이중항에 대한 결과와 합치면 쿼크의 공변도함수 전체를 얻을 수 있다. 책에 따라 그 표현은 여러가지인데, 내용은 우리가 구한 결과와 같다. 다음과 같이 쿼크의 공변도함수를 정리할 수 있다.

$$\begin{aligned} &\bar{q}_L i\gamma^\mu D_\mu q_L + \bar{u}_R i\gamma^\mu D_\mu u_R + \bar{d}_R i\gamma^\mu D_\mu d_R \\ &\quad = \bar{u}_L i\gamma^\mu \left[\partial_\mu + i(2/3)eA_\mu\right] u_L \\ &\qquad + \bar{d}_L i\gamma^\mu \left[\partial_\mu + i(-1/3)eA_\mu\right] d_L \\ &\qquad - \frac{i}{2}\left(\frac{1}{3}g_1 \sin\theta_W - g_2 \cos\theta_W\right) \bar{u}_L i\gamma^\mu Z_\mu u_L \\ &\qquad - \frac{i}{2}\left(\frac{1}{3}g_1 \sin\theta_W + g_2 \cos\theta_W\right) \bar{d}_L i\gamma^\mu Z_\mu d_L \end{aligned}$$

$$
\begin{aligned}
&\quad + \left(\frac{i}{\sqrt{2}}g_2\right)\left(\bar{u}_L W_\mu^+ d_L + \bar{d}_L W_\mu^- u_L\right) \\
&\quad + \bar{u}_R i\gamma^\mu \left[\partial_\mu + i(2/3)eA_\mu - i\frac{2}{3}g_1 \sin\theta_W Z_\mu\right] u_R \\
&\quad + \bar{d}_R i\gamma^\mu \left[\partial_\mu + i(-1/3)eA_\mu + i\frac{1}{3}g_1 \sin\theta_W Z_\mu\right] d_R \\
&= \bar{u} i\gamma^\mu \left[\partial_\mu + i(2/3)eA_\mu\right] u + \bar{d} i\gamma^\mu \left[\partial_\mu + i(-1/3)eA_\mu\right] d \\
&\quad - \frac{i}{2}\left(\frac{1}{3}g_1 \sin\theta_W - g_2\cos\theta_W\right) \bar{u}_L i\gamma^\mu Z_\mu u_L \\
&\quad - i\frac{2}{3}g_1 \sin\theta_W \bar{u}_R i\gamma^\mu Z_\mu u_R \\
&\quad - \frac{i}{2}\left(\frac{1}{3}g_1 \sin\theta_W + g_2\cos\theta_W\right) \bar{d}_L i\gamma^\mu Z_\mu d_L \\
&\quad + i\frac{1}{3}g_1 \sin\theta_W \bar{d}_R i\gamma^\mu Z_\mu d_R \\
&\quad + \left(\frac{i}{\sqrt{2}}g_2\right)\left(\bar{u}_L i\gamma^\mu W_\mu^+ d_L + \bar{d}_L i\gamma^\mu W_\mu^- u_L\right) \\
&= \bar{u} i\gamma^\mu \partial_\mu u + \bar{d} i\gamma^\mu \partial_\mu d \\
&\quad + \left[(2/3)e\bar{u} i\gamma^\mu i u + (-1/3)e\bar{d} i\gamma^\mu i d\right] A_\mu \\
&\quad + \left[c_{uL}\bar{u}_L i\gamma^\mu u_L + c_{uR}\bar{u}_R i\gamma^\mu u_R\right] Z_\mu \\
&\quad + \left[c_{dL}\bar{d}_L i\gamma^\mu d_L + c_{dR}\bar{d}_R i\gamma^\mu d_R\right] Z_\mu \\
&\quad + \left(\frac{i}{\sqrt{2}}g_2\right)\left(\bar{u}_L i\gamma^\mu W_\mu^+ d_L + \bar{d}_L i\gamma^\mu W_\mu^- u_L\right) \\
&= \bar{u} i\gamma^\mu \partial_\mu u + \bar{d} i\gamma^\mu \partial_\mu d \\
&\quad - e\left[(2/3)\bar{u}\gamma^\mu u + (-1/3)\bar{d}\gamma^\mu d\right] A_\mu \\
&\quad + i\left[c_{uL}\,\bar{u}_L\gamma^\mu u_L + c_{uR}\,\bar{u}_R\gamma^\mu u_R\right] Z_\mu \\
&\quad + i\left[c_{dL}\,\bar{d}_L\gamma^\mu d_L + c_{dR}\,\bar{d}_R\gamma^\mu d_R\right] Z_\mu \\
&\quad - \frac{1}{\sqrt{2}}g_2\left(\bar{u}_L\gamma^\mu W_\mu^+ d_L + \bar{d}_L\gamma^\mu W_\mu^- u_L\right)
\end{aligned}
\tag{7.22}
$$

이러한 표현식은 $u_L + u_R = u$ 및 $d_L + d_R = d$, 그리고

$$\begin{cases} \bar{u}_L\gamma^\mu u_L = \bar{u}\gamma^\mu \dfrac{1-\gamma^5}{2}u \\ \bar{u}_R\gamma^\mu u_R = \bar{u}\gamma^\mu \dfrac{1+\gamma^5}{2}u \\ \bar{d}_L\gamma^\mu d_L = \bar{d}\gamma^\mu \dfrac{1-\gamma^5}{2}d \\ \bar{d}_R\gamma^\mu d_R = \bar{d}\gamma^\mu \dfrac{1+\gamma^5}{2}d \end{cases} \tag{7.23}$$

와 같은 관계식을 이용하면 얻을 수 있다. 이때, 세 번 째 등호 이후에 등장하는 결합 상수 c_{uL} 등은 다음과 같이 주어진다.

$$\begin{aligned} c_{uL} &= -\frac{i}{2}\left(\frac{1}{3}g_1\sin\theta_W - g_2\cos\theta_W\right) \\ &= -\frac{ig_2}{2\cos\theta_W}\left(\frac{1}{3}\sin^2\theta_W - \cos^2\theta_W\right) \\ &= \frac{ig_2}{2\cos\theta_W}\left(1 - \frac{4}{3}\sin^2\theta_W\right) \\ c_{uR} &= -i\frac{2}{3}g_1\sin\theta_W = \frac{ig_2}{2\cos\theta_W}\left(-\frac{4}{3}\sin^2\theta_W\right) \\ c_{dL} &= -\frac{i}{2}\left(\frac{1}{3}g_1\sin\theta_W + g_2\cos\theta_W\right) \\ &= -\frac{ig_2}{2\cos\theta_W}\left(\frac{1}{3}\sin^2\theta_W + \cos^2\theta_W\right) \\ &= \frac{ig_2}{2\cos\theta_W}\left(-1 + \frac{2}{3}\sin^2\theta_W\right) \\ c_{dR} &= i\frac{1}{3}g_1\sin\theta_W = \frac{ig_2}{2\cos\theta_W}\left(\frac{2}{3}\sin^2\theta_W\right) \end{aligned}$$

여기서, 벡터 결합 상수와 축벡터(axial-vector) 결합 상수를

$$c_{uV} = \frac{g_2}{2\cos\theta_W}g_{uV} = \frac{1}{2i}\left(c_{uL} + c_{uR}\right)$$

$$
\begin{aligned}
c_{uA} &= \frac{g_2}{2\cos\theta_W} g_{uA} = \frac{1}{2i}\left(c_{uL} - c_{uR}\right) \\
c_{dV} &= \frac{g_2}{2\cos\theta_W} g_{dV} = \frac{1}{2i}\left(c_{dL} + c_{dR}\right) \\
c_{dA} &= \frac{g_2}{2\cos\theta_W} g_{dA} = \frac{1}{2i}\left(c_{dL} - c_{dR}\right)
\end{aligned}
$$

와 같이 도입하면 최종적으로 Review of Particle Physics 같은 참고 문헌에 나오는 식으로 다음과 같이 고쳐 쓸 수 있다.

$$
\begin{aligned}
&\bar{u}i\gamma^\mu\partial_\mu u + \bar{d}i\gamma^\mu\partial_\mu d \\
&\quad - e\left[(2/3)\bar{u}\gamma^\mu u + (-1/3)\bar{d}\gamma^\mu d\right] A_\mu \\
&\quad - \left[\bar{u}\gamma^\mu\left(c_{uV} - c_{uA}\gamma^5\right) u + \bar{d}\gamma^\mu\left(c_{dV} - c_{dA}\gamma^5\right) d\right] Z_\mu \\
&\quad - \frac{1}{\sqrt{2}} g_2\left(\bar{u}_L\gamma^\mu W_\mu^+ d_L + \bar{d}_L\gamma^\mu W_\mu^- u_L\right) \qquad (7.24)
\end{aligned}
$$

여기서, c_V와 c_A 등에 나오는 계수 g_{uV}, g_{uA}, g_{dV}, g_{dA} 등은 다음과 같이 주어진다.

$$
\begin{aligned}
g_{uV} &= \frac{\cos\theta_W}{ig_2}\left(c_{uL} + c_{uR}\right) = \frac{1}{2}\left(1 - \frac{8}{3}\sin^2\theta_W\right) \\
g_{uA} &= \frac{\cos\theta_W}{ig_2}\left(c_{uL} - c_{uR}\right) = \frac{1}{2} \\
g_{dV} &= \frac{\cos\theta_W}{ig_2}\left(c_{dL} + c_{dR}\right) = \frac{1}{2}\left(-1 + \frac{4}{3}\sin^2\theta_W\right) \\
g_{dA} &= \frac{\cos\theta_W}{ig_2}\left(c_{dL} - c_{dR}\right) = -\frac{1}{2}
\end{aligned}
$$

이들을 Review of Particle Physics에서는 다음과 같이 표현하고 있다.

$$\begin{cases} g_{uV} = I_{u3} - 2Q_u \sin^2\theta_W = \dfrac{1}{2} - \dfrac{4}{3}\sin^2\theta_W \\ g_{uA} = I_{u3} = \dfrac{1}{2} \\ g_{dV} = I_{d3} - 2Q_d \sin^2\theta_W = -\dfrac{1}{2} + \dfrac{2}{3}\sin^2\theta_W \\ g_{dA} = I_{d3} = -\dfrac{1}{2} \end{cases} \tag{7.25}$$

알다시피, $I_{u3} = 1/2$ 및 $I_{d3} = -1/2$는 각각 u 쿼크 및 d 쿼크의 isospin의 제3성분의 값이며, $Q_u = 2/3$ 및 $Q_d = -1/3$는 각각 u 쿼크 및 d 쿼크의 isospin의 전하량이다. 그러므로 Review of Particle Physics에서처럼 고쳐 쓰면 최종적으로 쿼크의 공변도함수는 다음과 같이 된다.

$$\begin{aligned} &\bar{q}_L i\gamma^\mu D_\mu q_L + \bar{u}_R i\gamma^\mu D_\mu u_R + \bar{d}_R i\gamma^\mu D_\mu d_R \\ &\quad = \bar{u} i\gamma^\mu \partial_\mu u + \bar{d} i\gamma^\mu \partial_\mu d \\ &\qquad - e\left[(2/3)\bar{u}\gamma^\mu u + (-1/3)\bar{d}\gamma^\mu d\right] A_\mu \\ &\qquad - \frac{g_2}{2\cos\theta_W}\left[\bar{u}\gamma^\mu\left(g_{uV} - g_{uA}\gamma^5\right)u\right. \\ &\qquad\qquad \left. + \bar{d}\gamma^\mu\left(g_{dV} - g_{dA}\gamma^5\right)d\right] Z_\mu \\ &\qquad - \frac{1}{\sqrt{2}} g_2\left(\bar{u}_L\gamma^\mu W_\mu^+ d_L + \bar{d}_L\gamma^\mu W_\mu^- u_L\right) \end{aligned} \tag{7.26}$$

길고도 지루한 계산이었다. 하지만 그 과정에서 계산이 손에 많이 익숙해지는 것은 사실이다.

7.3 스칼라 입자

스칼라 입자는 이중항 ϕ만 있다. 그 이중의 hypercharge는 $Y = 1$이다. 이 값을 대입하면 공변도함수는 다음과 같은 모양을 가지게 된다.

$$
\begin{aligned}
D_\mu &= \partial_\mu + \frac{i}{2} e \begin{pmatrix} Y+1 & 0 \\ 0 & Y-1 \end{pmatrix} A_\mu \\
&\quad - \frac{i}{2} \begin{pmatrix} g_1 Y \sin\theta_W - g_2 \cos\theta_W & 0 \\ 0 & g_1 Y \sin\theta_W + g_2 \cos\theta_W \end{pmatrix} Z_\mu \\
&\quad + \frac{i}{\sqrt{2}} g_2 \begin{pmatrix} 0 & W_\mu^+ \\ W_\mu^- & 0 \end{pmatrix} \\
&= \partial_\mu + ie \begin{pmatrix} 1 & 0 \\ 0 & 0 \end{pmatrix} A_\mu \\
&\quad - \frac{i}{2} \begin{pmatrix} g_1 \sin\theta_W - g_2 \cos\theta_W & 0 \\ 0 & g_1 \sin\theta_W + g_2 \cos\theta_W \end{pmatrix} Z_\mu \\
&\quad + \frac{i}{\sqrt{2}} g_2 \begin{pmatrix} 0 & W_\mu^+ \\ W_\mu^- & 0 \end{pmatrix} \\
&= \partial_\mu + ie \begin{pmatrix} 1 & 0 \\ 0 & 0 \end{pmatrix} A_\mu \\
&\quad - \frac{i}{2} \begin{pmatrix} -\sqrt{g_1^2 + g_2^2} \cos 2\theta_W & 0 \\ 0 & \sqrt{g_1^2 + g_2^2} \end{pmatrix} Z_\mu \\
&\quad + \frac{i}{\sqrt{2}} g_2 \begin{pmatrix} 0 & W_\mu^+ \\ W_\mu^- & 0 \end{pmatrix}
\end{aligned}
\tag{7.27}
$$

여기서 잠시 생각할 필요가 있다. 즉, 이 공변도함수를 힉스 메커니즘 이전의 ϕ에 작용시켜야 하는지 아니면 힉스 메커니즘 이후의 η에 작용시켜야 하는지 분명히 해야 한다. 물론 정답은 당연히 힉스 메커니즘 이후에 작용시켜야 하는 것이다. 그 이유는 A_μ, Z_μ, $W_\mu^\pm$ 등이 힉스 메커니즘을 적용한 이후의 (물리적) 게이지 입자들이기 때문이다. 그렇기 때문에 위의 공변도함수가 작용하는 스칼라 입자 이중항은 ϕ가 아니라 진공기대값을 포함한 η이며, 물리적 입자인 힉스 입자 h가 물리적 게이지 입자들과 상호작용을 하게 된다.

$$
\begin{aligned}
D_\mu \phi =& \frac{1}{\sqrt{2}}\left[\partial_\mu + ie\begin{pmatrix} 1 & 0 \\ 0 & 0 \end{pmatrix} A_\mu\right]\begin{pmatrix} 0 \\ h+v \end{pmatrix} \\
&- \frac{i}{2\sqrt{2}} Z_\mu \begin{pmatrix} -\sqrt{g_1^2+g_2^2}\cos 2\theta_W & 0 \\ 0 & \sqrt{g_1^2+g_2^2} \end{pmatrix}\begin{pmatrix} 0 \\ h+v \end{pmatrix} \\
&+ \frac{i}{2} g_2 \begin{pmatrix} 0 & W_\mu^+ \\ W_\mu^- & 0 \end{pmatrix}\begin{pmatrix} 0 \\ h+v \end{pmatrix} \\
=& \frac{1}{\sqrt{2}}\begin{pmatrix} 0 \\ \partial_\mu h \end{pmatrix} + \frac{i}{2\sqrt{2}}\begin{pmatrix} \sqrt{2} g_2 W_\mu^+ \\ -\sqrt{g_1^2+g_2^2} Z_\mu \end{pmatrix}(h+v)
\end{aligned}
$$

이 식에서 A_μ가 등장하지 않는다는 이 중요하다. 즉, 힉스 입자 h와 A_μ와의 결합항이 없다. 그 이유는 무엇일까? 바로 힉스 입자가 전기적으로 중성이기 때문에 전자기 상호작용을 하지 않기 때문이다. 어떻든 결론적으로 다음과 같이 쓸 수 있다.

$$
\begin{aligned}
&(D^\mu \phi)^\dagger D_\mu \phi \\
&= \frac{1}{2}\left[\begin{pmatrix} 0 \\ \partial^\mu h \end{pmatrix} + \frac{i}{2}\begin{pmatrix} \sqrt{2} g_2 W^{+\mu} \\ -\sqrt{g_1^2+g_2^2} Z^\mu \end{pmatrix}(h+v)\right]^\dagger \\
&\qquad \cdot \left[\begin{pmatrix} 0 \\ \partial_\mu h \end{pmatrix} + \frac{i}{2}\begin{pmatrix} \sqrt{2} g_2 W_\mu^+ \\ -\sqrt{g_1^2+g_2^2} Z_\mu \end{pmatrix}(h+v)\right] \\
&= \frac{1}{2}\begin{pmatrix} \frac{i}{\sqrt{2}} g_2 W^{+\mu}(h+v) \\ \partial^\mu h - \frac{i}{2}\sqrt{g_1^2+g_2^2} Z^\mu (h+v) \end{pmatrix}^\dagger \\
&\qquad \cdot \begin{pmatrix} \frac{i}{\sqrt{2}} g_2 W_\mu^+(h+v) \\ \partial_\mu h - \frac{i}{2}\sqrt{g_1^2+g_2^2} Z_\mu (h+v) \end{pmatrix} \\
&= \frac{1}{2}\left[-\frac{i}{\sqrt{2}} g_2 W^{-\mu}(h+v) \cdot \frac{i}{\sqrt{2}} g_2 W_\mu^+ (h+v)\right.
\end{aligned}
$$

$$
\begin{aligned}
&+\left(\partial^\mu h + \frac{i}{2}\sqrt{g_1^2+g_2^2}Z^\mu(h+v)\right) \\
&\qquad \cdot \left(\partial_\mu h - \frac{i}{2}\sqrt{g_1^2+g_2^2}Z_\mu(h+v)\right)\Bigg] \\
&= \frac{1}{4}g_2^2(h+v)^2 W^{-\mu}W_\mu^+ \\
&\quad + \frac{1}{2}\left[\partial^\mu h \partial_\mu h + \frac{1}{4}(g_1^2+g_2^2)(h+v)^2 Z^\mu Z_\mu\right] \qquad (7.28)
\end{aligned}
$$

이 계산은 앞에서도 스칼라 입자의 질량을 구할 때 한번 계산한 적이 있다. 특히 진공기대값 v^2에 비례하는 항을 보면 기억을 되살리게 된다.

$$
\begin{aligned}
&\frac{1}{4}g_2^2 v^2 W^{-\mu}W_\mu^+ + \frac{1}{8}(g_1^2+g_2^2)v^2 Z^\mu Z_\mu \\
&\quad = \frac{1}{8}g_2^2 v^2\left[(W^{+\mu})^* W_\mu^+ + W^{-\mu}(W_\mu^-)^*\right] \\
&\quad + \frac{1}{8}(g_1^2+g_2^2)v^2 Z^\mu Z_\mu \\
&\quad = \frac{1}{2}m_W^2\left[(W^{+\mu})^* W_\mu^+ + W^{-\mu}(W_\mu^-)^*\right] + \frac{1}{2}m_Z^2 Z^\mu Z_\mu
\end{aligned}
$$

이때, 게이지 입자들의 질량은 다음과 같이 주어진다.

$$
\begin{cases}
m_W = m_{W^\pm} = \frac{1}{2}vg_2 \\
m_Z = \frac{1}{2}v\sqrt{g_1^2+g_2^2} \\
m_A = 0
\end{cases} \qquad (7.29)
$$

중요한 점은 A_μ의 질량은 0이라는 사실이다. 그 이유로는, 힉스 메커니즘에 의하여 $SU(2)\times U(1)$ 대칭성이 깨어졌지만 $U_{EM}(1)$ 대칭성이 남아 있기 때문이라고 해도 되고, 위에서 지적하였듯이 전기적으로 중성인 힉스 입자 h는 A_μ와 결합하지 않기 때문이라고 해도 된다.

7.4 게이지 입자들끼리의 자체 결합

이제, 게이지 입자들의 결합을 B_μ나 W_μ^i가 아닌 A_μ, Z_μ, $W_\mu^\pm$ 등으로 표현할 것이다. 이 계산은 매우 복잡하며 귀찮지만, 한번은 해 볼 만 하므로 끈기 있게 계산해 보자. 특히 다른 게이지 입자들보다 A_μ에 관한 항들을 유념하면서 계산하는 것이 필요하다. 게이지 입자들의 자체 결합은

$$-\frac{1}{4}B^{\mu\nu}B_{\mu\nu} - \frac{1}{4}\vec{W}^{\mu\nu}\cdot\vec{W}_{\mu\nu}$$

라는 항에 들어 있는데, $B^{\mu\nu}$ 항은 쉽게 전개할 수 있다.

$$B_\mu = A_\mu\cos\theta_W - Z_\mu\sin\theta_W \tag{7.30}$$

를 대입하면

$$\begin{aligned}
B_{\mu\nu} &= \partial_\mu B_\nu - \partial_\nu B_\mu \\
&= \partial_\mu(A_\nu\cos\theta_W - Z_\nu\sin\theta_W) \\
&\qquad - \partial_\nu(A_\mu\cos\theta_W - Z_\mu\sin\theta_W) \\
&= (\partial_\mu A_\nu - \partial_\nu A_\mu)\cos\theta_W - (\partial_\mu Z_\nu - \partial_\nu Z_\mu)\sin\theta_W \\
&= F_{\mu\nu}\cos\theta_W - Z_{\mu\nu}\sin\theta_W
\end{aligned}$$

가 된다. 여기서

$$\begin{cases} F_{\mu\nu} = \partial_\mu A_\nu - \partial_\nu A_\mu \\ Z_{\mu\nu} = \partial_\mu Z_\nu - \partial_\nu Z_\mu \end{cases} \tag{7.31}$$

는 새롭게 정의된 게이지 텐서들인데, 특히 $F_{\mu\nu}$는 전자기 상호작용을 기술하는 것으로서, 바로 맥스웰 전자기장의 field-stress tensor이다. 따라서

$$-\frac{1}{4}B^{\mu\nu}B_{\mu\nu}$$

$$
\begin{aligned}
&= -\frac{1}{4}\cos^2\theta_W F^{\mu\nu}F_{\mu\nu} + \frac{1}{2}Z^{\mu\nu}F_{\mu\nu}\sin\theta_W\cos\theta_W \\
&\quad -\frac{1}{4}\sin^2\theta_W Z^{\mu\nu}Z_{\mu\nu}
\end{aligned}
\tag{7.32}
$$

와 같이 고쳐 쓸 수 있다.

하지만 $W^i_{\mu\nu}$ $(i = 1,2,3)$들은 비가환성 때문에 조금 복잡하다. 먼저, W^3_μ인데,

$$
W^3_\mu = A_\mu \sin\theta_W + Z_\mu \cos\theta_W \tag{7.33}
$$

이므로,

$$
\begin{aligned}
W^3_{\mu\nu} &= \partial_\mu W^3_\nu - \partial_\nu W^3_\mu - g_2(W^1_\mu W^2_\nu - W^1_\nu W^2_\mu) \\
&= \partial_\mu(A_\nu \sin\theta_W + Z_\nu \cos\theta_W) \\
&\quad -\partial_\nu(A_\mu \sin\theta_W + Z_\mu \cos\theta_W) \\
&\quad -g_2(W^1_\mu W^2_\nu - W^1_\nu W^2_\mu) \\
&= (\partial_\mu A_\nu - \partial_\nu A_\mu)\sin\theta_W + (\partial_\mu Z_\nu - \partial_\nu Z_\mu)\cos\theta_W \\
&\quad -g_2(W^1_\mu W^2_\nu - W^1_\nu W^2_\mu) \\
&= F_{\mu\nu}\sin\theta_W + Z_{\mu\nu}\cos\theta_W - g_2(W^1_\mu W^2_\nu - W^1_\nu W^2_\mu)
\end{aligned}
$$

와 같이 된다. 그런데, 앞에서 보았다시피, W^1_μ나 W^2_μ들은 A_μ 및 Z_μ가 아니라 $W^\pm_\mu$들의 1차 결합인

$$
\begin{cases}
W^1_\mu = \dfrac{1}{\sqrt{2}}(W^+_\mu + W^-_\mu) \\
W^2_\mu = \dfrac{i}{\sqrt{2}}(W^+_\mu - W^-_\mu)
\end{cases}
$$

으로 주어진다. 그러므로,

$$\begin{aligned}
&W_\mu^1 W_\nu^2 - W_\nu^1 W_\mu^2 \\
&\quad = \frac{1}{\sqrt{2}}(W_\mu^+ + W_\mu^-)\frac{i}{\sqrt{2}}(W_\nu^+ - W_\nu^-) \\
&\qquad\quad -\frac{1}{\sqrt{2}}(W_\nu^+ + W_\nu^-)\frac{i}{\sqrt{2}}(W_\mu^+ - W_\mu^-) \\
&\quad = \frac{i}{2}\left[(W_\mu^+ W_\nu^+ - W_\mu^+ W_\nu^- + W_\mu^- W_\nu^+ - W_\mu^- W_\nu^-)\right. \\
&\qquad\quad \left.-(W_\mu^+ W_\nu^+ + W_\mu^+ W_\nu^- - W_\mu^- W_\nu^+ - W_\mu^- W_\nu^-)\right] \\
&\quad = i(W_\mu^- W_\nu^+ - W_\mu^+ W_\nu^-)
\end{aligned}$$

와 같이 정리되며, $W^3_{\mu\nu}$의 모양은

$$W^3_{\mu\nu} = F_{\mu\nu}\sin\theta_W + Z_{\mu\nu}\cos\theta_W - ig_2(W_\mu^- W_\nu^+ - W_\mu^+ W_\nu^-)$$

이다. 그래서,

$$\begin{aligned}
&-\frac{1}{4}W^{3\mu\nu}W^3_{\mu\nu} \\
&\quad = -\frac{1}{4}\sin^2\theta_W F^{\mu\nu}F_{\mu\nu} - \frac{1}{2}\sin\theta_W\cos\theta_W Z^{\mu\nu}F_{\mu\nu} \\
&\qquad -\frac{1}{4}\cos^2\theta_W Z^{\mu\nu}Z_{\mu\nu} \\
&\qquad +i\frac{1}{4}g_2(F^{\mu\nu}\sin\theta_W + Z^{\mu\nu}\cos\theta_W)(W_\mu^- W_\nu^+ - W_\mu^+ W_\nu^-) \\
&\qquad +i\frac{1}{4}g_2(F_{\mu\nu}\sin\theta_W + Z_{\mu\nu}\cos\theta_W) \\
&\qquad\qquad\qquad \times(W^{-\mu}W^{+\nu} - W^{+\mu}W^{-\nu}) \\
&\qquad +\frac{1}{4}g_2^2(W^{-\mu}W^{+\nu} - W^{+\mu}W^{-\nu})(W_\mu^- W_\nu^+ - W_\mu^+ W_\nu^-)
\end{aligned}$$

이다. 여기서 둘째 및 셋째 줄의 i에 비례하는 항들은 사실 같다. $F_{\mu\nu}$ 및 $Z_{\mu\nu}$의 지표를 올리고 $W^{\pm\mu}$ 및 $W^{\mp\nu}$의 지표를 내리는 등 지표를

바꾸면 셋째 줄은 둘째 줄과 같아진다. 그러므로,

$$
\begin{aligned}
&-\frac{1}{4}W^{3\mu\nu}W^3_{\mu\nu}\\
&\quad = -\frac{1}{4}\sin^2\theta_W F^{\mu\nu}F_{\mu\nu} - \frac{1}{2}\sin\theta_W\cos\theta_W Z^{\mu\nu}F_{\mu\nu}\\
&\qquad - \frac{1}{4}\cos^2\theta_W Z^{\mu\nu}Z_{\mu\nu}\\
&\qquad + \frac{1}{2}ig_2(F^{\mu\nu}\sin\theta_W + Z^{\mu\nu}\cos\theta_W)(W^-_\mu W^+_\nu - W^+_\mu W^-_\nu)\\
&\qquad + \frac{1}{4}g_2^2(W^{-\mu}W^{+\nu} - W^{+\mu}W^{-\nu})(W^-_\mu W^+_\nu - W^+_\mu W^-_\nu)
\end{aligned}
$$

와 같이 정리할 수 있다. 일단 여기까지는 순조롭게 계산하여 얻은바, $B_{\mu\nu}$와 $W^3_{\mu\nu}$에 대한 결과를 합치면 다음과 같다.

$$
\begin{aligned}
&-\tfrac{1}{4}B^{\mu\nu}B_{\mu\nu} - \tfrac{1}{4}W^{3\mu\nu}W^3_{\mu\nu}\\
&\quad = -\tfrac{1}{4}\cos^2\theta_W F^{\mu\nu}F_{\mu\nu} + \tfrac{1}{2}Z^{\mu\nu}F_{\mu\nu}\sin\theta_W\cos\theta_W\\
&\qquad\qquad\qquad -\tfrac{1}{4}\sin^2\theta_W Z^{\mu\nu}Z_{\mu\nu}\\
&\qquad - \tfrac{1}{4}\sin^2\theta_W F^{\mu\nu}F_{\mu\nu} - \tfrac{1}{2}\sin\theta_W\cos\theta_W Z^{\mu\nu}F_{\mu\nu}\\
&\qquad\qquad\qquad -\tfrac{1}{4}\cos^2\theta_W Z^{\mu\nu}Z_{\mu\nu}\\
&\qquad + \frac{1}{2}ig_2(F^{\mu\nu}\sin\theta_W + Z^{\mu\nu}\cos\theta_W)(W^-_\mu W^+_\nu - W^+_\mu W^-_\nu)\\
&\qquad + \tfrac{1}{4}g_2^2(W^{-\mu}W^{+\nu} - W^{+\mu}W^{-\nu})(W^-_\mu W^+_\nu - W^+_\mu W^-_\nu)\\
&\quad = -\tfrac{1}{4}F^{\mu\nu}F_{\mu\nu} - \tfrac{1}{4}Z^{\mu\nu}Z_{\mu\nu}\\
&\qquad + \frac{1}{2}ig_2(F^{\mu\nu}\sin\theta_W + Z^{\mu\nu}\cos\theta_W)(W^-_\mu W^+_\nu - W^+_\mu W^-_\nu)\\
&\qquad + \tfrac{1}{4}g_2^2(W^{-\mu}W^{+\nu} - W^{+\mu}W^{-\nu})(W^-_\mu W^+_\nu - W^+_\mu W^-_\nu)
\end{aligned}
$$

계산 과정 중간에 비록 i가 들어 있지만 전체적으로는 실수라는 것은 말하지 않아도 알 것이다.

그러나, 이제 진짜로 복잡한 것이 남아 있다. 즉, $W^1_{\mu\nu}$ 및 $W^2_{\mu\nu}$를 A_μ, Z_μ, $W^\pm_\mu$ 등으로 표현하는 일이다. 그 다음에 각각 $W^{1\mu\nu}$ 및 $W^{2\mu\nu}$와 곱하는 것은 덤이라고 할까. 이것을 곧이곧대로 계산하다

보면 식이 엄청나게 복잡해진다. 그런데, 간편하게 계산할 수 있는 방법이 있다. Huang의 책에 나오는 방법인데, 우리도 익숙한 벡터 기호를 도입하여 연산을 손쉽게 하는 것이다. 우선,

$$\begin{cases} (A \times B)_{\mu\nu} = A_\mu B_\nu - A_\nu B_\mu \\ (A \times B)^{\mu\nu} = A^\mu B^\nu - A^\nu B^\mu \end{cases} \tag{7.34}$$

라고 정의한다. 이 기호를 도입하면 벡터 곱의 연산과 똑같이 다룰 수 있어서, 텐서의 곱을 간결하게 표현할 수 있다. 그리고, 벡터 곱의 연산처럼, 선형이며 순서를 치환하면 부호가 바뀐다. 즉,

$$\begin{cases} (B \times A)_{\mu\nu} = -(A \times B)_{\mu\nu} \\ [A \times (B + C)]_{\mu\nu} = (A \times B)_{\mu\nu} + (A \times C)_{\mu\nu} \end{cases}$$

이다.

이 기호를 이용하면 예를 들어 다음과 같이 표현할 수 있다.

$$(\partial \times W^1)_{\mu\nu} = \partial_\mu W^1_\nu - \partial_\nu W^1_\mu$$
$$(W^2 \times W^3)_{\mu\nu} = W^2_\mu W^3_\nu - W^2_\nu W^3_\mu$$

이제, $W^1_{\mu\nu}$부터 보자.

$$W^1_{\mu\nu} = \partial_\mu W^1_\nu - \partial_\nu W^1_\mu - g_2(W^2_\mu W^3_\nu - W^2_\nu W^3_\mu)$$

이므로 이 기호로 표현하면

$$W^1_{\mu\nu} = (\partial \times W^1)_{\mu\nu} - g_2(W^2 \times W^3)_{\mu\nu} \tag{7.35}$$

와 같이 쓸 수 있다. 첫째 항은 다음과 같이 정리된다.

$$\begin{aligned}(\partial \times W^1)_{\mu\nu} &= \partial_\mu W^1_\nu - \partial_\nu W^1_\mu \\ &= \partial_\mu \frac{1}{\sqrt{2}}(W^+_\nu + W^-_\nu) - \partial_\nu \frac{1}{\sqrt{2}}(W^+_\mu + W^-_\mu) \\ &= \frac{1}{\sqrt{2}}(\partial_\mu W^+_\nu - \partial_\nu W^+_\mu) + \frac{1}{\sqrt{2}}(\partial_\mu W^-_\nu - \partial_\nu W^-_\mu) \\ &= \frac{1}{\sqrt{2}}(\partial \times W^+)_{\mu\nu} + \frac{1}{\sqrt{2}}(\partial \times W^-)_{\mu\nu}\end{aligned}$$

또, 둘째 항은 다음과 같이 정리된다.

$$
\begin{aligned}
&(W^2 \times W^3)_{\mu\nu} \\
&\quad = W^2_\mu W^3_\nu - W^2_\nu W^3_\mu \\
&\quad = \frac{i}{\sqrt{2}}(W^+_\mu - W^-_\mu)(A_\nu \sin\theta_W + Z_\nu \cos\theta_W) \\
&\qquad\qquad - \frac{i}{\sqrt{2}}(W^+_\nu - W^-_\nu)(A_\mu \sin\theta_W + Z_\mu \cos\theta_W) \\
&\quad = \frac{i}{\sqrt{2}}\left[(W^+ - W^-) \times (A\sin\theta_W + Z\cos\theta_W)\right]_{\mu\nu} \\
&\quad = \frac{i}{\sqrt{2}}\sin\theta_W \left[(W^+ - W^-) \times A\right]_{\mu\nu} \\
&\qquad\qquad + \frac{i}{\sqrt{2}}\cos\theta_W \left[(W^+ - W^-) \times Z\right]_{\mu\nu} \\
&\quad = -\frac{i}{\sqrt{2}}\sin\theta_W (A \times W^+)_{\mu\nu} + \frac{i}{\sqrt{2}}\sin\theta_W (A \times W^-)_{\mu\nu} \\
&\qquad\qquad - \frac{i}{\sqrt{2}}\cos\theta_W \left[Z \times (W^+ - W^-)\right]_{\mu\nu}
\end{aligned}
$$

따라서,

$$\begin{aligned}
W^1_{\mu\nu} &= (\partial \times W^1)_{\mu\nu} - g_2(W^2 \times W^3)_{\mu\nu} \\
&= \frac{1}{\sqrt{2}}(\partial \times W^+)_{\mu\nu} + \frac{1}{\sqrt{2}}(\partial \times W^-)_{\mu\nu} \\
&\quad - \frac{i}{\sqrt{2}}(-g_2)\sin\theta_W (A \times W^+)_{\mu\nu} \\
&\quad + \frac{i}{\sqrt{2}}(-g_2)\sin\theta_W (A \times W^-)_{\mu\nu} \\
&\quad - \frac{i}{\sqrt{2}}(-g_2)\cos\theta_W \left[Z \times (W^+ - W^-)\right]_{\mu\nu} \\
&= \frac{1}{\sqrt{2}}(\partial \times W^+)_{\mu\nu} + \frac{i}{\sqrt{2}}e(A \times W^+)_{\mu\nu} \\
&\quad + \frac{1}{\sqrt{2}}(\partial \times W^-)_{\mu\nu} - \frac{i}{\sqrt{2}}e(A \times W^-)_{\mu\nu} \\
&\quad - \frac{i}{\sqrt{2}}(-g_2)\cos\theta_W \left[Z \times (W^+ - W^-)\right]_{\mu\nu} \\
&= \frac{1}{\sqrt{2}}\left[(\partial + ieA) \times W^+\right]_{\mu\nu} \\
&\quad + \frac{1}{\sqrt{2}}\left[(\partial - ieA) \times W^-\right]_{\mu\nu} \\
&\quad + \frac{i}{\sqrt{2}} g_2 \cos\theta_W \left[Z \times (W^+ - W^-)\right]_{\mu\nu}
\end{aligned} \tag{7.36}$$

가 된다 ($e = g_2 \sin\theta_W$).

마찬가지로 $W^2_{\mu\nu}$를 구해보면 다음과 같다.

$$\begin{aligned}
W^2_{\mu\nu} &= \partial_\mu W^2_\nu - \partial_\nu W^2_\mu - g_2(W^3_\mu W^1_\nu - W^3_\nu W^1_\mu) \\
&= (\partial \times W^2)_{\mu\nu} - g_2(W^3 \times W^1)_{\mu\nu} \\
&= \frac{i}{\sqrt{2}}\left[\partial \times (W^+ - W^-)\right]_{\mu\nu} \\
&\qquad - \frac{1}{\sqrt{2}}\left[(eA + g_2\cos\theta_W Z) \times (W^+ + W^-)\right]_{\mu\nu}
\end{aligned}$$

$$
\begin{aligned}
&= \frac{i}{\sqrt{2}}\left[(\partial + ieA)\times W^+\right]_{\mu\nu} \\
&\quad -\frac{i}{\sqrt{2}}\left[(\partial - ieA)\times W^-\right]_{\mu\nu} \\
&\quad -\frac{1}{\sqrt{2}} g_2 \cos\theta_W \left[Z\times(W^+ + W^-)\right]_{\mu\nu}
\end{aligned}
\tag{7.37}
$$

여기서 Cottingham-Greenwood 책에 등장하는 W^+ 및 W^-에 대한 공변도함수를 우리도 도입하여 위의 표현을 좀 더 간단하게 고쳐보자. 이 공변도함수는 다음과 같이 주어진다.

$$
\begin{aligned}
D_\mu &= \partial_\mu + ieA_\mu \quad (\text{for} \;\; W^+) \\
D_\mu &= \partial_\mu - ieA_\mu \quad (\text{for} \;\; W^-)
\end{aligned}
$$

부호가 서로 반대인 이유는 W^+ 및 W^-의 전하가 각각 $+1$ 및 -1이기 때문이다. 이러한 공변도함수를 대입하면

$$
\begin{aligned}
W^1_{\mu\nu} &= \frac{1}{\sqrt{2}}(D\times W^+)_{\mu\nu} + \frac{1}{\sqrt{2}}(D\times W^-)_{\mu\nu} \\
&\qquad +\frac{i}{\sqrt{2}} g_2\cos\theta_W\left[Z\times(W^+ - W^-)\right]_{\mu\nu} \\
W^2_{\mu\nu} &= \frac{i}{\sqrt{2}}(D\times W^+)_{\mu\nu} - \frac{i}{\sqrt{2}}(D\times W^-)_{\mu\nu} \\
&\qquad -\frac{1}{\sqrt{2}} g_2\cos\theta_W\left[Z\times(W^+ + W^-)\right]_{\mu\nu}
\end{aligned}
\tag{7.38}
$$

와 같이 표현할 수 있다. 단, W^+에 작용하는 공변도함수와 W^-에 작용하는 공변도함수는 그 모양이 서로 다르다는 것은 염두에 두어야 한다.

이렇게 구한 $W^1_{\mu\nu}$ 및 $W^2_{\mu\nu}$에 대한 결과를 이용하여 다음과 같이

새로운 장 텐서를 도입한다.

$$\begin{cases} W^+_{\mu\nu} = \dfrac{1}{\sqrt{2}}\left(W^1_{\mu\nu} - iW^2_{\mu\nu}\right) \\ W^-_{\mu\nu} = \dfrac{1}{\sqrt{2}}\left(W^1_{\mu\nu} + iW^2_{\mu\nu}\right) \end{cases} \tag{7.39}$$

이들은 각각 텐서에 앞서 구한 결과를 대입하면 다음과 같이 표현할 수 있다.

$$\begin{aligned} W^+_{\mu\nu} &= \frac{1}{\sqrt{2}}\left(W^1_{\mu\nu} - iW^2_{\mu\nu}\right) \\ &= \frac{1}{2}(D\times W^+)_{\mu\nu} + \frac{1}{2}(D\times W^-)_{\mu\nu} \\ &\quad + \frac{i}{2}g_2\cos\theta_W\left[Z\times(W^+ - W^-)\right]_{\mu\nu} \\ &\quad + \frac{1}{2}(D\times W^+)_{\mu\nu} - \frac{1}{2}(D\times W^-)_{\mu\nu} \\ &\quad + \frac{i}{2}g_2\cos\theta_W\left[Z\times(W^+ + W^-)\right]_{\mu\nu} \\ &= (D\times W^+)_{\mu\nu} + ig_2\cos\theta_W(Z\times W^+)_{\mu\nu} \end{aligned} \tag{7.40}$$

및

$$W^-_{\mu\nu} = (D\times W^-)_{\mu\nu} - ig_2\cos\theta_W(Z\times W^-)_{\mu\nu} \tag{7.41}$$

이다. 여기서 $(W^+_\mu)^* = W^-_\mu$ 및 $(W^-_\mu)^* = W^+_\mu$를 이용하고,

$$\begin{cases} (D\times W^+)^*_{\mu\nu} = \left[(\partial_\mu + ieA_\mu)W^+_\nu - (\partial_\nu + ieA_\nu)W^+_\mu\right]^* \\ \qquad\qquad\qquad = (\partial_\mu - ieA_\mu)W^-_\nu - (\partial_\nu - ieA_\nu)W^-_\mu \\ \qquad\qquad\qquad = (D\times W^-)_{\mu\nu} \\ (D\times W^-)^*_{\mu\nu} = (D\times W^+)_{\mu\nu} \end{cases} \tag{7.42}$$

와 같은 성질을 이용하면,

$$\begin{cases} (W^+_{\mu\nu})^* = [(D \times W^+)_{\mu\nu} + ig_2 \cos\theta_W (Z \times W^+)_{\mu\nu}]^* \\ \qquad\quad = (D \times W^-)_{\mu\nu} - ig_2 \cos\theta_W (Z \times W^-)_{\mu\nu} \\ \qquad\quad = W^-_{\mu\nu} \\ (W^-_{\mu\nu})^* = W^+_{\mu\nu} \end{cases} \tag{7.43}$$

와 같은 관계식을 확인할 수 있다. 또한,

$$\begin{aligned} & W^{+\mu\nu} W^-_{\mu\nu} + W^{-\mu\nu} W^+_{\mu\nu} \\ & = \frac{1}{2} \left[(W^{1\mu\nu} - iW^{2\mu\nu})(W^1_{\mu\nu} + iW^2_{\mu\nu}) \right. \\ & \qquad \left. + (W^{1\mu\nu} + iW^{2\mu\nu})(W^1_{\mu\nu} - iW^2_{\mu\nu}) \right] \\ & = \frac{1}{2} \left[2W^{1\mu\nu} W^1_{\mu\nu} + 2W^{2\mu\nu} W^2_{\mu\nu} \right] \\ & = W^{1\mu\nu} W^1_{\mu\nu} + W^{2\mu\nu} W^2_{\mu\nu} \end{aligned} \tag{7.44}$$

와 같다는 것도 확인할 수 있다 (중간에 상쇄되는 항들은 쓰지 않았다).

결론적으로, 게이지 입자 B_μ와 W^i_μ들의 운동 에너지 항을 A_μ, Z_μ, $W^\pm_\mu$ 등으로 고쳐 쓴 결과를 모두 정리하면 다음과 같다.

$$\begin{aligned} & -\frac{1}{4} B^{\mu\nu} B_{\mu\nu} - \frac{1}{4} \vec{W}^{\mu\nu} \cdot \vec{W}_{\mu\nu} \\ & \quad = -\frac{1}{4} F^{\mu\nu} F_{\mu\nu} - \frac{1}{4} Z^{\mu\nu} Z_{\mu\nu} \\ & \qquad -\frac{1}{4} \left(W^{+\mu\nu} W^-_{\mu\nu} + W^{-\mu\nu} W^+_{\mu\nu} \right) \\ & \qquad +i\frac{1}{4} g_2 (F^{\mu\nu} \sin\theta_W + Z^{\mu\nu} \cos\theta_W) \\ & \qquad\qquad \times (W^-_\mu W^+_\nu - W^+_\mu W^-_\nu) \\ & \qquad +i\frac{1}{4} g_2 (F_{\mu\nu} \sin\theta_W + Z_{\mu\nu} \cos\theta_W) \end{aligned}$$

$$\begin{aligned} &\times(W^{-\mu}W^{+\nu} - W^{+\mu}W^{-\nu}) \\ +\frac{1}{4}g_2^2(W^{-\mu}W^{+\nu} - W^{+\mu}W^{-\nu}) \\ &\times(W_\mu^- W_\nu^+ - W_\mu^+ W_\nu^-) \end{aligned} \tag{7.45}$$

뒷부분에 서로 교차하여 곱해지는 크로스 항들이 있는데, $SU(2)$의 비가환성 때문이다. ($SU(2)$의 결합 상수 g_2가 0이면 뒷부분의 교차항들은 모두 사라지며, $W_{\mu\nu}^{\pm}$의 모양도 간단해 진다.) 한편, 이렇게 고쳐 쓰는 동안 i가 중간 중간에 몇번 등장하고 제일 마지막 표현에도 들어 있지만 라그랑지안 밀도는 처음부터 실수이며 결과도 실수라는 사실을 알아야 한다.

7.5 국소적 $U_{\rm EM}(1)$ 게이지 대칭성

몇 번 언급하기는 하였는데, 국소적 $SU_L(2)\times U(1)$ 게이지 대칭성이 깨어지면서 입자들이 질량을 가지지만, 어떤 $U(1)$ 대칭성이 남는다고 하였다. 그리고 게이지 입자들의 질량이 생성되지만 A_μ는 질량이 생기지 않는다고 하였다. 그 살아남은 대칭성을 국소적 $U_{\rm EM}(1)$ 게이지 대칭성이라고 부르고, A_μ는 전자기 상호작용을 매개하는 게이지 입자의 역할을 맡는다는 것도 이야기하였다.

여기서 다시 강조하지만, $U_{\rm EM}(1)$는 $SU_L(2)\times U(1)$에서의 $U(1)$와는 별개의 대칭성이다. 형식적으로는 $U_{\rm EM}(1)$와 $SU_L(2)\times U(1)$에서의 $U(1)$는 서로 독립적이므로, 혼동할 이유가 없다. 하지만, 근본이 전혀 다르다고는 말할 수 없는 것이, $U_{\rm EM}(1)$는 $SU(2)$의 제3성분과 $U(1)$의 결합으로 주어지기 때문이다. 각각의 양자수로써 그들의 관계를 표현하면 바로 Gell-Mann-Nishijima 관계식인 $Q = I_3 + Y/2$가 된다.

그래서 우리는 $U_{\text{EM}}(1)$이라는 대칭성의 근본부터 이야기하고자 한다. 즉, $SU_L(2) \times U(1)$ 국소적 게이지 변환의 특수한 경우로써의 $U_{\text{EM}}(1)$ 변환을 공부할 것이다. $SU_L(2)\times U(1)$ 국소적 게이지 변환은 일반적으로 $\vec{\theta}$와 θ 등 4 개의 매개변수로써 표현한다는 것은 이미 앞에서 논의한 바 있다. 지금 필요한 것은 4 개의 매개변수가 $U_{\text{EM}}(1)$ 변환을 만족하기 위하여 $\theta = \theta_3$이고, 동시에 $\theta_1 = \theta_2 = 0$이 되는 특수한 경우를 조사하는 일이다.

7.5.1 게이지 입자의 $U_{\text{EM}}(1)$ 변환

먼저 게이지 입자의 변환을 살펴보자. 원래의 $SU_L(2)\times U(1)$ 변환에 의하면 게이지 입자들은 각각 변환하는 게이지 대칭성이 다르다. 즉, B_μ는 단지 $U(1)$에 대하여 $B'_\mu = B_\mu - (1/g_1)\partial_\mu\theta$와 같이 변환하고 $\vec{W}_\mu$는 단지 $SU(2)$에 대하여 $\vec{W}'_\mu = \vec{W}_\mu - (1/g_2)\partial_\mu\vec{\theta} - \vec{\theta}\times\vec{W}_\mu$ 와 같이 변환한다고 공부한 바 있다. 구체적으로 매개변수를 모두 적어 보면 다음과 같다.

$$
\begin{cases}
B'_\mu = B_\mu - \dfrac{1}{g_1}\partial_\mu\theta \\
W'^1_\mu = W^1_\mu - \dfrac{1}{g_2}\partial_\mu\theta_1 - (\theta_2 W^3_\mu - \theta_3 W^2_\mu) \\
W'^2_\mu = W^2_\mu - \dfrac{1}{g_2}\partial_\mu\theta_2 - (\theta_3 W^1_\mu - \theta_1 W^3_\mu) \\
W'^3_\mu = W^3_\mu - \dfrac{1}{g_2}\partial_\mu\theta_3 - (\theta_1 W^2_\mu - \theta_2 W^1_\mu)
\end{cases}
\tag{7.46}
$$

이다. (단, $\vec{\theta}\approx 0$ 및 $\theta\approx 0$, 즉 이차항 이상은 무시한다.)

이제, $U_{\text{EM}}(1)$ 변환을 위하여 매개변수를 $\theta = \theta_3$ 및 $\theta_1 = \theta_2 = 0$

라고 두면 이 변환식은 다음과 같이 간단해진다.

$$\begin{cases} B'_\mu = B_\mu - \dfrac{1}{g_1}\partial_\mu\theta \\ W'^1_\mu = W^1_\mu + \theta W^2_\mu \\ W'^2_\mu = W^2_\mu - \theta W^1_\mu \\ W'^3_\mu = W^3_\mu - \dfrac{1}{g_2}\partial_\mu\theta \end{cases} \tag{7.47}$$

매개변수가 하나만 있다는 것은 이 변환식이 어떤 $U(1)$의 변환을 표현한다는 것을 이미 알려주고 있다. 그 $U(1)$이 다름 아니라 $U_{\mathrm{EM}}(1)$인 것이다. 아무튼, 이 변환식을 A_μ, Z_μ, $W^\pm_\mu$ 등의 변환식으로 바꿔 쓰면

$$\begin{aligned} Z'_\mu &= \frac{1}{\sqrt{g_1^2+g_2^2}}\left[g_2W'^3_\mu - g_1B'_\mu\right] \\ &= \frac{1}{\sqrt{g_1^2+g_2^2}}\left[g_2\left(W^3_\mu - \frac{1}{g_2}\partial_\mu\theta\right) - g_1\left(B_\mu - \frac{1}{g_1}\partial_\mu\theta\right)\right] \\ &= Z_\mu \\ W'^+_\mu &= \frac{1}{\sqrt{2}}\left[W'^1_\mu - iW'^2_\mu\right] \\ &= \frac{1}{\sqrt{2}}\left[\left(W^1_\mu + \theta W^2_\mu\right) - i\left(W^2_\mu - \theta W^1_\mu\right)\right] \\ &= \frac{1}{\sqrt{2}}\left[\left(W^1_\mu - iW^2_\mu\right) + i\theta\left(W^1_\mu - iW^2_\mu\right)\right] \\ &= (1+i\theta)W^+_\mu \\ W'^-_\mu &= \frac{1}{\sqrt{2}}\left[W'^1_\mu + iW'^2_\mu\right] \\ &= \frac{1}{\sqrt{2}}\left[\left(W^1_\mu + \theta W^2_\mu\right) + i\left(W^2_\mu - \theta W^1_\mu\right)\right] \\ &= \frac{1}{\sqrt{2}}\left[\left(W^1_\mu + iW^2_\mu\right) - i\theta\left(W^1_\mu + iW^2_\mu\right)\right] \\ &= (1-i\theta)W^-_\mu \\ A'_\mu &= \frac{1}{\sqrt{g_1^2+g_2^2}}\left(g_1W'^3_\mu + g_2B'_\mu\right) \end{aligned}$$

$$
\begin{aligned}
&= \frac{1}{\sqrt{g_1^2+g_2^2}}\left(g_1 W_\mu^3 - \frac{g_1}{g_2}\partial_\mu\theta + g_2 B_\mu - \frac{g_2}{g_1}\partial_\mu\theta\right)\\
&= A_\mu - \frac{1}{\sqrt{g_1^2+g_2^2}}\left(\frac{g_1}{g_2}+\frac{g_2}{g_1}\right)\partial_\mu\theta\\
&= A_\mu - \frac{1}{e}\partial_\mu\theta
\end{aligned}
$$

이상이 게이지 입자들의 변환식이다. 이와 같은 변환에 대하여 장 텐서들은 어떻게 변환하는지 알아 보자. 먼저, $F_{\mu\nu}$와 $Z_{\mu\nu}$는 불변이다.

$$
\begin{cases}
F'_{\mu\nu} = \partial_\mu A'_\nu - \partial_\nu A'_\mu\\
\qquad = \partial_\mu\left(A_\nu - \frac{1}{e}\partial_\nu\theta\right) - \partial_\nu\left(A_\mu - \frac{1}{e}\partial_\mu\theta\right)\\
\qquad = \partial_\mu A_\nu - \partial_\nu A_\mu = F_{\mu\nu}\\
Z'_{\mu\nu} = Z_{\mu\nu}
\end{cases}
\tag{7.48}
$$

하지만, $W^{\pm}_{\mu\nu}$는 복잡하게 변환하기는 하지만 나중에 서로 곱해지면 이들도 불변이라는 것을 알 수 있다. θ^2 항 이상은 무시하면,

$$
\begin{aligned}
D'_\mu W'^{+}_\nu &= (\partial_\mu + ieA'_\mu)W'^{+}_\nu\\
&= \partial_\mu(1+i\theta)W^{+}_\nu + ie\left(A_\mu - \frac{1}{e}\partial_\mu\theta\right)(1+i\theta)W^{+}_\nu\\
&= (i\partial_\mu\theta)W^{+}_\nu + (1+i\theta)\partial_\mu W^{+}_\nu\\
&\quad + \left(ieA_\mu + i^2 e\theta A_\mu - i\partial_\mu\theta + O(\theta^2)\right)W^{+}_\nu\\
&\approx (1+i\theta)(\partial_\mu + ieA_\mu)W^{+}_\nu\\
&= (1+i\theta)D_\mu W^{+}_\nu
\end{aligned}
$$

와 같이 된다는 것과, 마찬가지 계산을 거치면,

$$
(Z' \times W'^{+})_{\mu\nu} = (1+i\theta)(Z\times W^{+})_{\mu\nu}
$$

임을 확인할 수 있다. 즉,

$$
W'^{+}_{\mu\nu} = (D' \times W'^{+})_{\mu\nu} + ig_2\cos\theta_W (Z' \times W'^{+})_{\mu\nu}
$$

$$\begin{aligned}&= (1+i\theta)(D\times W^+)_{\mu\nu}\\&\qquad + ig_2\cos\theta_W(1+i\theta)(Z\times W^+)_{\mu\nu}\\&= (1+i\theta)W^+_{\mu\nu}\end{aligned} \tag{7.49}$$

와 같이 변환한다. 한편, $W^-_{\mu\nu}$에 대하여도 계산해 보면,

$$\begin{cases} D'_\mu W'^-_\nu = (1-i\theta)D_\mu W^-_\nu \\ (Z'\times W'^-)_{\mu\nu} = (1-i\theta)(Z\times W^-)_{\mu\nu}\end{cases}$$

도 확인할 수 있고, 따라서

$$\begin{aligned}W'^-_{\mu\nu} &= (D'\times W'^-)_{\mu\nu} - ig_2\cos\theta_W(Z'\times W'^-)_{\mu\nu}\\&= (1-i\theta)(D\times W^-)_{\mu\nu}\\&\qquad -ig_2\cos\theta_W(1-i\theta)(Z\times W^-)_{\mu\nu}\\&= (1-i\theta)W^-_{\mu\nu}\end{aligned} \tag{7.50}$$

가 된다는 것을 확인할 수 있다.

그런데 라그랑지안 밀도에 $W^\pm_{\mu\nu}$가 등장할 때에는 항상 $W^{+\mu\nu}W^-_{\mu\nu}$ 처럼 두 개가 곱해져 등장한다. 그래서 θ^2 이상을 무시하면

$$W'^{+\mu\nu}W'^-_{\mu\nu} = (1+\theta^2)W^{+\mu\nu}W^-_{\mu\nu} \approx W^{+\mu\nu}W^-_{\mu\nu} \tag{7.51}$$

처럼 불변이 된다. 그래서 모든 게이지 장의 텐서들은 $U_{\text{EM}}(1)$ 게이지 변환에 대하여 불변임을 확인할 수 있다.

게이지 입자의 라그랑지안 밀도를 A_μ, Z_μ, $W^\pm_\mu$로 고쳐 쓰면 다음과 같이 된다는 것은 이미 공부하였다.

$$\begin{aligned}&-\frac{1}{4}B^{\mu\nu}B_{\mu\nu} - \frac{1}{4}\vec{W}^{\mu\nu}\cdot\vec{W}_{\mu\nu}\\&= -\frac{1}{4}F^{\mu\nu}F_{\mu\nu} - \frac{1}{4}Z^{\mu\nu}Z_{\mu\nu} - \frac{1}{4}(W^{+\mu\nu}W^-_{\mu\nu} + W^{-\mu\nu}W^+_{\mu\nu})\end{aligned}$$

$$+ f(W_\mu^- W_\nu^+ - W_\mu^+ W_\nu^-, F_{\mu\nu}, Z_{\mu\nu})$$

여기에 지금까지의 결과를 라그랑지안 밀도에 대입하면 θ^2 이상은 무시할 때 $U_{\rm EM}(1)$ 게이지 변환에 대하여 다른 것은 불변임을 금방 알 수 있는데, 다만, 맨 마지막의 f 항을 확인해 보아야 한다. f는 $(W_\mu^- W_\nu^+ - W_\mu^+ W_\nu^-)$, $F_{\mu\nu}$, $Z_{\mu\nu}$가 포함된 항으로 이루어진 함수로서, $F_{\mu\nu}$와 $Z_{\mu\nu}$ 및 $W^{+\mu\nu} W_{\mu\nu}^-$는 $U_{\rm EM}(1)$ 게이지 변환에 대하여 불변임을 이미 밝혔으므로, $W_\mu^- W_\nu^+ - W_\mu^+ W_\nu^-$에 관한 항이 불변임을 밝히면 된다. 이것은

$$\begin{aligned} W_\mu'^- W_\nu'^+ - W_\mu'^+ W_\nu'^- &= (1+\theta^2)(W_\mu^- W_\nu^+ - W_\mu^+ W_\nu^-) \\ &\approx W_\mu^- W_\nu^+ - W_\mu^+ W_\nu^- \end{aligned} \tag{7.52}$$

가 되어 역시 $U_{\rm EM}(1)$ 게이지 변환에 대하여 불변이다. 결론적으로 함수 f도 $U_{\rm EM}(1)$ 변환에 대하여 불변이다. 따라서 게이지 입자의 전체 라그랑지안 밀도는 $U_{\rm EM}(1)$ 게이지 변환에 대하여 불변임을 확인하게 되는 것이다.

7.5.2 경입자와 쿼크의 $U_{\rm EM}(1)$ 변환

먼저, 쿼크들이 A_μ, Z_μ, $W_\mu^\pm$ 등 게이지 입자들과 결합한 라그랑지안 밀도를 모두 적어 보면 표 6.1에 정리해 놓은바, 다음과 같다.

$$\begin{aligned} &\bar{u}_L i\gamma^\mu \left[\partial_\mu + i(2/3)eA_\mu\right] u_L + \bar{d}_L i\gamma^\mu \left[\partial_\mu + i(-1/3)eA_\mu\right] d_L \\ &\quad - \frac{i}{2}\left(\frac{1}{3}g_1 \sin\theta_W - g_2 \cos\theta_W\right) \bar{u}_L i\gamma^\mu Z_\mu u_L \\ &\quad - \frac{i}{2}\left(\frac{1}{3}g_1 \sin\theta_W + g_2 \cos\theta_W\right) \bar{d}_L i\gamma^\mu Z_\mu d_L \\ &\quad + \left(\frac{i}{\sqrt{2}}g_2\right)\left(\bar{u}_L i\gamma^\mu W_\mu^+ d_L + \bar{d}_L i\gamma^\mu W_\mu^- u_L\right) \end{aligned}$$

$$
\begin{aligned}
&+ \bar{u}_R i\gamma^\mu \left[\partial_\mu + i(2/3)eA_\mu - i\frac{2}{3}g_1 \sin\theta_W Z_\mu\right] u_R \\
&+ \bar{d}_R i\gamma^\mu \left[\partial_\mu + i(-1/3)eA_\mu + i\frac{1}{3}g_1 \sin\theta_W Z_\mu\right] d_R \\
=\ & \bar{u} i\gamma^\mu \left[\partial_\mu + i(2/3)eA_\mu\right] u + \bar{d} i\gamma^\mu \left[\partial_\mu + i(-1/3)eA_\mu\right] d \\
&- \frac{i}{2}\left(\frac{1}{3}g_1 \sin\theta_W - g_2\cos\theta_W\right)(\bar{u}_L i\gamma^\mu u_L)Z_\mu \\
&- \frac{i}{2}\left(\frac{1}{3}g_1 \sin\theta_W + g_2\cos\theta_W\right)(\bar{d}_L i\gamma^\mu d_L)Z_\mu \\
&- i\frac{2}{3}g_1 \sin\theta_W(\bar{u}_R i\gamma^\mu u_R)Z_\mu + i\frac{1}{3}g_1 \sin\theta_W(\bar{d}_R i\gamma^\mu d_R)Z_\mu \\
&+ \left(\frac{i}{\sqrt{2}}g_2\right)\left(\bar{u}_L i\gamma^\mu W_\mu^+ d_L + \bar{d}_L i\gamma^\mu W_\mu^- u_L\right)
\end{aligned}
$$

여기서 우리는 각 게이지 입자별로 정리하면서 특히 A_μ의 경우 $u = u_L + u_R$ 및 $d = d_L + d_R$로 고쳐 썼다. 쿼크들은 $U_{\mathrm{EM}}(1)$ 변환에 대하여 다음과 같이 변환한다.

$$
\begin{cases}
u_R \to u'_R = e^{iQ_u\theta}u_R \\
\bar{u}_R \to \bar{u}_R = e^{-iQ_u\theta}\bar{u}_R \\
d_R \to d'_R = e^{iQ_d\theta}d_R \\
\bar{d}_R \to \bar{d}_R = e^{-iQ_d\theta}\bar{d}_R \\
q_L \to q'_L = \begin{pmatrix} e^{iQ_u\theta} & 0 \\ 0 & e^{iQ_d\theta} \end{pmatrix}\begin{pmatrix} u_L \\ d_L \end{pmatrix} = \begin{pmatrix} e^{iQ_u\theta}u_L \\ e^{iQ_d\theta}d_L \end{pmatrix} \\
\bar{q}_L \to \bar{q}'_L = \begin{pmatrix} e^{-iQ_u\theta}\bar{u}_L & e^{-iQ_d\theta}\bar{d}_L \end{pmatrix}
\end{cases}
\tag{7.53}
$$

여기서 물론 $Q_u = 2/3$ 및 $Q_d = -1/3$이다. 이 변환식과 게이지 입자들의 변환식을 이용하면 쿼크의 라그랑지안 밀도가 어떻게 변환하는지 알 수 있다. 계산해 보면 당연히 불변임을 확인할 수 있다.

예를 들어, 지금껏 공변도함수에 대하여 여러차례 계산한 바 있

지만

$$\begin{aligned}
&\left[\partial_\mu + i(2/3)eA'_\mu\right] u' \\
&\quad = \partial_\mu e^{iQ_u\theta} u + i(2/3)e\left(A_\mu - \frac{1}{e}\partial_\mu\theta\right) e^{iQ_u\theta} u \\
&\quad = e^{iQ_u\theta}(iQ_u\partial_\mu\theta)u + e^{iQ_u\theta}\partial_\mu u \\
&\qquad\qquad + i(2/3)eA_\mu e^{iQ_u\theta} u - i(2/3)(\partial_\mu\theta)e^{iQ_u\theta} u \\
&\quad = e^{iQ_u\theta}(\partial_\mu u + i(2/3)eA_\mu u) \\
&\quad = e^{iQ_u\theta}\left[\partial_\mu + i(2/3)eA_\mu\right] u
\end{aligned}$$

가 되므로 (왜냐하면 $Q_u = 2/3$이기 때문에),

$$\bar{u}' i\gamma^\mu \left[\partial_\mu + i(2/3)eA'_\mu\right] u' = \bar{u} i\gamma^\mu \left[\partial_\mu + i(2/3)eA_\mu\right] u \tag{7.54}$$

가 된다. 또한,

$$\begin{aligned}
\bar{u}'_L i\gamma^\mu W'^{+}_\mu d'_L &= e^{-iQ_u\theta}\bar{u}_L i\gamma^\mu(1+i\theta)W^+_\mu e^{iQ_d\theta} d_L \\
&= e^{-iQ_u\theta}(1+i\theta)e^{iQ_d\theta}\bar{u}_L i\gamma^\mu W^+_\mu d_L \\
&= e^{-i\theta}(1+i\theta) \approx \bar{u}_L i\gamma^\mu W^+_\mu d_L
\end{aligned} \tag{7.55}$$

이다 (왜냐하면 $Q_u - Q_d = -1$이고, θ^2 이상은 무시하기 때문이다). 요컨대, 쿼크들에 대한 라그랑지안 밀도는 $U_{\mathrm{EM}}(1)$ 변환에 대하여 불변이다.

경입자에 대한 계산도 쿼크에 대한 계산과 유사하게 진행된다. 라그랑지안 밀도의 경입자 부분은 다음과 같다.

$$\begin{aligned}
&\bar{\nu}_L i\gamma^\mu \left[\partial_\mu + \frac{i}{2}\sqrt{g_1^2 + g_2^2} Z_\mu\right] \nu_L + \bar{e}_L i\gamma^\mu \left[\partial_\mu + i(-1)eA_\mu\right] e_L \\
&\qquad - \bar{e}_L i\gamma^\mu \left[\frac{i}{2}\sqrt{g_1^2 + g_2^2}\cos 2\theta_W Z_\mu\right] e_L
\end{aligned}$$

$$
\begin{aligned}
&+\left(\frac{i}{\sqrt{2}}g_2\right)\left[\bar{\nu}_L i\gamma^\mu W_\mu^+ e_L + \bar{e}_L i\gamma^\mu W_\mu^- \nu_L\right] \\
&+\bar{e}_R i\gamma^\mu \left[\partial_\mu + i(-1)eA_\mu + ig_1\sin\theta_W Z_\mu\right] e_R \\
=\ &\bar{\nu}_L i\gamma^\mu \left[\partial_\mu + \frac{i}{2}\sqrt{g_1^2+g_2^2}Z_\mu\right]\nu_L + \bar{e} i\gamma^\mu\left[\partial_\mu + i(-1)eA_\mu\right]e \\
&-\bar{e}_L i\gamma^\mu \left[\frac{i}{2}\sqrt{g_1^2+g_2^2}\cos 2\theta_W Z_\mu\right] e_L \\
&+\bar{e}_R i\gamma^\mu \left[ig_1\sin\theta_W Z_\mu\right] e_R \\
&+\left(\frac{i}{\sqrt{2}}g_2\right)\left[\bar{\nu}_L i\gamma^\mu W_\mu^+ e_L + \bar{e}_L i\gamma^\mu W_\mu^- \nu_L\right] \\
=\ &\bar{\nu}_L i\gamma^\mu \partial_\mu \nu_L + \frac{i}{2}\sqrt{g_1^2+g_2^2}(\bar{\nu}_L i\gamma^\mu \nu_L)Z_\mu \\
&+\bar{e} i\gamma^\mu\left[\partial_\mu + i(-1)eA_\mu\right]e \\
&-\frac{i}{2}\sqrt{g_1^2+g_2^2}\cos 2\theta_W(\bar{e}_L i\gamma^\mu e_L)Z_\mu \\
&+ig_1\sin\theta_W(\bar{e}_R i\gamma^\mu e_R)Z_\mu \\
&+\left(\frac{i}{\sqrt{2}}g_2\right)\left[(\bar{\nu}_L i\gamma^\mu e_L)W_\mu^+ + (\bar{e}_L i\gamma^\mu \nu_L)W_\mu^-\right]
\end{aligned}
\tag{7.56}
$$

위에서 우리는 각 게이지 입자별로 정리하면서 특히 A_μ의 경우 $e = e_L + e_R$로 고쳐 썼다. 그리고 $U_{\text{EM}}(1)$ 변환에 대하여 경입자는

$$
\begin{cases}
e_R \to e'_R = e^{iQ_e\theta}e_R \\
\bar{e}_R \to \bar{e}'_R = e^{-iQ_e\theta}\bar{e}_R \\
\ell_L \to \ell'_L = \begin{pmatrix} 1 & 0 \\ 0 & e^{iQ_e\theta}\end{pmatrix}\begin{pmatrix}\nu_L \\ e_L\end{pmatrix} = \begin{pmatrix}\nu_L \\ e^{iQ_e\theta}e_L\end{pmatrix} \\
\bar{\ell}_L \to \bar{\ell}'_L = \begin{pmatrix}\bar{\nu}_L & e^{-iQ_e\theta}\bar{e}_L\end{pmatrix}
\end{cases}
\tag{7.57}
$$

와 같이 변환한다. 여기서 $Q_e = -1$이다. 연습 삼아 경입자의 라그랑지안 밀도가 $U_{\text{EM}}(1)$ 변환에 대하여 어떻게 변환하는지 계산해 보라. 계산해 보면 경입자들에 대한 라그랑지안 밀도도 불변임을 확인할 수 있다.

7.5.3 힉스 입자의 $U_{\rm EM}(1)$ 변환

힉스 입자 h도 게이지 입자들과 결합한다. 단, 전하가 없으므로 A_μ와의 결합항은 없다. 힉스 입자의 라그랑지안 밀도는 (퍼텐셜 에너지항을 제쳐두면)

$$\frac{1}{2}\partial^\mu h \partial_\mu h + \frac{1}{8}\left[g_2^2((W^{+\mu})^* W_\mu^+ \right.\\ \left. +(W^{-\mu})^* W_\mu^-)(g_1^2+g_2^2)Z^\mu Z_\mu\right](h+v)^2$$

와 같은데, 힉스 입자 자체는 전하가 없으므로 $U_{\rm EM}(1)$ 변환에 대하여 변환하지 않는다. 그리고, 게이지 입자들이 이 라그랑지안 밀도에 들어 있지만, Z_μ 자체가 $U_{\rm EM}(1)$ 변환에 대하여 불변이며, $W_\mu^\pm$는 변환하기는 하지만 $(W^{+\mu})^* W_\mu^+ + (W^{-\mu})^* W_\mu^-$의 꼴로 들어 있기 때문에 결과적으로 이 라그랑지안 밀도 불변이다.

이상의 결과를 종합하면 우리는 힉스 메커니즘 이후의 라그랑지안 밀도가 국소적 $U_{\rm EM}(1)$ 게이지 대칭성을 가진다는 사실을 확인할 수 있다. 그리고 A_μ는 $U_{\rm EM}(1)$을 매개하는 게이지 입자인 동시에 맥스웰 방정식에 등장하는 전자기장의 4-벡터 퍼텐셜이라는 것을 알 수 있다. 이 4-벡터 퍼텐셜을 양자화하면 광자 (photon)가 되는 것이다.

사실, 우리는 지루하게 계산을 통하여 직접 확인하였지만, 힉스 메커니즘 이후의 라그랑지안 밀도가 국소적 $U_{\rm EM}(1)$ 게이지 대칭성을 가진다는 것은 군론에 의하면 간단하게 증명할 수 있다. 어떤 군 구조를 가지는 국소적 대칭성에 대하여 그 게이지 입자들은 질량이 없어야 대칭성이 보장된다. 만일 일부 게이지 입자들이 질량을 가지게 되면 그 게이지 입자에 대응하는 국소적 게이지 대칭성은 깨어지며, 나머지 게이지 입자들에 대응하는 부분군으로써의 부분적 국소적 게이지 대칭성만 유지된다는 것이 군론에서의 증명 방법이다. 어떻든 간에, 우리는 군론의 도움 없이 분명하고도 차근차근하게 힉스 메커니즘 이후의 라그랑지안 밀도가 국소적 $U_{\rm EM}(1)$ 게이지 대칭성을 가진다는 것을 직접 변환식을 조사하여 증명하였다.

표 7.1: 힉스 메커니즘 이후에 실제 물리적 게이지 입자 A_μ, Z_μ, $W_\mu^\pm$ 등으로 고쳐 쓴 표준모형의 제1세대 페르미 입자들의 라그랑지안 밀도.

입자	공변도함수를 포함한 항들
$q_L = \begin{pmatrix} u_L \\ d_L \end{pmatrix}$	$\bar{q}_L i\gamma^\mu D_\mu q_L$ $= \bar{u}_L i\gamma^\mu \left[\partial_\mu + i(2/3)eA_\mu\right] u_L$ $+ \bar{d}_L i\gamma^\mu \left[\partial_\mu + i(-1/3)eA_\mu\right] d_L$ $- \frac{i}{2}\left(\frac{1}{3}g_1 \sin\theta_W - g_2\cos\theta_W\right) \bar{u}_L i\gamma^\mu Z_\mu u_L$ $- \frac{i}{2}\left(\frac{1}{3}g_1 \sin\theta_W + g_2\cos\theta_W\right) \bar{d}_L i\gamma^\mu Z_\mu d_L$ $+ \left(\frac{i}{\sqrt{2}}g_2\right)\left(\bar{u}_L i\gamma^\mu W_\mu^+ d_L + \bar{d}_L i\gamma^\mu W_\mu^- u_L\right)$
u_R	$\bar{u}_R i\gamma^\mu D_\mu u_R$ $= \bar{u}_R i\gamma^\mu \left[\partial_\mu + i(2/3)eA_\mu\right] u_R$ $- i\frac{2}{3}g_1 \sin\theta_W \bar{u}_R i\gamma^\mu Z_\mu u_R$
d_R	$\bar{d}_R i\gamma^\mu D_\mu d_R$ $= \bar{d}_R i\gamma^\mu \left[\partial_\mu + i(-1/3)eA_\mu\right] d_R$ $+ i\frac{1}{3}g_1 \sin\theta_W \bar{d}_R i\gamma^\mu Z_\mu d_R$
$\ell_L = \begin{pmatrix} \nu_L \\ e_L \end{pmatrix}$	$\bar{\ell}_L i\gamma^\mu D_\mu \ell_L$ $= \bar{\nu}_L i\gamma^\mu \left[\partial_\mu + \frac{i}{2}\sqrt{g_1^2 + g_2^2} Z_\mu\right] \nu_L$ $+ \bar{e}_L i\gamma^\mu \left[\partial_\mu + i(-1)eA_\mu\right] e_L$ $- \bar{e}_L i\gamma^\mu \left[\frac{i}{2}\sqrt{g_1^2 + g_2^2}\cos 2\theta_W Z_\mu\right] e_L$ $+ \left(\frac{i}{\sqrt{2}}g_2\right)\left[\bar{\nu}_L i\gamma^\mu W_\mu^+ e_L + \bar{e}_L i\gamma^\mu W_\mu^- \nu_L\right]$
e_R	$\bar{e}_R i\gamma^\mu D_\mu e_R$ $= \bar{e}_R i\gamma^\mu \left[\partial_\mu + i(-1)eA_\mu\right] e_R$ $+ ig_1 \sin\theta_W \bar{e}_R i\gamma^\mu Z_\mu e_R$

표 7.2: 앞의 표에 이어지는 내용이다. 힉스 메커니즘 이후에 A_μ, Z_μ, $W_\mu^\pm$ 등으로 고쳐 쓴 게이지 입자들의 공변도함수를 포함한 라그랑지안 밀도. 스칼라 입자는 공변도함수만 보여준다. 스칼라 입자의 퍼텐셜 항은 게이지 입자와 무관하므로 생략한다.

입자	공변도함수를 포함한 항들
$\phi = \frac{1}{\sqrt{2}}\begin{pmatrix} 0 \\ h+v \end{pmatrix}$	$(D^\mu\phi)^\dagger D_\mu\phi$ $= \frac{1}{2}\partial^\mu h\partial_\mu h$ $+ \frac{1}{8}\left[g_2^2(W^{+\mu*}W_\mu^+ + W^{-\mu*}W_\mu^-)\right.$ $\left. + (g_1^2+g_2^2)Z^\mu Z_\mu\right](h+v)^2$
B_μ $W_{\mu\nu}^3$	$-\frac{1}{4}B^{\mu\nu}B_{\mu\nu} - \frac{1}{4}W^{3\mu\nu}W_{\mu\nu}^3$ $= -\frac{1}{4}F^{\mu\nu}F_{\mu\nu} - \frac{1}{4}Z^{\mu\nu}Z_{\mu\nu}$ $+ \frac{1}{2}ig_2(F^{\mu\nu}\sin\theta_W + Z^{\mu\nu}\cos\theta_W)$ $\cdot(W_\mu^- W_\nu^+ - W_\mu^+ W_\nu^-)$ $+ \frac{1}{4}g_2^2(W^{-\mu}W^{+\nu} - W^{+\mu}W^{-\nu})$ $\cdot(W_\mu^- W_\nu^+ - W_\mu^+ W_\nu^-)$
W_μ^1, W_μ^2	$-\frac{1}{4}W^{1\mu\nu}W_{\mu\nu}^1 - \frac{1}{4}W^{2\mu\nu}W_{\mu\nu}^2$ $= -\frac{1}{4}(W^{+\mu\nu}W_{\mu\nu}^- + W^{-\mu\nu}W_{\mu\nu}^+)$

제 8장

—— 표준모형

이제 우리는 표준모형의 라그랑지안 밀도를 공부할 때가 되었다. 사실, 지금까지 표준모형의 라그랑지안 밀도를 하나씩 알아보았으므로, 지금까지의 논의를 토대로 표준모형의 라그랑지안을 구성할 수 있다. 즉, 앞서의 논의를 정리 요약하는 것이 이 장의 내용이다. 아마 비슷한 내용이 나오거나 거의 똑같은 설명이 반복될 수도 있다. 그러니 쉬어간다는 느낌으로 읽기를 권한다.

8.1 등장하는 입자들

표준모형은 "전자기약상호작용에 대한 표준모형"을 줄여서 말한 것이다. 그러므로 강상호작용과 중력은 제외한다. 강상호작용을 제외하므로 컬러 자유도와 글루온은 고려하지 않을 것이며, 중력도 제외하므로 graviton도 고려하지 않는다.

표준모형에 등장하는 입자는 앞서 배운 페르미 입자와 스칼라 입자와 게이지 입자 등 3 종류의 입자가 모두 등장한다.

우선, 물질 입자들인 페르미 입자들은 6 개의 쿼크와 그들의 반입자, 6 개의 경입자와 그들의 반입자 등 모두 12 개의 입자와 12 개의 반입자가 있으며, 이들을 3 개의 세대로 나눌 수 있다. 그런데 표준모형에서는 라그랑지안 밀도의 구성이 세대간에 반복된다. 그래서 우리는 일단 제1세대에 대해서만 논의를 전개할 것이다. 제1세대라 함은 쿼크쪽에서 u 및 d 및 그 반입자, 경입자쪽에서 전자와 중성미자 및 그 반입자를 가리킨다.

3 개의 세대를 모두 등장시켜서 일반적인 라그랑지안 밀도를 구성하면 매우 복잡해진다. 그리고 세대간에 뒤섞이는 혼합 현상이 생긴다. 서로 다른 “flavor”를 가진 쿼크들의 세대간의 혼합은 Kobayashi-Maskawa 행렬로 나타난다. 중성미자가 질량을 가진다는 가정하에 필연적으로 나타나는 중성미자 진동 현상도 세대간의 혼합때문에 생기는 현상이다. 지금으로써는 하나의 세대만 고려할 것이므로 세대간의 혼합은 현재 논의에서 배제된다. 따라서 s, c, b 및 t 등의 무거운 쿼크들과 뮤우 입자, 타우 입자 등 무거운 경입자들과 뮤우 중성미자, 타우 중성미자 등 제2세대와 제3세대 쿼크와 경입자들은 나중에 설명하겠다.

제1세대 페르미 입자들은 초반에 이미 설명하였듯이 스피너로 표현할 수 있다. 그리고 이들 스피너는

$$\psi = \psi_L + \psi_R$$

와 같이 오른손잡이와 왼손잡이로 분해할 수 있다. 표준모형에서 모든 물질 입자는 이와 같이 오른손잡이와 왼손잡이로 나누는데, 그

표 8.1: 표준모형의 제1세대 입자들의 전자기약상호작용에 관한 양자수. Y는 weak hypercharge, I는 weak isospin, I_3는 weak isospin의 제3성분, 그리고 Q는 전하다.

입자	Y	I	I_3	$Q = I_3 + \frac{Y}{2}$
$q_L = \begin{pmatrix} u_L \\ d_L \end{pmatrix}$	1/3	1/2	$u_L = +1/2$ $d_L = -1/2$	$u_L = +2/3$ $d_L = -1/3$
u_R	4/3	0	0	2/3
d_R	−2/3	0	0	−1/3
$\ell_L = \begin{pmatrix} \nu_L \\ e_L \end{pmatrix}$	−1	1/2	$\nu_L = +1/2$ $e_L = -1/2$	$\nu_L = 0$ $e_L = -1$
e_R	−2	0	0	−1
$\phi = \frac{1}{\sqrt{2}}\begin{pmatrix} \phi_1 \\ \phi_2 \end{pmatrix}$	1	1/2	$\phi_1 = +1/2$ $\phi_2 = -1/2$	$\phi_1 = 1$ $\phi_2 = 0$

중에서 왼손잡이 스피너들은 모두 이중항으로 묶는다. 즉,

$$q_L = \begin{pmatrix} u_L \\ d_L \end{pmatrix}, \quad \ell_L = \begin{pmatrix} \nu_L \\ e_L \end{pmatrix} \tag{8.1}$$

그리고 오른손잡이들은 그냥 각각 싱글로 내버려둔다. 소위 단중항들이다. 그 중에서도 특히 오른손잡이 중성미자 ν_R는 없앤다. 표준모형에서 물질 입자들의 오른손잡이와 왼손잡이를 이와 같이 분류하여 기술하는 이유는 현상론적으로 존재한다. 그래야만 입자물리학의 많은 실험 결과에 부합하는 라그랑지안 밀도를 구성할 수 있다. 예를 들어 오른손잡이 중성미자를 제외하는 이유는 그것이 아직 자연에서 발견되지 않았기 때문이다.

요컨대, 다음과 같은 제1세대의 페르미 입자들이 물질 입자로서 표준모형에 등장한다.

$$q_L = \begin{pmatrix} u_L \\ d_L \end{pmatrix}, \quad \ell_L = \begin{pmatrix} \nu_L \\ e_L \end{pmatrix}, \quad u_R, \quad d_R, \quad e_R \tag{8.2}$$

또는 $d = d_L + d_R$, $u = u_L + u_R$, $e = e_L + e_R$ 및 ν_L이다.

한편, 스칼라 입자도 표준모형에서 필수적으로 있어야 페르미 입자나 게이지 입자에 질량을 부여할 수 있다. 표준모형에서 필요로 하는 스칼라 입자는 이중항이다.

$$\phi = \frac{1}{\sqrt{2}} \begin{pmatrix} \phi_1 \\ \phi_2 \end{pmatrix} = \frac{1}{\sqrt{2}} \begin{pmatrix} \phi^+ \\ \phi^0 \end{pmatrix} \tag{8.3}$$

여기서 ϕ^+ 및 ϕ^0는 각각 양전하를 가지고 있거나 전기적으로 중성임을 뜻하는 것이다. 그러나 힉스 메커니즘을 거치게 되면 전기적으로 중성인 실함수 스칼라 입자 h만 남게 된다.

그리고 게이지 입자 B_μ 및 W_μ^i $(i = 1,\ 2,\ 3)$가 있다. 이들은 각각 $U(1)$ 및 $SU_L(2)$ 게이지 상호작용을 매개하며, 서로 선형 결합을 함으로써 물리적 게이지 입자들이 된다. 그 선형 결합은 앞에서 정의한바, 다음과 같다.

$$\begin{cases} W_\mu^+ = \dfrac{1}{\sqrt{2}}(W_\mu^1 - iW_\mu^2) \\ W_\mu^- = \dfrac{1}{\sqrt{2}}(W_\mu^1 + iW_\mu^2) \\ Z_\mu = \dfrac{1}{\sqrt{g_1^2 + g_2^2}}\left(g_2 W_\mu^3 - g_1 B_\mu\right) \\ A_\mu = \dfrac{1}{\sqrt{g_1^2 + g_2^2}}\left(g_1 W_\mu^3 + g_2 B_\mu\right) \end{cases} \tag{8.4}$$

이제 라그랑지안 밀도를 다시 한번 정리할 때가 되었다. 시작은 페르미 입자도 질량이 있고, 게이지 입자도 질량이 있으며, 다만 스칼라 입자도 질량이 있는 라그랑지안 밀도로 시작한다. 서로 상호작용 같은 것은 없는 자유 입자들이다. 그리고, 이미 아는 바와 같이, 쿼크는 u 쿼크와 d 쿼크의 질량이 다르고, 중성미자는 질량이 없으며 ν_R 성분이 없는 왼손잡이뿐이다. 이 라그랑지안 밀도는 앞서 표 3.1에 정리해 놓았는데, 다시 소환하여 여기에서 보여준다. 다음과 같다.

$$\begin{aligned}
\mathcal{L} &= \bar{q}_L(i\gamma^\mu\partial_\mu - m_q)q_L \\
&\quad + \bar{u}_R(i\gamma^\mu\partial_\mu - m_u)u_R + \bar{d}_R(i\gamma^\mu\partial_\mu - m_d)d_R \\
&\quad + \bar{\ell}_L(i\gamma^\mu\partial_\mu - m_\ell)\ell_L + \bar{e}_R(i\gamma^\mu\partial_\mu - m_e)e_R \\
&\quad - \frac{1}{4}B^{\mu\nu}B_{\mu\nu} + \frac{1}{2}m^2B^\mu B_\mu \\
&\quad - \frac{1}{4}\vec{W}^{\mu\nu}\cdot\vec{W}_{\mu\nu} + \frac{1}{2}\vec{W}^\mu M^2\vec{W}_\mu \\
&\quad + (\partial^\mu\phi)^\dagger\partial_\mu\phi - \phi^\dagger M_\phi^2\phi \\
&= (\bar{u}\ \bar{d})\left[i\gamma^\mu\partial_\mu - \begin{pmatrix} m_u & 0 \\ 0 & m_d \end{pmatrix}\right]\begin{pmatrix} u \\ d \end{pmatrix} \\
&\quad + \bar{\nu}_L(i\gamma^\mu\partial_\mu)\nu_L + \bar{e}(i\gamma^\mu\partial_\mu - m_e)e \\
&\quad - \frac{1}{4}B^{\mu\nu}B_{\mu\nu} + \frac{1}{2}m^2B^\mu B_\mu \\
&\quad - \frac{1}{4}\vec{W}^{\mu\nu}\cdot\vec{W}_{\mu\nu} \\
&\quad + \frac{1}{2}(W^{1\mu}\ W^{2\mu}\ W^{3\mu})\begin{pmatrix} m_1^2 & 0 & 0 \\ 0 & m_2^2 & 0 \\ 0 & 0 & m_3^2 \end{pmatrix}\begin{pmatrix} W_\mu^1 \\ W_\mu^2 \\ W_\mu^3 \end{pmatrix} \\
&\quad + \frac{1}{2}\partial^\mu\phi_1^*\partial_\mu\phi_1 + \frac{1}{2}\partial^\mu\phi_2^*\partial_\mu\phi_2 \\
&\quad - \frac{1}{2}(\phi_1^*\ \phi_2^*)\begin{pmatrix} m_1^2 & 0 \\ 0 & m_2^2 \end{pmatrix}\begin{pmatrix} \phi_1 \\ \phi_2 \end{pmatrix}
\end{aligned} \tag{8.5}$$

이제, 이 라그랑지안 밀도가 국소적 $SU_L(2)\times U(1)$ 게이지 대칭성을 가지도록 요구할 것이다. 그렇게 되면 질량항들은 대칭성에 위배되므로 제거되어야 한다. 페르미 입자의 질량은 카이랄 대칭성을 도입하면서 제거되고, 게이지 입자들의 질량은 자신들의 게이지 변환을 만족하기 위하여 없어져야 하며, 스칼라 입자의 질량도 공변도함수에 포함된 게이지 입자의 게이지 변환에 불변이기 위하여 제거된다. 이처럼 대칭성에 의하여 질량이 모두 견디지 못하고 배제되는 상황은 앞에서 이미 논의하였거니와, 복습하는 겸, 대칭성을 더 생각해 본다.

8.2 $SU_L(2) \times U(1)$

표준모형의 대칭성은 페르미 입자의 chirality를 포함하면 국소적 $SU_L(2)\times U(1)$ 게이지 대칭성이다. 이때, 그 대칭성을 $SU_L(2)\times U(1)$라고 말해도 되고 $SU(2) \times U(1)$이라고 말해도 된다. 여기서 $SU_L(2)$에서의 왼손잡이 표시는 페르미 입자의 이중항이 왼손잡이라는 사실 때문에 필요하다. 왼손잡이 페르미 입자들이 이중항을 만들기 때문에 $SU(2)$를 $SU_L(2)$라고 말해도 되는 것이다. 그 이유는 우리가 앞서 카이랄 대칭성을 공부하면서 논의한 바 있는데, 요컨대 다음과 같다.

오른손잡이 페르미 입자로 구성된 이중항은 $SU(2)$에 대하여는 변환하지만 $SU_L(2)$에 대하여는 변환하지 않는다는 것을 카이랄 대칭성에서 지켜보았다. 즉, 오른손잡이 페르미 입자의 이중항은 $SU(2)$ 변환과 $SU_L(2)$ 변환이 다르다. 그러나 다행이도 오른손잡이 페르미 입자들은 모두 단중항으로써 이들은 싱글이므로 $SU(2)$ 및 $SU_L(2)$ 변환에 대하여 독립이다. 변환하지 않기 때문에 $SU(2)$나 $SU_L(2)$나 똑같다.

한편, 왼손잡이 페르미 입자는 이중항을 구성하는데, 왼손잡이들에게 있어서 $SU(2)$ 변환과 $SU_L(2)$ 변환은 똑같다. 그러므로 페르미 입자들의 관점에서는 오른손잡이 단중항이나 왼손잡이 이중항이나 모두 $SU(2)$나 $SU_L(2)$나 똑같다. (만일 단중항이 왼손잡이거나 이중항이 오른손잡이라면 $SU(2)$와 $SU_L(2)$는 전혀 다른 대칭성이다.) 게이지 입자나 스칼라 입자는 어느 것이든 상관 없다. 왜냐하면 이들은 감마행렬들과는 무관하기 때문에 $SU(2)$나 $SU_L(2)$나 마찬가지다. 따라서 표준모형의 모든 입자에 대하여 $SU(2)$와 $SU_L(2)$는 똑같은 대칭성으로 보인다.

그렇다면 왜 $U(1)$는 $U_R(1)$가 아닐까? 왼손잡이 페르미 입자들이 이중항을 만들기 때문에 그냥 $SU(2)$가 아니라 $SU_L(2)$이라면 오른손잡이 페르미 입자들은 모두 단중항이므로 그냥 $U(1)$이 아니라 $U_R(1)$이어야 하지 않을까? 대답은 아니다. 물론, 오른손잡이 페르미 입자에게는 (단중항이라서가 아니라 오른손잡이라서) $U(1)$이나 $U_R(1)$나 똑같다. 하지만, 왼손잡이 페르미 입자에게는 본질적으로 다르다. 이들은 $U(1)$에 대하여 변환할 뿐, $U_R(1)$에 대하여 변환하지 않기 때문에 이들에게 있어서 $U(1)$과 $U_R(1)$는 엄연히 구별되는 대칭성인 것이다. 그러므로 $U(1)$을 $U_R(1)$이라고 말해서 안되는 이유는 왼손잡이 페르미 입자들의 국소적 $U(1)$ 게이지 변환을 보장해야 하기 때문이다.

그래서, 요약하면, 왼손잡이 페르미 입자들은 모두 이중항을 구성하고, 오른손잡이 페르미 입자들은 모두 단중항이기 때문에, 표준모형의 게이지 대칭성에서 $SU(2)$는 $SU(2)$라 해도 되고 $SU_L(2)$라 해도 되는데, $U(1)$는 $U(1)$이라고만 해야 하며 $U_R(1)$라고 하면 안되는 것이다. 이상의 논의는 제4장에서 카이랄 대칭성을 논의하였을 때 이미 언급하였던 내용인데, 반추해 본 것이다.

이제, $SU_L(2)\times U(1)$ 게이지 대칭성을 가지도록 요구하면, 라그랑지안 밀도에 대하여 다음과 같은 조치를 취해야 한다. 질량항을 모두 없애고, 각 입자의 편미분도함수 ∂_μ는 각각에 해당하는 공변도함수

D_μ로 바꾸어야 한다. 공변도함수들의 모양은 다음과 같다.

$$\begin{cases} D_\mu = \partial_\mu + i\frac{1}{6}g_1 B_\mu + ig_2\vec{\tau}\cdot\vec{W}_\mu \ \ \text{for} \ \ q_L = \begin{pmatrix} u_L \\ d_L \end{pmatrix} \\ D_\mu = \partial_\mu - i\frac{1}{3}g_1 B_\mu \ \ \text{for} \ \ d_R \\ D_\mu = \partial_\mu + i\frac{2}{3}g_1 B_\mu \ \ \text{for} \ \ u_R \\ D_\mu = \partial_\mu - i\frac{1}{2}g_1 B_\mu + ig_2\vec{\tau}\cdot\vec{W}_\mu \ \ \text{for} \ \ \ell_L = \begin{pmatrix} \nu_L \\ e_L \end{pmatrix} \\ D_\mu = \partial_\mu - ig_1 B_\mu \ \ \text{for} \ \ e_R \\ D_\mu = \partial_\mu + i\frac{1}{2}g_1 B_\mu + ig_2\vec{\tau}\cdot\vec{W}_\mu \ \ \text{for} \ \ \phi = \frac{1}{\sqrt{2}}\begin{pmatrix} \phi_1 \\ \phi_2 \end{pmatrix} \end{cases}$$

그 결과, 라그랑지안 밀도는 다음과 같이 된다.

$$\begin{aligned} \mathcal{L} \ = \ & \bar{q}_L i\gamma^\mu D_\mu q_L + \bar{u}_R i\gamma^\mu D_\mu u_R + \bar{d}_R i\gamma^\mu D_\mu d_R \\ & + \bar{\ell}_L i\gamma^\mu D_\mu \ell_L + \bar{e}_R i\gamma^\mu D_\mu e_R \\ & - \frac{1}{4}B^{\mu\nu}B_{\mu\nu} - \frac{1}{4}\vec{W}^{\mu\nu}\cdot\vec{W}_{\mu\nu} \\ & + (D^\mu\phi)^\dagger D_\mu\phi \end{aligned} \tag{8.6}$$

이 라그랑지안 밀도는 $SU_L(2)\times U(1)$ 게이지 대칭성을 가지고 있다.

입자들이 다음과 같은 변환을 하더라도 라그랑지안 밀도는 불변이다.

$$\begin{cases} \ell_L \to \ell'_L = e^{i(\frac{1}{2}Y_\ell\theta + \vec{\tau}\cdot\vec{\theta})}\ell_L \\ e_R \to e'_R = e^{i\frac{1}{2}Y_e\theta}e_R \\ q_L \to q'_L = e^{i(\frac{1}{2}Y_q\theta + \vec{\tau}\cdot\vec{\theta})}q_L \\ u_R \to u'_R = e^{i\frac{1}{2}Y_u\theta}u_R \\ d_R \to d'_R = e^{i\frac{1}{2}Y_d\theta}d_R \\ B_\mu \to B'_\mu = B_\mu - \frac{1}{g_1}\partial_\mu\theta \\ \vec{W}_\mu \to \vec{W}'_\mu = \vec{W}_\mu - \frac{1}{g_2}\partial_\mu\vec{\theta} - \vec{\theta}\times\vec{W}_\mu \\ \phi \to \phi' = e^{i(\frac{1}{2}Y_\phi\theta + \vec{\tau}\cdot\vec{\theta})}\phi \end{cases} \tag{8.7}$$

여기서 $\theta(x)$와 $\vec{\theta}(x)$는 공간의 함수로써 각각 독립적인 매개변수들이다. 게이지 입자들은 B_μ와 $\vec{W}_\mu$로 표현하였다. $\theta(x)$는 국소적 $U(1)$ 게이지 변환의 매개변수이며 $\vec{\theta}(x)$는 국소적 $SU(2)$ 게이지 변환의 매개변수들이다. 그러므로 위의 변환식에서 $\vec{\theta}(x) = 0$인 경우에는 단지 국소적 $U(1)$ 게이지 변환만 존재하게 되며 $\theta(x) = 0$이라면 단지 국소적 $SU(2)$ 게이지 변환만 있다.

국소적 $U(1)$ 게이지 변환의 경우 앞 장에서의 논의와 달리 1/2라는 새로운 인자가 등장하고, 문자들이 바뀌었다는 점에 주의해야 한다. 앞에서는 a_q, a_ϕ 등으로 $U(1)$ 게이지 변환을 표현하였는데 지금은 $Y_q/2$, $Y_\phi/2$ 등으로 표현하고 있다. Y 등은 각 입자의 hypercharge라고 부르는 물리량이며, Gell-Mann-Nishijima 공식 ($Q = I_3 + (1/2)Y$)에 등장하는데, 1/2라는 인자를 동반하고 있다. 이처럼 1/2이라는 인자는 $U(1)$과 $SU(2)$ 사이의 환산인자의 역할을 한다. 물론, 이 환산인자의 값은 입자물리학의 현상을 설명하기 위한 군론에서 결정되는 값인데, 여기서는 그냥 받아들이기로 하자. 표준모형 입자들의 hypercharge는 각각 경입자 이중항: $Y_\ell = -1$, 오른손잡이 전자: $Y_e = -2$, 쿼크 이중항: $Y_q = 1/3$, 오른손잡이 u 쿼크:

$Y_u = 4/3$, 오른손잡이 d 쿼크: $Y_d = -2/3$, 스칼라 입자 이중항: $Y_\phi = 1$ 등으로 주어진다.

국소적 $SU(2)$ 게이지 변환은 비가환 변환이기 때문에 $U(1)$와 같은 유연성이 없다. 그러나, 국소적 $U(1)$ 게이지 변환에서는 각 입자의 변환식이 Y 값에 의존하는 데 반하여, 국소적 $SU(2)$ 게이지 변환식은 각 입자의 Y의 값에 의존하지 않는다.

한가지 언급할 것은, 우리가 앞서 논의하였던 페르미 입자의 카이랄 대칭성이다. 위의 라그랑지안 밀도는 비록 $SU_L(2) \times U(1)$ 게이지 대칭성을 가지고 있지만, 카이랄 대칭성은 가지고 있지 않다. 왜냐하면, 오른손잡이 중성미자가 등장하지 않기 때문이다. 오른손잡이 중성미자와 왼손잡이 중성미자를 차별하지 않아야 카이랄 대칭성이 성립하는데, 오른손잡이 중성미자는 아예 존재하지 않는다고 가정하고 왼손잡이 중성미자만 소개하고 있다는 것 자체가 카이랄 대칭성을 깨뜨리는 행위다. 다르게 설명하자면, $SU_L(2) \times U(1)$라는 대칭성에서 $SU(2)$를 $SU_L(2)$라고 쓸 수는 있어도 $U(1)$를 $U_R(1)$이라고는 쓸 수 없다는 사실도 $L \leftrightarrow R$의 교환이 성립하지 않는다는 점, 즉 페르미 입자의 오른손잡이 성분과 왼손잡이 성분 사이에는 대칭성이 없다는 사실을 드러내고 있다. 요컨대, 위의 라그랑지안 밀도에서는 카이랄 대칭성아 이미 깨어져 있으며, 더 이상 논의하지 않겠다.

이상의 내용을 표로 만들면 표 8.2와 같다.

이제 힉스 메커니즘을 작동시키면 $SU_L(2) \times U(1)$ 게이지 대칭성은 깨어지는데, 살아남는 대칭성이 있다는 것을 기억하고 있을 것이다. 그것이 $U_{\mathrm{EM}}(1)$ 게이지 대칭성인데, 참고로 그 변환을 적어둔다. 국소적 $U_{\mathrm{EM}}(1)$ 게이지 대칭성은 힉스 메커니즘을 거친 뒤의 라그랑지안 밀도가 가지는 대칭성이다. 이 대칭성은 전자기 상호작용의 대칭성이므로 전하가 중요하다. 각 입자의 전하량은 해당 입자의 hypercharge와 I_3를 겔만-니시지마 공식에 대입하면 나오는데,

표 8.2: 국소적 $SU_L(2) \times U(1)$ 게이지 대칭성이 있는 라그랑지안 밀도. 질량은 당연히 없다.

입자	Y	공변도함수와 라그랑지안 밀도
$q_L = \begin{pmatrix} u_L \\ d_L \end{pmatrix}$	1/3	$D_\mu = \partial_\mu + i\frac{1}{6}g_1 B_\mu + ig_2\vec{\tau}\cdot\vec{W}_\mu$ $\bar{q}_L i\gamma^\mu D_\mu q_L$
u_R	4/3	$D_\mu = \partial_\mu + i\frac{2}{3}g_1 B_\mu$ $\bar{u}_R i\gamma^\mu D_\mu u_R$
d_R	−2/3	$D_\mu = \partial_\mu - i\frac{1}{3}g_1 B_\mu$ $\bar{d}_R i\gamma^\mu D_\mu d_R$
$\ell_L = \begin{pmatrix} \nu_L \\ e_L \end{pmatrix}$	−1	$D_\mu = \partial_\mu - i\frac{1}{2}g_1 B_\mu + ig_2\vec{\tau}\cdot\vec{W}_\mu$ $\bar{\ell}_L i\gamma^\mu D_\mu \ell_L$
e_R	−2	$D_\mu = \partial_\mu - ig_1 B_\mu$ $\bar{e}_R i\gamma^\mu D_\mu e_R$
$\phi = \frac{1}{\sqrt{2}}\begin{pmatrix} \phi_1 \\ \phi_2 \end{pmatrix}$	1	$D_\mu = \partial_\mu + i\frac{1}{2}g_1 B_\mu + ig_2\vec{\tau}\cdot\vec{W}_\mu$ $(D^\mu\phi)^\dagger D_\mu\phi$
B_μ		$-\frac{1}{4}B^{\mu\nu}B_{\mu\nu}$
$\vec{W}_\mu$		$-\frac{1}{4}\vec{W}^{\mu\nu}\cdot\vec{W}_{\mu\nu}$

$Q_e = -1, Q_u = 2/3, Q_d = -1/3$ 등이다. 이러한 전하를 가진 페르미 입자의 국소적 $U_{\mathrm{EM}}(1)$ 게이지 변환은 다음과 같다.

$$\begin{cases} e_R \to e'_R = e^{iQ_e\alpha}e_R \\ \ell_L \to \ell'_L = \begin{pmatrix} 1 & 0 \\ 0 & e^{iQ_e\alpha} \end{pmatrix}\begin{pmatrix} \nu_L \\ e_L \end{pmatrix} = \begin{pmatrix} \nu_L \\ e^{iQ_e\alpha}e_L \end{pmatrix} \\ u_R \to u'_R = e^{iQ_u\alpha}u_R \\ d_R \to d'_R = e^{iQ_d\alpha}d_R \\ q_L \to q'_L = \begin{pmatrix} e^{iQ_u\alpha} & 0 \\ 0 & e^{iQ_d\alpha} \end{pmatrix}\begin{pmatrix} u_L \\ d_L \end{pmatrix} = \begin{pmatrix} e^{iQ_u\alpha}u_L \\ e^{iQ_d\alpha}d_L \end{pmatrix} \end{cases}$$

이들 페르미 입자를 비롯하여 나머지 게이지 입자들까지 국소적 $U_{\mathrm{EM}}(1)$ 게이지 변환을 적어 보면 다음과 같다.

$$\begin{cases} \nu_L \to \nu'_L \\ e \to e' = e^{iQ_e\alpha}e \\ u \to u' = e^{iQ_u\alpha}u \\ d \to d' = e^{iQ_d\alpha}d \\ Z'_\mu = Z_\mu \\ W'^{+}_\mu = (1+i\alpha)W^+_\mu \\ W'^{-}_\mu = (1-i\alpha)W^-_\mu \\ A'_\mu = A_\mu - \frac{1}{e}\partial_\mu\alpha \\ h \to h' = h \end{cases} \tag{8.8}$$

여기서, 게이지 입자들은 B_μ와 $\vec{W}_\mu$ 대신 전자기상호작용에 참여하는 A_μ를 비롯하여 Z_μ, $W^\pm_\mu$ 등으로 바꾸어 표현하였고, 페르미 입자들은 오른손잡이 성분과 왼손잡이 성분을 합하여 표현하였다. 이 국소적 $U_{\mathrm{EM}}(1)$ 게이지 변환의 매개변수는 $\alpha(x)$다.

8.3 힉스 입자

힉스 메커니즘을 작동시키기 위하여 라그랑지안 밀도가 가지고 있는 $SU_L(2) \times U(1)$ 게이지 대칭성을 깨뜨리자. 그러려면 스칼라 입자의 퍼텐셜 에너지 항을 도입해야 한다. 그 형태가 어떠해야 하는지에 대하여는 앞서 논의하였거니와, 가장 간단하고도 효과가 분명한 퍼텐셜 에너지 항의 형태는 ϕ의 4승에 비례하는 항을 가지고 있어야 한다. 그래서, 다음과 같은 퍼텐셜 에너지 항을 도입한다.

$$V(\phi) = \mu\phi^\dagger\phi + \lambda(\phi^\dagger\phi)^2 \tag{8.9}$$

또한, 페르미 입자에게 질량을 주기 위하여 페르미 입자와 스칼라 입자를 결합시키는 항도 도입해야 한다. 곧, 유카와 결합항들이다.

$$\begin{aligned}
&-g_u\bar{q}_L\phi_c u_R - g_d\bar{q}_L\phi d_R - g_\ell\bar{\ell}_L\phi e_R + \text{H.c.} \\
&= -g_u(\bar{q}_L\phi_c u_R + \bar{u}_R\phi_c^\dagger q_L) - g_d(\bar{q}_L\phi d_R + \bar{d}_R\phi^\dagger q_L) \\
&\quad -g_\ell(\bar{\ell}_L\phi e_R + \bar{e}_R\phi^\dagger \ell_L)
\end{aligned} \tag{8.10}$$

이렇게 스칼라 함수의 퍼텐셜 에너지 항과 페르미 입자의 유카와 결합항을 새로이 도입하면, 전체 라그랑지안 밀도는 다음과 같이 된다.

$$\begin{aligned}
\mathcal{L} \;=\;& \bar{q}_L i\gamma^\mu D_\mu q_L + \bar{u}_R i\gamma^\mu D_\mu u_R + \bar{d}_R i\gamma^\mu D_\mu d_R \\
&+\bar{\ell}_L i\gamma^\mu D_\mu \ell_L + \bar{e}_R i\gamma^\mu D_\mu e_R \\
&-\frac{1}{4}B^{\mu\nu}B_{\mu\nu} - \frac{1}{4}\vec{W}^{\mu\nu}\cdot\vec{W}_{\mu\nu} \\
&+(D^\mu\phi)^\dagger D_\mu\phi \\
&-\lambda\left(\phi^\dagger\phi - \frac{v^2}{2}\right)^2
\end{aligned}$$

$$
\begin{aligned}
&-g_u(\bar{q}_L\phi_c u_R + \bar{u}_R\phi_c^\dagger q_L)\\
&-g_d(\bar{q}_L\phi d_R + \bar{d}_R\phi^\dagger q_L)\\
&-g_\ell(\bar{\ell}_L\phi e_R + \bar{e}_R\phi^\dagger \ell_L) \qquad (8.11)
\end{aligned}
$$

여기서, 스칼라 입자의 퍼텐셜 에너지 항 $V(\phi)$은 라그랑지안 밀도 전체의 퍼텐셜 에너지 항이기도 하다. 왜냐하면, 다른 입자들은 퍼텐셜 에너지 항이 없기 때문이다. 즉, 스칼라 입자의 퍼텐셜 에너지는 전체 입자계의 퍼텐셜 에너지라고 보아도 된다. 단, 퍼텐셜 에너지 항의 모습은 조금 바뀌었는데, 물리적으로 전혀 다른 모습은 아니다. 하지만, 이것은 알다시피, 힉스 메커니즘을 위한 덫이라고 할까, 사전 조정으로써 고쳐 놓은 것이다. 아무튼, 이 라그랑지안 밀도는 새로 도입한 항들을 포함하여 여전히 $SU_L(2) \times U(1)$ 게이지 대칭성을 유지하고 있다. 적어도 아직까지는 말이다.

이제부터 대칭성을 깨뜨리는 작업을 시작하자. 앞에서, 힉스 메커니즘에 대한 논의를 꽤 장황하게 하였었는데, 되새겨 보면, 퍼텐셜 에너지의 최소값을 주는 스칼라 입자의 진공기대값도 일단은 $SU_L(2) \times U(1)$ 대칭성을 가질 수 있다는 점과, 그 점을 역이용하여 우리가 자유롭게 하나의 진공기대값을 택하는 순간 대칭성이 깨어진다는 점을 지적하였다. 그래서, 힉스 메커니즘은 대칭성을 존중하는 척 하면서 대칭성을 깨뜨린다고 에둘러 표현한 바 있었다.

스칼라 입자의 퍼텐셜 에너지 항의 모습을 보면 금방 눈에 띄는 특징이 있다. 퍼텐셜 에너지의 최소가 $\phi(x) = 0$일 때가 아니라 $|\phi(x)| = v/\sqrt{2}$일 때라는 것이다. 이 사실은 x에 무관하게 성립한다. 그 말인즉, 전 공간에 대하여 성립한다는 말이다. 입자계 전체의 퍼텐셜 에너지는 스칼라 입자가 전 공간에서 $|\phi(x)| = v/\sqrt{2}$로서 균일하게 존재할 때 최소가 되는 것이다. 이때, 0이 아닌 그 값을 ϕ의 진공기대값이라고 부른다는 것은 앞서 논의한 바 있다. 기대값이라는 표현이 적절한지 아닌지 등도 이야기하면서 말이다.

그런데, $|\phi(x)| = v/\sqrt{2}$가 되는 ϕ는 사실상 무한히 많다. 그것은 공간 x의 문제가 아니다. 게이지 대칭의 문제다. 퍼텐셜 에너지항 $SU_L(2) \times U(1)$ 게이지 대칭성을 가지고 있기 때문이다. 알다시피, 스칼라 입자 $\phi(x)$는 2개의 복소함수로 구성된 이중항, 즉, 4개의 실함수로 이루어져 있다.

$$\phi(x) = \frac{1}{\sqrt{2}} \begin{pmatrix} \phi_1(x) \\ \phi_2(x) \end{pmatrix} = \frac{1}{\sqrt{2}} \begin{pmatrix} \xi_1(x) + i\xi_2(x) \\ \xi_3(x) + i\xi_4(x) \end{pmatrix} \tag{8.12}$$

그러므로, $\xi_1^2 + \xi_2^2 + \xi_3^2 + \xi_4^2 = v^2$이기만 하면 퍼텐셜 에너지는 최소가 되는 것이다. 이러한 조건을 만족하는 스칼라 입자는 무수하다.

이제, 대칭성을 가지고 있다는 점을 이용하여 그 중의 하나를 임의로 선택하여 진공으로 정의한다. 콕 집어, $\xi_3 = v$이고 $\xi_1 = \xi_2 = \xi_4 = 0$인 ϕ를 택하여 진공으로 정의하겠다. 즉, 스칼라 입자 ϕ가 전 공간에서 (x와 무관하게)

$$\phi(x) = \frac{1}{\sqrt{2}} \begin{pmatrix} 0 \\ v \end{pmatrix} \tag{8.13}$$

로서 균일하게 분포되어 있을 때를 진공이라고 정의하는 것이다. 다르게 말하면, 예를 들어,

$$\phi(x) = \frac{1}{\sqrt{2}} \begin{pmatrix} v \\ 0 \end{pmatrix}$$

는 비록 $|\phi|^2 = v^2/2$이라 하더라도, 그래서 퍼텐셜 에너지가 최소가 되더라도, 진공이라고 정의하지 않는다는 말이다. 이런 식으로 차별하겠다는 것은 대칭성을 더 이상 신경쓰지 않겠다는 것이 다름없다.

아무튼, 특정한 값을 가지는 ϕ를 진공으로 정의하였는데, 수학적으로 표현하자면 ϕ의 4개의 실수 성분 중에서 3개를 아예 처음부터

없다고 가정하는 것이다.

$$\phi(x) \to \phi(x) = \frac{1}{\sqrt{2}} \begin{pmatrix} 0 \\ \xi_3(x) \end{pmatrix}$$

이렇게 하면 퍼텐셜 에너지는 $\xi_3(x) = v$일 때 최소가 되며, 이것이 유일한 진공이 된다. 그리고, 어떤 입자의 진공기대값이 0이 아니어야만 퍼텐셜 에너지가 최소가 된다는 것이 불편하다면 ϕ의 기준을 이동시켜서 진공기대값이 0인 새로운 스칼라 입자 η를 다음과 같이 도입할 수 있다.

$$\eta = \frac{1}{\sqrt{2}} \begin{pmatrix} 0 \\ h \end{pmatrix} = \phi - \frac{1}{\sqrt{2}} \begin{pmatrix} 0 \\ v \end{pmatrix} = \frac{1}{\sqrt{2}} \begin{pmatrix} 0 \\ \xi_3 - v \end{pmatrix}$$

또는

$$\phi = \eta + \frac{1}{\sqrt{2}} \begin{pmatrix} 0 \\ v \end{pmatrix} = \frac{1}{\sqrt{2}} \begin{pmatrix} 0 \\ h + v \end{pmatrix} \tag{8.14}$$

이다.

이때, 새로운 스칼라 입자는 실 함수 $h(x)$ 하나만으로 표현되는 입자이며, $h(x) = 0$일 때 퍼텐셜 에너지는 최소값 0을 가진다. 즉, 퍼텐셜 에너지가 0이려면 새로운 스칼라 입자는 전 공간에서 존재하지 않아야 하며, 그것이 우리가 원하였으며 정의하였던 진공이다. 이 새로운 스칼라 입자, $h(x)$로 표현되는 입자가 바로 힉스 입자이다.

이 힉스 입자는 자기 자신을 포함하여 를 표준모형의 모든 입자들과 결합한다. 그러한 결합의 결과로써 페르미 입자, 게이지 입자, 그리고 힉스 입자 자신의 질량이 생성되는 것이다. 당연한 이야기지만, 라그랑지안 밀도에서 스칼라 입자가 들어 있지 않은 항들은 힉스 메커니즘에 영향을 받지 않는다.

스칼라 입자 ϕ는 원래 2 개의 복소함수로 구성된 이중항, 즉, 4 개의 실함수로 이루어져 있다고 언급한 바 있는데,

$$\phi = \frac{1}{\sqrt{2}}\begin{pmatrix} \phi_1 \\ \phi_2 \end{pmatrix} = \frac{1}{\sqrt{2}}\begin{pmatrix} \phi^+ \\ \phi^0 \end{pmatrix} \tag{8.15}$$

라고 정의하면 $\phi^+ = \phi_1$는 전하가 양이며 $\phi^0 = \phi_2$는 전하가 없다. 진공을 정의하느라 성분 하나만 남기고 모두 없앴는데, 그 남는 성분이 전기적으로 중성인 실 함수 성분이 된다. 그러므로 힉스 입자의 전하는 0이다. 힉스 입자는 전자기 상호작용을 하지 않는다.

이와 같이 진공을 새로 정의하면서 h라는 힉스 입자가 물리적인 스칼라 입자로서 등장하고 게이지 대칭성이 깨어졌다. 앞에서 게이지 대칭성이 있는 라그랑지안 밀도를 구한 바 있으므로, 이제 게이지 대칭성이 깨어진 라그랑지안 밀도를 h로 표현하여 정리해 보자. 힉스 입자 이야기가 나왔으니, 이야기하던 김에 스칼라 입자의 운동에너지 항과 퍼텐셜 에너지 항부터 고치겠다. 먼저, 퍼텐셜 에너지 항은

$$\phi^\dagger\phi = \frac{1}{2}\begin{pmatrix} 0 & h+v \end{pmatrix}\begin{pmatrix} 0 \\ h+v \end{pmatrix} = \frac{1}{2}(h+v)^2$$

이므로,

$$\begin{aligned} V(\phi^\dagger\phi) &= \lambda\left[\frac{1}{2}(h+v)^2 - \frac{1}{2}v^2\right]^2 \\ &= \frac{1}{4}\lambda\left(h^2 + 2hv\right)^2 \\ &= \frac{1}{4}\lambda\left(h^4 + 4h^3v + 4h^2v^2\right) \end{aligned} \tag{8.16}$$

가 된다. 퍼텐셜 에너지의 최소값은 $h(x) = 0$일 때만 0이라는 것을 금방 확인할 수 있다. 또한, 이 새로운 표현의 퍼텐셜 에너지 항은

$SU_L(2)\times U(1)$ 대칭성에 대하여 불변이 아니라는 것도 분명하다. η에 $SU_L(2)\times U(1)$ 변환을 가하면, 없던 성분이 생겨서 η가 더 이상 실 함수 하나만의 스칼라 입자로 정의되지 않기 때문이다.

스칼라 입자의 운동에너지 항에 등장하는 공변도함수는

$$\begin{aligned} D_\mu &= \partial_\mu + ie\begin{pmatrix} 1 & 0 \\ 0 & 0 \end{pmatrix} A_\mu \\ &\quad + \frac{i}{2}\sqrt{g_1^2+g_2^2}\begin{pmatrix} \cos 2\theta_W & 0 \\ 0 & -1 \end{pmatrix} Z_\mu \\ &\quad + \frac{i}{\sqrt{2}} g_2 \begin{pmatrix} 0 & W_\mu^+ \\ W_\mu^- & 0 \end{pmatrix} \end{aligned}$$

이므로, 진공을 새로 정의하고 대칭성이 깨어진 뒤에 이 공변도함수를 ϕ에 작용시키면

$$\begin{cases} D_\mu\phi = \dfrac{1}{\sqrt{2}} D_\mu \begin{pmatrix} 0 \\ h+v \end{pmatrix} \\ \quad = \dfrac{1}{\sqrt{2}}\begin{pmatrix} 0 \\ \partial_\mu h \end{pmatrix} + \dfrac{i}{2\sqrt{2}}\sqrt{g_1^2+g_2^2}\begin{pmatrix} 0 \\ -Z_\mu \end{pmatrix}(h+v) \\ \quad\quad + \dfrac{i}{2} g_2 \begin{pmatrix} W_\mu^+ \\ 0 \end{pmatrix}(h+v) \\ (D^\mu\phi)^\dagger = \dfrac{1}{\sqrt{2}}(0 \ \ \partial^\mu h) \\ \quad\quad -\dfrac{i}{2\sqrt{2}}\sqrt{g_1^2+g_2^2}\,(0 \ \ -Z^\mu)\,(h+v) \\ \quad\quad -\dfrac{i}{2} g_2 \left(W^{+\mu *} \ \ 0\right)(h+v) \end{cases}$$

와 같이 된다. 이제, 스칼라 입자 이중항의 운동 에너지 항 $(D^\mu\phi)^\dagger D_\mu\phi$은, $[(\partial^\mu h)Z_\mu - (\partial_\mu h)Z^\mu]\,(h+v) = 0$ 등 교차항들이 서로 상쇄되는

것을 이용하면,

$$(D^\mu\phi)^\dagger D_\mu\phi = \frac{1}{2}\partial^\mu h\partial_\mu h + \frac{1}{8}(g_1^2+g_2^2)Z^\mu Z_\mu(h+v)^2 + \frac{1}{4}g_2^2 W^{+\mu *}W_\mu^+(h+v)^2$$

와 같이 고쳐 쓸 수 있다. 또, $W_\mu^{+*} = W_\mu^-$, 즉, $W_\mu^+ = W_\mu^{-*}$를 이용하면 $W^{+\mu *}W_\mu^+ = W^{-\mu *}W_\mu^-$가 되므로,

$$W^{+\mu *}W_\mu^+ = \frac{1}{2}\left(W^{+\mu *}W_\mu^+ + W^{-\mu *}W_\mu^-\right)$$

라고 고쳐 써서 다음과 같이 정리할 수 있다.

$$(D^\mu\phi)^\dagger D_\mu\phi = \frac{1}{2}\partial^\mu h\partial_\mu h + \frac{1}{8}(g_1^2+g_2^2)Z^\mu Z_\mu(h+v)^2 + \frac{1}{8}g_2^2(W^{+\mu *}W_\mu^+ + W^{-\mu *}W_\mu^-)(h+v)^2$$

이 식에서 A_μ가 등장하지 않는 것은 당연하다. 힉스 입자 h가 전기적으로 중성이기 때문이다.

따라서 대칭성이 깨어진 뒤에, 스칼라 입자의 운동 에너지 항과 퍼텐셜 에너지 항을 모으면, 다음과 같이 쓸 수 있다.

$$\begin{aligned}(D^\mu\phi)^\dagger D_\mu\phi - V(\phi^\dagger\phi) &= \frac{1}{2}\partial^\mu h\partial_\mu h + \frac{1}{8}(g_1^2+g_2^2)Z^\mu Z_\mu(h+v)^2 \\ &+ \frac{1}{8}g_2^2(W^{+\mu *}W_\mu^+ + W^{-\mu *}W_\mu^-)(h+v)^2 \\ &- \frac{1}{4}\lambda\left(h^4+4h^3v+4h^2v^2\right)\end{aligned} \tag{8.17}$$

한편, 스칼라 입자는 페르미 입자와의 유카와 결합항에도 다음 식에서 보다시피 들어 있다.

$$-g_u(\bar{q}_L\phi_c u_R + \bar{u}_R\phi_c^\dagger q_L)$$

$$-g_d(\bar{q}_L\phi d_R + \bar{d}_R\phi^\dagger q_L)$$
$$-g_\ell(\bar{\ell}_L\phi e_R + \bar{e}_R\phi^\dagger \ell_L)$$

u 쿼크의 유카와 결합항에는 ϕ가 아니라 다음과 같이 정의된 ϕ_c가 등장한다.

$$\phi_c = \epsilon\phi^* = \frac{1}{\sqrt{2}}\begin{pmatrix} h+v \\ 0 \end{pmatrix}$$

그래서 u 쿼크의 유카와 결합항은 다음과 같다.

$$\begin{aligned}
&-g_u\bar{q}_L\phi_c u_R - g_u\bar{u}_R\phi_c^\dagger q_L \\
&= -\frac{1}{\sqrt{2}}g_u\left[(\bar{u}_L\ \bar{d}_L)\begin{pmatrix} h+v \\ 0 \end{pmatrix}u_R\right. \\
&\qquad\qquad\qquad\left. + \bar{u}_R(h+v\ \ 0)\begin{pmatrix} u_L \\ d_L \end{pmatrix}\right] \\
&= -\frac{1}{\sqrt{2}}g_u(h+v)\left[\bar{u}_L u_R + \bar{u}_R u_L\right] \\
&= -\frac{1}{\sqrt{2}}g_u(h+v)\bar{u}u \qquad (8.18)
\end{aligned}$$

그리고, d 쿼크의 유카와 결합항은

$$\begin{aligned}
&-g_d\bar{q}_L\phi d_R - g_d\bar{d}_R\phi^\dagger q_L \\
&= -\frac{1}{\sqrt{2}}g_d\left[(\bar{u}_L\ \bar{d}_L)\begin{pmatrix} 0 \\ h+v \end{pmatrix}d_R\right. \\
&\qquad\qquad\qquad\left. + \bar{d}_R(0\ \ h+v)\begin{pmatrix} u_L \\ d_L \end{pmatrix}\right] \\
&= -\frac{1}{\sqrt{2}}g_d(h+v)(\bar{d}_L d_R + \bar{d}_R d_L) \\
&= -\frac{1}{\sqrt{2}}g_d(h+v)\bar{d}d \qquad (8.19)
\end{aligned}$$

이며, d 쿼크와 같은 방식으로 계산하면 전자의 유카와 결합항은

$$-g_\ell \bar{\ell}_L \phi e_R - g_\ell \bar{e}_R \phi^\dagger \ell_L = -\frac{1}{\sqrt{2}} g_\ell (h+v) \bar{e} e \tag{8.20}$$

이다. 이상의 결과를 모두 모으면, 진공을 재정의하고 나서 전체 라그랑지안 밀도는 다음과 같은 표현으로 정리된다.

$$\begin{aligned}
\mathcal{L} \;=\; & \bar{q}_L i\gamma^\mu D_\mu q_L + \bar{u}_R i\gamma^\mu D_\mu u_R + \bar{d}_R i\gamma^\mu D_\mu d_R \\
& + \bar{\ell}_L i\gamma^\mu D_\mu \ell_L + \bar{e}_R i\gamma^\mu D_\mu e_R \\
& - \frac{1}{4} B^{\mu\nu} B_{\mu\nu} - \frac{1}{4} \vec{W}^{\mu\nu} \cdot \vec{W}_{\mu\nu} \\
& + \frac{1}{2} (\partial^\mu h) \partial_\mu h + \frac{1}{8} (g_1^2 + g_2^2) Z^\mu Z_\mu (h+v)^2 \\
& + \frac{1}{8} g_2^2 (W^{+\mu *} W_\mu^+ + W^{-\mu *} W_\mu^-)(h+v)^2 \\
& - \frac{1}{4} \lambda \left(h^4 + 4h^3 v + 4h^2 v^2 \right) \\
& - \frac{1}{\sqrt{2}} (h+v) \left[g_u \bar{u} u + g_d \bar{d} d + g_\ell \bar{e} e \right]
\end{aligned} \tag{8.21}$$

8.4 질량

바로 앞에서 정리한 라그랑지안 밀도는 여전히 공변도함수 D_μ가 보이고, 게이지 입자들도 A_μ 및 Z_μ 등으로 바꾸어 놓지 않고 그냥 B_μ와 W_μ^i로 두었다. 이러한 항들을 모두 풀어 써서 물리적 입자들 만으로 라그랑지안 밀도를 표현할 수도 있다. 그렇게 전개하여 풀어 써 보면, 입자들의 3중 결합과 4중 결합이 매우 많이 나온다. 3중 또는 4중 결합이라는 것은 하나의 꼭지점(vertex)에 3개 또는 4개의 입자가 참여한다는 뜻이며, 시공간의 같은 점에 3개 또는 4개의 입자들이 공존한다는 뜻이다. 또, 힉스 입자의 자기결합 (self-coupling) 항도 있다.

표준모형에서는 4중 결합이 가장 복잡한 결합이며, 5중이나 6중 이상의 결합은 없다. 그러므로, 표준모형에 의한 입자들의 상호작용을 대변하는 파인만 도형도 아무리 복잡해 봤자 하나의 꼭지점에 4개의 입자가 참여하는 것이 최대한이다.

어떻든, 일단 입자들의 2중 결합항 또는 제곱항부터 보자. 왜냐하면, 그 제곱항들이 입자의 질량을 부여하기 때문이다. 예를 들어, 질량이 m인 실함수 스칼라 입자는 상호작용이 없는 자유공간에서 $\mathcal{L} = (1/2)\left[\partial^\mu\phi\partial_\mu\phi - m^2\phi^2\right]$와 같은 라그랑지안 밀도를 가진다는 것을 이 책의 앞에서 공부하였으며, 이 라그랑지안 밀도로부터 Klein-Gordon 운동방정식이 유도된다는 것도 공부하였는데, 이때 $(1/2)m^2\phi^2$라는 항이 질량항이다. 즉, 스칼라 입자의 질량은 스칼라 입자의 제곱항 계수에서 주어진다.

이제, 위의 라그랑지안 밀도에서 각 입자의 제곱항이거나 또는 제곱항이 들어 있는 항을 모두 추려내면 다음과 같다.

$$
\begin{aligned}
&-\frac{1}{2}(2\lambda v^2)h^2 \\
&+\frac{1}{8}(g_1^2+g_2^2)v^2 Z^\mu Z_\mu \\
&+\frac{1}{8}g_2^2 v^2(W^{+\mu *}W^+_\mu + W^{-\mu *}W^-_\mu) \\
&-\frac{1}{\sqrt{2}}v\left[g_u\bar{u}u + g_d\bar{d}d + g_\ell\bar{e}e\right]
\end{aligned}
$$

여기에는 A_μ가 아예 보이지도 않으므로 A_μ의 질량이 0이라는 것을 쉽게 알 수 있다.

참고로, $m_A = 0$의 의미에 대하여 다시 언급하거니와, $U_{\rm EM}(1)$라는 대칭성이 남아 있다는 것을 의미한다. $SU_L(2)\times U(1)$ 게이지 입자들은 알다시피 모두 4개이다. 이들이 서로 선형 결합하는 것은 $SU_L(2)\times U(1)$ 게이지 변환에 의하여 일어나며, 선형 결합 자체는 힉스 메커니즘에 의한 것이 아니다. 힉스 메커니즘은 3개의 게이지 입자들에게 질량을 생성시키는 역할만 한다. 왜 3개냐 하면, 진공을 재정의하면서 스칼라 입자 이중항의 4개의 실수 성분 중에서 3개를 제거하고 하나만 남겼기 때문이다. 즉, 힉스 메커니즘에 의하여 질량이 생기지 않는 게이지 입자가 하나 있으며, 그것이 광자, A_μ로서 $U_{\rm EM}(1)$ 대칭성이 있는 전자기 상호작용을 매개하는 게이지 입자인 것이다.

먼저, 힉스 입자 h의 질량인데, 힉스 입자 제곱항의 계수 $(1/2)\lambda v^2$가 $(1/2)m_h^2$라는 힉스 입자의 질량과 관계가 성립하여야 하므로,

$$m_h = \sqrt{2\lambda v^2} = \sqrt{2\lambda}\ v \tag{8.22}$$

가 되어야 한다. 돌이켜보면, 스칼라 입자의 퍼텐셜 에너지 항을 도입하면서 진공기대값 v가 0이 아니라느니, 그래서 대칭성이 깨어진다느니 어쩌니 하면서 스칼라 입자 이중항의 4개의 실수 성분 중에서 세 성분을 지워버리고 단지 힉스 입자 하나만 남겨놓았었는데, 그 힉스 입자의 질량이 진공기대값 v에 직접적으로 비례하고 있다.

힉스 입자의 질량뿐이 아니다. 모든 입자의 질량이 진공기대값 v에 비례하고 있다. 이것은 어느 정도 예견된 일이기는 하다. 왜냐하면, 진공기대값 v의 크기는 사실상 $SU_L(2) \times U(1)$ 게이지 대칭성이 얼마나 심하게 깨어지느냐의 정도를 나타내고 있으며, 각 입자의 질량들도 대칭성이 얼마나 깨어졌는지를 나타내는 바로미터들이기 때문이다. 만약에, 스칼라 입자 이중항의 퍼텐셜 에너지 항의 모양이 적절하여 게이지 대칭성이 깨어지지 않았다면 진공기대값이 0일 것이며, 우리가 힘들게 진공을 재정의하고 스칼라 입자를 새로 도입하는 등의 수고를 할 필요가 없었을 것이다. 그러면 모든 입자들은 질량이 없는 채로 행복하였을 것이다.

물론 이러한 가정은 "자연"스럽지 않다. 자연은 중성미자만 제

외하면 질량을 가진 입자들로 충만한 것이다. 그 중성미자마저도 최근의 실험에서는 질량을 가지고 있는 것으로 밝혀지고 있으니 표준모형으로서는 좋다고 해야 할지 큰일났다고 해야 할지 진퇴양난일 것이다.

한가지 코멘트할 것은, 힉스 입자 h 자체는 진공기대값이 없다는 점이다. 즉, $SU_L(2) \times U(1)$ 게이지 대칭성을 깨뜨리는 것은 힉스 입자가 아니라는 사실이다. 힉스 입자는 힉스 메커니즘의 결과물일 따름이다. 표준모형에서 스스로 진공을 정의하면서 대칭성을 깨뜨린 것은 스칼라 입자 이중항이었다. 그 결과로서 힉스 입자가 태어났다. 힉스 입자는 0이 아닌 질량을 가지고 있지만, 그 질량은 주어진 것이지 스스로 만들어 낸 것이 아니다.

아니, 따져 보면 스스로 만들어 낸 것이라고 말해야 한다. 어차피, 힉스 입자의 자기 자신과의 자체 결합(self-coupling)에서부터 힉스 입자의 질량이 생성되기 때문이다. 사실, 이 자체 결합이라는 것이 스스로가 스스로에게 어떤 자극을 주고 그 자극에 반응하는, 말하자면 자기 꼬리를 무는 짐승이나 마찬가지다. 혼자서 화를 내는 것과 같다고 할까. 힉스 입자의 경우, 그 질량을 만드는 것은 자신의 자체 결합이다.

힉스 입자 외에, 다른 입자들의 질량도 알아보자. 위의 질량항에서부터, 게이지 입자의 질량은 다음과 같이 된다는 것을 알 수 있다.

$$\begin{cases} m_{W^+} = m_{W^-} = \dfrac{1}{2} g_2 v = m_W \\ m_Z = \dfrac{1}{2}\sqrt{g_1^2 + g_2^2}\, v = \dfrac{g_2}{2\cos\theta_W} v = \dfrac{m_W}{\cos\theta_W} \\ m_A = 0 \end{cases} \tag{8.23}$$

마지막으로, 쿼크와 경입자들의 질량은 다음과 같다.

$$\begin{cases} m_u = \dfrac{1}{\sqrt{2}} g_u v \\ m_d = \dfrac{1}{\sqrt{2}} g_d v \\ m_e = \dfrac{1}{\sqrt{2}} g_\ell v \end{cases} \tag{8.24}$$

제 9장

—— 페르미 입자의 세대

지금까지 표준모형을 논의하였는데, u 쿼크, d 쿼크, 중성미자, 그리고 전자 등 4개의 페르미 입자가 등장하였다. 그런데, 자연에는 이들만 있는 것이 아니다. 다른 페르미 입자들도 존재한다는 것이 실험적으로도 밝혀졌다. (물론, 양성자니 중성자니 하는 따위의 바리온 입자가 아니라 표준모형에 편입시켜야 하는 기본적 입자로써의 페르미 입자를 말하는 것이다.) 현재까지 모두 12개의 페르미 입자가 발견되었는데, 그들은 u 쿼크, d 쿼크, s 쿼크, c 쿼크 b 쿼크, t 쿼크 등 6종류의 쿼크와 전자 e, 뮤우 입자 μ, 타우 입자 τ 및 이들이 동반하는 세 종류의 중성미자 등 6종류의 경입자들이다.

이처럼 새로운 페르미 입자들이 속속 발견되면서, 이들을 분류하고 구별하려는 이론적 방법이 많이 고안되었다. 하나의 방법은 모든 페르미 입자에게 flavour number라는 양자수를 지정하여 이들을 구별하는 방법이다. 예를 들어, u 쿼크는 charm number라는 플레버 양자수가 없는데, c 쿼크는 가지고 있다. 또, 전자는 muon number가 없지만 뮤우 입자는 있다. 이처럼 플레버 양자수를 지정하게 되면 플레버 대칭성이라는 대칭성으로써 새로운 페르미 입자의 성질 등을 연구할 수도 있는 것이다. 다만, 전자기상호작용이나 강상호작용은 flavour를 따지지 않는다. 하지만 $W_\mu^\pm$ 입자가 매개하는 약상호작용은 flavour를 따진다. 즉, 약상호작용은 페르미 입자의 플레버를 구별할 수 있는 것이다.

그래서 새로운 세대의 페르미 입자가 발견될 때마다 $SU(4)$, $SU(5)$, $SU(6)$ 등으로 플레버 대칭성을 확장하였다. 쿼크의 예를 들면 모두 6개가 발견되었으므로, 이들을 하나의 다중항에 묶어서 $SU(6) \times SU(6)$와 같은 대칭성으로써 설명하는 방법도 나왔다. 말하자면 대칭성의 확장으로 대응한 것이다. 단, 이 플레버 대칭성은 게이지 대칭성이 아니므로 대응하는 게이지 입자들은 상정하지 않는다.

또 하나의 방법은 세대(generation)라는 개념의 도입이다. 세대란 무엇인가? 쿼크 2개와 경입자 2개를 묶어서 하나의 세대라고 정의하는 것이다. 처음에는 세대라는 말 대신에 패밀리(family)라고 부른 적도 있었다고 하는데, 맨 처음 표준모형에 나오는 u 쿼크, d 쿼크, 중성미자, 전자 등 4개의 페르미 입자를 묶어서 제1세대라고 부르며, 차례차례 발견되는 대로 제2세대, 제3세대 등으로 묶는 방법이다. 이처럼, 표준모형은 세대라는 개념을 도입하여, 게이지 대칭성의 구조를 유지하면서 페르미 입자를 분류하고 있다. 그러므로 현재까지 발견된 12개의 페르미 입자는 표준모형에서 다음과 같이 3개의 세대로 분류된다.

표를 보면 모든 세대는 국소적 $SU_L(2) \times U(1)$ 게이지 대칭성에 대하여 똑같은 모습으로 변환하도록 구성되어 있다. 그리고 $U_{\rm EM}(1)$ 대칭성에 대하여도 똑같은 모습으로 변환한다. 또한, 카이랄 대칭성에 대하여 모든 세대가 동일하게 구성되어 있다. 모든 단중항은 오른손잡이며, 모든 이중항은 왼손잡이다. 그리고 전자 중성미자를 비롯하여 뮤우 입자 중성미자, 타우 입자 중성미자는 오른손잡이가

표 9.1: 표준모형의 각 세대의 쿼크 및 경입자들.

세대	쿼크		경입자	
제1세대	$\begin{pmatrix} u_L \\ d_L \end{pmatrix}$	u_R , d_R	$\begin{pmatrix} \nu_{eL} \\ e_L \end{pmatrix}$	e_R
제2세대	$\begin{pmatrix} c_L \\ s_L \end{pmatrix}$	c_R , s_R	$\begin{pmatrix} \nu_{\mu L} \\ \mu_L \end{pmatrix}$	μ_R
제3세대	$\begin{pmatrix} t_L \\ b_L \end{pmatrix}$	t_R , b_R	$\begin{pmatrix} \nu_{\tau L} \\ \tau_L \end{pmatrix}$	τ_R

없다. 중성미자들은 세대를 막론하고 모두 왼손잡이뿐이다. 그렇기 때문에 세대의 반복성이라고 하는 것이다.

이처럼 세대로써 페르미 입자를 분류하는 것은 표준모형의 특징이기도 하다. 즉, 세대의 반복성(repetitiveness of generations)이다. 세대의 반복성이란 제2세대의 페르미 입자나 제3세대의 페르미 입자가 제1세대의 페르미 입자와 동일한 방식으로 표준모형에 등장한다는 뜻이다. 그래서 지금까지 우리가 논의한바, 제1세대 페르미 입자의 라그랑지안 밀도는 그대로 제2세대 및 제3세대의 페르미 입자의 라그랑지안 밀도로 확대될 수 있는 것이다.

지금까지 배운 내용을 연장하여 모든 세대의 페르미 입자를 포함하도록 표준모형의 라그랑지안 밀도를 확장하는 것은 어렵지 않다. 왜냐하면 스칼라 입자와 게이지 입자는 세대라는 개념이 없기 때문이다. 스칼라 입자와 게이지 입자는 제1세대에서 배운 것들 이외에는 더 이상 없다. 그들이 전부다. 따라서 모든 세대를 포함시킨다는 것은 제1세대 페르미 입자만 등장하는 항들을 제2세대 및 제3세대도 포함되도록 확장하면 된다.

제1세대, 제2세대, 제3세대 페르미 입자들을 동등하게 취급하면서 통일된 방법으로 논의하려면 이들을 한꺼번에 표현하는 방법을 도입해야 한다. 그 방법은 세대를 기저(basis)로 하는 3중항의 도입이다.

쿼크부터 보자. 쿼크는 제1세대가 u와 d, 제2세대가 c와 s, 그리고 제3세대가 t와 b인데, 이들의 세대를 분명히 하기 위하여 우리는 c를 제2세대의 u 쿼크라 하고, t를 제3세대의 u 쿼크라고 부르기로 한다. 물론 u 쿼크는 제1세대의 u 쿼크다. 즉, u, c, t는 각각 u_1, u_2, u_3라고 표현하게 되는 것이다. 마찬가지로, d, s, b는 각각 d_1, d_2, d_3라고 표현한다.

이에 따라 쿼크의 3중항은 다음과 같이 정의된다. (게이지 대칭성에 대한 다중항이 아니라 세대에 대한 다중항이라는 것을 유념하자.)

$$q_u = \begin{pmatrix} u_1 \\ u_2 \\ u_3 \end{pmatrix} = \begin{pmatrix} u \\ c \\ t \end{pmatrix} , \quad q_d = \begin{pmatrix} d_1 \\ d_2 \\ d_3 \end{pmatrix} = \begin{pmatrix} d \\ s \\ b \end{pmatrix} \tag{9.1}$$

알다시피, $SU_L(2)\times U(1)$ 게이지 대칭성에서는 페르미 입자들이 왼손잡이들은 이중항이 되고 오른손잡이들은 따로따로 단중항이 되지만, 세대에 대하여는 왼손잡이도 3중항이 되고 오른손잡이도 3중항이 될 수 있다. 즉, 쿼크의 3중항은 손잡이를 다음과 같이 표현하는 것이 가능하다.

$$\begin{cases} q_{uL} = \begin{pmatrix} u_1 \\ u_2 \\ u_3 \end{pmatrix}_L = \begin{pmatrix} u_{1L} \\ u_{2L} \\ u_{3L} \end{pmatrix} , \quad q_{uR} = \begin{pmatrix} u_{1R} \\ u_{2R} \\ u_{3R} \end{pmatrix} \\ q_{dL} = \begin{pmatrix} d_{1L} \\ d_{2L} \\ d_{3L} \end{pmatrix} , \quad q_{dR} = \begin{pmatrix} d_{1R} \\ d_{2R} \\ d_{R3} \end{pmatrix} \end{cases} \tag{9.2}$$

하지만, 어떤 경우에는 이중항을 세대별로 구분하여 사용하기도 한다.

$$q_1 = \begin{pmatrix} u_1 \\ d_1 \end{pmatrix} \;,\quad q_2 = \begin{pmatrix} u_2 \\ d_2 \end{pmatrix} \;,\quad q_3 = \begin{pmatrix} u_3 \\ d_3 \end{pmatrix} \tag{9.3}$$

이때, q_u와 q_1 등은 보기에 좀 비슷하지만 하나는 3중항이고 다른 하나는 2중항이라는 것과, 또, 하나는 세대에 대한 다중항이고 다른 하나는 $SU_L(2) \times U(1)$ 게이지 대칭성에 대한 다중항이라는 것을 구별하기는 어렵지 않다. 이들은 물론 오른손잡이와 왼손잡이가 있다.

$$q_{iL} = \begin{pmatrix} u_{iL} \\ d_{iL} \end{pmatrix} \;,\quad q_{iR} = \begin{pmatrix} u_{iR} \\ d_{iR} \end{pmatrix}$$

등이다. $(i = 1, 2, 3)$

끝으로, 다음과 같이 6개의 쿼크를 모두 묶어서 하나의 6중항으로 나타내는 경우가 있다.

$$q = \begin{pmatrix} q_1 \\ q_2 \\ q_3 \end{pmatrix} \tag{9.4}$$

즉, 쿼크의 세대별 이중항을 세대 베이스의 3중항으로 표현하는 것인데, 이때 이 3중항의 성분은 각각 이중항들이다. (물론 그 이중항의 성분은 각각 성분이 4개인 스피너들이다.) 그러므로 q는 실제로는 모두 성분이 6개인 6중항이다. 위에서 순서대로 $u_1 = u$, $d_1 = d$, $u_2 = c$, $d_2 = s$, $u_3 = t$, $d_3 = b$가 된다. q는 세대에 대한 3중항이면서 동시에 $SU_L(2) \times U(1)$ 게이지 대칭성에 대한 이중항처럼 행동한다. 이 6중항도 오른손잡이와 왼손잡이가 모두 있다.

$$q_L = \begin{pmatrix} q_{1L} \\ q_{2L} \\ q_{3L} \end{pmatrix} \;,\quad q_R = \begin{pmatrix} q_{1R} \\ q_{2R} \\ q_{3R} \end{pmatrix}$$

경입자들도 3개의 세대를 한꺼번에 다룰 경우에는 쿼크와 유사한 표현을 도입한다. 전자 및 전자 중성미자가 제1세대, 뮤우 입자 및 뮤우 중성미자가 제2세대, 타우 입자와 타우 중성미자가 제3세대이므로, 이들을 통합하여 3중항을 다음과 같이 구성한다.

$$\nu = \begin{pmatrix} \nu_1 \\ \nu_2 \\ \nu_3 \end{pmatrix} = \begin{pmatrix} \nu_e \\ \nu_\mu \\ \nu_\tau \end{pmatrix} , \quad \ell = \begin{pmatrix} e_1 \\ e_2 \\ e_3 \end{pmatrix} = \begin{pmatrix} e \\ \mu \\ \tau \end{pmatrix} \tag{9.5}$$

그런데, 중성미자들은 모두 오른손잡이가 없다. 그래서 손잡이를 구분하여 경입자 3중항을 구성하면 다음과 같이 세 가지뿐이다.

$$\begin{cases} \nu_L = \begin{pmatrix} \nu_{1L} \\ \nu_{2L} \\ \nu_{3L} \end{pmatrix} \\ \ell_L = \begin{pmatrix} e_{1L} \\ e_{2L} \\ e_{3L} \end{pmatrix} , \quad \ell_R = \begin{pmatrix} e_{1R} \\ e_{2R} \\ e_{3R} \end{pmatrix} \end{cases} \tag{9.6}$$

여기서 ℓ_L는 기호만 보면 마치 전자와 전자 중성미자로 구성된 제1세대 경입자 이중항처럼 보이며, ν_L는 왼손잡이 전자 중성미자처럼 보여서 혼동할 수 있다. 또, 세대별 경입자 이중항을 사용하는 경우가 있는데,

$$\ell_{1L} = \begin{pmatrix} \nu_{1L} \\ e_{1L} \end{pmatrix} , \quad \ell_{2L} = \begin{pmatrix} \nu_{2L} \\ e_{2L} \end{pmatrix} , \quad \ell_{3L} = \begin{pmatrix} \mu_{3L} \\ e_{3L} \end{pmatrix}$$

와 같이 표현하기도 하니 ℓ_{1L}가 제1세대 경입자 이중항을 가리키는지 제1세대 왼손잡이 전자를 가리키는지 혼동을 피하기는 어렵다. 하지만, 앞뒤 문맥을 해석하면 충분히 구별할 수 있을 것이다. 끝으로, 6개의 경입자를 모두 묶어서 쿼크의 q처럼 하나의 6중항으로 취급하는 경우는 거의 없으므로 생략한다.

9.1 페르미 세대의 게이지 변환

$SU_L(2) \times U(1)$ 게이지 대칭성은 제2세대와 제3세대의 쿼크와 경입자들도 만족해야 한다. 물론 힉스 메커니즘에 의하여 대칭성이 깨어지면 이들 세대들도 질량이 생기는 등 변화하게 되지만, 그 이전에는 대칭성을 만족한다. 이들은 $SU_L(2) \times U(1)$ 게이지 변환에 대하여 다음과 같이 변환한다. 쿼크들은

$$\begin{cases} q_{iL} \to q'_{iL} = e^{i(\frac{1}{2}Y_q\theta + \vec{\tau}\cdot\vec{\theta})} q_{iL} = e^{i(\frac{1}{6}\theta + \vec{\tau}\cdot\vec{\theta})} q_{iL} \\ u_{iR} \to u'_{iR} = e^{i\frac{1}{2}Y_u\theta} u_{iR} = e^{i\frac{2}{3}\theta} u_{iR} \\ d_{iR} \to d'_{iR} = e^{i\frac{1}{2}Y_d\theta} d_{iR} = e^{-i\frac{1}{3}\theta} d_{iR} \end{cases} \tag{9.7}$$

이며, 경입자는

$$\begin{cases} \ell_{iL} \to \ell'_{iL} = e^{i(\frac{1}{2}Y_\ell\theta + \vec{\tau}\cdot\vec{\theta})} \ell_{iL} = e^{i(-\frac{1}{2}\theta + \vec{\tau}\cdot\vec{\theta})} \ell_{iL} \\ e_{iR} \to e'_{iR} = e^{i\frac{1}{2}Y_e\theta} e_{iR} = e^{-i\theta} e_{iR} \end{cases} \tag{9.8}$$

이다. 단, $i = 1, 2, 3$는 세대를 가리키는 지표이며, θ와 $\vec{\theta}$는 각각 독립인 4개의 매개 함수들이다.

위의 변환식에 등장하는 hypercharge Y의 값은 이미 식에서 밝히고 있듯이, i에 관계없이,

$$\begin{cases} Y_q = \dfrac{1}{3}\,, \quad Y_u = \dfrac{4}{3}\,, \quad Y_d = -\dfrac{2}{3} \quad \text{for quark generations} \\ Y_\ell = -1\,, \quad Y_e = -2 \quad \text{for lepton generations} \end{cases}$$

이다. 즉, 쿼크의 이중항은 $Y_{q1} = Y_{q2} = Y_{q3} = 1/3$이며, 쿼크의 단중항은 u 쿼크 쪽이 $Y_u = Y_c = Y_t = 4/3$이고, d 쿼크 쪽이 d, s, b 쿼크 단중항은 $Y_d = Y_s = Y_b = -2/3$인 것이다. 마찬가지로, 경입자 이중항은 $Y_{\ell 1} = Y_{\ell 2} = Y_{\ell 3} = -1$이며, 단중항은 $Y_e = Y_\mu = Y_\tau = -2$

이다. 다만, 중성미자 쪽은 $SU_L(2)$에 대하여 변환하지 않으므로 값이 없다.

요컨대, 모든 세대에 대하여 $SU_L(2) \times U(1)$ 게이지 변환이 반복적이면서 동일하다. 이와 같이 하나의 세대에 대하여 정의되는 물리량이 다른 세대에도 똑같이 적용된다는 점에서 표준모형의 반복성을 확인할 수 있다. 그래서, 라그랑지안 밀도를 모든 세대를 포함하여 구성하는 것은 어렵지 않다. 모든 세대를 포함하는 라그랑지안 밀도는 본질적으로 제1세대의 라그랑지안 밀도를 복사해서 붙이면 되는 것이다.

라그랑지안 밀도에서 페르미 세대와 관련된 항은 두 개가 있는데, 이들을 확장하면 된다.

하나는 운동 에너지 항이다. 즉, ∂_μ가 들어 있는 항인데, 국소적 게이지 대칭성을 도입하면서 ∂_μ를 공변도함수 D_μ로 치환한 항이 바로 운동 에너지 항이다. 공변도함수 D_μ에 게이지 입자들이 참여하고 있으며, 그래서 페르미 입자들이 게이지 입자들과 결합한다. 이러한 결합에 의하여 페르미 입자는 A_μ가 매개하는 전자기 상호작용을 하게 되고 Z_μ 및 $W_\mu^\pm$가 매개하는 약상호작용을 하게 되는 것이다.

또 하나는 유카와 결합항이다. 유카와 결합에 의하여 페르미 입자들은 스칼라 입자와 상호작용하며, 또한 질량을 가지게 된다. 곧 공부하게 되는데, 유카와 결합을 일반화하게 되면 세대간의 혼합이 일어날 수 있다. 그리하여 질량이 세대별로 나오지 않고 하나의 질량 행렬으로서 나온다. 이 질량행렬을 대각화시켜야 각 세대별 질량을 얻을 수 있다.

일단, 제8장에서 정리한 라그랑지안 밀도에서 제1세대 쿼크의 운동 에너지 항과 유카와 결합항을 가져오면 다음과 같다.

$$\mathcal{L}_{\text{quark}} = \bar{q}_L i\gamma^\mu D_\mu q_L + \bar{u}_R i\gamma^\mu D_\mu u_R + \bar{d}_R i\gamma^\mu D_\mu d_R$$

$$
\begin{aligned}
&-g_u(\bar{q}_L\phi_c u_R + \bar{u}_R\phi_c^\dagger q_L)\\
&-g_d(\bar{q}_L\phi d_R + \bar{d}_R\phi^\dagger q_L)
\end{aligned}
$$

그리고 제1세대 경입자의 운동 에너지 항과 유카와 결합항은 다음과 같다.

$$
\begin{aligned}
\mathcal{L}_{\text{lepton}} &= \bar{\ell}_L i\gamma^\mu D_\mu \ell_L + \bar{e}_R i\gamma^\mu D_\mu e_R\\
&\quad -g_\ell(\bar{\ell}_L\phi e_R + \bar{e}_R\phi^\dagger \ell_L)
\end{aligned}
$$

운동 에너지 항과 유카와 결합항을 제외한 라그랑지안 밀도의 나머지 부분은 페르미 세대와 무관하다. 그러므로, 우리는 라그랑지안 밀도에서 단지 페르미 입자들의 운동 에너지 항과 유카와 결합항만 주목하여 이를 모든 세대의 페르미 입자가 포함되도록 확장하면 된다.

이제부터 쿼크와 경입자 세대에 대하여 각각 그 운동 에너지 항과 유카와 결합항을 차례로 논의해 보자.

9.2 쿼크 세대의 운동 에너지 항

위의 라그랑지안 밀도에 들어 있는 제1세대 쿼크의 운동 에너지 항을 확장하여 제2세대 및 제3세대를 포함하는 운동 에너지 항을 구하면 다음과 같다.

$$
\begin{aligned}
&\bar{q}_{1L} i\gamma^\mu D_\mu q_{1L} + \bar{u}_{1R} i\gamma^\mu D_\mu u_{1R} + \bar{d}_{1R} i\gamma^\mu D_\mu d_{1R}\\
+\;&\bar{q}_{2L} i\gamma^\mu D_\mu q_{2L} + \bar{u}_{2R} i\gamma^\mu D_\mu u_{2R} + \bar{d}_{2R} i\gamma^\mu D_\mu d_{2R}\\
+\;&\bar{q}_{3L} i\gamma^\mu D_\mu q_{3L} + \bar{u}_{3R} i\gamma^\mu D_\mu u_{3R} + \bar{d}_{3R} i\gamma^\mu D_\mu d_{3R} \qquad (9.9)
\end{aligned}
$$

이것을 쿼크의 3중항으로 표현하려면 좀 조심해야 한다. 왜냐하면 이중항에 대한 공변도함수는 2×2 행렬인데다가 τ_1과 τ_2는 비대각(off-diagonal) 성분만 있기 때문이다. 이중항이 등장하는 항들을 하나로 묶어서 표현하려고 할 때 필요한 것이 바로 왼손잡이 6중항 q_L이다. 6중항을 사용하면

$$\begin{aligned}
&\bar{q}_L i\gamma^\mu D_\mu q_L \\
&\quad = \bar{q}_{1L} i\gamma^\mu D_\mu q_{1L} + \bar{q}_{2L} i\gamma^\mu D_\mu q_{2L} + \bar{q}_{3L} i\gamma^\mu D_\mu q_{3L}
\end{aligned} \tag{9.10}$$

가 된다.

반면에, 단중항이 등장하는 항들은 오른손잡이 3중항 q_{uR} 및 q_{dR}을 사용하면

$$\begin{aligned}
&\bar{q}_{uR} i\gamma^\mu D_\mu q_{uR} + \bar{q}_{dR} i\gamma^\mu D_\mu q_{dR} \\
&\quad = \bar{u}_{1R} i\gamma^\mu D_\mu u_{1R} + \bar{u}_{2R} i\gamma^\mu D_\mu u_{2R} + \bar{u}_{3R} i\gamma^\mu D_\mu u_{3R} \\
&\qquad + \bar{d}_{1R} i\gamma^\mu D_\mu d_{1R} + \bar{d}_{2R} i\gamma^\mu D_\mu d_{2R} + \bar{d}_{3R} i\gamma^\mu D_\mu d_{3R}
\end{aligned} \tag{9.11}$$

가 된다.

그러므로, 모든 세대가 포함된 쿼크의 운동 에너지 항은 다음과 같이 표현할 수 있다.

$$\bar{q}_L i\gamma^\mu D_\mu q_L + \bar{q}_{uR} i\gamma^\mu D_\mu q_{uR} + \bar{q}_{dR} i\gamma^\mu D_\mu q_{dR} \tag{9.12}$$

다만, 이 표현이 형식적으로는 세대가 쉽게 눈에 띄지 않고 그냥 u 쿼크와 d 쿼크만 있는 상황처럼 보이겠지만, 3중항과 6중항으로 표현된 것이라는 점을 잊지 말아야 한다.

그런데, 쿼크 세대의 운동 에너지 항을 굳이 게이지 입자 A_μ 등과 결합이 직접 보이도록 고쳐 쓰고 싶다면 공변도함수를 풀어 써야

한다. 공변도함수는 제7장에서 계산한 바 있다. 쿼크 이중항에 대한 공변도함수는

$$
\begin{aligned}
D_\mu &= \partial_\mu + i\frac{1}{2}g_1 Y B_\mu + ig_2 \vec{\tau}\cdot\vec{W}_\mu \\
&= \partial_\mu + i\frac{1}{2}\left(g_1 Y B_\mu + +\sigma_3 W_\mu^3\right) + i\frac{1}{2}\left(\sigma_1 W_\mu^1 + \sigma_2 W_\mu^2\right) \\
&= \partial_\mu + i\frac{1}{2}\left(g_1 Y B_\mu + +\sigma_3 W_\mu^3\right) + \frac{i}{\sqrt{2}}g_2 \begin{pmatrix} 0 & W_\mu^+ \\ W_\mu^- & 0 \end{pmatrix}
\end{aligned}
$$

인데, 둘째 항까지는 대각 행렬이며, 셋째 항은 비대각 행렬이다.

먼저, 대각 행렬 부분은 (쿼크 이중항의 $Y = 1/3$을 대입하면)

$$
\begin{aligned}
&\partial_\mu + i\frac{1}{2}\left(g_1 Y B_\mu + \sigma_3 W_\mu^3\right) \\
&= \partial_\mu + \frac{i}{2}e\begin{pmatrix} Y+1 & 0 \\ 0 & Y-1 \end{pmatrix} A_\mu \\
&\quad - \frac{i}{2}\frac{1}{\sqrt{g_1^2+g_2^2}}\begin{pmatrix} g_1^2 Y - g_2^2 & 0 \\ 0 & g_1^2 Y + g_2^2 \end{pmatrix} Z_\mu \\
&= \partial_\mu + i\, e\begin{pmatrix} 2/3 & 0 \\ 0 & -1/3 \end{pmatrix} A_\mu \\
&\quad - \frac{i}{2}\frac{1}{\sqrt{g_1^2+g_2^2}}\begin{pmatrix} g_1^2/3 - g_2^2 & 0 \\ 0 & g_1^2/3 + g_2^2 \end{pmatrix} Z_\mu
\end{aligned}
$$

와 같으므로, 각 세대의 이중항에 대하여 전개하고 그 다음 u 쿼크 3중항과 d 쿼크 3중항으로 묶으면, 대각행렬 부분은

$$
\begin{aligned}
&\bar{q}_L i\gamma^\mu \left[\partial_\mu + i\frac{1}{2}\left(g_1 Y B_\mu + \sigma_3 W_\mu^3\right)\right]_{Y=1/3} q_L \\
&\quad = \bar{q}_{uL} i\gamma^\mu \left[\partial_\mu + i(2/3)eA_\mu + i\frac{g_1^2/3 - g_2^2}{2\sqrt{g_1^2+g_2^2}}\, Z_\mu\right] q_{uL}
\end{aligned}
$$

$$+\bar{q}_{dL}i\gamma^{\mu}\left[\partial_{\mu}+i(-1/3)eA_{\mu}+i\frac{g_1^2/3+g_2^2}{2\sqrt{g_1^2+g_2^2}}\ Z_{\mu}\right]q_{dL}$$

와 같이 정리된다.

그리고 이중항에 대한 공변도함수의 비대각 행렬 부분은

$$\begin{aligned}
&\bar{q}_L i\gamma^{\mu}\left[\frac{i}{\sqrt{2}}g_2\begin{pmatrix}0 & W_{\mu}^{+}\\ W_{\mu}^{-} & 0\end{pmatrix}\right]_{\mu}q_L\\
&\quad=\sum_{i=1}^{3}\bar{q}_{iL}i\gamma^{\mu}\left[\frac{i}{\sqrt{2}}g_2\begin{pmatrix}0 & W_{\mu}^{+}\\ W_{\mu}^{-} & 0\end{pmatrix}\right]_{\mu}q_{iL}\\
&\quad=\bar{q}_{uL}i\gamma^{\mu}\left[\frac{i}{\sqrt{2}}g_2W_{\mu}^{+}\right]_{\mu}q_{dL}+\bar{q}_{dL}i\gamma^{\mu}\left[\frac{i}{\sqrt{2}}g_2W_{\mu}^{-}\right]_{\mu}q_{uL}\\
&\quad=-\frac{1}{\sqrt{2}}g_2\left(\bar{q}_{uL}i\gamma^{\mu}q_{dL}\right)W_{\mu}^{+}+\text{H.c.}
\end{aligned}$$

가 된다.

그러므로, 이중항에 대한 운동에너지 항은

$$\begin{aligned}
&\bar{q}_L i\gamma^{\mu}D_{\mu}q_L\\
&\quad=\bar{q}_{uL}i\gamma^{\mu}\left[\partial_{\mu}+i(2/3)eA_{\mu}+i\frac{g_1^2/3-g_2^2}{2\sqrt{g_1^2+g_2^2}}\ Z_{\mu}\right]q_{uL}\\
&\qquad+\bar{q}_{dL}i\gamma^{\mu}\left[\partial_{\mu}+i(-1/3)eA_{\mu}+i\frac{g_1^2/3+g_2^2}{2\sqrt{g_1^2+g_2^2}}\ Z_{\mu}\right]q_{dL}\\
&\qquad-\frac{1}{\sqrt{2}}g_2\left(\bar{q}_{uL}i\gamma^{\mu}q_{dL}\right)W_{\mu}^{+}+\text{H.c.}
\end{aligned}$$

한편, 단중항에 대한 공변도함수는 $SU(2)$의 게이지 입자인 W_{μ}^{i}가 참여하지 않고 단지 B_{μ}만 참여하므로

$$D_{\mu}\ =\ \partial_{\mu}+i\frac{1}{2}g_1YB_{\mu}$$

$$\begin{aligned} &= \partial_\mu + i\frac{1}{2}Y(-g_1 Z_\mu \sin\theta_W + eA_\mu) \\ &= \partial_\mu + \frac{i}{2}YeA_\mu - \frac{i}{2}Yg_1 \sin\theta_W Z_\mu \end{aligned} \tag{9.13}$$

가 된다. 따라서, q_{uR}의 Y에 4/3를 대입하고, q_{dR}의 Y에 $-2/3$를 대입하면,

$$\begin{aligned} &\bar{q}_{uR} i\gamma^\mu D_\mu q_{uR} + \bar{q}_{dR} i\gamma^\mu D_\mu q_{dR} \\ &\quad = \bar{q}_{uR} i\gamma^\mu \left[\partial_\mu + i\frac{2}{3}\left(eA_\mu - g_1 \sin\theta_W Z_\mu\right)\right] q_{uR} \\ &\qquad + \bar{q}_{dR} i\gamma^\mu \left[\partial_\mu - i\frac{1}{3}\left(eA_\mu - g_1 \sin\theta_W Z_\mu\right)\right] q_{dR} \end{aligned}$$

와 같이 된다.

그러므로, 모든 쿼크 세대의 운동에너지 항은,

$$\begin{aligned} &\bar{q}_L i\gamma^\mu D_\mu q_L + \bar{q}_{uR} i\gamma^\mu D_\mu q_{uR} + \bar{q}_{dR} i\gamma^\mu D_\mu q_{dR} \\ &\quad = \bar{q}_u i\gamma^\mu \partial_\mu q_u + \bar{q}_d i\gamma^\mu \partial_\mu q_d \\ &\qquad - e\left[(2/3)\bar{q}_u\gamma^\mu q_u + (-1/3)\bar{q}_d\gamma^\mu q_d\right] A_\mu \\ &\qquad + i\left[c_{uL}\bar{q}_{uL}\gamma^\mu q_{uL} + c_{uR}\bar{q}_{uR}\gamma^\mu q_{uR}\right] Z_\mu \\ &\qquad + i\left[c_{dL}\bar{q}_{dL}\gamma^\mu q_{dL} + c_{dR}\bar{q}_{dR}\gamma^\mu q_{dR}\right] Z_\mu \\ &\qquad - \frac{1}{\sqrt{2}} g_2 \left(\bar{q}_{uL}\gamma^\mu q_{dL}\right) W_\mu^+ + \text{H.c.} \end{aligned} \tag{9.14}$$

단, 쿼크와 Z_μ와의 결합을 나타내는 결합 계수들 c_{uL}, c_{uR}, c_{dL}, c_{dR}

등은 제7장에서 이미 구한바 있으며, 다음과 같다.

$$\begin{cases} c_{uL} = \dfrac{ig_2}{2\cos\theta_W}\left(1 - \dfrac{4}{3}\sin^2\theta_W\right) \\ c_{uR} = \dfrac{ig_2}{2\cos\theta_W}\left(-\dfrac{4}{3}\sin^2\theta_W\right) \\ c_{dL} = \dfrac{ig_2}{2\cos\theta_W}\left(-1 + \dfrac{2}{3}\sin^2\theta_W\right) \\ c_{dR} = \dfrac{ig_2}{2\cos\theta_W}\left(\dfrac{2}{3}\sin^2\theta_W\right) \end{cases}$$

9.3 쿼크 세대의 유카와 결합항

페르미 입자들은 유카와 결합을 통하여 힉스 입자와 상호작용하게 되며, 이 유카와 결합 덕분에 페르미 입자는 질량을 가질 수 있었다. 쿼크도 마찬가지였다. 이제 모든 세대의 쿼크에 대한 유카와 결합항을 고려해야 한다. 제1세대 쿼크의 유카와 결합이

$$\begin{aligned} \mathcal{L}_{\text{Yukawa}} &= -g_u(\bar{u}_L \quad \bar{d}_L)\phi_c u_R - g_d(\bar{u}_L \quad \bar{d}_L)\phi d_R + \text{H.c.} \\ &= -g_{u1}\bar{q}_{1L}\phi_c u_{1R} - g_{d1}\bar{q}_{1L}\phi d_{1R} + \text{H.c.} \end{aligned}$$

와 같은 모양이었으므로, 제2 세대와 제3 세대를 포함한 모든 세대의 유카와 결합은 다음과 같이 단순한 방식으로 확장할 수 있을 것이다.

$$\begin{aligned} \mathcal{L}_{\text{Yukawa}} &= -g_u(\bar{u}_L \quad \bar{d}_L)\phi_c u_R - g_d(\bar{u}_L \quad \bar{d}_L)\phi d_R \\ &\quad -g_c(\bar{c}_L \quad \bar{s}_L)\phi_c c_R - g_s(\bar{c}_L \quad \bar{s}_L)\phi s_R \\ &\quad -g_t(\bar{t}_L \quad \bar{b}_L)\phi_c t_R - g_b(\bar{t}_L \quad \bar{b}_L)\phi b_R + \text{H.c.} \\ &= -g_{u1}\bar{q}_{1L}\phi_c u_{1R} - g_{d1}\bar{q}_{1L}\phi d_{1R} \\ &\quad -g_{u2}\bar{q}_{2L}\phi_c u_{2R} - g_{d2}\bar{q}_{2L}\phi d_{2R} \\ &\quad -g_{u3}\bar{q}_{3L}\phi_c u_{3R} - g_{d3}\bar{q}_{3L}\phi d_{3R} \end{aligned}$$

$$+\text{H.c.}$$

여기서 g_{ui}, g_{di} 등은 해당 입자들의 유카와 결합상수이며, 실수 자유 매개변수들이다.

그런데, 이것이 유카와 결합의 전부가 아니다. 다른 결합항이 가능하다. 쿼크들이 국소적 $SU_L(2) \times U(1)$ 게이지 대칭성에 대하여 변환하는 모습은 제1세대나 제2세대나 제3세대나 반복적이면서 동일하였다. 그렇기 때문에, 위에서 소개한 유카와 결합항보다 더 일반적인 형태의 유카와 결합항이 가능하다는 것을 알 수 있다.

예를 들면, 제1세대와 제2세대 쿼크들 사이에,

$$\bar{q}_{2L}\phi_c u_{1R}, \quad \bar{q}_{1L}\phi_c u_{2R}, \quad \bar{q}_{2L}\phi d_{1R}, \quad \bar{q}_{1L}\phi d_{2R} \quad (+\text{H.c.})$$

와 같은 결합도 국소적 $SU_L(2) \times U(1)$ 게이지 변환에 대하여 불변이므로 허용된다. 이처럼, 굳이 같은 세대끼리만 유카와 결합을 시키지 않아도 국소적 $SU_L(2) \times U(1)$ 게이지 대칭성을 유지할 수 있는 것이다. 그 근본적인 이유는 유카와 결합에 대한 이론적 조건으로서, 단지 국소적 $SU_L(2) \times U(1)$ 게이지 대칭성만 만족시키면 되는데, 이 게이지 대칭성 조건 하나만으로는 유카와 결합을 한정하기에는 부족하기 때문이다. 만일 이 게이지 대칭성 이외의 다른 조건을 적용할 수 있다면 유카와 결합항의 형태도 제약을 받을 수 있다.

지금은 게이지 대칭성 이외의 조건이 없으므로, 우리는 가능한 한 가장 일반적인 모습의 유카와 결합항을 만들어야 한다. 국소적 $SU_L(2) \times U(1)$ 게이지 변환에 대하여 불변인 가장 일반적인 유카와 결합항은 어떤 모습인가.

쿼크의 가장 일반적인 유카와 결합은 앞서 공부한 제1세대의 유카와 결합을 포함하여 다음과 같이 쓸 수 있다.

$$\mathcal{L}_{\text{Yukawa}}$$

$$
\begin{aligned}
&= -\bar{q}_{1L}\phi(h_{11}d_{1R}+h_{12}d_{2R}+h_{13}d_{3R}) \\
&\quad -\bar{q}_{2L}\phi(h_{21}d_{1R}+h_{22}d_{2R}+h_{23}d_{3R}) \\
&\quad -\bar{q}_{3L}\phi(h_{31}d_{1R}+h_{32}d_{2R}+h_{33}d_{3R}) \\
&\quad -\bar{q}_{1L}\phi_c(g_{11}u_{1R}+g_{12}u_{2R}+g_{13}u_{3R}) \\
&\quad -\bar{q}_{2L}\phi_c(g_{21}u_{1R}+g_{22}u_{2R}+g_{23}u_{3R}) \\
&\quad -\bar{q}_{3L}\phi_c(g_{31}u_{1R}+g_{32}u_{2R}+g_{33}u_{3R}) \\
&\quad +\text{H.c.} \\
&= -\left(\bar{q}_{1L}\ \ \bar{q}_{2L}\ \ \bar{q}_{3L}\right)\phi \begin{pmatrix} h_{11} & h_{12} & h_{13} \\ h_{21} & h_{22} & h_{23} \\ h_{31} & h_{32} & h_{33} \end{pmatrix} \begin{pmatrix} d_{1R} \\ d_{2R} \\ d_{3R} \end{pmatrix} \\
&\quad -\left(\bar{q}_{1L}\ \ \bar{q}_{2L}\ \ \bar{q}_{3L}\right)\phi_c \begin{pmatrix} g_{11} & g_{12} & g_{13} \\ g_{21} & g_{22} & g_{23} \\ g_{31} & g_{32} & g_{33} \end{pmatrix} \begin{pmatrix} u_{1R} \\ u_{2R} \\ u_{3R} \end{pmatrix} \\
&\qquad +\text{H.c.} \\
&= -\sum_{i=1}^{3}\sum_{j=1}^{3} h_{ij}\bar{q}_{iL}\phi d_{jR} - \sum_{i=1}^{3}\sum_{j=1}^{3} g_{ij}\bar{q}_{iL}\phi_c u_{jR} \\
&\quad +\text{H.c.} \qquad (9.15)
\end{aligned}
$$

보다시피, 모든 세대들이 하나도 빠짐없이 서로 유카와 결합을 하고 있다. 그래서 g_{ij} 행렬과 h_{ij} 행렬의 모든 성분은 일반적으로 0 이 아닌 값을 가진다. 이들 행렬의 성분 g_{ij}와 h_{ij}는 유카와 결합상수들이며 임의의 자유 매개변수들이다. 단, 주목할 점은 이처럼 다른 세대간의 유카와 결합을 허용하게 되면 g_{ij}와 h_{ij}는 실수가 아닌 복소수라도 괜찮다는 것이다. 어차피 에르미트 켤레가 항상 공존하므로 결과적으로 실수가 남게 된다. 이 일반적인 유카와 결합은 국소적 $SU_L(2)\times U(1)$ 게이지 변환에 대하여 불변이다. 예를 들어, 아무

결합항이든 하나를 보면,

$$\begin{aligned}\bar{q}'_{iL}\phi' d'_{jR} &= \bar{q}_{iL}e^{-i(\frac{1}{2}Y_q\theta+\vec{\tau}\cdot\vec{\theta})}e^{i(\frac{1}{2}Y_\phi\theta+\vec{\tau}\cdot\vec{\theta})}\phi e^{i\frac{1}{2}Y_d\theta}d_{jR} \\ &= E^{i\frac{1}{2}(-Y_q+Y_\phi-Y_d)\theta}\bar{q}_{iL}\phi d_{jR} \\ &= \bar{q}_{iL}\phi d_{jR} \qquad (9.16)\end{aligned}$$

와 같이 됨을 확인할 수 있는데, 왜냐하면 국소적 $SU(2)$ 게이지 변환은 $\bar{q}_{iL}$과 ϕ가 서로 상쇄되고, $-Y_q+Y_\phi+Y_d = -(1/3)+1+(-2/3) = 0$이기 때문이다

그런데, 어떤 경우에는 g_{ij} 행렬이나 h_{ij}의 행렬의 모양을 제약하기도 한다. 게이지 대칭성을 만족해야 한다는 조건 외에 다른 조건을 요구하게 되면 유카와 결합의 몇몇 항은 그 조건을 만족하지 못하기 때문에 g_{ij}와 h_{ij} 중에서 몇몇은 0이 될 수 있다. 이처럼 어떤 물리적인 조건이나 가정을 통하여 유카와 결합을 제약할 수 있는데, 예를 들어 g_{ij} 행렬을

$$g_{ij} = \begin{pmatrix} 0 & g_{12} & 0 \\ g_{21} & 0 & g_{23} \\ 0 & g_{32} & g_{33} \end{pmatrix}$$

와 같이 만들기도 한다. (h_{ij}도 마찬가지).

이처럼 g_{ij} 행렬의 모습을 제약하는 상황은 예를 들어 게이지 대칭성 외에 flavor symmetry 등 다른 대칭성을 고려하는 경우에 벌어진다. 하지만, 지금 우리는 그러한 대칭성을 고려하는 것이 아니다. 우리는 단지 국소적 $SU_L(2)\times U(1)$ 게이지 대칭성만 따지기 때문에, g_{ij} 행렬 및 h_{ij} 행렬의 모든 성분이 0이 아닌 값을 가지는 가장 일반적인 상황을 논의한다.

9.3.1 쿼크의 질량 행렬

힉스 메커니즘을 작동시키면 스칼라 입자와 페르미 입자와의 유카와 결합항에 의하여 페르미 입자의 질량이 생기게 된다. 그리고 그 형태는 일반적으로 $m\bar{f}f$와 같이 동일한 페르미 입자가 묶여야 한다. 그런데 세대가 셋인 경우, 쿼크의 유카와 결합은 $\bar{q}_1 q_2$처럼 일반적으로 다른 세대간의 결합이 있다. 이때, 쿼크의 질량은 어떻게 되는 것일까?

구체적으로 위에서 구한 일반적인 유카와 결합항을 보자. 스칼라 입자는 힉스 메커니즘에 의하여 힉스 입자 h로서 다음과 같이 고쳐 쓰게 된다.

$$\begin{cases} \phi = \dfrac{1}{\sqrt{2}}\begin{pmatrix} 0 \\ h+v \end{pmatrix} \\ \phi_c = \dfrac{1}{\sqrt{2}}\begin{pmatrix} h+v \\ 0 \end{pmatrix} \end{cases} \tag{9.17}$$

이렇게 정의한 새로운 힉스 입자를 유카와 결합항에 대입하면

$$\begin{aligned} \mathcal{L}_{\text{Yukawa}} &= -\sum_{i=1}^{3}\sum_{j=1}^{3} h_{ij}\bar{q}_{iL}\phi d_{jR} - \sum_{i=1}^{3}\sum_{j=1}^{3} g_{ij}\bar{q}_{iL}\phi_c u_{jR} \\ &\quad +\text{H.c.} \\ &= -\frac{1}{\sqrt{2}}\sum_{i=1}^{3}\sum_{j=1}^{3} h_{ij}\bar{q}_{iL}\begin{pmatrix} 0 \\ h+v \end{pmatrix} d_{jR} \\ &\quad -\frac{1}{\sqrt{2}}\sum_{i=1}^{3}\sum_{j=1}^{3} g_{ij}\bar{q}_{iL}\begin{pmatrix} h+v \\ 0 \end{pmatrix} u_{jR} \\ &\quad +\text{H.c.} \\ &= -\frac{1}{\sqrt{2}}\sum_{i=1}^{3}\sum_{j=1}^{3} h_{ij}\bar{d}_{iL}(h+v) d_{jR} \end{aligned}$$

$$
\begin{aligned}
&-\frac{1}{\sqrt{2}}\sum_{i=1}^{3}\sum_{j=1}^{3} g_{ij}\bar{u}_{iL}(h+v)u_{jR} \\
&+\text{H.c.} \qquad\qquad (9.18)
\end{aligned}
$$

와 같이 고쳐 쓸 수 있다. 여기서 힉스 입자 h와 쿼크들의 상호작용 항들은 잠시 제쳐두고 v가 들어가는 항들만 주목하자. 그리고 그 항들을 쿼크의 질량항 $\mathcal{L}_{\text{mass}}$라고 하면

$$
\begin{aligned}
\mathcal{L}_{\text{mass}} &= -\frac{1}{\sqrt{2}}\sum_{i=1}^{3}\sum_{j=1}^{3} h_{ij}\bar{d}_{iL}vd_{jR} - \frac{1}{\sqrt{2}}\sum_{i=1}^{3}\sum_{j=1}^{3} g_{ij}\bar{u}_{iL}vu_{jR} \\
&\quad +\text{H.c.} \\
&= -\frac{1}{\sqrt{2}}v(\bar{d}_{1L}\ \ \bar{d}_{2L}\ \ \bar{d}_{3L})\begin{pmatrix} h_{11} & h_{12} & h_{13} \\ h_{21} & h_{22} & h_{23} \\ h_{31} & h_{32} & h_{33} \end{pmatrix}\begin{pmatrix} d_{1R} \\ d_{2R} \\ d_{3R} \end{pmatrix} \\
&\quad -\frac{1}{\sqrt{2}}v(\bar{u}_{1L}\ \ \bar{u}_{2L}\ \ \bar{u}_{3L})\begin{pmatrix} g_{11} & g_{12} & g_{13} \\ g_{21} & g_{22} & g_{23} \\ g_{31} & g_{32} & g_{33} \end{pmatrix}\begin{pmatrix} u_{1R} \\ u_{2R} \\ u_{3R} \end{pmatrix} \\
&\quad +\text{H.c.} \\
&= -\bar{q}_{dL}M_d q_{dR} - \bar{q}_{uL}M_u q_{uR} + \text{H.c.} \qquad (9.19)
\end{aligned}
$$

와 같이 정리할 수 있다. 여기서, M_d 행렬 및 M_u 행렬을 각각 d 쿼크 질량 행렬 및 u 쿼크 질량 행렬이라고 부른다.

$$
\begin{cases}
M_u = \dfrac{1}{\sqrt{2}}v\begin{pmatrix} g_{11} & g_{12} & g_{13} \\ g_{21} & g_{22} & g_{23} \\ g_{31} & g_{32} & g_{33} \end{pmatrix} \\
M_d = \dfrac{1}{\sqrt{2}}v\begin{pmatrix} h_{11} & h_{12} & h_{13} \\ h_{21} & h_{22} & h_{23} \\ h_{31} & h_{32} & h_{33} \end{pmatrix}
\end{cases} \qquad (9.20)
$$

현재, 질량 행렬 M_d 및 M_u는 에르미트 행렬도 아니고 유니타리 행렬도 아닌 일반적인 3×3 복소행렬이다. 왜냐하면 g_{ij} 및 h_{ij}가 일반적으로 복소수들이기 때문인데, 쿼크들의 세대가 반복적으로 라그랑지안 밀도에 들어 있다는 점과 그들 사이의 유카와 결합이 게이지 대칭성에 의하여 최대한 임의적이라는 점 때문에 생긴 일이다.

이 질량 행렬의 물리적 차원은 물론 질량이므로, 모든 원소는 질량의 차원을 가진다. 하지만, 이 질량 행렬을 대각화하지 않는 한 그 어느 원소도 그 어떤 쿼크의 질량이라고 부를 수 없다. 그리고 동시에 라그랑지안 밀도에 등장하는 쿼크들도 질량의 고유상태라고 부를 수 없다.

그러므로 우리는 이 질량 행렬을 대각화해야 한다. 일반적으로, 실수 행렬의 경우, 어떤 $n \times n$ 대칭 행렬 S를 대각화하려면 어떤 적당한 직교 행렬 O을 OSO^T와 같은 식으로 곱하여야 하며, 복소 행렬의 경우, 어떤 $n \times n$ 에르미트 행렬 H를 대각화하려면 어떤 적당한 유니타리 행렬 U을 $UHU^\dagger$와 같은 식으로 곱하여야 한다. 하지만 질량 행렬 M_d 및 M_u는 복소 행렬이지만 에르미트 행렬이 아니다. 그래서 일반적인 방법으로는 대각화할 수 없다.

이중 유니타리 변환

지금의 질량 행렬과 같은 비-에르미트 (non-Hermitean) 행렬을 대각화하려면 다른 방법을 택해야 한다. 그 방법이 바로 이중 유니타리 변환(bi-unitary transformation)이다. 이중 유니타리 변환이란 무엇인가. 이 방법은 2개의 유니타리 행렬을 이용하여 대각화시키는 방법이다.

이제 임의의 $n \times n$ 복소행렬 A가 있다고 하자. A는 에르미트 행렬도 아니고 유니타리 행렬도 아니지만, 역행렬은 존재한다고 가정한다. 즉, $A \neq A^\dagger$, $A^{-1} \neq A^\dagger$이지만 $\det A \neq 0$이다. 이와 같은 A에 대하여 $AA^\dagger$를 만들어 보면,

$$AA^\dagger = (AA^\dagger)^\dagger \tag{9.21}$$

이므로 $AA^\dagger$가 하나의 에르미트 행렬이라는 것을 알 수 있다.

그러므로 $AA^\dagger$는 어떤 유니타리 행렬 $UU^\dagger = U^\dagger U = I$에 의하여 다음과 같이 대각화할 수 있다.

$$H = U(AA^\dagger)U^\dagger = \begin{pmatrix} h_{11} & 0 & \cdots & 0 \\ 0 & h_{22} & \cdots & 0 \\ \vdots & \vdots & \ddots & \vdots \\ 0 & 0 & \cdots & h_{nn} \end{pmatrix} \tag{9.22}$$

와 같이 대각화할 수 있다. 이때, H는 대각 행렬이면서 또한 $H = H^\dagger$이므로 에르미트 행렬이기도 하다.

H의 대각 성분들이 모두 실수이며 또한 음이 아니라는 것을 증명하는 것은 간단하다.

$$H = U(AA^\dagger)U^\dagger = UAA^\dagger U^\dagger = (UA)(UA)^\dagger \tag{9.23}$$

이므로 모든 i에 대하여

$$\begin{aligned} h_{ii} &= \sum_{k=1}^{n} (UA)_{ik}(UA)^\dagger_{ki} \\ &= \sum_{k=1}^{n} (UA)_{ik}(UA)^*_{ik} = \sum_{k=1}^{n} |(UA)_{ik}|^2 \geq 0 \end{aligned} \tag{9.24}$$

가 되기 때문이다.

또한, H의 모든 대각 성분은 0도 아니라는 것도 금방 알 수 있다. 왜냐하면, $\det A \neq 0$이기 때문에

$$\det H = \det(UAA^\dagger U^\dagger) = (\det A)^2 \neq 0 \tag{9.25}$$

가 된다. 만일 H의 성분 중에서 어느 하나라도 0이면 $\det H = 0$이 될 것이다. 그러므로, H의 모든 성분은 0보다 큰 양의 실수들이다. (즉, 모든 i에 대하여 $h_{ii} > 0$) 그리고, $\det H \neq 0$이므로 H는 역행렬이 존재한다.

이렇게, 에르미트 행렬도 아니고 유니타리 행렬도 아닌 임의의 $n \times n$ 복소행렬 A에 대하여 $AA^\dagger = A^\dagger A$는 항상 대각화할 수 있으며, 그 결과로서, 하나의 대각 행렬 H를 얻게 되는 것이다.

그 H에 대하여

$$D = \begin{pmatrix} d_{11} & 0 & \cdots & 0 \\ 0 & d_{22} & \cdots & 0 \\ \vdots & \vdots & \ddots & \vdots \\ 0 & 0 & \cdots & d_{nn} \end{pmatrix} = \begin{pmatrix} \sqrt{h_{11}} & 0 & \cdots & 0 \\ 0 & \sqrt{h_{22}} & \cdots & 0 \\ \vdots & \vdots & \ddots & \vdots \\ 0 & 0 & \cdots & \sqrt{h_{nn}} \end{pmatrix} \tag{9.26}$$

와 같이 새로운 행렬 D를 고려하자.

D는 어떤 성질을 가지고 있는가. 먼저,

$$D^2 = H$$

을 만족하며, 모든 i에 대하여 $d_{ii} = \sqrt{h_{ii}} > 0$이다. 또한, D는 대각 행렬이며, 에르미트 행렬이다. 그리고,

$$\det H = \det\left(D^2\right) = \det D \cdot \det D = (\det D)^2 \neq 0$$

이므로 det$D$는 0이 아니며, 따라서 D는 역행렬이 존재한다.

이제, D를 맨 처음의 행렬 A로 표현해 보자.

$$DD^{-1} = I\ , \quad D^2 = H \tag{9.27}$$

를 이용하면

$$\begin{aligned} D &= DI = D(DD^{-1}) = D^2D^{-1} = HD^{-1} \\ &= U(AA^\dagger)U^\dagger D^{-1} \\ &= UA(A^\dagger U^\dagger D^{-1}) \\ &= UA(D^{-1}UA)^\dagger \end{aligned} \tag{9.28}$$

와 같이 된다. 여기서 $(D^{-1})^\dagger = (D^\dagger)^{-1} = D^{-1}$를 사용하였다.

그런데, 이 식의 마지막에 등장하는 $D^{-1}UA$는 하나의 유니타리 행렬이다. 왜냐하면,

$$\begin{aligned} (D^{-1}UA)(D^{-1}UA)^\dagger &= D^{-1}UA(A^\dagger U^\dagger D^{-1}) \\ &= D^{-1}(UAA^\dagger U^\dagger)D^{-1} \\ &= D^{-1}\Lambda D^{-1} \\ &= D^{-1}D^2D^{-1} = I \end{aligned} \tag{9.29}$$

이기 때문이다. 그러므로 $D^{-1}UA$는

$$V = D^{-1}UA \tag{9.30}$$

와 같이 어떤 유니타리 행렬 V이다. V는 당연히 $VV^\dagger = V^\dagger V = I$를 만족한다.

이 새로운 유니타리 행렬 V를 이용하면 D를 다음과 같이 쓸 수 있다.

$$D = UA(D^{-1}UA)^\dagger = UAV^\dagger \tag{9.31}$$

그런데, 이 식은 마치 어떤 대각 행렬 D를 V로서 표현한 것처럼 보이지만, 그 실제 의미는 D에 대한 관계식이 아니다. 이 식은 A에 대한 관계식으로 해석할 수 있다. 즉, 역행렬이 존재하는 임의의 복소행렬 A는 두 개의 유니타리 행렬 U와 V로써 대각화할 수 있다는 것을 보여준다. 그리고, 이것은 항상 가능하다. 이러한 대각화 방법을 이중 유니타리 변환이라고 한다.

지나가는 길에 짚고 넘어갈 것이 있는데, 어떤 경우에 A를 $D = UAV^\dagger$와 같이 대각화하는 두 개의 이중 유니타리 행렬 U와 V가 같을까?

(1) 만일 A가 에르미트 행렬이라면 당연히 $U = V$가 된다. 왜냐하면 임의의 에르미트 행렬 $A = A^\dagger$는 하나의 유니타리 행렬 U에 의하여

$$D = UAU^\dagger$$

와 같이 대각화할 수 있다.

(2) 만일 A가 적어도 복소 대칭 행렬인 경우에는 $U = V^*$라고 말할 수 있다. 위에서 논의한 바와 같이, 일반적으로 복소 행렬 A는 항상

$$D = UAV^\dagger \tag{9.32}$$

되는 두 유니타리 행렬 U, V가 존재하고 대각 행렬 D로 대각화할 수 있다. 만일 $A = A^T$, 즉, A가 대칭 행렬이라면

$$D^T = (UAV^\dagger)^T = V^* A^T U^T = V^* A U^T \tag{9.33}$$

이다. 그런데 D는 실수 대각 행렬이므로 $D = D^T$이다. 따라서

$$UAV^\dagger = V^* A U^T \tag{9.34}$$

가 된다. 즉,

$$U = V^* \tag{9.35}$$

이다.

(3) 가장 일반적인 경우, 즉, 질량 행렬이 에르미트 행렬도 아니고 대칭행렬도 아닌 경우에는 물론 $U \neq V$이다.

9.3.2 쿼크 세대의 질량 고유상태

이제, 쿼크 세대의 질량 행렬로 돌아와서 논의를 계속하자. 힉스 메커니즘 이후에, 쿼크 세대의 유카와 결합항에 등장하는 질량 행렬 M_d 및 M_u는 각각 3×3 복소행렬이지만 에르미트 행렬은 아니다. 앞 절에서 논의한 이중 유니타리 변환을 적용하면, 일단 이들을 $M_d M_d^\dagger$ 및 $M_u M_u^\dagger$로 만든 다음, 두 개의 유니타리 행렬 U_d 및 U_u로써 각각 대각화한다.

$$\begin{cases} H_d = U_d(M_d M_d^\dagger)U_d^\dagger \\ H_u = U_u(M_u M_u^\dagger)U_u^\dagger \end{cases}$$

사실은, 단지 M_d 및 M_u의 대각 행렬을 구하기 위해서라면 굳이 이중 유니타리 변환을 이용하지 않아도 된다. 왜냐하면, H_d 및 H_u에서부터 D_d 및 D_u는

$$\begin{cases} D_d^2 = H_d \\ D_u^2 = H_u \end{cases}$$

와 같이 주어지므로,

$$\begin{cases} (D_d)_{ij} = \sqrt{(H_d)_{ij}} \\ (D_u)_{ij} = \sqrt{(H_u)_{ij}} \end{cases}$$

이기 때문이다. 여기서 질량 행렬의 대각 성분은 금방 얻을 수 있다.

하지만, 유니타리 행렬 V_d 및 V_u는 나중에 쿼크 혼합 또는 Kobayashi-Maskawa 행렬을 논의할 때 다시 필요하게 된다. 그러므로 이중 유니타리 변환을 외면해서는 안 된다.

이제, U_d와 U_u 이외에 $V_d = D_d^{-1}U_dM_d$ 및 $V_u = D_u^{-1}U_uM_u$라는 새로운 유니타리 행렬을 도입하여,

$$\begin{cases} D_d = U_dM_dV_d^\dagger \\ D_u = U_uM_uV_u^\dagger \end{cases}$$

라고 두면,

$$\begin{cases} D_d = U_dM_dV_d^\dagger = \begin{pmatrix} m_{d1} & 0 & 0 \\ 0 & m_{d2} & 0 \\ 0 & 0 & m_{d3} \end{pmatrix} \\ D_u = U_uM_uV_u^\dagger = \begin{pmatrix} m_{u1} & 0 & 0 \\ 0 & m_{u2} & 0 \\ 0 & 0 & m_{u3} \end{pmatrix} \end{cases} \tag{9.36}$$

와 같이 질량 행렬을 대각화하게 되고, 그 대각 성분을 얻게 된다. 물론, 3×3 유니타리 행렬 U_d, V_d, U_u, V_u들은 쿼크 3중항에 작용하는 행렬들이다.

이들의 대각 성분 m_{ui} 및 m_{di} $(i = 1, 2, 3)$들은 모두 양의 실수들이며 질량의 차원을 가진다. (원래, 질량 행렬 M_d 및 M_u의 성분들이 질량의 차원을 가지기 때문이다.)

쿼크 세대의 유카와 결합항에 들어 있는 질량항 부분 $\mathcal{L}_{\text{mass}}$에 쿼크들의 질량이 어떻게 등장하는지 보려면, M_d 및 M_u 대신에,

$$\begin{cases} M_d = U_d^\dagger D_dV_d \\ M_u = U_u^\dagger D_uV_u \end{cases} \tag{9.37}$$

를 대입하면 되는데,

$$\begin{aligned}\mathcal{L}_{\text{mass}} &= -\bar{q}_{dL}M_d q_{dR} - \bar{q}_{uL}M_u q_{uR} + \text{H.c.} \\ &= -\bar{q}_{dL}(U_d^\dagger D_d V_d)q_{dR} - \bar{q}_{uL}(U_u^\dagger D_u V_u)q_{uR} + \text{H.c.} \\ &= -(\bar{q}_{dL}U_d^\dagger)\begin{pmatrix} m_{d1} & 0 & 0 \\ 0 & m_{d2} & 0 \\ 0 & 0 & m_{d3}\end{pmatrix}(V_d q_{dR}) \\ &\quad -(\bar{q}_{uL}U_u^\dagger)\begin{pmatrix} m_{u1} & 0 & 0 \\ 0 & m_{u2} & 0 \\ 0 & 0 & m_{u3}\end{pmatrix}(V_u q_{uR}) \\ &\quad +\text{H.c.}\end{aligned} \tag{9.38}$$

와 같다.

이제, U_d, V_d, U_u, V_u으로써

$$\begin{aligned} q_{dL}^0 = U_d\, q_{dL} = \begin{pmatrix} d_{1L}^0 \\ d_{2L}^0 \\ d_{3L}^0 \end{pmatrix}, \quad q_{dR}^0 = V_d\, q_{dR} = \begin{pmatrix} d_{1R}^0 \\ d_{2R}^0 \\ d_{3R}^0 \end{pmatrix} \\ q_{uL}^0 = U_u\, q_{uL} = \begin{pmatrix} u_{1L}^0 \\ u_{2L}^0 \\ u_{3L}^0 \end{pmatrix}, \quad q_{uR}^0 = V_u\, q_{uR} = \begin{pmatrix} u_{1R}^0 \\ u_{2R}^0 \\ u_{3R}^0 \end{pmatrix}\end{aligned} \tag{9.39}$$

와 같이 새로운 쿼크 3중항을 도입하고, 이들의 에르미트 켤레도 도입한다.

$$\begin{aligned} \bar{q}_{dL}^0 = \bar{q}_{dL}U_d^\dagger\,, \quad \bar{q}_{dR}^0 = \bar{q}_{dR}V_d^\dagger\,, \\ \bar{q}_{uL}^0 = \bar{q}_{uL}U_u^\dagger\,, \quad \bar{q}_{uR}^0 = \bar{q}_{uR}V_u^\dagger \end{aligned} \tag{9.40}$$

이렇게 도입된 새로운 쿼크 3중항 q_u^0 및 q_d^0으로 질량항을 다시 쓰면,

$$\mathcal{L}_{\text{mass}}$$

$$
\begin{aligned}
&= -\bar{q}^0_{dL} D_d q^0_{dR} - \bar{q}^0_{uL} D_u q^0_{uR} + \text{H.c.} \\
&= -(\bar{d}^0_{1L} \;\; \bar{d}^0_{2L} \;\; \bar{d}^0_{3L}) \begin{pmatrix} m_{d1} & 0 & 0 \\ 0 & m_{d2} & 0 \\ 0 & 0 & m_{d3} \end{pmatrix} \begin{pmatrix} d^0_{1R} \\ d^0_{2R} \\ d^0_{3R} \end{pmatrix} \\
&\quad - (\bar{u}^0_{1L} \;\; \bar{u}^0_{2L} \;\; \bar{u}^0_{3L}) \begin{pmatrix} m_{u1} & 0 & 0 \\ 0 & m_{u2} & 0 \\ 0 & 0 & m_{u3} \end{pmatrix} \begin{pmatrix} u^0_{1R} \\ u^0_{2R} \\ u^0_{3R} \end{pmatrix} \\
&\quad + \text{H.c.} \\
&= -\sum_{i=1}^{3} m_{di} \bar{d}^0_{iL} d^0_{iR} - \sum_{i=3}^{3} m_{ui} \bar{u}^0_{iL} u^0_{iR} + \text{H.c.} \qquad (9.41)
\end{aligned}
$$

와 같이 되며, 이를 좀 더 정리하면 최종적으로 다음과 같이 고쳐 쓸 수 있다.

$$
\begin{aligned}
\mathcal{L}_{\text{mass}} &= -\sum_{i=1}^{3} m_{di} \bar{d}^0_{iL} d^0_{iR} - \sum_{i=3}^{3} m_{ui} \bar{u}^0_{iL} u^0_{iR} + \text{H.c.} \\
&= -\sum_{i=1}^{3} m_{di} (\bar{d}^0_{iL} d^0_{iR} + \bar{d}^0_{iR} d^0_{iL}) \\
&\quad -\sum_{i=1}^{3} m_{ui} (\bar{u}^0_{iL} u^0_{iR} + \bar{u}^0_{iR} u^0_{iL}) \\
&= -m_{d1} (\bar{d}^0_{1L} d^0_{1R} + \bar{d}^0_{1R} d^0_{1L}) - m_{d2} (\bar{d}^0_{2L} d^0_{2R} + \bar{d}^0_{2R} d^0_{2L}) \\
&\quad -m_{d3} (\bar{d}^0_{3L} d^0_{3R} + \bar{d}^0_{3R} d^0_{3L}) \\
&\quad -m_{u1} (\bar{u}^0_{1L} u^0_{1R} + \bar{u}^0_{1R} u^0_{1L}) - m_{u2} (\bar{u}^0_{2L} u^0_{2R} + \bar{u}^0_{2R} u^0_{2L}) \\
&\quad -m_{u3} (\bar{u}^0_{3L} u^0_{3R} + \bar{u}^0_{3R} u^0_{3L})
\end{aligned}
\qquad (9.42)
$$

이 식의 의미는 무엇인가? 이 식에서 m_{ui} 및 m_{di} $(i = 1, 2, 3)$의 물리적 의미는 두말할 필요 없이 쿼크들의 물리적 질량이다. 복소

행렬이면서 에르미트 행렬이 아닌 질량 행렬 M_d 및 M_u의 성분보다 직관적이고 현실적이다.

중요한 점은 쿼크들의 질량을 정확하게 나타내기 위하여 쿼크들이 선형 결합한다는 것이다. 다만, u, c, t들은 u, c, t들끼리만 선형 결합하고, d, b, b도 자기네들끼리만 선형 결합하여 새로운 쿼크 3중항 u^0 및 d^0을 만들고 있다. 그것도, 오른손잡이 u 쿼크들은 오른손잡이 u 쿼크들끼리, 왼손잡이 u 쿼크들은 왼손잡이 u 쿼크들끼리 섞이며, d 쿼크들도 마찬가지로 오른손잡이는 오른손잡이들끼리만, 왼손잡이는 왼손잡이들끼리만 섞이는 것이다.

쿼크들의 선형 결합을 자세히 보자. 일단, u 쿼크들을 보면, 왼손잡이 u 쿼크들의 선형 결합은

$$\begin{aligned} q_{uL}^0 &= \begin{pmatrix} u_{1L}^0 \\ u_{2L}^0 \\ u_{3L}^0 \end{pmatrix} = U_u \begin{pmatrix} u_{1L} \\ u_{2L} \\ u_{3L} \end{pmatrix} = U_u \begin{pmatrix} P_L u_1 \\ P_L u_2 \\ P_L u_3 \end{pmatrix} \\ &= P_L U_u \begin{pmatrix} u_1 \\ u_2 \\ u_3 \end{pmatrix} \end{aligned} \tag{9.43}$$

와 같다. (여기서 $P_L = (1-\gamma^5)/2$는 왼손잡이 사영연산자) 그러므로

$$u_{iL}^0 = P_L\Big[\big(U_u\big)_{i1}u_1 + \big(U_u\big)_{i2}u_2 + \big(U_u\big)_{i3}u_3\Big] \tag{9.44}$$

가 된다. 한편, 오른손잡이 u 쿼크들의 선형 결합은

$$q_{uR}^0 = \begin{pmatrix} u_{1R}^0 \\ u_{2R}^0 \\ u_{3R}^0 \end{pmatrix} = V_u \begin{pmatrix} u_{1R} \\ u_{2R} \\ u_{3R} \end{pmatrix} = V_u \begin{pmatrix} P_R u_1 \\ P_R u_2 \\ P_R u_3 \end{pmatrix}$$

$$= \quad P_R V_u \begin{pmatrix} u_1 \\ u_2 \\ u_3 \end{pmatrix} \tag{9.45}$$

와 같으므로 (여기서 $P_R = (1+\gamma^5)/2$는 오른손잡이 사영연산자)

$$u^0_{iR} = P_R\Big[\big(V_u\big)_{i1}u_1 + \big(V_u\big)_{i2}u_2 + \big(V_u\big)_{i3}u_3\Big] \tag{9.46}$$

가 된다.

이 두 식을 비교하면 u^0_{iL}와 u^0_{iR}의 차이가 단지 오른손잡이와 왼손잡이의 차이, 다시 말해서, $P_L = (1-\gamma^5)/2$와 $P_R = (1+\gamma^5)/2$의 차이가 아니다. 일반적으로 $U_u \neq V_u$인 두 개의 서로 다른 유니타리 행렬이 참여하고 있다는 점이 더 중요하다. 다시 말해서, u^0_{iL}는 유니타리 행렬 U_u에 의하여 만들어진 $(U_u)_{i1}u_1+(U_u)_{i2}u_2+(U_u)_{i3}u_3$라는 어떤 스피너의 왼손잡이 성분인데 반하여, u^0_{iR}는 유니타리 행렬 V_u에 의하여 만들어진 전혀 다른 스피너 $(V_u)_{i1}u_1+(V_u)_{i2}u_2+(V_u)_{i3}u_3$의 오른손잡이 성분인 것이다. 요컨대, u^0_{iL} 및 u^0_{iR}는 하나의 동일한 스피너의 왼손잡이 성분 및 오른손잡이 성분이 아니다.

물론, d 쿼크들도 마찬가지다. $U_d \neq V_d$이므로 d^0_{iL} 및 d^0_{iR}는 동일한 스피너의 왼손잡이 성분 및 오른손잡이 성분이 아닌 것이다.

하지만, 어떻든 간에, 이들은 각각 어떤 스피너의 왼손잡이 및 오른손잡이 성분들이므로 다음과 같은 손잡이 성질은 가지고 있다.

$$\begin{cases} P_L u^0_{iL} = u^0_{iL} \ , \quad P_L u^0_{iR} = 0 \\ P_R u^0_{iL} = 0 \ , \quad P_R u^0_{iR} = u^0_{iR} \\ P_L d^0_{iL} = d^0_{iL} \ , \quad P_L d^0_{iR} = 0 \\ P_R d^0_{iL} = 0 \ , \quad P_R d^0_{iR} = d^0_{iR} \end{cases}$$

이다. 더욱 중요한 것은

$$\bar{u}^0_{iL}u^0_{iL} = 0 \ , \quad \bar{u}^0_{iR}u^0_{iR} = 0 \ , \quad \bar{d}^0_{iL}d^0_{iL} = 0 \ , \quad \bar{d}^0_{iR}d^0_{iR} = 0$$

와 같은 식이 성립한다는 것이다. 그래서,

$$\begin{cases} u_i^0 = u_{iL}^0 + u_{iR}^0 \\ d_i^0 = d_{iL}^0 + d_{iR}^0 \end{cases} \tag{9.47}$$

라는 스피너를 정의하면,

$$\begin{cases} \bar{u}_i^0 u_i^0 = (\bar{u}_{iL}^0 + \bar{u}_{iL}^0)(u_{iL}^0 + u_{iR}^0) = \bar{u}_{iL}^0 u_{iR}^0 + \bar{u}_{iR}^0 u_{iL}^0 \\ \bar{d}_i^0 d_i^0 = (\bar{d}_{iL}^0 + \bar{d}_{iL}^0)(d_{iL}^0 + d_{iR}^0) = \bar{d}_{iL}^0 d_{iR}^0 + \bar{d}_{iR}^0 d_{iL}^0 \end{cases}$$

가 된다.

그러므로, 궁극적으로, 쿼크의 질량항은 다음과 같이 고쳐 쓸 수 있다.

$$\begin{aligned} \mathcal{L}_{\text{mass}} &= -\sum_{i=1}^{3} m_{di}(\bar{d}_{iL}^0 d_{iR}^0 + \bar{d}_{iR}^0 d_{iL}^0) \\ &\quad -\sum_{i=1}^{3} m_{ui}(\bar{u}_{iL}^0 u_{iR}^0 + \bar{u}_{iR}^0 u_{iL}^0) \\ &= -\sum_{i=1}^{3} m_{di}\bar{d}_i^0 d_i^0 - \sum_{i=1}^{3} m_{ui}\bar{u}_i^0 u_i^0 \end{aligned} \tag{9.48}$$

이와 같이 고쳐 쓰면, 진정한 의미에서의 질량 및 질량 고유 상태가 드러난다. u_1^0, u_2^0, u_3^0, d_1^0, d_2^0, d_3^0라는 스피너들은 본질적으로 물리적인 쿼크의 질량 고유상태라고 해석할 수 있으며, m_{ui} 및 m_{di} $(i = 1, 2, 3)$라는 물리적인 질량을 가지고 있다다.

원래 라그랑지안 밀도에 있던 쿼크들은 약상호작용의 고유상태로써 각각 서로 다른 flavour라는 양자수를 가지고 있다. 그래서, 원래의 라그랑지안 밀도에 등장하는 쿼크 입자들과 새로운 쿼크를 구별하기 위하여 다음과 같이 부른다.

$$\begin{cases} \text{약상호작용 고유상태} \quad u_1,\ u_2,\ u_3,\ d_1,\ d_2,\ d_3 \\ \text{질량 고유상태} \quad u_1^0,\ u_2^0,\ u_3^0,\ d_1^0,\ d_2^0,\ d_3^0 \end{cases} \tag{9.49}$$

그 결과, 약상호작용 고유상태인 원래의 쿼크들은 flavour는 분명하게 정의되어 있지만 질량은 모호하였는데, 이들을 섞어서 만든 질량 고유상태 쿼크들은 flavour는 섞여 있지만 질량은 분명하게 서로 다른 값을 가지고 있다. 즉,

$$\begin{aligned} \mathcal{L}_{\text{mass}} \;=\; & -\big[m_u\bar{u}^0u^0 + m_c\bar{c}^0c^0 + m_t\bar{t}^0t^0 \\ & \qquad + m_d\bar{d}^0d^0 + m_s\bar{s}^0s^0 + m_b\bar{b}^0b^0\big] \end{aligned} \tag{9.50}$$

이다.

이상에서 설명한 내용을 되풀이하자면, 질량 고유상태를 정의하는 방식은 예를 들면 다음과 같다고 볼 수 있다. 두 개의 서로 다른 스피너 a와 b가 있다고 하자. 이들의 오른손잡이 성분과 왼손잡이 성분은 아는 바와 같이 각각

$$\begin{aligned} a &= a_L + a_R = P_La + P_Ra \\ b &= b_L + b_R = P_Lb + P_Rb \end{aligned} \tag{9.51}$$

와 같이 정의된다. (여기서 P_L 및 P_R는 각각 왼손잡이 및 오른손잡이 사영 연산자) 오른손잡이 성분과 왼손잡이 성분은 다음을 만족한다.

$$\bar{a}_Lb_L = \bar{b}_La_L = \bar{a}_Rb_R = \bar{b}_Ra_R = 0 \tag{9.52}$$

이제 a의 왼손잡이 성분인 a_L와 b의 오른손잡이 성분인 b_R을 더하여 새로운 스피너 c를 다음과 같이 정의해 보자.

$$c = a_L + b_R$$

이 새로운 스피너의 왼손잡이 성분 c_L과 오른손잡이 성분 c_R은 다음을 만족한다.

$$\begin{cases} c = c_L + c_R \\ c_L = P_L c = P_L(a_L + b_R) = a_L \\ c_R = P_R c = P_R(a_L + b_R) = b_R \end{cases} \tag{9.53}$$

그리고

$$\bar{c}c = \bar{a}_L b_R + \bar{b}_R a_L = \bar{a}_L b_R + \text{H.c.} \tag{9.54}$$

가 된다. 중요한 포인트는 다음과 같다. 비록 c는 a와 다르고 b와도 다르지만, c의 왼손잡이 성분은 a의 왼손잡이 성분과 같고 c의 오른손잡이 성분은 b의 오른손잡이 성분과 같다는 점이다.

한편, 유카와 결합항 중에서 질량에 관한 항들만 그동안 논의하였는데, 유카와 결합항에는 힉스 입자 h가 들어 있는 항들도 있다. 이 항들도 쿼크의 질량 고유상태를 사용하여 고쳐 쓸 필요가 있다. 먼저, 질량 행렬을 대각화하는 유니타리 행렬들 U_d 등은 쿼크 세대의 유카와 결합 계수의 행렬인

$$\begin{pmatrix} g_{11} & g_{12} & g_{13} \\ g_{21} & g_{22} & g_{23} \\ g_{31} & g_{32} & g_{33} \end{pmatrix}, \quad \begin{pmatrix} h_{11} & h_{12} & h_{13} \\ h_{21} & h_{22} & h_{23} \\ h_{31} & h_{32} & h_{33} \end{pmatrix}$$

도 동시에 대각화한다는 사실에 주목하자. 그 이유는 질량 행렬 M_u 및 M_d는 각각 이 계수들의 행렬에 비례하기 때문이다. (그보다, 힉스 메커니즘에 의하여 스칼라 이중항을 힉스 입자로 바꿀 때, $h+v$처럼 힉스 입자와 진공기대값이 항상 함께 등장하였기 때문이다.) 그러므로, 쿼크와 스칼라 입자의 결합은 다음과 같이 정리할 수 있다

(앞에서 공부한 표현을 참조하라).

$$
\begin{aligned}
& -\frac{1}{\sqrt{2}}h\sum_{i=1}^{3}\sum_{j=1}^{3}\left(h_{ij}\bar{d}_{iL}d_{jR}+g_{ij}\bar{u}_{iL}u_{jR}\right)+\text{H.c.} \\
= & -\frac{1}{\sqrt{2}}h\ \bar{q}_{dL}\begin{pmatrix} h_{11} & h_{12} & h_{13} \\ h_{21} & h_{22} & h_{23} \\ h_{31} & h_{32} & h_{33} \end{pmatrix} q_{dR} \\
& -\frac{1}{\sqrt{2}}h\ \bar{q}_{uL}\begin{pmatrix} g_{11} & g_{12} & g_{13} \\ g_{21} & g_{22} & g_{23} \\ g_{31} & g_{32} & g_{33} \end{pmatrix} q_{uR} \\
& +\text{H.c.} \\
= & -\frac{1}{\sqrt{2}}h\ \bar{q}^{0}_{dL}\begin{pmatrix} g_{d} & 0 & 0 \\ 0 & g_{s} & 0 \\ 0 & 0 & g_{b} \end{pmatrix} q^{0}_{dR} \\
& -\frac{1}{\sqrt{2}}h\ \bar{q}^{0}_{uL}\begin{pmatrix} g_{u} & 0 & 0 \\ 0 & g_{c} & 0 \\ 0 & 0 & g_{t} \end{pmatrix} q^{0}_{uR} \\
& +\text{H.c.}
\end{aligned}
\tag{9.55}
$$

가 된다. 단,

$$
\left\{
\begin{aligned}
\begin{pmatrix} g_{d} & 0 & 0 \\ 0 & g_{s} & 0 \\ 0 & 0 & g_{b} \end{pmatrix} &= U_d^{\dagger}\begin{pmatrix} h_{11} & h_{12} & h_{13} \\ h_{21} & h_{22} & h_{23} \\ h_{31} & h_{32} & h_{33} \end{pmatrix} V_d \\
\begin{pmatrix} g_{u} & 0 & 0 \\ 0 & g_{c} & 0 \\ 0 & 0 & g_{t} \end{pmatrix} &= U_u^{\dagger}\begin{pmatrix} g_{11} & g_{12} & g_{13} \\ g_{21} & g_{22} & g_{23} \\ g_{31} & g_{32} & g_{33} \end{pmatrix} V_u
\end{aligned}
\right.
\tag{9.56}
$$

이다 (h_d, h_s, h_b 등 대신에 g_d, g_s, g_b 등으로 표기를 바꾼 것에 유의하라).

그러므로, 모든 세대의 쿼크와 스칼라 입자 h와의 결합은 다음과 같이 질량 고유상태 쿼크로 표현할 수 있다 (중간 과정은 생략한다).

$$\begin{aligned}
&-\frac{1}{\sqrt{2}}h\left(g_u\bar{u}^0_{1L}u^0_{1R}+g_c\bar{u}^0_{2L}u^0_{2R}+g_t\bar{u}^0_{3L}u^0_{3R}\right)\\
&\quad-\frac{1}{\sqrt{2}}h\left(+g_d\bar{d}^0_{1L}d^0_{1R}+g_s\bar{d}^0_{2L}d^0_{2R}+g_b\bar{d}^0_{3L}d^0_{3R}\right)+\text{H.c.}\\
&=-\frac{1}{\sqrt{2}}h\left(g_u\bar{u}^0u^0+g_c\bar{c}^0c^0+g_t\bar{t}^0t^0+g_d\bar{d}^0d^0+g_s\bar{s}^0s^0+g_b\bar{b}^0b^0\right)
\end{aligned} \tag{9.57}$$

9.3.3 Cabibbo-Kobayashi-Maskawa 행렬

이제, 약상호작용 고유상태 쿼크들을 질량 고유상태 쿼크들로 바꾸게 되면 앞서 논의하였던 쿼크 세대의 운동에너지 항은 어떻게 되는지 알아 보자.

계산을 편하게 하기 위하여, 약상호작용 고유상태를 질량 고유상태의 선형 결합으로 표현하면, $q_{uL}=U_u^\dagger q^0_{uL}$, $q_{uR}=V_u^\dagger q^0_{uR}$, $q_{dL}=U_d^\dagger q^0_{dL}$, $q_{dR}=V_d^\dagger q^0_{dR}$ 등이므로,

$$\begin{cases}
q_d=q_{dL}+q_{dR}=U_d^\dagger q^0_{dL}+V_d^\dagger q^0_{dR}\\
\bar{q}_d=\bar{q}^0_{dL}U_d+\bar{q}^0_{dR}V_d\\
q_u=q_{uL}+q_{uR}=U_u^\dagger q^0_{uL}+V_u^\dagger q^0_{uR}\\
\bar{q}_u=\bar{q}^0_{uL}U_u+\bar{q}^0_{uR}V_u
\end{cases} \tag{9.58}$$

와 같다.

이러한 변환식과 함께

$$\begin{cases}
\bar{q}_u q_u=\bar{q}_{uL}q_{uR}+\bar{q}_{uR}q_{uL}\\
\bar{q}_d q_d=\bar{q}_{dL}q_{dR}+\bar{q}_{dR}q_{dL}\\
\bar{q}_u\gamma^\mu q_u=\bar{q}_{uL}\gamma^\mu q_{uL}+\bar{q}_{uR}\gamma^\mu q_{uR}\\
\bar{q}_d\gamma^\mu q_d=\bar{q}_{dL}\gamma^\mu q_{dL}+\bar{q}_{dR}\gamma^\mu q_{dR}
\end{cases} \tag{9.59}$$

를 이용하면 u 쿼크 3중항에 대하여 pure kinetic term은 다음과 같이 된다.

$$\begin{aligned}
\bar{q}_u i\gamma^\mu \partial_\mu q_u &= \bar{q}_{uL} i\gamma^\mu \partial_\mu q_{uL} + \bar{q}_{uR} i\gamma^\mu \partial_\mu q_{uR} \\
&= \left(\bar{q}^0_{uL} U_u\right) i\gamma^\mu \partial_\mu \left(U_u^\dagger q^0_{uL}\right) + (\bar{q}^0_{uR} V_u) i\gamma^\mu \partial_\mu (V_u^\dagger q^0_{uR}) \\
&= \bar{q}^0_{uL} i\gamma^\mu \partial_\mu (U_u U_u^\dagger) q^0_{uL} + \bar{q}^0_{uR} i\gamma^\mu \partial_\mu (V_u V_u^\dagger) q^0_{uR}) \\
&= \bar{q}^0_{uL} i\gamma^\mu \partial_\mu q^0_{uL} + \bar{q}^0_{uR} i\gamma^\mu \partial_\mu q^0_{uR} \\
&= \bar{q}^0_u i\gamma^\mu \partial_\mu q^0_u
\end{aligned} \tag{9.60}$$

이 된다는 것을 알 수 있다. ($U_u U_u^\dagger = V_u V_u^\dagger = I$)

마찬가지로, d 쿼크 3중항에 대하여도

$$\bar{q}_d i\gamma^\mu \partial_\mu q_d = \bar{q}^0_d i\gamma^\mu \partial_\mu q^0_d \tag{9.61}$$

이다.

이와 같이 되는 이유를 말로 설명해 보라고 한다면 다음과 같이 설명할 수 있다. 이 항들을 보면 u 쿼크 3중항은 u 쿼크 3중항하고만 결합하는데, 오른손잡이는 오른손잡이하고만 결합하며, 왼손잡이는 왼손잡이하고만 결합하고 있다. d 쿼크 3중항도 마찬가지다. 이처럼 같은 3중항이 같은 손잡이끼리 결합하면 항상 $V_d^\dagger V_d = I$, $U_d^\dagger U_d = I$ 등이 되기 때문에 u 쿼크 3중항이든 d 쿼크 3중항이든 선형 결합 행렬이 상쇄되어 사라진다 ($i\gamma^\mu \partial_\mu$는 각 쿼크의 4 개의 성분에 대하여 작용하고 유니타리 행렬 U_u, U_d나 V_u, V_d는 쿼크의 3중항에 대하여 작용한다). 그래서 쿼크가 약상호작용 고유상태든 질량 고유상태든 상관없다.

그런데 쿼크의 운동에너지 항에는 쿼크와 게이지 입자와의 결합 항들이 있다. 그 중에, 중성 게이지 입자인 A_μ와 Z_μ와의 결합은 선형 결합 행렬이 상쇄되어 없어진다. 왜냐하면, A_μ 또는 Z_μ와 결합하는 쿼크의 형태는 항상 같은 손잡이로 구성되어 있다. 즉, $\bar{q}_{uL}\gamma^\mu q_{uL}$, $\bar{q}_{uR}\gamma^\mu q_{uR}$, $\bar{q}_{dL}\gamma^\mu q_{dL}$, $\bar{q}_{dR}\gamma^\mu q_{dR}$ 등인데, 이들은 각각

$$\begin{cases} \bar{q}_{uL}\gamma^\mu q_{uL} = (\bar{q}^0_{uL}U_u)\gamma^\mu(U_u^\dagger q^0_{uL}) = \bar{q}^0_{uL}\gamma^\mu q^0_{uL} \\ \bar{q}_{uR}\gamma^\mu q_{uR} = (\bar{q}^0_{uR}V_u)\gamma^\mu(V_u^\dagger q^0_{uR}) = \bar{q}^0_{uR}\gamma^\mu q^0_{uR} \\ \bar{q}_{dL}\gamma^\mu q_{dL} = (\bar{q}^0_{dL}U_d)\gamma^\mu(U_d^\dagger q^0_{dL}) = \bar{q}^0_{dL}\gamma^\mu q^0_{dL} \\ \bar{q}_{dR}\gamma^\mu q_{dR} = (\bar{q}^0_{dR}V_d)\gamma^\mu(V_d^\dagger q^0_{dR}) = \bar{q}^0_{dR}\gamma^\mu q^0_{dR} \end{cases} \tag{9.62}$$

와 같이 되므로 약상호작용 고유상태를 질량 고유상태로 변환하여도 불변이다.

$$\begin{aligned} &-e\left[(2/3)\bar{q}_u\gamma^\mu q_u + (-1/3)\bar{q}_d\gamma^\mu q_d\right]A_\mu \\ &+i\left[c_{uL}\bar{q}_{uL}\gamma^\mu q_{uL} + c_{uR}\bar{q}_{uR}\gamma^\mu q_{uR}\right]Z_\mu \\ &+i\left[c_{dL}\bar{q}_{dL}\gamma^\mu q_{dL} + c_{dR}\bar{q}_{dR}\gamma^\mu q_{dR}\right]Z_\mu \\ &\quad = -e\left[(2/3)\bar{q}^0_u\gamma^\mu q^0_u + (-1/3)\bar{q}^0_d\gamma^\mu q^0_d\right]A_\mu \\ &\quad\quad + i\left[c_{uL}\bar{q}^0_{uL}\gamma^\mu q^0_{uL} + c_{uR}\bar{q}^0_{uR}\gamma^\mu q^0_{uR}\right]Z_\mu \\ &\quad\quad + i\left[c_{dL}\bar{q}^0_{dL}\gamma^\mu q^0_{dL} + c_{dR}\bar{q}^0_{dR}\gamma^\mu q^0_{dR}\right]Z_\mu \end{aligned} \tag{9.63}$$

특히, Z_μ와의 결합을 g_{uV}, g_{uA} 등으로 표현하더라도 결과는 마찬가지다. 쿼크를 질량 고유상태로 표현하든 약상호작용 고유상태로 표현하든 같은 모습으로 주어지는 것이다.

$$\begin{aligned} &-\frac{g_2}{2\cos\theta_W}\left[\bar{q}_u\gamma^\mu\left(g_{uV} - g_{uA}\gamma^5\right)q_u\right. \\ &\qquad\qquad \left.+\bar{q}_d\gamma^\mu\left(g_{dV} - g_{dA}\gamma^5\right)q_d\right]Z_\mu \\ &= -\frac{g_2}{2\cos\theta_W}\left[\bar{q}^0_u\gamma^\mu\left(g_{uV} - g_{uA}\gamma^5\right)q^0_u\right. \\ &\qquad\qquad \left.+\bar{q}^0_d\gamma^\mu\left(g_{dV} - g_{dA}\gamma^5\right)q^0_d\right]Z_\mu \end{aligned}$$

여기서 $I_{u3} = 1/2$ 및 $I_{d3} = -1/2$, 그리고 $Q_u = 2/3$ 및 $Q_d = -1/3$는 제1세대나 제2세대나 제3세대나 같기 때문에 g_{uV}, g_{uA}, g_{dV}, g_{dA} 등은 세대에 관계없이 일정한 값이라는 것은 이미 아는 사실이다.

그런데, 하전 게이지 입자들 $W_\mu^\pm$의 경우는 다르다. 공변도함수를 계산할 때도 이들은 비대각 행렬에 물려 있어서 조심스럽게 처리한 바 있었다. 쿼크들이 하전 게이지 입자와 결합하는 항을 보면,

$$-\frac{1}{\sqrt{2}}g_2\left(\bar{q}_{uL}\gamma^\mu q_{dL}\right)W_\mu^+ + \text{H.c.} \tag{9.64}$$

이다.

이 항은 중성 게이지 입자와의 결합과 확실히 다른 점이 있다. 즉, 중성 게이지 입자 A_μ나 Z_μ의 경우에는 u 쿼크 3중항은 u 쿼크 3중항끼리 결합하는 데 반하여, $W_\mu^\pm$의 경우에는 u 쿼크 3중항이 d 쿼크 3중항과 결합하는 점이 다르다. 그래서, 중성 게이지 입자의 경우에는 $U_u^\dagger U_u = I$ 또는 $U_d^\dagger U_d = I$처럼 상쇄가 일어났는데, 지금은 $U_u U_d^\dagger \neq 1$이기 때문에 그러한 상쇄가 일어나지 않는다. 그래서,

$$\begin{aligned}
\bar{q}_{uL}\gamma^\mu q_{dL} &= (\bar{q}^0_{uL}U_u)\gamma^\mu(U_d^\dagger q^0_{dL}) \\
&= \bar{q}^0_{uL}\gamma^\mu(U_u U_d^\dagger)q^0_{dL} \\
&\neq \bar{q}^0_{uL}\gamma^\mu q^0_{dL}
\end{aligned} \tag{9.65}$$

와 같이, $U_u U_d^\dagger$가 남아 있다.

즉, 약상호작용 고유상태를 질량 고유상태로 변환하면, 쿼크 세대와 $W_\mu^\pm$ 사이의 결합항에는 그 흔적이 남게 되는 것이다. 그 흔적이 바로 $U_u U_d^\dagger$라는 어떤 non-trivial한 유니타리 행렬이다. 이 행렬은 두개의 유니타리 행렬의 곱이므로 역시 유니타리 행렬이며, 또한, $U_u \neq U_d$이므로 $U_u U_d^\dagger \neq I$이다.

우리는 $U_u U_d^\dagger$를 V_{CKM}이라고 하겠다.

$$V_{\text{CKM}} = U_u U_d^\dagger \tag{9.66}$$

이 유니타리 행렬의 이름이 CKM 행렬인 이유는 처음 아이디어를 만들어 낸 학자들이 Cabibbo, Kobayashi 및 Maskawa였기 때문이다. 한때, Kobayashi-Maskawa 행렬이라고도 하였다.

어떤 책에서는 에르미트 켤레의 표시인 "†"가 u 쿼크 3중항에 작용하는 U_u에 붙어 있기도 하고, 또 어떤 책에서는 질량 고유상태를 약상호작용 고유상태로 바꿀 때 등장하는 (즉, 우리의 행렬에 대하여 역행렬인) 유니타리 행렬을 CKM 행렬이라고 정의하는 경우도 있다. 그러므로, 책에 따라 정의와 표현이 조금씩 다르기 때문에, CKM 행렬을 읽을 때도 조심을 요한다.

하전 게이지 입자와 질량 고유상태의 쿼크와 어떻게 결합하는지 V_{CKM} 행렬을 사용하여 다시 써 보자.

$$
\begin{aligned}
&-\frac{1}{\sqrt{2}} g_2 \left(\bar{q}_{uL} \gamma^\mu q_{dL}\right) W_\mu^+ + \text{H.c.} \\
&= -\frac{1}{\sqrt{2}} g_2 \bar{q}_{uL}^0 \gamma^\mu (U_u U_d^\dagger) q_{dL}^0 W_\mu^+ + \text{H.c.} \\
&= -\frac{1}{\sqrt{2}} g_2 \bar{q}_{uL}^0 \gamma^\mu V_{\mathrm{CKM}} q_{dL}^0 W_\mu^+ + \text{H.c.} \\
&= -\frac{1}{\sqrt{2}} g_2 \left(\bar{u}_L^0 \;\; \bar{c}_L^0 \;\; \bar{t}_L^0\right) \gamma^\mu \begin{pmatrix} V_{ud} & V_{us} & V_{ub} \\ V_{cd} & V_{cs} & V_{cb} \\ V_{td} & V_{ts} & V_{tb} \end{pmatrix} \begin{pmatrix} d_L^0 \\ s_L^0 \\ b_L^0 \end{pmatrix} W_\mu^+ \\
&\quad + \text{H.c.}
\end{aligned}
$$

어떻든 V_{CKM}는 (우리처럼 U_u 및 U_d로 표현하는) 왼손잡이 쿼크들의 변환행렬이어야 하며, 왼손잡이 u 쿼크 3중항의 변환행렬과 왼손잡이 d 쿼크 3중항의 변환행렬을 곱해서 만들어야 한다. 왜냐하면 $W_\mu^\pm$가 매개하는 쿼크 3중항의 charged weak current는 왼손잡이 쿼크들이 참여하기 때문에 왼손잡이 하전 약 전류 (left-handed charged weak current)이기 때문이다. 솔직히, "왼손잡이, 왼손잡이"

하면서 약상호작용에서 오른손잡이보다 훨씬 여러번 들먹였는데, 이 왼손잡이 타령은 $SU_L(2)$로서 게이지 대칭성을 정의하였을 때 이미 예견된 일이었다.

만약 charged weak current를 약상호작용 고유상태로 표현하면 CKM 행렬은 드러나지 않는다. 약상호작용 고유상태 쿼크는 다른 세대와는 섞이지 않고 같은 세대끼리만 charged weak current를 형성하기 때문에 CKM 행렬은 그냥 단위 행렬이 되므로 아예 처음부터 없는 것과 마찬가지다. 다시 말해서, 약상호작용 고유상태로 charged weak current를 표현해 보면 $d_L \to u_L$, $s_L \to c_L$, $b_L \to t_L$처럼 같은 세대에서만 전이가 일어난다. 하지만, 이것을 질량 고유상태로 표현하게 되면 $s_L^0 \to u_L^0$, $b_L^0 \to c_L^0$ 처럼 다른 세대의 질량고유상태 쿼크들 사이에서도 전이가 일어나게 되는 것이다.

다시 강조하거니와, CKM 행렬에 붙어 있는 쿼크들은 질량 고유상태들이다. 즉, CKM 행렬이 등장하면 항상 쿼크의 질량 고유상태들이 등장한다고 보면 된다.

이상, 쿼크 세대의 운동에너지 항을 모두 질량 고유상태로 표현하면 다음과 같다.

$$
\begin{aligned}
&\sum_{i=1}^{3} \bar{q}_{iL} i\gamma^\mu D_\mu q_{iL} + \sum_{i=1}^{3} \bar{u}_{iR} i\gamma^\mu D_\mu u_{iR} + \sum_{i=1}^{3} \bar{d}_{iR} i\gamma^\mu D_\mu d_{iR} \\
&= \sum_{i=1}^{3} \bar{q}_{iL} i\gamma^\mu D_\mu q_{iL} + \bar{q}_{uR} i\gamma^\mu D_\mu q_{uR} + \bar{q}_{dR} i\gamma^\mu D_\mu q_{dR} \\
&= \bar{q}_u i\gamma^\mu q_u + \bar{q}_d i\gamma^\mu \partial_\mu q_d \\
&\quad - e\left[(2/3)\bar{q}_u \gamma^\mu q_u + (-1/3)\bar{q}_d \gamma^\mu q_d\right] A_\mu \\
&\quad - \frac{g_2}{2\cos\theta_W}\left[\bar{q}_u \gamma^\mu \left(g_{uV} - g_{uA}\gamma^5\right) q_u \right. \\
&\qquad\qquad \left. + \bar{q}_d \gamma^\mu \left(g_{dV} - g_{dA}\gamma^5\right) q_d\right] Z_\mu \\
&\quad - \frac{1}{\sqrt{2}} g_2 \bar{q}_{uL}^0 \gamma^\mu V_{\rm CKM} q_{dL}^0 W_\mu^+ + \text{H.c.}
\end{aligned}
\tag{9.67}
$$

그런데, CKM 행렬은 이론적으로 정의하는 것은 간단하게 할 수는 있어도 그 크기를 결정하는 것은 결코 쉬운 일이 아니다. 그 성분의 값은 자연에 의하여 주어지기 때문에 오직 실험적 측정으로만 얻을 수 있다. 예를 들어, 전자의 질량을 m_e라고 두고 이론을 전개하는 것은 쉽지만, 그 크기가 실제로 약 9.11×10^{-31} kg 또는 약 0.511 MeV인 것은 오로지 실험에 의하여만 알 수 있다.

자료를 찾아보면 "CKM fit"라고 부르는 연구가 있는데, CKM 행렬의 각 성분인 $V_{11} = V_{ud}$, $V_{12} = V_{us}$ 등의 값을 실험적으로 결정하는 연구를 가리킨다. 성분 하나에 대하여 하나의 실험으로써 측정한다기보다, 하나의 성분과 관련한 여러 실험 데이터를 종합하고 분석하여 그 성분의 값을 핏(fit)한다고 하여 연구 타이틀이 "CKM fit"이다. 말하자면, 표준모형이 맞다면 CKM 행렬의 성분 값이 여러 실험에서 일치하여야 한다는 가정을 검증하는 연구인데, 표준모형 그 자체에 대한 하나의 검증 연구라고 보아도 된다.

9.4 경입자 세대의 운동 에너지 항

제1세대의 라그랑지안 밀도에서 제1세대 경입자의 운동 에너지 항과 유카와 결합항은 다음과 같았다.

$$\begin{aligned}\mathcal{L} &= \bar{\ell}_L i\gamma^\mu D_\mu \ell_L + \bar{e}_R i\gamma^\mu D_\mu e_R \\ &\quad - g_\ell(\bar{\ell}_L \phi e_R + \bar{e}_R \phi^\dagger \ell_L)\end{aligned}$$

먼저, 운동 에너지 항부터 확장하여 제2세대 및 제3세대를 포함하도록 한다. 앞 장에서, 공변도함수를 풀어서 게이지 입자들과 경입자의 결합이 드러나도록 유도한 바 있었다. 그때, 제1세대의 운동

에너지 항이

$$
\begin{aligned}
&\bar{\ell}_L i\gamma^\mu D_\mu \ell_L + \bar{e}_R i\gamma^\mu D_\mu e_R \\
&= \bar{\nu}_L i\gamma^\mu \partial_\mu \nu_L + \bar{e} i\gamma^\mu \partial_\mu e \\
&\quad - e\left[(-1)\bar{e}\gamma^\mu e\right] A_\mu \\
&\quad - \frac{g_2}{2\cos\theta_W}\left[\bar{\nu}_L\gamma^\mu\nu_L + g_{eV}(\bar{e}\gamma^\mu e) - g_{eA}(\bar{e}\gamma^\mu\gamma^5 e)\right] Z_\mu \\
&\quad - \frac{1}{\sqrt{2}} g_2\left[(\bar{\nu}_L\gamma^\mu e_L)W_\mu^+ + (\bar{e}_L\gamma^\mu\nu_L)W_\mu^-\right]
\end{aligned}
$$

와 같았으므로, 모든 경입자 세대의 운동 에너지 항을 한꺼번에 쓰면 다음과 같다.

$$
\begin{aligned}
&\sum_{i=1}^{3}\bar{\ell}_{iL} i\gamma^\mu D_\mu \ell_{iL} + \sum_{i=1}^{3}\bar{e}_{iR} i\gamma^\mu D_\mu e_{iR} \\
&= \bar{\nu}_{eL} i\gamma^\mu \partial_\mu \nu_{eL} + \bar{\nu}_{\mu L} i\gamma^\mu \partial_\mu \nu_{\mu L} + \bar{\nu}_{\tau L} i\gamma^\mu \partial_\mu \nu_{\tau L} \\
&\quad + \bar{e} i\gamma^\mu \partial_\mu e + \bar{\mu} i\gamma^\mu \partial_\mu \mu + \bar{\tau} i\gamma^\mu \partial_\mu \tau \\
&\quad - e(-1)\left[\bar{e}\gamma^\mu e + \bar{\mu}\gamma^\mu \mu + \bar{\tau}\gamma^\mu \tau\right] A_\mu \\
&\quad - \frac{g_2}{2\cos\theta_W}\left[\bar{\nu}_{eL}\gamma^\mu\nu_{eL} + \bar{\nu}_{\mu L}\gamma^\mu\nu_{\mu L} + \bar{\nu}_{\tau L}\gamma^\mu\nu_{\tau L}\right] Z_\mu \\
&\quad - \frac{g_2}{2\cos\theta_W}\left[g_{eV}(\bar{e}\gamma^\mu e + \bar{\mu}\gamma^\mu \mu + \bar{\tau}\gamma^\mu \tau)\right] Z_\mu \\
&\quad - \frac{g_2}{2\cos\theta_W}\left[-g_{eA}(\bar{e}\gamma^\mu\gamma^5 e + \bar{\mu}\gamma^\mu\gamma^5 \mu + \bar{\tau}\gamma^\mu\gamma^5 \tau)\right] Z_\mu \\
&\quad - \frac{1}{\sqrt{2}} g_2\left[\bar{\nu}_{eL}\gamma^\mu e_L + \bar{\nu}_{\mu L}\gamma^\mu \mu_L + \bar{\nu}_{\tau L}\gamma^\mu \tau_L\right] W_\mu^+ + \text{H.c.}
\end{aligned}
\tag{9.68}
$$

여기서, g_{eV}와 g_{eA}는 제1세대나 제2세대나 제3세대나 그 값이 똑같이

$$
g_{eV} = -\frac{1}{2} + 2\sin^2\theta_W \ , \quad g_{eA} = -\frac{1}{2} \tag{9.69}
$$

이다. $I_{e3} = I_{\mu 3} = I_{\tau 3} = -1/2$ 및 $Q_e = Q_\mu = Q_\tau = -1$이기 때문이다.

3 개의 세대를 한꺼번에 등장시켜서 경입자의 운동 에너지 항을 표현하면 일견 복잡해 보이지만, 앞서 도입하였던 경입자 세대의 3중항들을 이용하면 간단하게 고쳐 쓸 수 있다. (물론, 이때의 ν_L는 전자중성미자가 아니라 3개의 왼손잡이 중성미자로 정의된 중성미자 세대의 3중항이다.)

$$\begin{cases} \bar{\nu}_L i\gamma^\mu \partial_\mu \nu_L = \bar{\nu}_{eL} i\gamma^\mu \partial_\mu \nu_{eL} + \bar{\nu}_{\mu L} i\gamma^\mu \partial_\mu \nu_{\mu L} + \bar{\nu}_{\tau L} i\gamma^\mu \partial_\mu \nu_{\tau L} \\ \bar{\ell}\gamma^\mu \ell = \bar{\ell} i\gamma^\mu \partial_\mu \ell = \bar{e} i\gamma^\mu \partial_\mu e + \bar{\mu} i\gamma^\mu \partial_\mu \mu + \bar{\tau} i\gamma^\mu \partial_\mu \tau \\ \bar{\nu}_L \gamma^\mu \nu_L = \bar{e}\gamma^\mu e + \bar{\mu}\gamma^\mu \mu + \bar{\tau}\gamma^\mu \tau \\ \bar{\nu}_{eL}\gamma^\mu \nu_{eL} + \bar{\nu}_{\mu L}\gamma^\mu \nu_{\mu L} + \bar{\nu}_{\tau L}\gamma^\mu \nu_{\tau L} \\ \bar{\ell}\gamma^\mu \gamma^5 \ell = \bar{e}\gamma^\mu \gamma^5 e + \bar{\mu}\gamma^\mu \gamma^5 \mu + \bar{\tau}\gamma^\mu \gamma^5 \tau \end{cases} \tag{9.70}$$

경입자 세대의 운동 에너지 항은 결과적으로,

$$\begin{aligned} &\sum_{i=1}^{3} \bar{\ell}_{iL} i\gamma^\mu D_\mu \ell_{iL} + \sum_{i=1}^{3} \bar{e}_{iR} i\gamma^\mu D_\mu e_{iR} \\ &= \bar{\nu}_L i\gamma^\mu \partial_\mu \nu_L + \bar{\ell}_L i\gamma^\mu \partial_\mu \ell_L \\ &\quad - e\left[(-1)\bar{\ell}\gamma^\mu \ell\right] A_\mu \\ &\quad - \frac{g_2}{2\cos\theta_W}\left[\bar{\nu}_L \gamma^\mu \nu_L + g_{eV}\bar{\ell}\gamma^\mu \ell - g_{eA}\bar{\ell}\gamma^\mu \gamma^5 \ell\right] Z_\mu \\ &\quad - \frac{1}{\sqrt{2}} g_2 \left[\bar{\nu}_L \gamma^\mu \ell_L\right] W_\mu^+ + \text{H.c.} \end{aligned} \tag{9.71}$$

와 같이 정리되는데, 각 게이지 입자들과의 결합이 명시적으로 보인다. 이것은 모든 세대의 경입자의 운동 에너지 항을 한꺼번에 기술한 것이다.

9.5 경입자 세대의 유카와 결합항

경입자 세대의 질량은 어떻게 될까. 유카와 결합을 살펴보아야 한다. 제1세대 경입자의 유카와 결합은

$$-g_\ell(\bar{\ell}_L \phi e_R + \bar{e}_R \phi^\dagger \ell_L) = -g_e(\bar{\nu}_L \quad \bar{e}_L)\phi e_R + \text{H.c.}$$

와 같았다. 쿼크의 경우를 상기하면, 제2세대 및 제3세대 경입자를 포함한 유카와 결합항은

$$\begin{aligned}
\mathcal{L}_{\text{Yukawa}} &= -g_{11}\bar{\ell}_{1L}\phi e_{1R} - g_{12}\bar{\ell}_{1L}\phi e_{2R} - g_{13}\bar{\ell}_{1L}\phi e_{3R} \\
&\quad -g_{21}\bar{\ell}_{2L}\phi e_{1R} - g_{22}\bar{\ell}_{2L}\phi e_{2R} - g_{23}\bar{\ell}_{2L}\phi e_{3R} \\
&\quad -g_{31}\bar{\ell}_{3L}\phi e_{1R} - g_{32}\bar{\ell}_{3L}\phi e_{2R} - g_{33}\bar{\ell}_{3L}\phi e_{3R} + \text{H.c.} \\
&= -(\bar{\ell}_{1L} \quad \bar{\ell}_{2L} \quad \bar{\ell}_{3L})\phi \begin{pmatrix} g_{11} & g_{12} & g_{13} \\ g_{21} & g_{22} & g_{23} \\ g_{31} & g_{32} & g_{33} \end{pmatrix} \ell_R + \text{H.c.}
\end{aligned}$$

와 같이 일반화할 수 있다. 여기서 행렬의 곱이 보기에 좀 이상할 수 있어도, ℓ_R가 오른손잡이 경입자 3중항이며, 행렬의 곱이 세대에 관한 곱이라는 것을 이해하면 이상하지 않을 것이다.

이제, ϕ 대신,

$$\phi = \frac{1}{\sqrt{2}}\begin{pmatrix} 0 \\ h+v \end{pmatrix}$$

를 대입하고, v에 비례하는 항들을 모두 모으면 그들이 경입자의 질량항을 주게 될 것이다.

여기서 다시 강조할 것은 중성미자는 힉스 입자 h와의 결합항이나 v와의 곱해지는 항이 없다는 점이다. $\bar{\ell}_{iL}$들이 경입자 2중항들이므로 중성미자가 하나의 성분으로 들어 있기는 하지만, 스칼라 입자 ϕ를 위와 같이 재정의하면 중성미자는 빠지게 되는 것이다.

아무튼, 경입자 세대의 유카와 결합항에서 진공기대값 v에 비례하는 항들을 수집하면 경입자 세대의 질량항은

$$\begin{aligned}\mathcal{L}_{\text{mass}} &= -\frac{1}{\sqrt{2}}v(\bar{\ell}_{1L} \quad \bar{\ell}_{2L} \quad \bar{\ell}_{3L})\begin{pmatrix} g_{11} & g_{12} & g_{13} \\ g_{21} & g_{22} & g_{23} \\ g_{31} & g_{32} & g_{33} \end{pmatrix}\ell_R + \text{H.c.} \\ &= -\bar{\ell}_L M_\ell \ell_R + \text{H.c.} \end{aligned} \tag{9.72}$$

와 같이 된다는 것을 금방 알 수 있다. 이때,

$$M_\ell = \frac{1}{\sqrt{2}}v\begin{pmatrix} g_{11} & g_{12} & g_{13} \\ g_{21} & g_{22} & g_{23} \\ g_{31} & g_{32} & g_{33} \end{pmatrix} \tag{9.73}$$

가 경입자 세대의 질량 행렬이며, 전자, 뮤우 입자, 타우 입자의 질량을 만들어 준다.

쿼크 세대의 질량 행렬에서도 보았듯이, M_ℓ도 일반적으로 $\det M_\ell \neq 0$인 복소행렬이지만, 에르미트 행렬도 아니고 유니타리 행렬도 아니다. 그래서 M_ℓ을 대각화하려면 이중 유니타리 변환을 해야 하므로 두 개의 유니타리 행렬이 필요하다. 이들을 U_ℓ 및 V_ℓ라고 하면, 이들의 역할은 M_ℓ을 대각화하여 대각 행렬 D_ℓ를 만들어 주는 것이지만, 실제로는 계수들의 행렬 g_{ij}를 대각화하고 있다. 즉,

$$\begin{aligned} D_\ell &= U_\ell M_\ell V_\ell^\dagger \\ &= \frac{1}{\sqrt{2}}vU_\ell\begin{pmatrix} g_{11} & g_{12} & g_{13} \\ g_{21} & g_{22} & g_{23} \\ g_{31} & g_{32} & g_{33} \end{pmatrix}V_\ell^\dagger \\ &= \frac{1}{\sqrt{2}}v\begin{pmatrix} g_e & 0 & 0 \\ 0 & g_\mu & 0 \\ 0 & 0 & g_\tau \end{pmatrix} = \begin{pmatrix} m_e & 0 & 0 \\ 0 & m_\mu & 0 \\ 0 & 0 & m_\tau \end{pmatrix} \end{aligned} \tag{9.74}$$

와 같다. 여기서 D_ℓ의 고유값 m_e, m_μ, m_τ들은 각각 전자, 뮤우 입자, 타우 입자의 물리적 질량이 되며,

$$m_e = \frac{1}{\sqrt{2}} g_e v, \quad m_\mu = \frac{1}{\sqrt{2}} g_\mu v, \quad m_\tau = \frac{1}{\sqrt{2}} g_\tau v \tag{9.75}$$

와 같이 주어진다.

한편, 두 개의 유니타리 행렬 U_ℓ와 V_ℓ을 이용하여, 약상호작용 고유상태를 질량 고유상태로 변환시킬 수 있다.

$$\ell_L^0 = U_\ell \ell_L = \begin{pmatrix} e_L^0 \\ \mu_L^0 \\ \tau_L^0 \end{pmatrix}, \quad \ell_R^0 = V_\ell \ell_R = \begin{pmatrix} e_R^0 \\ \mu_R^0 \\ \tau_R^0 \end{pmatrix} \tag{9.76}$$

즉, U_ℓ와 V_ℓ는 각각 왼손잡이 경입자 세대와 오른손잡이 경입자 세대의 질량 고유상태와 약상호작용 고유상태와의 변환 행렬이며,

$$e^0 = e_L^0 + e_R^0 , \quad \mu^0 = \mu_L^0 + \mu_R^0 , \quad \tau^0 = \tau_L^0 + \tau_R^0 \tag{9.77}$$

들은 경입자의 질량 고유상태들이다.

여기까지 계산한 바를 이용하여 약상호작용 고유상태로 표현되었던 질량항을 질량 고유상태로 정리하면

$$\begin{aligned} \mathcal{L}_{\text{mass}} &= -\bar{\ell}_L M_\ell \ell_R + \text{H.c.} \\ &= -\bar{\ell}_L (U_\ell^\dagger U_\ell) M_\ell (V_\ell^\dagger V_\ell) \ell_R + \text{H.c.} \\ &= -(\bar{\ell}_L U_\ell^\dagger)(U_\ell M_\ell V_\ell^\dagger)(V_\ell \ell_R) + \text{H.c.} \\ &= -\bar{\ell}_L^0 D_\ell \ell_R^0 + \text{H.c.} \\ &= -\left(m_e\, \bar{e}^0 e^0 + m_\mu\, \bar{\mu}^0 \mu^0 + m_\tau\, \bar{\tau}^0 \tau^0\right) \end{aligned} \tag{9.78}$$

와 같이 된다.

한편, 경입자들과 힉스 입자 h 와의 결합이 남아 있다. 경입자들도 (중성미자를 제외하고) 전자나 뮤우 입자, 타우 입자 등은 힉스 입자 h와 결합하므로, 이들의 결합에 대하여도 정리하자. 원래, 경입자 세대의 유카와 결합항에서 스칼라 입자 ϕ 대신 진공을 재정의하면서 새로 힉스 입자 h를 도입하였는데, 그때 보면 $h+v$의 꼴로 힉스 입자가 진공기대값과 선형으로 도입되었다. 그 말인즉, 힉스 입자와의 결합은 질량항과 똑같이 생겼다는 말이다. 즉,

$$\begin{aligned}
&-\frac{1}{\sqrt{2}}h\,(\bar{\ell}_{1L}\;\;\bar{\ell}_{2L}\;\;\bar{\ell}_{3L})\begin{pmatrix} g_{11} & g_{12} & g_{13} \\ g_{21} & g_{22} & g_{23} \\ g_{31} & g_{32} & g_{33} \end{pmatrix}\ell_R + \text{H.c.} \\
&= -\frac{1}{\sqrt{2}}h\,(\bar{\ell}_{1L}\;\;\bar{\ell}_{2L}\;\;\bar{\ell}_{3L})\left[U_\ell^\dagger \begin{pmatrix} g_e & 0 & 0 \\ 0 & g_\mu & 0 \\ 0 & 0 & g_\tau \end{pmatrix} V_\ell\right]\ell_R + \text{H.c.} \\
&= -\frac{1}{\sqrt{2}}h\,\bar{\ell}_L^0 \begin{pmatrix} g_e & 0 & 0 \\ 0 & g_\mu & 0 \\ 0 & 0 & g_\tau \end{pmatrix}\ell_R^0 + \text{H.c.} \\
&= -\frac{1}{\sqrt{2}}h\left(g_e\,\bar{e}^0 e^0 + g_\mu\,\bar{\mu}^0\mu^0 + g_\tau\,\bar{\tau}^0\tau^0\right) \qquad (9.79)
\end{aligned}$$

이다.

그러므로, 질량항이며 힉스 입자 h와의 결합이며 모두 모아서 경입자 세대의 유카와 결합항을 써 보면 다음과 같다.

$$\begin{aligned}
&-\left[g_e\bar{\ell}_{1L}\phi e_R + g_\mu\bar{\ell}_{1L}\phi\mu_R + g_\tau\bar{\ell}_{1L}\phi\tau_R\right] + \text{H.c.} \\
&= -\frac{1}{\sqrt{2}}(h+v)\left(g_e\,\bar{e^0}e^0 + g_\mu\,\bar{\mu^0}\mu^0 + g_\tau\,\bar{\tau^0}\tau^0\right) \\
&= -\left(m_e\,\bar{e}^0 e^0 + m_\mu\,\bar{\mu}^0\mu^0 + m_\tau\,\bar{\tau}^0\tau^0\right) \\
&\qquad -\frac{1}{\sqrt{2}}h\left(g_e\,\bar{e}^0 e^0 + g_\mu\,\bar{\mu}^0\mu^0 + g_\tau\,\bar{\tau}^0\tau^0\right) \qquad (9.80)
\end{aligned}$$

이 식이 경입자 세대의 유카와 결합항의 최종적이고 또한 원론적인 표현이다. 다만, 주의를 요하는 점은 중성미자 세대가 등장하지 않는다는 점이다. 중성미자는 처음부터 왼손잡이만 있고 그리하여 질량을 가지지 못하기 때문에, 힉스 입자와의 결합 같은 것이 필요없다.

중성미자는 질량이 없으므로 질량 행렬이 없고, 따라서 그 질량 행렬을 대각화하는 두 개의 유니타리 행렬 U_ν와 V_ν도 필요없다. 그러므로 오른손잡이 중성미자와 왼손잡이 중성미자의 질량 고유상태 $\nu_L^0 = U_\nu \nu_L$이나 $\nu_R^0 = V_\nu \nu_R$도 만들 수 없다. 아니, 만들지 못한다기보다 아예 정의할 수가 없다. U_ν와 V_ν가 없으므로 중성미자에 대한 이중 유니타리 변환을 할 수도 없고 필요성도 없다.

그렇게 되고 보니, 전자나 뮤우 입자, 타우 입자들을 혼합하는 경입자의 혼합 행렬도 필요없게 되고, 더 나아가, 이들의 량 고유상태와 약상호작용 고유상태를 구별할 필요도 없어진다. 우리는 경입자의 유카와 결합에 대하여 쿼크처럼 논의를 진행하면서 경입자의 질량행렬이라든지 질량 고유상태라든지 논의였는데, 사실은 경입자의 질량 고유상태라는 개념은 도입하지 않아도 되었던 것이다.

그렇다면 CKM 행렬이라는 것도 경입자 쪽에는 고려할 필요가 없을까? 그러하다. 필요없다. 쿼크 세대의 charged weak current에는 CKM 행렬이 등장하여 쿼크들을 서로 섞이게 하였는데, 경입자의 경우는 CKM 행렬에 해당하는 행렬이 나오지 않는다. 그 이유는 오른손잡이 중성미자가 없기 때문이며, 가장 근본적인 이유는 중성미자 질량이 없기 때문이다.

한번 보자. 경입자 세대의 charged weak current는 위에서 구한 바와 같이,

$$-\frac{1}{\sqrt{2}} g_2 \bar{\nu}_L \gamma^\mu \ell_L W_\mu^+ + \text{H.c.}$$

$$= -\frac{1}{\sqrt{2}} g_2 (\bar{\nu}_{eL} \quad \bar{\nu}_{\mu L} \quad \bar{\nu}_{\tau L}) \gamma^\mu \begin{pmatrix} e_L \\ \mu_L \\ \tau_L \end{pmatrix} W_\mu^+ + \text{H.c.} \quad (9.81)$$

인데, 여기서는 물론 경입자 세대의 약상호작용 고유상태로 표현되어 있다. 이것을 질량 고유상태로 표현하면 다음과 같이 된다.

$$-\frac{1}{\sqrt{2}} g_2 \bar{\nu}_L \gamma^\mu (U_\ell^\dagger \ell_L^0) W_\mu^+ + \text{H.c.}$$

다만, 중성미자는 약상호작용 고유상태로 그냥 남아 있다. 그래서 charged weak current를 질량 고유상태로 표현하더라도 유니타리 행렬은 $U_\ell^\dagger$ 하나밖에 없다.

여기서, 다시 의문이 들 수도 있다. 혹시 $U_\ell^\dagger$ 혼자서라도 경입자 쪽의 CKM 행렬 역할을 할 수 있지 않을까 하는 의문이 들지도 모르겠는데, 대답은 아니다. $U_\ell^\dagger$은 중성미자 세대의 3중항을 재정의하여 흡수할 수 있기 때문이다.

$$\begin{cases} \nu_L \to \nu_L = U_\ell^\dagger \nu_L \\ \bar{\nu}_L \to \bar{\nu}_L = \bar{\nu}_L U_\ell \end{cases}$$

이라고 새로 중성미자 3중항을 정의하면 된다. 그리고 중성미자는 약상호작용 고유상태나 질량 고유상태의 구분이 없으므로 이런 식으로 $U_\ell^\dagger$를 흡수하는 것은 언제나 가능하다. 이때,

$$\bar{\nu}_L U_\ell^\dagger \to \bar{\nu}_L U_\ell^\dagger = (\bar{\nu}_L U_\ell) U_\ell^\dagger = \bar{\nu}_L (U_\ell U_\ell^\dagger) = \bar{\nu}_L$$

가 되므로

$$-\frac{1}{\sqrt{2}} g_2 \bar{\nu}_L \gamma^\mu U_\ell^\dagger \ell_L^0 W_\mu^+ + \text{H.c.} \to -\frac{1}{\sqrt{2}} g_2 \bar{\nu}_L \gamma^\mu \ell_L^0 W_\mu^+ + \text{H.c.}$$

와 같이 $U_\ell^\dagger$를 흡수할 수 있다. 결론적으로, 중성미자가 질량이 없기 때문에, 경입자의 경우에는 쿼크의 CKM 행렬처럼 경입자를 선형 결합하는 혼합행렬이 존재하지 않는다.

그런데, 중요한 점은, 이러한 논의를 뒤집는 상황이 있다는 사실이다. 만일, 중성미자가 질량을 가진다면 경입자의 경우에도 CKM 행렬에 대응하는 행렬이 존재한다는 말이 된다.

그리고, 중성미자의 질량을 가정하여 그와 같은 행렬을 생각해 낸 사람들이 이미 있었다. Maki, Nakagawa, Sakata 등 3명이 1962년에 그와 같은 행렬을 고안하였던 것이다. 그래서 경입자 세대의 혼합행렬을 MNS (Maki-Nakagawa-Sakata) 행렬이라고 부른다. 이 행렬은 쿼크에서의 CKM 행렬처럼 경입자 세대의 선형 결합을 기술한다.

그런데 Maki, Nakagawa, Sakata 등이 그 행렬을 생각해 내었던 이유는 이태리의 Pontecorvo가 제안한 중성미자 진동 현상을 설명하기 위한 것이었기 때문에, Pontecorvo의 이름을 붙여서 경입자 세대의 혼합행렬을 PMNS (Pontecorvo-Maki-Nakagawa-Sakata) 행렬이라고도 부르기도 한다.

중성미자는 과연 질량이 없는가?

최근의 실험에서는 중성미자의 질량이 0이 아니라는 것이 이미 하나의 정설로 굳어졌으며, 중성미자들 사이의 혼합도 실험적으로 검증되었다. 서로 다른 세대의 중성미자들이 서로 얼마나 섞이는지도 실험에 의하여 밝혀지고 있다. 우리나라의 RENO 실험에서도 제1세대 중성미자와 제3세대 중성미자 사이의 혼합을 나타내는 혼합각 θ_{13}를 측정한 바 있다. (혼합각에는 θ_{13} 이외에 θ_{12}도 있고 θ_{23}도 있는데, 이들 혼합각 자체가 PMNS 행렬의 성분은 아니지만, 혼합각을 이용하면 성분의 값을 얻을 수 있다.)

중성미자 혼합에 대한 실험을 종합하여 PMNS 행렬의 크기를 추정하는 연구 그룹을 "NuFIT"이라고 한다. 이들의 연구에 의하면 경입자의 PMNS 행렬은 이미 3σ 수준으로 단위 행렬에서 벗어나고 있다. 말하자면 표준모형은 결정적인 수정 내지 보완이 필요해진 것이다.

하지만, 이 책에서는 Pontecorvo-Maki-Nakagawa-Sakata 행렬을 다루지 않겠다. 이 행렬은 중성미자가 질량을 가진다는 가정하에서 존재가능한 것인데, 표준모형에서는 오른손잡이 중성미자가 존재하지 않으므로 경입자의 혼합행렬은 필요없기 때문이다. 좀 소극적이고 방어적인 자세인데, 외면해서는 안 되는 현실에 대하여 억지로 눈을 감고 있다는 느낌이 들겠지만 표준모형을 다루고 있는 상황에서는 납득해 주기 바란다.

제 10장

—— 표준모형의 라그랑지안 밀도: 최종 표현

마지막으로, 표준모형의 힉스 메커니즘 이후의 라그랑지안 밀도를 제1세대부터 제3세대까지 포함하고, 게이지 입자들은 A_μ, Z_μ, $W_\mu^\pm$ 등으로 고쳐 쓰고 질량을 구체적으로 표현하여 전체적으로 적어 보면 다음과 같다. 쿼크들은 질량 고유상태들이며 (약상호작용 교유상태는 아니다), 경입자들은 질량 고유상태이면서 동시에 약상호작용 고유상태들이다.

(1) 경입자의 운동 에너지 항

$$
\begin{aligned}
&\sum_{i=1}^{3} \bar{\ell}_{iL} i\gamma^\mu D_\mu \ell_{iL} + \sum_{i=1}^{3} \bar{e}_{iR} i\gamma^\mu D_\mu e_{iR} \\
&= \bar{\nu}_L i\gamma^\mu \partial_\mu \nu_L + \bar{\ell}_L i\gamma^\mu \partial_\mu \ell_L \\
&\quad - e\left[(-1)\bar{\ell}\gamma^\mu \ell\right] A_\mu
\end{aligned}
$$

$$
\begin{aligned}
&- \frac{g_2}{2\cos\theta_W}\left[\bar{\nu}_L\gamma^\mu\nu_L + g_{eV}\bar{\ell}\gamma^\mu\ell - g_{eA}\bar{\ell}\gamma^\mu\gamma^5\ell\right] Z_\mu \\
&- \frac{1}{\sqrt{2}}g_2\left[\bar{\nu}_L\gamma^\mu\ell_L\right] W_\mu^+ + \text{H.c.}
\end{aligned}
\tag{10.1}
$$

단,

$$
g_{eV} = -\frac{1}{2} + 2\sin^2\theta_W\ , \quad g_{eA} = -\frac{1}{2} \tag{10.2}
$$

이다.

(2) 쿼크의 운동 에너지 항

$$
\begin{aligned}
&\sum_{i=1}^{3}\bar{q}_{iL}i\gamma^\mu D_\mu q_{iL} + \sum_{i=1}^{3}\bar{u}_{iR}i\gamma^\mu D_\mu u_{iR} + \sum_{i=1}^{3}\bar{d}_{iR}i\gamma^\mu D_\mu d_{iR} \\
&= \sum_{i=1}^{3}\bar{q}_{iL}i\gamma^\mu D_\mu q_{iL} + \bar{q}_{uR}i\gamma^\mu D_\mu q_{uR} + \bar{q}_{dR}i\gamma^\mu D_\mu q_{dR} \\
&= \bar{q}_u i\gamma^\mu q_u + \bar{q}_d i\gamma^\mu\partial_\mu q_d \\
&\quad - e\left[(2/3)\bar{q}_u\gamma^\mu q_u + (-1/3)\bar{q}_d\gamma^\mu q_d\right] A_\mu \\
&\quad - \frac{g_2}{2\cos\theta_W}\left[\bar{q}_u\gamma^\mu\left(g_{uV} - g_{uA}\gamma^5\right)q_u + \bar{q}_d\gamma^\mu\left(g_{dV} - g_{dA}\gamma^5\right)q_d\right] Z_\mu \\
&\quad - \frac{1}{\sqrt{2}}g_2\bar{q}_{uL}\gamma^\mu(U_{\text{CKM}})q_{dL}W_\mu^+ + \text{H.c.}
\end{aligned}
\tag{10.3}
$$

단,

$$
\begin{cases}
g_{uV} = \dfrac{1}{2} - \dfrac{4}{3}\sin^2\theta_W\ , & g_{uA} = \dfrac{1}{2} \\
g_{dV} = -\dfrac{1}{2} + \dfrac{2}{3}\sin^2\theta_W\ , & g_{dA} = -\dfrac{1}{2}
\end{cases}
\tag{10.4}
$$

이다. 그리고 CKM 행렬이 이 쿼크의 운동 에너지 항의 마지막 줄에 들어 있음을 주의한다.

(3) 스칼라 입자의 운동 에너지 항

$$
\begin{aligned}
&(D^\mu\phi)^\dagger D_\mu\phi \\
&= \frac{1}{2}(\partial^\mu h)\partial_\mu h + \frac{1}{8}\left[2g_2^2W^{-\mu}W_\mu^+ + (g_1^2+g_2^2)Z^\mu Z_\mu\right](h+v)^2
\end{aligned}
\tag{10.5}
$$

단, 게이지 입자들의 질량은

$$
\begin{cases}
m_W = \dfrac{1}{2}g_2 v \\
m_Z = \dfrac{1}{2\cos\theta_W}g_2 v
\end{cases}
\tag{10.6}
$$

이다.

(4) 스칼라 퍼텐셜 에너지 항

$$
-V(\phi^\dagger\phi) = -\left(\lambda v^2h^2 + \lambda v h^3 + \frac{1}{4}\lambda h^4\right) \tag{10.7}
$$

단, 스칼라 입자의 질량은

$$
m_h = \sqrt{2\lambda}\, v \tag{10.8}
$$

이다.

(5) 경입자의 유카와 결합

$$
\begin{aligned}
&-\left[g_e\bar{\ell}_{1L}\phi e_R + g_\mu\bar{\ell}_{1L}\phi\mu_R + g_\tau\bar{\ell}_{1L}\phi\tau_R\right] + \text{H.c.} \\
&= -\frac{1}{\sqrt{2}}(h+v)\left(g_e\,\bar{e}e + g_\mu\,\bar{\mu}\mu + g_\tau\,\bar{\tau}\tau\right)
\end{aligned}
\tag{10.9}
$$

단, 경입자들의 질량은

$$
m_e = \frac{1}{\sqrt{2}}g_e v\,, \quad m_\mu = \frac{1}{\sqrt{2}}g_\mu v\,, \quad m_\tau = \frac{1}{\sqrt{2}}g_\tau v \tag{10.10}
$$

이다.

(6) 쿼크의 유카와 결합

$$
\begin{aligned}
&-\sum_{i=1}^{3}\sum_{j=1}^{3}\left(h_{ij}\bar{q}_{iL}\phi d_{jR}+g_{ij}\bar{q}_{iL}\phi_c u_{jR}\right)+\text{H.c.}\\
&=-\frac{1}{\sqrt{2}}(h+v)\left(g_u\bar{u}^0u^0+g_c\bar{c}^0c^0+g_t\bar{t}^0t^0\right)\\
&\quad-\frac{1}{\sqrt{2}}(h+v)\left(g_d\bar{d}^0d^0+g_s\bar{s}^0s^0+g_b\bar{b}^0b^0\right) \qquad (10.11)
\end{aligned}
$$

단, 쿼크의 질량은

$$
\begin{aligned}
m_u&=\frac{1}{\sqrt{2}}g_uv\ , \quad m_c=\frac{1}{\sqrt{2}}g_cv\ , \quad m_t=\frac{1}{\sqrt{2}}g_tv\ ,\\
m_d&=\frac{1}{\sqrt{2}}g_dv\ , \quad m_s=\frac{1}{\sqrt{2}}g_sv\ , \quad m_b=\frac{1}{\sqrt{2}}g_bv
\end{aligned} \qquad (10.12)
$$

이며, 위의 식에서는 질량 고유상태라는 점을 적시하였지만 라그랑지안 밀도를 질량 고유상태로 표현하기로 가정하였으므로 u^0, d^0 등에서 첨자를 생략해야 한다.

(7) 게이지 입자의 운동 에너지 항

$$
\begin{aligned}
&-\frac{1}{4}B^{\mu\nu}B_{\mu\nu}-\frac{1}{4}\sum_{i=1}^{3}W^{i\mu\nu}W^{i}_{\mu\nu}\\
&=-\frac{1}{4}F^{\mu\nu}F_{\mu\nu}-\frac{1}{4}Z^{\mu\nu}Z_{\mu\nu}\\
&\quad+\frac{1}{2}ig_2(F^{\mu\nu}\sin\theta_W+Z^{\mu\nu}\cos\theta_W)(W^-_\mu W^+_\nu-W^+_\mu W^-_\nu)\\
&\quad+\frac{1}{4}g_2^2(W^{-\mu}W^{+\nu}-W^{+\mu}W^{-\nu})(W^-_\mu W^+_\nu-W^+_\mu W^-_\nu)\\
&\quad-\frac{1}{4}\left(W^{+\mu\nu}W^-_{\mu\nu}+W^{-\mu\nu}W^+_{\mu\nu}\right) \qquad (10.13)
\end{aligned}
$$

단,

$$
\begin{cases}
F_{\mu\nu} = \partial_\mu A_\nu - \partial_\nu A_\mu \\
Z_{\mu\nu} = \partial_\mu Z_\nu - \partial_\nu Z_\mu \\
W^+_{\mu\nu} = \dfrac{1}{\sqrt{2}}\left(W^1_{\mu\nu} - iW^2_{\mu\nu}\right) \\
\qquad = (D \times W^+)_{\mu\nu} + ig_2 \cos\theta_W (Z \times W^+)_{\mu\nu} \\
W^-_{\mu\nu} = \dfrac{1}{\sqrt{2}}\left(W^1_{\mu\nu} + iW^2_{\mu\nu}\right) \\
\qquad = (D \times W^-)_{\mu\nu} - ig_2 \cos\theta_W (Z \times W^-)_{\mu\nu}
\end{cases}
\tag{10.14}
$$

이다.

마무리하면서

오늘날 고에너지 입자물리학을 연구하는 사람들이라면 누구나 "표준모형"이라는 말을 받아들이고 거부감 없이 사용하고 있다. 그만큼 표준모형은 입자물리학, 핵물리학, 천체물리학 등 고에너지 물리학 전반에 걸쳐 보편적이고 또한 정형화된 과학 용어로 자리잡았다. 입자물리학에서 표준모형은 이미 하나의 모형이라기보다는 하나의 이론 그 자체라고 부를 수 있다.

우리가 잘 알고 있는 시인 중에 경남 통영 출신의 김춘수(金春洙 1922 - 2004)라는 시인이 있다. 그가 1952년에 발표한 "꽃"이라는 제목의 시는 유명하다. 이 시는 연애시로 잘 알려져 있지만 정작 본인은 "연애시라기보다는 철학적인 시"라고 말했다고 한다. 그래서 그는 한국 문학계에서는 꽃의 시인으로 불리지만 또한 존재의 본질을 표현하는 인식의 시인이라고도 불린다.

꽃

내가 그의 이름을 불러주기 전에는
그는 다만
하나의 몸짓에 지나지 않았다.

내가 그의 이름을 불러 주었을 때
그는 나에게로 와서
꽃이 되었다.

내가 그의 이름을 불러 준 것처럼
나의 이 빛깔과 향기에 알맞는
누가 나의 이름을 불러 다오.
그에게로 가서 나도
그의 꽃이 되고 싶다.

우리들은 모두
무엇이 되고 싶다.
나는 너에게 너는 나에게
잊혀지지 않는 하나의 눈짓이 되고 싶다.

이 시를 잠시 생각하는 이유는 우리가 표준모형을 “표준모형”이라고 부르게 됨으로써 하나의 표준적인 모형으로 자리잡게 되지 않았을까 하는 느낌이 들었기 때문이다. 이것은 물론 나의 지극히 개인적인 느낌이다. 우리가 이름을 무엇으로 부르든 간에 물리학에서의 이론적 모형은 실험적 검증을 거치면서 점차적으로 확립되는 것이지 그 이름을 어떻게 부르느냐에 따라 그 이론적 모형이 정당화되고 견고해지는 것은 아니다. 하지만 역시 표준모형이 “표준모형”이라고 불리게 되면서부터 이론의 표준이 되었다고 생각하는 것은 단지 스쳐가는 느낌뿐인 것인가.

우리나라나 중화권에서는 자기의 이름을 목숨보다 중요하게 여기는 전통도 있고, 이름을 더럽혀서는 안 되며, 이름을 걸고 최선을 다하는 것을 미덕으로 삼기도 하는데, 서양에서는 이름을 가볍게 여기고, 성을 바꾸기도 하며, 닉네임을 쓰는 일이 흔하다. 그래서인지, 우리나라를 비롯한 동양에서는 표준이라고 하면 “국가 표준”이라든지 “표준 규격”이라든지 상당히 공식적이고 객관적이며 엄중한 의미로 다가오는데, 서양에서는 그저 통상적인 또는 범용적인 의미로서 사용하기도 하는 모양이다. 그래서 스탠더드라는 이름의 석유회사도 있고, 신용정보회사라든지, 일간지라든지 등에 사용되는 예가 다양하다.

생각이 번지다보니, 유교에서의 정명론(正名論)이나 명분(名分)이 무엇이냐에까지 이르게 된다. 명분이라는 말은 사전적 의미로는 올바른 기준으로서 분별해야 한다는 뜻으로, 어떤 일이든 명목과 그 명목에 합당한 본분을 갖추어야 한다는 용어라고 한다. 명목으로서 사람에게 도덕적 정당성을 부여하며, 명목에 일치하는 본분을 확립하여 사회 질서를 유지하는 하나의 방법론이 명분론이라고 말할 수 있다. 그래서인지 우리나라의 정치현실에서도 명분론이 많이 언급되는데, 명분론이 한국정치를 망치고 있다는 아예 급진적 논리도 나오는 실정이다.

명분이라는 말이 처음 나타난 것은 전국시대로 보인다. 장자(莊子)의 천하 편에 보면, “주역은 음양을 밝히고 춘추는 명분을 밝힌다. [易以道陰陽, 春秋以道名分.]”이라고 한 대목이 있다. 그래서 대의명분을 밝히는 필법을 춘추필법이라고 부르기도 한다.

한편, 공자의 정명(正名)은 여러 해석이 있지만, 명분론의 역이랄까 대우에 해당한다고 볼 수 있다. 즉, 이름과 본질이 일치하지 않으면 어떻게 되는가에 관한 논의인 것이다. 논어의 자로 편에 보면, 공자가 자로에게 타이르기를, ”이름이 바르지 못하면 말이 순하지 못하고, 말이 순하지 못하면 일이 이루어지지 않는다. [名不正, 則言不順; 言不順, 則事不成.]”라고 말하는 대목이 있다. 즉, 이름을 아무렇게나 지어서 일을 이루려고 하면 명분이 서지 않으므로 성사할 수 없다는 말이다.

이름이 분명해야 일의 성격도 분명해진다는 뜻이 명분이라고 보면 되지 않을까. 그런 면에서 이름을 잘 짓는 것은 일을 성공시키기 위한 첫걸음이라고 생각한다. 이름도 잘 지어야 하고 본질적으로도 분명해야 하는 것이 정명이며 명분론이다.

그래서 이름이 중요하다. 이상과 같은 의미에서 표준모형이라는 이름을 잘 지었다고 생각하며, 표준모형이 입자물리학의 이론적 모형으로써 본질적인 역할을 잘 하고 있다는 기분이 든다.

표준모형에서 "표준"이라는 말은 다른 이론과는 분명한 차별성을 강조하고 있는 용어다. 동시에, 표준이 되는 이론을 알고 있으면 좋을 것이라는, 친숙하고 우호적인 의미로서 입자물리학을 연구하는 사람들에게 다가온다. 그러므로, 표준모형은 네이밍 전략으로서 성공적이라고 말할 수 있다. 하버드 비지니스 리뷰의 한 논문에 따르면, 신상품을 출시할 때 독창적이면서도 친숙한 네이밍이 소비자들에게 우호적인 브랜드 이미지를 뇌리에 심어주므로, 새로운 브랜드 네이밍의 3가지 성공적 전략으로서 신규브랜드 전략, 브랜드 확장 전략, 또는 서브브랜드 전략 등이 있다고 하였다. 즉, 표준모형이라는 네이밍은 입자물리학 이론이라는 영역에서 차별적이면서도 인상적인 중요한 역할을 한 것이다.

그런데 누가 제일 먼저 "표준"이라는 형용사를 표준모형에 사용하였을까? 처음에, 양성자와 중성자의 isospin 개념에서 출발한 $SU(2)$ 대칭성은 up 쿼크와 down 쿼크 등 2개만 고려하였는데, starnge 쿼크라는 제3의 쿼크를 포함하는 입자들이 발견되자, 겔만이 3개의 쿼크로서 $SU(3)$ 대칭성을 도입하고, 불교에서의 8정도(八正道)라는 이름을 빌어 "The Eightfold Way"라는 소립자 분류 체계를 제안하였다. 당시 발견되지 않았던 오메가 입자는 겔만의 모형에서 strange

쿼크 3개로 이루어진 바리온 입자로서 그 존재가 예측되었는데, 실제로 1964년에 발견되어 겔만의 모형에 힘을 실어주기도 하였다.

그 뒤, 10여 년이 지나고 나서 1974년 11월, 제4의 쿼크인 charm 쿼크를 포함하는 입자가 발견되었다. SLAC과 Brookhaven에서 각각 독립적인 실험으로 통하여 J/Ψ라고 불리는 새로운 입자를 발견하였는데, 이 입자에 의하여 charm 쿼크의 존재가 밝혀지면서 입자물리학의 지평이 급격히 넓어졌다. 그리고 이론적으로나 실험적으로 중요한 연구성과들이 분출하기 시작하였다. 왜냐하면 쿼크 모형을 다시 수정하지 않을 수 없었기 때문이다. $SU(2)$에서 $SU(3)$로 확장한 겔만의 쿼크 모형을 더 확장하여 $SU(4)$ 대칭성을 도입할 것인지, 아니면 쿼크들을 두 개씩 묶어서 $SU(2)$ 대칭성으로 전환할 것인지 갈래길이었다.

결국, 당시의 PCAC 문제라든지 CP 비보존 문제라든지 등을 고려하고, 동시에 게이지 이론을 포함하면서, 쿼크를 두 개씩 묶은 $SU(2)$ 대칭성이 득세하여 대세로 자리잡게 되었다. 이 시기의 입자물리학의 눈부신 발전을 나중에 사람들은 소위 "11월 혁명 (November Revolution)"이라고 부른다.

잘 알려져 있듯이, 11월 혁명이라는 말은 원래 정치적 용어였다. 1917년에 일어난 소비에트 혁명은 사회주의 혁명 또는 10월 혁명이라고 부르지만 그레고리안 달력으로는 11월에 시작되었기 때문에 11월 혁명이라고도 부른다. 그리고 곧이어, 독일에서 1918년 11월부터 시작하여 다음 해인 1919년에 바이마르 공화국이 성립할 때까지 진행된 정치적 격동도 11월 혁명이라고 한다. 그래서 중요한 국면 변환을 가리키는 말로 많이 쓰이고 있는데, 입자물리학에서도 11월 혁명이라는 표현을 차용한 것이다. 하기는, 1989년에 체코슬로바키아에서 공산체제를 무너뜨린 혁명도 벨벳 혁명 또는 11월 혁명이라고 한다.

아무튼, 이 11월 혁명이 일어난 1974년부터 표준 모형은 입자물리학의 대표 이론으로써 위치를 자리잡았는데, 처음부터 "표준" 이라는 이름으로 불리웠는지는 모호하다. 그리고 누가 처음 "표준" 이라고 불렀는지도 논란이 좀 있다. 자료에 의하면 1974년에 Pais와 Treiman이 Phys. Rev. Lett.에 발표한 논문에서 한마디 한 내용이 나온다.

하지만, 와인버그가 반박하였다고 한다. 즉, 와인버그는 자신이 진작부터 표준모형이라는 말을 겸손한 생각(sense of modesty)으로 사용하였으며, 특히 11월 혁명 이전인 1973년에 이미 프랑스의 마르세유에서 가까운 엑상프로방스에서 열린 학회에서 강의하면서 직접 언급하였다는 것이다. 하지만, 와인버그의 주장하는 바가 그렇다는 것이고, 실제로는 11월 혁명 이후 몇년 동안은 표준모형이라는 용어는 널리 쓰이는 용어가 아니었다.

CERN에서 실험집단 UA1을 이끌던 루비아 (Carlo Rubbia)가 1983년 초에 $W^{\pm}$ 및 Z 입자를 발견하고 1984년에 노벨 물리학상을 반 데 메르 (Simon van der Meer)와 공동 수상하였다. 이 발견은 표준모형이 예측한 게이지 입자의 존재를 확인한 가장 중요한 실험 결과였기 때문에 노벨 물리학상 수상은 당연하였다. 그런데, 자신의 노벨상 수상 강연을 정리한 논문에서도 루비아는 표준모형에 대한 개념적인 설명은 하였지만 표준모형이라는 용어 자체는 사용하지 않았던 것이다.

표준모형이라는 말이 유행하기 시작한 것은 금방이었다. 1985년 8월에 일본의 쿄오토에서 열린 제19차 International Symposium on Lepton and Photon Interactions at High Energies 회의에서 루비아를 비롯한 여러 사람들이 표준모형이라는 말을 사용하였다. 랭가커 (Paul Langacker)는 그의 강연의 첫 머리에 "The standard $SU_3 \times SU_2 \times U_1$ model is extremely succesful $\cdots$"라고 시작하였다. 그리고, 마지막 연사로 나선 하버드 대학의 스위터스(R. F. Schwitters)

가 "Highlights of the Symposium"이라는 제목으로 강연하였는데, 그 첫머리에 다음과 같이 등장한다.

> "··· The major conclusion of this Symposium is that there are no confirmed experimental data that require new physics beyond the standard model of particle physics. By standard model, we mean that all matter is composed of constituents from just three families of spin-1/2 leptons, three families of spin-1/2 quarks, and their corresponding antiparticles, interacting through the unified electro-weak force described by $SU_L(2) \times U(1)$ with the simplest Higgs structure and the strong force described by quantum chromodynamics. ···"

이러한 언급을 보면 표준모형이라는 말이 표준화된 것은 1985년 교오토 회의부터라고 판단할 수 있다.

1년 뒤 1986년에는 제23차 International Conference on High Energy Physics 회의가 미국 버클리대학에서 개최되었다. 스티븐 와인버그가 "Summary and Outlook"이라는 제목으로 마무리 강연을 하였는데, 물론 표준모형이라는 용어를 사용하였다. 따라서 표준모형이라는 용어는 이때에 정착되었다고 본다. 1967년에 와인버그와 살람이 그들의 Weinberg-Salam 이론을 (또는 글래쇼우까지 포함하여 Glashow-Salam-Weinberg 이론을) 발표하고도 20년이 지나서다.

입자물리학에서 맨처음 표준모형이라는 말을 사용한 사람은 와인버그든 또는 누구든 간에, 그야말로 하나의 눈에 띄는 키워드로서 사용하였을 따름이며, 입자물리학의 중추로서 핵심적 개념이 될 것이라는 자신감과 사명감에 충만하여 사용하지는 않았을 것이다.

하지만, 시작은 그처럼 우연히 이루어졌겠지만, 지금은 필연적이다. 오늘날 표준모형이라는 이름은 입자물리학에서 그야말로 하나의 표준으로 자리잡았다.

학문에서, 특히 자연과학에서 그 학문을 구성하는 기본적 개념들이 있는데, 이들은 원리라고도 하고, 이론이라고도 하며, 또는 가설이라고도 한다. 이렇게 이름이 서로 다른 이유는 이들 사이에 눈에 보이지 않는 지위 또는 계층이 있기 때문이다. 즉, 하위 개념과 상위 개념으로 나눈다면, 가장 하위 개념으로 가설이 있으며, 그 위에 모형이 있고, 모형에서 이론으로, 이론에서 법칙으로, 그리고 법칙보다 위에 가장 상위 개념으로서 원리가 있다는 것이다. 아무래도 가설이나 모형, 또는 이론은 가정과 조건 등을 전제로 구성되는 개념이기 때문에, 자연에 의하여 증명되는 법칙 또는 원리와는 분명히 성격이 다르다.

물리학에서, 어떤 개념은 원리라고 부르고, 다른 개념은 법칙이라고 부르며, 또 다른 개념은 이론이라고 부르기도 한다. 그렇지만 이들 사이에 개념의 지위가 위의 설명에 부합하는 것은 아니다. 예를 들어, 아르키메데스의 원리가 뉴턴의 법칙보다 상위 개념이라고 볼 수 없으며, 상대성 이론이 뉴턴의 법칙보다 하위 개념이라고 볼 수 없다.

어떻든, 표준모형은 "표준"과 "모형"이라는 서로 어울리지 않는 의미의 두 단어를 조합하여 이름을 삼았다. "표준"과 "모형"의 두 단어 중에서 어느 것에 비중을 두어야 할까. "표준"이라는 단어에 비중을 둔다면 입자물리학의 핵심적 이론 체계라는 뜻이므로 모형보다는 상위 개념의 이름을 붙여주어도 되지 않을까. 가령 표준이론(Standard Theory)이라고 해도 될 것이다. 하지만, "모형"이라는 단어에 비중을 둔다면 하나의 가설 내지 모형이므로 "표준"이라는 이름을 사용하는 것이 어울리지 않는다. 즉, 아직 이론적으로 허점이 많으며 실험적 검증을 더 통과해야 한다는 뜻이다.

실제로, 입자물리학 실험을 수행하는 사람들에게는 표준모형은 잘 조준된 타겟이라고 말할 수 있다. 현재 진행 중인 실험의 절반 이상은 전적으로 표준모형을 뒷받침하기보다 공격하는 데에 초점을 맞추고 있는 것이다. 표준모형 자체의 허점을 포착하는 실험도 있지만, 표준모형이 설명하지 못하는 현상을 찾아내거나 표준모형 범위 바깥의 새로운 물리학이 필요하다는 증거를 탐색하는 실험도 있다.

그리고 이론하는 사람들에게도 표준모형은 핵심적인 표적이다. 현재의 이론 연구의 흐름을 두 가지로 나눈다면 표준모형을 뛰어넘느냐 또는 표준모형을 바꾸느냐로 구분할 수 있다. 표준모형은 과연 다른 모형으로 대체, 변형, 확장, 또는 수정하게 될 것인가?

이것은 "whether"의 문제가 아니라 "when"의 문제이다. 솔직히, 표준모형의 부족한 점을 열거하라고 한다면 하나둘이 아니다.

이제는 표준모형이라는 말이 익숙한 만큼이나 "표준모형 너머 (Beyond the Standard Model, BSM)"이라는 말이 흔하게 사용되고 있다. 이 말은 표준모형만큼이나 오래되었다. 이미 1990년에 BSM이라는 타이틀을 내걸고 많은 학자들이 회의를 가졌으니, 약상호작용 게이지 입자들이 발견된지 7년만에 벌써 표준모형 이후의 물리학을 논의하기 시작한 셈이다. (*International Workshop on Electroweak Physics beyond the Standard Model* Valencia, Spain, 2 - 5 Oct 1991)

도대체 표준모형은 어떠한 문제를 안고 있는가?

먼저, 자연에서 관측되는 현상이나 이미 존재하는 입자에 대하여 설명하지 못하는 경우가 있다.

자연에는 네 가지 힘이 존재하는데, 표준모형은 그 중에서 단지 두 가지 힘, 전자기상호작용과 약상호작용만 설명하고 있으며, 강상호작용과 중력은 제외하고 있다. 강상호작용은 $SU(3)$ 게이지 대칭성을 가진 QCD (Quantunm Chromodynamics)로써 설명하는데, 표준모형에 강상호작용까지 포함하여 구성한 이론이 없지는 않다. 예를 들어 $SU(5)$ 대칭성을 가진 대통일 이론이 있는데, 대통일 이론이야말로 표준모형 너머의 이론인 것이다.

강상호작용은 대통일 이론으로 전자기약상호작용의 표준모형과 구조적으로 통합될 수 있는데, 중력은 아예 표준 모형과 합쳐질 수 없다. 표준모형을 확장하여 중력을 포함하는 이론적 시도는 있지만, 성공적이지 못하였다. 중력자라고 하는 게이지 입자를 가지는 중력 이론은 일반 상대성이론과 실험적으로 부합하는 결과를 내놓지 못하고 다.

우주론도 표준모형으로서는 감당하기 어려운 주제다. 우주에는 암흑물질이라고 부르는 물질이 존재하는데, 표준모형으로는 암흑물질의 성질을 아직 명확하게 설명하지 못하고 있다. 암흑물질 모형 중에 ΛCDM (Lambda Cold Dark Matter) 가설이 있는데, 일반 상대성이론과 결합하여 암흑물질을 설명하려는 시도와 연구가 활발하지만, 아무튼 분명한 것은 표준모형 너머의 현상이라는 것이다.

암흑 에너지도 난제다. 현대 우주론의 예측으로는 암흑 에너지라고 하는 에너지가 우주 전체에 분포되어 있으며, 일반 물질과 암흑물질을 제외하면, 우주 전체 에너지의 약 70 %에 해당하는 부분이 암흑 에너지라는 것인데, 표준모형은 역시 설명하지 못하고 있다.

표준모형에서 비슷한 개념이 있기는 있었다. 우리가 진공기대값을 논의하면서 우주 전체에 에너지가 충만해 있다는 등의 언급을 하기는 하였는데, 입자들의 질량에서 얻은 진공기대값 v를 갖고 우주 전체의 에너지를 계산해 보면 계산 값이 우주론에서의 값보다 엄청나게 차이가 나므로, 도저히 받아들일 수 없는 것이다.

게다가, 중성미자 문제가 있다. 중성미자는 표준모형에 등장하기는 하는데, 단지 왼손잡이 중성미자만 있으며, 질량을 가지고 있지 않다. 하지만, 자연에서는 중성미자가 질량을 가지고 있다는 것이 실험적 사실로 밝혀진 이상, 표준모형은 어떤 형태로든 수정되어야 한다. 중성미자가 다른 경입자들처럼 디랙 스피너로 표현되는지 아니면 마요라나 스피너로 표현되는지의 문제부터, 중성미자의 진동에 이르기까지 표준모형이 설명과 해석을 내놓지 않으면 안되는 문제들이 앞에 놓여 있다.

그밖에, 물질-반물질 비대칭이라든지, 임의적 상수들이 너무 많다든지, 그들 사이의 계층 문제라든지, 표준모형으로서는 논리적으로 설명하기 어려운 문제들이 많이 있다. 그래서 표준모형은 이론 물리학자나 실험 물리학자나 모두 노리는 먹이감이나 다름없다. 실제로, 몇몇 논문들은 서론을 시작하면서, "표준모형은 지금까지 성공적으로 실험적 검증을 거쳤다. 그래서 가장 성공적인 이론으로 자리잡았다. 하지만 아직 해결하지 못한 문제도 많다. 그래서 본 논문에서는 이러저러한 문제를 주목하여 ⋯"라는 식으로 연구의 동기와 배경을 밝히는 것이 상투적인 패턴이 되었다.

표준모형의 또 다른 문제는 자연에서는 아직 발견되지 않았으나 이론적 가능성은 충분히 논의되고 있는 가능성의 영역을 어떻게 수용하는가의 문제인데, 대표적인 예를 들자면 초대칭성이 있다. 초대칭성이라는 대칭성이 이론적으로 제안된 지는 거의 반 백 년이 되어가고 있다. 초대칭성의 구조는 보오스 입자와 페르미 입자와의 대칭성이라는 매우 간단한 가정에서 출발하므로 소위 아름답다고 말할 수 있는 대칭성이다.

표준모형에 등장하는 페르미 입자 마다 초대칭인 보오스 입자가 존재하며, 보오스 입자도 마찬가지로 초대칭인 페르미 입자가 존재해야 초대칭성이 성립한다. 즉, 초대칭성이 성립한다면, 전자나 쿼크 등에 대하여 스칼라 전자와 스칼라 쿼크 등이 존재해야 하고, 힉스 입자나 게이지 입자 등에 대하여 힉시노와 게이지노 등이 존재해야 하는 것이다.

아직까지 초대칭 입자들은 실험적으로 그 존재가 입증되지 않았으므로 가능성의 영역에서만 논의하고 있지만, 이들을 찾으려는 실험적 노력은 계속하고 있다.

초대칭성은 표준모형으로서는 감당할 수 없는 대칭성이다. 왜냐하면, 초대칭성이 성립하게 되면 입자의 수가 갑자기 두 배로 늘어나기 때문이다. 아마, 입자물리학 전체로도 큰 변혁이 일어나게 될 것이다. 만일 초대칭 입자가 발견된다면 표준모형으로서는 큰일이라고 말할 수 있다.

초대칭성 말고도 표준모형 너머를 연구해야 하는 동기나 당위성은 많다. 끈이론도 있고 양자중력이론도 있고, 일일이 열거할 수 없을 만큼 표준모형 너머의 이론적 가능성은 매우 광범위하며 스펙트럼이 넓다. 또한, 가까운 미래에 예정된 여러 실험에서도 표준모형 너머의 현상을 찾기 위한 노력이 폭넓게 진행되고 있다. 그리하여 머지 않은 미래에는 새롭고 놀라운 실험적 사실과 이론적 전개가 세상에 모습을 드러낼 것이다. 이러한 도전을 표준모형은 과연 감당할 수 있을까.

그때가 오면 표준모형의 운명은 판가름나겠지만, 어떻든 그때까지는 우리는 입자물리학의 가장 기본적인 이론으로써 표준모형을 열심히 공부해야 하지 않겠는가? 여기서, 지금껏 두서를 가리지 않고 장황하게 이어온 이야기를 마무리한다.

끝으로, 띄어 쓰기 등 맞춤법과 오자, 어색한 문장 등을 꼼꼼하게 읽고 하나하나 교정해 준 김선희 박사님 (현선심)에게 다시 한번 감사를 표한다.

茶經軒人 謹執一筆.

참고문헌

[1] P. A. M. Dirac, "*The Principles of Quantum Mechanics*" (4thed., Oxford University Press, Oxford, England, 1962).

[2] J. D. Bjorken and S. D. Drell, "*Relativistic Quantum Fields*" (McGraw-Hill, New York, 1965).

[3] Richard Bellman, "*Introduction to Matrix Analysis*" (2nd ed.,McGraw- Hill, New York, 1980).

[4] A. Pais and S. B. Treiman, "*How Many Charm Quantum Numbers are There?*" (Physical Review Letters, 35 (23)1556 - 559, 1975).

[5] Francis Halzen and A. D. Martin, "*Quarks and Leptons : An Introductory Course in Modern Particle Physics*" (John Wiley and Sons, New York, 1984).

[6] Carlo Rubbia, "*Experimental observation of the intermediate vector bosons* W^+, W^-, and Z^0" (Rev. Mod. Phys. 57, 699-722, 1985).

[7] M. Konuma and K. Takahashi, "*Proceedings of the 1985 International Symposium on Lepton and Photon Interactions at High Energies*" (Nissha Printing, Kyoto, Japan, 1986) ; S. C.Loken, "*Proceedings of the XXIII International Conference on High Energy Physics*" (World Scientific, Singapore, 1987).

[8] Kerson Huang, "*Quarks, Leptons and Gauge Fields*" (2nd ed., World Scientific, Singapore, 1992).

[9] Anthony Zee, "*Fearful Symmetry: The Search for Beauty in Modern Physics*"

(reprinted, Princeton University Press, Princeton, USA, 2007).

[10] W. N. Cottingham and D. A. Greenwood, "*An Intorduction to the Standard Model of Particle Physics*" (Cambridge University Press, Cambridge, England, 2007).

[11] Jeremy Barris, "*The Crane's Walk: Plato, Pluralism, and the Inconstancy of Truth*" (Fordham University Press, UK, 2009).

[12] I. J. R. Aitchison and A. J. G. Hey, "*Gauge Theories in Particle Physics*" (4th ed., Adam Hilger, Bristol, UK, 2013).

[13] James Hamilton, "*Theory of Elementary Partices*" (Oxford University Press, Oxford, England, 2013).

[14] Samoil Bilenky, "*Introduction to the Physics of Massive and Mixed Neutrinos*" (2nd ed., Springer, Singapore, 2018).

[15] Alan Haworth, "*Totalitarianism and Philosophy*" (Routledge, UK, 2020).

[16] Stuart Raby, "*Introduction to the Standard Model and Beyond: Quantum Field Theory, Symmetries and Phenomenology*" (Cambridge University Press, Cambridge, England, 2021).

[17] J. F. Donoghue, E. Golowich, and B. R. Holstein, "*Dynamics of the Standard Model*" (2nd ed., Cambridge University Press, Cambridge, England, 2022).

[18] Particle Data Group (L. R. Workman et al.), "*Review of ParticlePhysics*" (PTEP2022, 083C01, 2022).

[19] N. F. Alican, "*One Over Many: The Unitary Pluralism of Plato's World*" (SUNY Press, New York, 2022).

[20] 김진의, "소립자와 게이지 상호작용" (민음사, 서울, 1984).

[21] 게리 주커브 지음, 김영덕 옮김, "춤추는 물리학" (범양사, 서울, 1995).

[22] 리언 레더먼 지음, 김종오 옮김, "신의 입자" (에드텍, 서울, 1996).

[23] 이종필, "신의 입자를 찾아서" (마티, 서울, 2008).

[24] 이언 스튜어트 지음, 안재권, 안기연 옮김, "아름다움은 왜 진리인가" (승산, 서울, 2010).

[25] 이강영, "LHC, 현대 물리학의 최전선" (사이언스 북스, 서울, 2011).

[26] 빅 맨스필드 지음, 이중표 옮김, "불교와 양자역학" (불광출판사, 서울, 2021).

[27] 박인규, "사라진 중성미자를 찾아서" (계단, 서울, 2022).

[28] 카를로 로벨리 지음, 김정훈 옮김, "나 없이는 존재하지 않는 세상" (쌤엔파커스, 서울, 2023).

[29] 김현철, "세 개의 쿼크" (계단, 서울, 2024).

[30] H. Kopka and P. W. Daly, "*A Guide to LATEX 2ε*" (4th ed., Addison-Wesley, Harlow, England, 2004).

[31] 한국물리학회, "물리학용어집" (청문각, 서울, 1995).

표준모형의 이해 2판

초판 1쇄 발행 | 2011년 1월 10일
초판 2쇄 발행 | 2011년 6월 15일
2판 1쇄 발행 | 2025년 1월 15일

지은이 | 오 선 근

펴낸이 | 조 승 식
펴낸곳 | (주)도서출판 **북스힐**

등 록 | 1998년 7월 28일 제22-457호
주 소 | 서울시 강북구 한천로 153길 17
전 화 | (02) 994-0071
팩 스 | (02) 994-0073

홈페이지 | www.bookshill.com
이메일 | bookshill@bookshill.com

정가 22,000원

ISBN 979-11-5971-634-8

Published by bookshill, Inc. Printed in Korea.